高等学校教材·无人机应用技术

无人机森林消防技术

符长青 孙 建 李 薇 符晓勤 曹 兵 编著

西北工业大学出版社

西安

【内容简介】 无人机森林消防技术是预防和扑救森林火灾的重要手段,是森林消防工作的重要组成部分,本书系统而全面地介绍该技术领域的主要内容和知识体系。全书共分 11 章,主要内容包括森林资源与森林防火的基础知识,无人机及其在森林资源管理中的应用以及森林航空消防与消防无人机等,每章的最后都给出了习题。

本书既适合用作高等院校和职业院校相关专业学生的专业基础课程教材,也适合用作相关专业研究生及从事森林航空消防技术科研、生产和培训机构工作人员,以及广大无人机从业人员和爱好者的培训教材。此外,对于希望全面了解无人机森林消防技术知识的广大读者来说,本书也是一本较好的参考读物。

图书在版编目(CIP)数据

无人机森林消防技术/符长青等编著. —西安 :
西北工业大学出版社,2024.1
ISBN 978 - 7 - 5612 - 9158 - 0

Ⅰ.①无… Ⅱ.①符… Ⅲ.①无人驾驶飞机-应用-森林防火 Ⅳ.①S762.3

中国国家版本馆 CIP 数据核字(2024)第 033394 号

WURENJI SENLIN XIAOFANG JISHU

无 人 机 森 林 消 防 技 术

符长青 孙建 李薇 符晓勤 曹兵 编著

责任编辑:曹 江	策划编辑:杨 军	
责任校对:胡莉巾	装帧设计:董晓伟	

出版发行:西北工业大学出版社
通信地址:西安市友谊西路 127 号　　　　邮编:710072
电　　话:(029)88493844,88491757
网　　址:www.nwpup.com
印 刷 者:陕西向阳印务有限公司
开　　本:787 mm×1 092 mm　　　1/16
印　　张:22
字　　数:535 千字
版　　次:2024 年 1 月第 1 版　　　2024 年 1 月第 1 次印刷
书　　号:ISBN 978 - 7 - 5612 - 9158 - 0
定　　价:79.80 元

序

森林火灾是一种突发性强、破坏力大、扑救和处置较为困难的自然灾害。由于我国森林分布范围广、面积大，地理环境大多是山高坡陡，因此不管是人为因素导致的起火还是自然因素导致的起火，火灾发生时都不一定能及时发现，而发现时火势往往已经蔓延了相当大的范围。此时，火灾的扑救存在相当大的难度，火势会不断蔓延，甚至出现新的火场，刚开始的"星星之火"，短时间内就能演变成一场重大灾难，对森林资源造成巨大损失。

针对森林火灾火势发展迅猛、蔓延速度快、破坏力巨大，而常规人工灭火方式投送难、接近火场难、扑打清理难和扑救时间窗口较短。我国优先发展森林航空消防力量，大力提高森林火灾扑救效率和重点区域风险防范化解能力，经过多年的发展，我国的森林航空消防地位越来越高，作用越来越大，森林航空消防队伍在森林防火事业中的尖兵作用发挥得越来越好，得到了社会的广泛认可。

我国在民用无人机的生产、使用和科研方面，一直处于世界领先地位，起到了"执世界民用无人机之牛耳"的带头作用：在生产方面，近几年来，我国民用无人机每月的产量和销量多达十几万架，已占领了无人机领域全球70％以上的市场份额，国内已有多家无人机企业成功设计、生产出了各具特色、多种型号的消防无人机，并投入森林航空消防一线，为我国民用无人机产业，包括消防无人机在内的高速发展奠定了坚实的基础；在森林航空消防灭火应用方面，我国对森林消防无人机（简称"消防无人机"）予以高度重视，2018年生产了世界上第一批专用消防无人机，实际投入森林消防灭火工作中，从而正式拉开了人类消防发展史上应用无人机进行森林航空消防的大幕。

消防无人机应用于森林航空消防的优势十分明显:消防无人机在扑灭森林火灾时采用低空飞行、近距离观察、精准抛洒的方式,起到了高效灭火的作用;消防无人机能胜任条件恶劣、高危环境下的多种危险工作,能出色完成单调枯燥、时间长、强度大、重复性的艰苦任务;消防无人机结构简单、体积小、价格便宜、运输简单方便、执行任务灵活、操作方便,消防人员只需要经过短期的培训就能掌握使用方法和操控技术;消防无人机具有自主或半自主飞行能力,对无人机进行操控的消防人员无须亲历火灾的高危着火点,具有优异的安全性。因此,消防无人机在森林火灾的监测、预防、扑救、灾后评估等方面得到了越来越广泛的应用。

本书针对森林消防灭火工作的需要,系统而全面地介绍该领域的主要内容和知识体系。取材来源于实践,内容丰富、概念清楚易懂、实用性强,既适合用作高等院校和职业院校相关专业学生专业基础课程的教材,也可用作相关专业的研究生,从事森林航空消防科研、生产和培训机构工作的人员,广大消防员和林业资源管理人员,以及广大无人机从业人员和爱好者的学习、培训资料。

世界无人机大会主席:**杨金才** *

---

* 杨金才,欧洲科学院院士、俄罗斯自然科学院外籍院士、世界无人机大会主席、深圳市无人机协会创会会长、北京航空航天大学客座教授、中国人民警察大学特聘教授、深圳技术大学客座教授以及中安无人系统研究院院长。

前　言

　　森林资源是国家最重要、最宝贵的资源之一。森林作为陆地生态系统的主体,除了提供人类生存发展所需的原材料外,在减缓全球气候变化,保护区域生态环境及推动全球碳平衡等方面也发挥着不可替代的作用。然而,传统的森林资源管理存在管理水平低、技术手段落后、人力成本高等诸多问题。近年来,随着无人机技术,特别是动力、复合材料、通信、飞行控制、导航等技术的快速发展,民用无人机性能大幅提升,任务载荷功能不断扩展。无人机被运用于林业领域,为森林资源管理注入了新的活力,对推动现代林业、智慧林业和精准林业的建设和发展具有重要意义。

　　特别地,在森林消防灭火方面,与传统森林消防灭火方式相比,森林消防无人机机上无人,执行消防灭火任务时,消防人员远程操控消防无人机作业,可远离高危区域,从而有效避免或减少森林大火对消防人员的伤害。另外,消防无人机具有成本低、操控简便、机动灵活、视野广、功能丰富、易于维护、安全可靠等特点,能及时发现和报告火情,以及快速扑灭林火。

　　航空护林是森林资源管理工作的重要组成部分,在森林资源保护、生态平衡维护中发挥着重要的作用。航空护林通常采用有人机(飞机、直升机)和无人机两大类装备。航空护林的发展水平体现了一个国家林业的发展水平,受到世界各国的高度重视。

　　与有人机相比,无人机既能节约成本,也能有效降低消防人员伤亡的风险,非常适合在崇山峻岭、人迹罕至、交通不便等复杂情况下开展护林作业,给改善森林资源管理的工作条件,提高工作效率,加快林业现代化发展带来了契机。森林消防无人机搭载不同的任务载荷,可承担空中巡查、火情侦察、火场监视、空中指挥与调度、空中洒水或抛洒化学灭火剂(含阻燃剂)、开设防火隔离带、点烧防火线、人工降雨、火场急救、运送救火物资、后勤物质补给、防火传单和其他宣传品空投、火场勘查、火场航拍、"移动航站"前方指挥保障、火场信息(位置、天气条件、森林植被、火场面积)采集、火场图绘制等多种森林消防任务。当发生森林火灾时,多架消防无人机可以采用蜂群集成战术,对着火区域轮番投掷灭火弹或喷射灭火干粉,达到快速灭火的目的。

随着无人机技术的高速发展和应用的普及,世界航空业已经进入了无人机时代,无人机在森林消防方面的应用越来越受到世界各国的重视。目前,在我国无人机事业发展过程中,急需解决的是无人机人才短缺的问题。相关数据显示,近年来,我国每年无人机方面的人才缺口都高达几十万,不仅人才数量欠缺,而且人才质量也良莠不齐,高质量人才缺口很大。人才的短缺一方面会进一步放大无人机应用上的各种问题,另一方面会影响无人机产品的落地和行业发展。不管是哪一方面的影响,都会给无人机产业发展带来巨大的压力,甚至限制。因此,我们要尽快完善无人机人才培养机制体系,以解决人才短缺问题。

针对森林消防无人机技术发展的实际需要,特别是森林消防无人机人才培养方面的急迫需求,笔者完成了本书的编写工作。理论源自对实践经验的总结,同时,理论对实践又有积极的指导作用,两者是相辅相成的,缺一不可。本书注重理论与实践相结合,具有较强的实用性和可操作性。

在编写本书的过程中,笔者参考了相关文献资料,在此对其作者一并表示感谢。

由于笔者学识有限,本书可能在许多方面存在不足,欢迎广大读者指正(邮箱:FCQ828@163.com)。笔者十分希望能与国内同行携手,共同努力,将我国消防无人机发展水平推向一个新的高度。

编著者

2023 年 6 月

目 录

第1章 森林资源与森林防火的基础知识

▶本章主要内容

(1)森林资源的基本概念。

(2)森林资源的主要指标、类型和分布特点。

(3)森林火灾的定义、分类、发生的条件和特点。

(4)森林火灾发生的过程、热传播形式和后果。

(5)森林防火和扑救的基础知识。

1.1 森林资源的基本概念

森林是"地球的肺",湿地是"地球的肾",海洋是"地球的血",这三大生态系统和生物多样性(生物多样性是地球的"免疫系统")决定着地球的健康状况,也决定着人类在地球上繁衍生息的命运。

1.1.1 森林、森林生态系统和森林资源的定义

森林是林木、伴生植物、动物及其环境的综合体,森林与所在空间的非生物环境有机地结合在一起,构成完整的森林生态系统。森林生态系统是地球上最大的陆地生态系统,是地球生物圈中的重要一环。它是地球上的基因库、碳储库、蓄水库和能源库,对维系整个地球的生态平衡起着至关重要的作用,是人类赖以生存和发展的重要资源和环境。

1.森林和森林生态系统的定义

(1)森林的定义。森林是以木本植物为主体的生物群落,包括植物、动物、微生物以及非生物环境组合的生态系统,其主要特点是具有丰富的物种、复杂的结构和多种多样的功能,是集中的乔木与其他植物、动物、微生物和土壤之间相互依存、相互制约,并与环境相互影响,从而形成的一个森林生态系统的总体。森林被誉为"地球之肺",如图1-1所示。

(2)森林生态系统的定义。森林是地球上陆地生态系统中面积最大、结构最复杂、功能最稳定、生物量最大的生态系统,在维持地球生态平衡中起着关键的、无法替代的作用。随着社会经济的发展和人们认识水平的提高,人们发现森林的生态功能价值将随着社会的发展日益凸显,它是人类可持续发展所必不可少的。其基本特征如下。

1)森林是湿润气候下演替所形成的顶极平衡状态,生物种类最丰富。系统最基本的成

— 1 —

分是乔木和其他木本植物。

2)层次结构、层片结构和营养结构复杂,食物链纵横交叉,构成复杂的食物网,环境空间以及营养物质利用充分。

3)生产力最高、生物量最大(大约占陆地总生物量的90%)。

4)对自然环境具有很强的调节能力,特别是在调节气候、涵养水源、净化空气、保持水土、防风固沙、吸烟滞尘、改变区域水热状况等方面有着突出的作用,对人类生产和生活具有重要意义。

图1-1 森林被誉为"地球之肺",是一个国家最重要、最宝贵的资源之一

2.森林资源的定义

森林资源是林地及其所生长的森林有机体的总称,具有生态效益、社会效益和经济效益。森林资源以林木资源为主,还包括林中和林下植物、野生动物、土壤微生物及其他自然环境因子等资源,既是人类生存的必要条件,也是人类社会极为重要的财富。林地包括乔木林地、疏林地、灌木林地、林中空地、采伐迹地、火烧迹地、苗圃地和国家规划宜林地等。

狭义的森林资源主要指的是树木资源,尤其是乔木资源。广义的森林资源指林木、林地及其所在空间内的一切森林植物、动物、微生物,以及这些生命体赖以生存并对其有重要影响的自然环境条件的总称。我国森林资源按物质结构层次划分为以下类型。

1)林地资源。

2)林木资源。

3)林区野生动物资源。

4)林区野生植物资源。

5)林区微生物资源。

6)森林环境景观资源。

1.1.2 森林资源的分类、作用和特征

1.我国森林资源的分类

森林资源以林木资源为主(见图1-2),是人类生存的必要条件。我国森林资源中的林地和林木按以下方法分类。

（1）林地按用途分类。

图 1 - 2　森林资源以林木资源为主

1）用材林地：以生产木材为主要目的的森林和林木，比如以生产竹材为主要目的的竹林。

2）经济林地：以生产果品、食用油料、饮料、调料，以及工业原料和药材等为主要目的的林木。

3）薪炭林地：以生产燃料为主要目的的林木。

4）特种用途林地：以国防、环境保护、科学实验等为主要目的的森林和林木，包括国防林、实验林、母树林、环境保护林、风景林、名胜古迹和革命纪念地的林木，以及自然保护区的森林。

（2）林木按权属分类。

1）国有林木。

2）集体林木。

3）私有林木。

我国森林资源分类如图 1 - 3 所示。

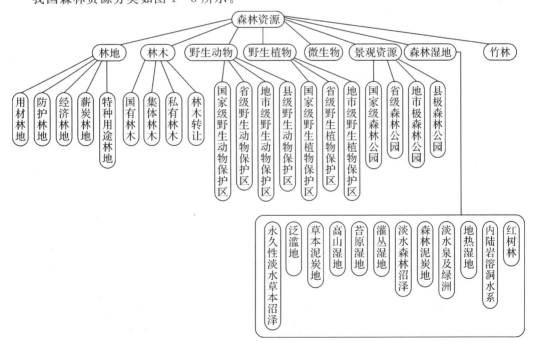

图 1 - 3　我国森林资源分类

2.森林资源的作用

森林资源是地球上最重要的资源之一,是生物多样化的基础和人类生存的必要条件,它能够为人类提供多种宝贵的木材和原材料,为人类经济生活提供多种物品,更重要的是:森林能够释放氧气、调节气候、涵养水源、保持水土、防风固沙、防止或减轻旱涝和冰雹等自然灾害;森林能够净化空气、美化环境、消除噪声等;森林还是是农牧业稳产高产的重要条件和天然的动植物园,哺育着各种飞禽走兽,还生长着多种珍贵林木和药材。森林资源对生态环境的作用有:

1)森林是消减环境污染的万能净化器。

2)森林可以调节气候、增加雨量、调节水分、涵养水源、保持水土。

3)森林能降低年平均温度、缩小年温差和日温差,减缓温度变化。

4)森林有降低风速、防风固沙、净化空气、保护环境的功能。

5)森林是陆地上最大、最理想的物种基因库。

3.森林资源的特征

森林可以更新,属于再生的自然资源,也是无形的环境资源和潜在的绿色能源,有以下特征:

(1)可再生性。森林资源具有可再生性和再生的长期性。在一定条件下森林具有自我更新、自我复制的机制和循环再生的特征,保障了森林资源的长期存在,能够实现森林效益的永续利用。但是,森林资源所具有的可再生性和结构功能的稳定性只有在人类对森林资源的利用遵循森林生态系统自身规律,不对森林资源造成不可逆转的破坏的基础上才能实现。因为林木从造林到成熟的时间间隔很长,即便是人工速生林也要10年左右的时间,天然林的更新需要更久的时间,这就影响到森林资源的可再生性和系统的稳定性。

(2)功能的不可替代性。森林资源功能具有不可替代性。森林作为一个生态系统,是地球表面生态系统的主体,在调节气候、涵养水源、保持水土、防风固沙、改善土壤等多方面的生态防护效能上有着重要的作用,并且地球表面生态圈的平衡也要依靠森林维持。

(3)森林资源产品转化的数量差距。森林储量并不意味着高产量,因为森林资源储量与木材年生产量之间存在着差距。以立木生产为例,森林资源储量与年采伐量比最小是17:1,最大为50:1甚至更高。这种高比例会影响到许多方面的开支(如护林费用等),从而导致巨额资金的占用。

(4)功能的多样性。森林资源系统结构复杂、形态各异,具有多种功能,这决定了它功能的多样性,即其可以提供多种物质和服务。森林资源的经济效益、生态效益、社会效益是辩证统一、相辅相成的,对其进行任何单一目的的经营管理都将产生许多重要的额外效益。

(5)分布的辽阔性。森林资源是地球陆地上最大的生态系统,森林的分布极为广泛。分布的辽阔使某一地域的森林资源系统与另一地域的森林资源系统在结构内涵与功效发挥上都有不可比之处。

(6)管理的艰巨性。森林资源是人类社会极为重要的财富。森林资源资产是以森林资源为物质内涵的资产,可分为林地资产,林木资产,野生动、植物资产,景观资产等。与其他资产相比,森林资源资产的安全管理任务十分艰巨。森林资源资产漫山遍野地分布在广阔的林地上,即不能仓储,又难以封闭,使其安全保卫十分困难。火灾、虫灾、盗伐等自然或人为的灾害很难控制,增大了风险损失的可能性。

1.2　森林资源的主要指标、类型和分布特点

森林资源包含的物种繁多,具有丰富的多样性。充分了解、掌握森林资源的类别、特点与功能,摸清我国森林资源的类型、分布、习性、数量与质量,对于培育、经营、管理、保护、开发与利用森林资源,以及对森林资源的持续经营,均具有重大的理论意义与实践价值。

1.2.1　森林资源的主要指标和世界各国森林覆盖率

1.森林资源的主要指标

反映森林资源数量的主要指标是森林蓄积量、森林生长量、森林保有量、森林覆盖率和郁闭度。

(1)森林蓄积量。森林蓄积量是林业生产专用语,是指一定森林面积上存在着的林木树干部分的总材积,也是通常所说的立木蓄积,即树木树体的木材量,一般指树干的带皮材积,有时按树种、径级、材种等分别计算,单位为 m^3。森林蓄积量是反映一个国家或地区森林资源总规模和水平的基本指标之一,也是反映森林资源的丰富程度、衡量森林生态环境质量的重要依据。

(2)森林生长量。森林生长量指一定面积林地上所有树木在生长过程中的直径、树高、材积不断增长的数量(分别称为直径生长量、树高生长量、材积生长量)总和。林业生产上常用的森林生长量指标是指年或连年生长量和平均生长量。森林生长量是反映森林质量的重要指标之一。

(3)森林保有量。森林保有量是指一定时期确保森林覆盖率目标实现的最低森林面积。森林面积为有林地和国家特别规定灌木林地面积之和。

(4)森林覆盖率。森林覆盖率亦称森林覆被率,是指一个国家或地区森林面积占土地面积的百分比,是反映一个国家或地区森林面积占有情况或森林资源丰富程度及实现绿化程度的指标,也是确定森林经营和开发利用方针的重要依据之一。在计算森林覆盖率时,森林面积包括郁闭度 0.2 以上的乔木林地面积和竹林地面积,以及国家特别规定的灌木林地面积、农田林网以及"四旁"(村旁、路旁、水旁、宅旁)林木的覆盖面积。计算公式为:森林覆盖率(%)=森林面积/土地总面积×100%。

(5)郁闭度。郁闭度是指森林中乔木树冠在阳光直射(90°)下在地面的总投影面积(冠幅)与此林地(林分)总面积的比,它反映了森林的密度。利用下式计算林分的郁闭度:

$$郁闭度＝被树冠覆盖的样点数/样点总数(总冠幅/样方总面积) \qquad (1-1)$$

式(1-1)中,林地树冠垂直投影面积与林地面积之比以十分数表示,完全覆盖地面为1。简单来说,郁闭度就是指林冠覆盖面积与地表面积的比值。根据联合国粮农组织规定,郁闭度≥0.70 的郁闭林为密林,郁闭度在 0.20～0.69 之间的为中度郁闭林,郁闭度≤0.1 的为疏林。

2. 全球部分国家森林覆盖率

全球部分国家森林覆盖率的对比如图 1-4 所示。2018 年年底，我国（除港、澳、台地区）的森林覆盖率已经由中华人民共和国成立之初的 8% 提升到接近 23%（22.96%），其中天然林资源增加到 29.66 万亩[①]。

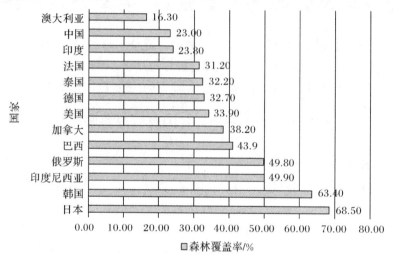

图 1-4　全球部分国家森林覆盖率对比

俄罗斯是全球森林面积最大的国家，高达 814.9 万 km²，其中主要是寒带和亚寒带针叶林。其森林覆盖率约为 49.8%，在大国中也处于较高的水平。

巴西的森林面积居全球第二，约为 492.55 万 km²，其中主要是热带雨林。其森林覆盖率约为 43.9%。但近年来，巴西热带雨林遭遇了巨大的破坏，包括火灾、砍伐、毁林做成耕地等，已经使得巴西雨林减少了 15%～20% 的面积。

加拿大拥有全球第三大的森林面积，约为 347 万 km²，森林覆盖率约为 38.2%。第四名的美国，森林面积约为 310.37 万 km²，森林覆盖率约为 33.9%。我国森林面积排名第五。澳大利亚的森林面积约为 125 万 km²，森林覆盖率为 16.3%。日本的森林覆盖率约为 68.5%。韩国的森林覆盖率约为 63.4%。印度尼西亚的森林覆盖率约为 49.9%。德国的森林覆盖率约为 32.7%。泰国的森林覆盖率约为 32.2%。法国的森林覆盖率约为 31.2%。印度的森林覆盖率约为 23.8%。与其他国家相比，我国的森林覆盖率还有待提升。

1.2.2　我国森林资源的类型和分布特点

1. 我国森林的类型

为准确掌握我国森林资源变化情况，客观评价林业改革发展成效，国务院林业主管部门根据《中华人民共和国森林法》《中华人民共和国森林法实施条例》的规定，自 20 世纪 70 年代开始，建立了每 5 年 1 周期的国家森林资源连续清查制度，以翔实记录我国森林资源保护

---

① 1 亩＝666.7 m²。

发展的历史轨迹。

起迄于 2014—2018 年的第九次全国森林资源清查,调查固定样地 41.5 万个,清查面积 957.67 万 km²。结果显示,我国森林资源总体上呈现数量持续增加、质量稳步提升、生态功能不断增强的良好发展态势,初步形成了国有林以公益林为主、集体林以商品林为主、木材供给以人工林为主的合理格局。全国森林覆盖率为 22.96%,森林面积为 2.2 亿 ha①,其中人工林面积为 7 954 万 ha,继续保持世界首位。森林蓄积为 175.6 亿 m³。森林植被总生物量为 188.02 亿 t,总碳储量为 91.86 亿 t。年涵养水源量为 62 89.50 亿 m³,年固土量为 87.48 亿 t,年滞尘量为 61.58 亿 t,年吸收大气污染物量为 0.40 亿 t,年固碳量为 4.34 亿 t,年释氧量为 10.29 亿 t。

中国地域辽阔,江河湖泊众多、山脉纵横交织,复杂多样的地貌类型以及纬向、经向和垂直地带的水热条件差异,形成了复杂的自然地理环境,孕育了生物种类繁多、植被类型多样的森林。森林资源的类型有针叶林、落叶阔叶林、常绿阔叶林、针阔混交林、竹林和热带雨林。树种共达 8 000 余种,其中乔木树种 2 000 多种,经济价值高、材质优良的就有 1 000 多种。珍贵的树种如银杏、银杉、水杉、水松、金钱松、福建柏、台湾杉以及珙桐等均为我国所特有。经济林种繁多,橡胶、油桐、油茶、乌桕、漆树、杜仲、肉桂、核桃以及板栗等都有很高的经济价值。

2. 我国森林资源的分布特点

虽然我国森林资源总量位居世界前列,但是人均占有量少。我国人均森林面积为 0.16 ha,不足世界人均森林面积的 1/3;人均森林蓄积为 12.35 m³,仅为世界人均森林蓄积的 1/6。全国各省份森林覆盖率:福建、江西、台湾、广西 4 省份超过 60%;浙江、海南、云南、广东 4 省份为 50%~60%;湖南等 11 省份为 30%~50%;安徽等 13 省份为 10%~30%;青海、新疆 2 省份不足 10%。

我国森林资源的分布有以下特点:

(1)分布不均衡。我国森林资源地理分布极不均衡:东北、西南地区和东南、华南地区为丘陵山地,森林资源比较丰富,森林覆盖率达 28%~38%;华北、中原地区及长江、黄河下游地区森林覆盖率为 7%;西北干旱、半干旱地区森林资源极少,森林覆盖率仅为 1.4%。

(2)结构不合理。我国森林资源结构不合理,用材林面积占比为 73.2%,经济林面积占比为 10.2%,防护林面积占比为 9.1%,薪炭林面积占比为 3.4%,竹林面积占比为 2.9%,特殊用途林面积占比为 1.2%。经济林、防护林、薪炭林的面积占比低,不能满足国计民生的需要。

(3)生产力水平低。我国林地生产力水平低:世界发达国家的林地利用率多在 80% 以上,我国仅为 42.2%;世界林地平均每公顷蓄积量为 110 m³,我国仅为 90 m³;每公顷年均生长量,世界发达国家均在 3 m³ 以上,我国仅为 2.4 m³。以上为 2014 年的相关数据。

(4)造林潜力大。由于中国宜林地多,东南半部气候湿润温暖,因此造林潜力大。中国

---

① ha:公顷,1 ha＝10 000 m²。

林业建设的方针是以营林为基础,普遍护林、大力造林、采育结合、永续利用。

1.3 森林火灾的定义、分类、发生的条件和特点

森林火灾是指失去人为控制,在林地内自由蔓延和扩展,对森林、森林生态系统和人类带来一定危害和损失的林火行为。森林火灾是一种突发性强、破坏性大、处置救助较为困难的自然灾害。中国是森林火灾多发的国家,在影响森林生态环境的诸多因素中,火灾对森林的影响和破坏最为严重。

1.3.1 森林火灾的定义和分类

1. 森林火灾的定义

森林火灾是指失去控制的森林燃烧,如图1-5所示。从广义上讲:凡是失去人为控制,在林地内自由蔓延和扩展,对森林、森林生态系统和人类带来一定危害和损失的林火行为都称为森林火灾。从狭义上讲:森林火灾是一种突发性强、破坏性大、处置救助较为困难的自然灾害。

自地球出现森林以来,森林火灾就伴随发生。全世界每年平均发生森林火灾20多万次,烧毁森林面积占全世界森林总面积的1‰以上。我国现在每年平均发生森林火灾1万多次,烧毁森林几十万至上百万公顷,占全国森林面积的5‰~8‰。

图1-5 森林火灾

森林火灾位居破坏森林的三大自然灾害(病害、虫害、火灾)之首。森林火灾不仅烧死、烧伤林木,直接减少森林面积,而且严重破坏森林结构和森林环境,导致森林生态系统失去平衡,森林生物量减少,生产力减弱,益兽益鸟减少,甚至造成人畜伤亡。高强度的大火能破坏土壤的化学、物理性质,降低土壤的保水性和渗透性,使某些林地和低洼地的地下水位上升,引起沼泽化。由于土壤表面炭化增温,还会加速火烧迹地干燥,导致阳性杂草丛生,不利于森林更新或造成耐极端生态条件的低价值森林更替。

2. 森林火灾的分类

森林火灾常以受害森林面积、成灾森林面积和株数来衡量。森林火灾发生后,按照是否

对林木造成损失及过火面积,可把森林火灾分为以下几类:

(1)一般森林火灾:受火灾森林面积在 1 ha 以下或者其他林地起火的,或者死亡 1~3 人的,或者重伤 1~10 人的森林火灾。

(2)较大森林火灾:受火灾森林面积为 1~100 ha 的,或者死亡 3~10 人的,或者重伤 10~50 人的森林火灾。

(3)重大森林火灾:受火灾森林面积为 100~1 000 ha 的,或者死亡 10~30 人的,或者重伤 50~100 人的森林火灾。

(4)特别重大森林火灾:受火灾森林面积在 1 000 ha 以上的,或者死亡 30 人以上的,或者重伤 100 人以上的森林火灾。

1.3.2　森林火灾发生的条件和特点

1. 森林火灾发生的条件

发生森林火灾的三大要素是可燃物、火源和天气因素。这三者联系在一起,构成了燃烧三角,即发生森林火灾必须具备的三个条件。

(1)可燃物。可燃物是发生森林火灾的物质基础。森林中所有的有机物质,如乔木、灌木、草类、苔藓、地衣、枯枝落叶、腐殖质和泥炭等都是可燃物。在降雨减少、阳光猛烈、大风天时,这些可燃物非常干燥,容易被点燃,因此我国南方的森林火灾多发于冬春季,北方的森林火灾多发于春秋季。

氧气是发生森林火灾的助燃物。1 kg 木材要消耗 3.2~4.0 m³ 空气(纯氧 0.6~0.8 m³),因此,森林燃烧必须有足够的氧气才能进行。通常情况下空气中的氧气约占 21%。当氧气在空气中的含量减少到 14%~18% 时,燃烧就会停止。

1)明火。明火是指有焰燃烧可燃物,能挥发可燃性气体产生火焰的林火,约占森林可燃物总量的 90%。其特点是蔓延速度快,燃烧面积大,消耗自身的热量仅占全部热量的 2%~8%。

2)暗火。暗火是指无焰燃烧可燃物,不能分解足够可燃性气体,没有火焰,如泥炭、朽木等,约占森林可燃物总量的 10%,其特点是蔓延速度慢,持续时间长,消耗自身的热量多,如泥炭可消耗其全部热量的 50%,在较湿的情况下仍可继续燃烧。

(2)火源。火源是发生森林火灾的主导因素。不同类型森林可燃物的燃点各异。干枯杂草燃点为 150~200 ℃,木材为 250~300 ℃,要达到此温度需有外来火源。引发森林火灾的火源按性质可分为以下两种:

1)自然火源。自然火源有雷击火、火山爆发和陨石降落起火等,其中最多的是雷击火,中国黑龙江大兴安岭、内蒙古呼盟(呼伦贝尔盟)和新疆阿尔泰等地区最常见。

2)人为火源。绝大多数森林火灾都是人为用火不慎而引起,占总火源的 95% 以上。人为火源又可分为生产性火源(如烧垦、烧荒、烧木炭、开山崩石、放牧、狩猎和烧防火线等)和非生产性火源(如野外做饭、取暖、用火驱蚊驱兽、吸烟、小孩玩火和人为放火等),特别是每年的清明节前后,祭祀用火有时会引发大量森林火灾。

(3)天气因素。火险天气是发生火灾的重要条件。热带雨林中常年降雨,林内湿度大,植物终年生长,体内含水量大,一般不易发生火灾。但其他森林不论在热带、温带和寒带地区都有可能发生火灾。由于天气因素引发的火灾具有以下特点：

1)年周期性变化。降水多的湿润年一般不易发生火灾。森林火灾多发生在降水少的干旱年,由于干旱年和湿润年的交替更迭,因此森林火灾有年周期性的变化。

2)季节性变化。凡一年内干季和湿季分明的地区,森林火灾往往发生在干季。这时雨量和植物体内含水量都少,地被物干燥,容易发生火灾,称为火灾季节(防火期)。中国南方森林火灾多发生在冬春季,北方多发生在春秋季。

3)日变化。在一天内,太阳辐射热的强度不一,中午气温高,相对湿度小,风大,发生森林火灾的次数多;早晚气温低,相对湿度大,风小,发生森林火灾的次数少。

以上3个条件缺少任何一个,都不易发生森林火灾。大量的事实说明,森林火灾是可以预防的,可燃物和火源可以进行人为控制,而火险天气也可通过预测预报来进行防范。

2. 我国森林火灾发生的特点

(1)地域性特点。由于我国地域广阔,地形比较复杂,因此森林火灾的发生呈现出地域性的特点。从大兴安岭顶部直至西南地区以东是森林覆盖较多的地区,此线以西的森林覆盖面积则相对较小。东北、华北地区在春秋季节天气晴朗,降水量小,植被干燥,较容易发生火灾,而西南地区春秋冬季降水量都较少,常年干旱,天气晴朗,风力较大,森林火灾的发生率较高。华南地区冬季和早春季节时值干季,降水量有限,较易引发火灾。东北、西南、华南等地森林覆盖面大,山地较多,更容易引起森林火灾;而华中、西北等地由于多丘陵、沙漠、平原,不太容易引发森林火灾。

(2)原始森林规模特点。我国目前森林火灾多发的一个重要原因是原始森林的减少。原始森林很多天然物种的木质含有丰富的水分,不能充当可燃物,在火灾发生的时候,它们本身就起到了阻止其扩散的作用。人工林涵养水源、保持水土的能力非常差,仅仅相当于原始森林的1/10,而我国现存的人工林中70%～80%是水源涵养能力差的中幼纯林,品种单一,在干旱天气,林木本身就成了可燃物。而要减少森林可燃物,很重要的一点就是尽量减少原始森林的破坏及避免人工林的栽培单一化。

(3)地形因素特点。影响森林火灾的地形因素有坡度、坡向、坡位和海拔等。其中主要是坡度,坡度越大,火向上燃烧的速度越快,相反,燃烧速度减缓。

1)坡度对林火的影响。坡度直接影响可燃物含水率变化:坡度陡,降水易流失,可燃物易干燥。相反,坡度平缓,水分滞留时间长,林地潮湿,可燃物含水率增大。坡度对热传播也有很大影响:上坡火,可燃物接收到的对流热和辐射热强度增加,因此火灾蔓延速度增加;下坡火则相反。

2)坡向对林火的影响。坡向不同,接受阳光的照射时间不同,温湿度、土壤和植被都有差异,一般南坡接受的阳光时间长,温度较高,湿度较低,土壤和植被较干燥,容易发生火灾,火灾发生后蔓延速度较快。其后依次为西坡、东坡和北坡。

3)坡位对林火的影响。坡位影响水、热再分配。通常在山上部和山脊,林地较干燥,可燃物易燃,火蔓延速度较快;在山坡顶部,火随时间变化较少,火强度低,较易控制;在坡谷地带,一般可燃物数量多,一旦着火,火强度大,顺坡蔓延加速,不易控制。

4)海拔对林火的影响。海拔越高,林内温度越低,相对湿度越大,地被物含水率越高,也就越不易燃烧。当海拔更高,进入亚高山地带或分水岭附近,降水量明显增加,一般不易发生森林火灾。但海拔高通常风速较大,一旦发生火灾,会加速火的蔓延。

(4)林间空地杂草灌木丛生特点。由于我国目前有不少森林中存在着一些林间空地或荒地,杂草灌木丛生,成为森林火灾的策源地。春夏时节杂草和灌木疯长,一到秋冬季节,这些矮小干枯连成一片的杂草灌木燃点低,极易引发火灾,加上其火灾蔓延速度快,可迅速殃及四周,从而造成整个森林大火(火灾)的发生。

1.4　森林火灾发生的过程、热传播形式和后果

森林火灾是一种突发性强、破坏性大、扑救极为困难的自然灾害,一般会造成惨重的人员伤亡和财产损失。人们必须对森林火灾发生的过程、蔓延传播的形式和后果有所了解,以便采取措施避免森林火灾的发生,或者在火灾发生后能迅速采取有效方法将其扑灭。

1.4.1　森林火灾发生的过程和热传播形式

1.森林火灾发生的过程

森林火灾是从森林燃烧冒烟开始的,森林燃烧到一定程度才形成灾害。森林燃烧是森林可燃物内部储存的化学能转化为热能的过程,实际上它是物理和化学过程相互作用的结果,进一步讲,森林燃烧就是森林内各种类型可燃物在空气中发生剧烈的氧化反应。

(1)预热阶段。这时,在外界火源的作用下,可燃物被加热,水分不断逸出,整个阶段是吸收热量以蒸发可燃物内部水分的过程。随着可燃物的温度缓慢上升,蒸发大量水蒸气,产生大量烟雾,部分可燃性气体挥发,可燃物呈现收缩和干燥,处于燃烧前的状态。

(2)气体燃烧阶段。这一阶段可燃物的温度急骤升高,发生有焰燃烧反应,分子的热运动加剧,挥发出大量可燃性气体。当温度达到燃点时,可燃性气体被点燃,发出黄红色火焰,释放出大量的热量,并产生二氧化碳和水蒸气。

(3)木炭燃烧阶段。木炭燃烧即表面炭粒子燃烧,看不到火焰,只有炭火。即在热分解形成的残留物表面发生无焰燃烧,最后产生灰尘而熄灭。

2.森林火灾热传播形式

森林火灾的蔓延主要与热对流、热辐射和热传导等 3 种热传播形式有关。

(1)热对流。热对流是指由于热空气上升,周围冷空气补充而在燃烧区上方形成对流烟柱,可集聚约 3/4 的燃烧热量。它在强风的作用下,往往是地表火转为树冠火的主要原因。

(2)热辐射。热辐射是地表火蔓延的主要传热方式。它以电磁波的形式向四周直线传播,其传热与距热源中心距离的二次方成反比。

(3)热传导。热传导是可燃物内部的传热方式,其传热快慢决定于可燃物热导率的大小,是地下火蔓延的主要原因。

1.4.2　森林火灾蔓延的影响因素和后果

火灾蔓延是指森林植被燃烧后,火焰向四周扩展的过程。森林一旦发生火灾,很容易在

风力的推动下迅速蔓延开来,地表火的蔓延速度一般为 10 km/h,而树冠火则可达到 15 km/h。

1. 影响森林火灾蔓延的主要因素

(1)可燃物种类和含水率。可燃物的类型不同,其组成、种类以及立地方式等均不一样,因此燃烧性也各异,一旦发生火灾,其蔓延速度、火焰高度和火强度等都不同。可燃物生物量是估测潜在能量释放量的参数。不同可燃物类型的潜在能量不是固定不变的,含水量不同,则蔓延速度也不同,如:矮小干枯的杂草、灌木燃点低,蔓延快;湿润、粗大的枯枝、倒木不易燃,蔓延慢。

1)植被类型。根据森林可燃物的种类与特性,亚热带的常绿阔叶林和落叶阔叶林是不易燃的,针叶林是极易燃的,针叶树比阔叶树易燃,油脂含量多的比油脂含量少的易燃。由图 1-6 可知,按森林植被组成统计,针叶林发生森林火灾的次数最多、受害面积最大,竹林最少。

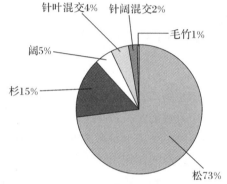

图 1-6　森林火灾次数与森林植被的关系

2)郁闭度。森林郁闭度是指林冠覆盖面积与地表面积的比例,森林火灾发生频度与森林郁闭度的关系如图 1-7 所示。随着森林郁闭度的增大,林内可燃物增多,林火发生的可能性大。当森林郁闭度为 0.40 时,林火发生的次数最多,为 180 次。在森林郁闭度大于 0.40 以后,郁闭度越大,林内的湿度也越大,林火发生的可能性则相对较小。在园林设计中,可以通过种植树木和草坪提高郁闭度。

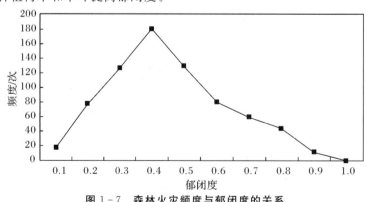

图 1-7　森林火灾频度与郁闭度的关系

3)林龄。林龄一般是指林分的平均年龄,有两种表示方法:一种是林分中占优势部分树木的平均年龄,称为优势年龄;一种是全部林木的平均年龄,称为平均年龄。森林火灾在幼龄林和中龄林发生的次数比近熟林、成熟林和过熟林多。如图1-8所示,幼龄林火灾发生次数占总次数的31%,中龄林占总次数的58%,两者合计占总次数的89%。

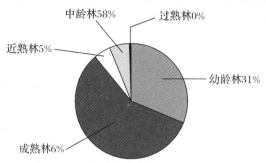

图1-8　森林火灾次数与林龄的关系

（2）地形。地形是地表起伏的形势。根据陆地的海拔和起伏的形势,地形可分为山地、高原、平原、丘陵和盆地等类型。通常的地形图用等高线和地貌符号综合表示地貌和地形,包括坡度、坡位、海拔、地貌或地表形状等因素。地形不仅影响天气、气候和植被的分布与生长,而且影响生态因子的重新分配,也就影响了热量的传播和林火蔓延方式,这使林火强度、林火的蔓延和地带林火行为都发生了变化。另外,若地形凸凹起伏,引起小气候改变,造成湿度和温度的差异,也会影响林火蔓延速度,如:阳坡和山脊蔓延快,阴坡和山谷蔓延慢,上山火比下山火蔓延快,陡坡比平缓地蔓延快。

统计资料表明,森林火灾发生频率与坡度呈正态分布。随着坡度的增加,火灾次数相应增多,但增加到一定程度就会相应减少,并不是呈直线的增长关系。因为随着坡度的增加,光照时间增长、地被物增多、可燃物湿度减小等因素,使火灾发生的可能性增大;但是坡度增加过多,土壤含水量降低,会使林分稀疏、地被物减少,导致火灾发生的可能性减小。在坡度为20°～30°的范围内,火灾次数明显高于其他坡段,如图1-9所示。

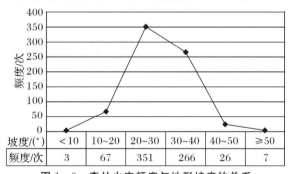

坡度/(°)	<10	10～20	20～30	30～40	40～50	≥50
频度/次	3	67	351	266	26	7

图1-9　森林火灾频度与地形坡度的关系

（3）风。风直接影响林火蔓延的速度、方向、火场形状和面积。风对森林火灾的扩展和蔓延起决定性作用:风可促进空气流通,加速燃烧反应;风力可以将火焰带到前方,增大火的传播速度;风能增大可燃物的水分蒸发速率,减小可燃物的含水率,促进燃烧。大林火蔓延速度快,顺风火比逆风火蔓延快,侧风火介于两者之间。高山峡谷地带的风力作用主要来自山风和谷风,谷风能加速火向上蔓延。在晴朗的天气,一般都有山谷风这种现象。山谷风发生在10时左右,逐渐增强,到15时以后最大。俗话说,山火不过夜。山谷风有阵风性质,受其控制,山火在一天中也有盛期、中期、衰期。一般衰期主要在4～10时之间,此时地表火停止发展,树冠火变冲冠火,有些冲冠火在烧掉枝叶后,火焰自动熄灭。森林火灾蔓延发展的水平方向也受山谷风的影响。当谷风猛烈时,火灾常在火场的上游一带扩展,当山风猛烈时,火势常在火场的下游一带扩展。

(4)昼夜变化。在一天中,森林火灾发生的次数基本呈正态分布,如图1-10所示。森林火灾发生次数的分布状态与大气温度和人类活动的时间分布相关。一方面,白天有日光照射,气温高、湿度小、风速大、可燃物干燥、林火蔓延快,夜间与白天相反,林火蔓延慢。另一方面,白天是人们活动最频繁、用火最多的时段,所以形成了森林火灾的高发时段。从8时开始,森林火灾发生次数逐渐增加,到12～14时达到顶峰,之后逐渐减少。森林火灾相对集中在9～19时,高峰期在10～15时。

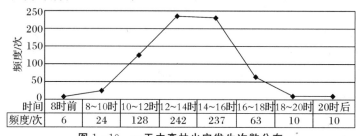

时间	8时前	8～10时	10～12时	12～14时	14～16时	16～18时	18～20时	20时后
频度/次	6	24	128	242	237	63	10	10

图1-10 一天中森林火灾发生次数分布

(5)气象条件。森林火灾的发生、发展与气象条件密切相关。森林火险是森林火灾发生的可能性和蔓延容易程度的一种度量,构建森林火险等级指标必须充分考虑气象因子的作用。森林火险等级划分是根据气温、湿度、降水量、可燃物含水率和连续干旱的程度等进行的。按照国家森林防火指挥部办公室制定的《全国森林火险天气等级标准》分为5级:

1)一级。一级为低火险级或无火险级,表示不易发生火灾。

2)二级。二级为较低火险级或弱火险级,表示难以发生火灾。要注意林区野外用火安全。

3)三级。三级为中等火险级,表示可能发生火灾,但一般不易蔓延,较易扑救。要控制林区用火。

4)四级。四级为高火险级,表示容易发生火灾,而且不易扑救。要禁止林区用火。

5)五级。五级为最高火险级或特大火险级,表示极易发生火灾,而且极易蔓延,难以扑救。要严禁林区一切用火。

(6)反复性。虽然林火有一般的蔓延规律,但林火蔓延常有反复,特别在山地林区表现更为突出。主要原因有:

1)森林火灾面积大,余火难以全部扑灭,一些隐蔽火点仍在燃烧。余火经常有隐蔽性的表现,当林火被扑灭后,地面看似无火无烟,人警觉性降低,但实际上地面腐殖质仍在阴燃,因而容易导致复燃,特别是在火场的边沿此种现象更为严重。

2)森林火灾过后还存在隐蔽的余火自燃问题,地表下面的腐殖质在高温的作用下出现可燃气体,一旦与外部空气中的氧气结合,即发生自燃。因此,人们应对隐蔽的余火高度重视,不仅要从烟、温度方面去进行判断,还要反复翻挖,以及反复多次用水浇灌,使其自燃现象不再出现。

2.森林火灾的严重后果

不管是人为因素起火还是自然界因素起火,由于森林的面积较大,火灾发生时不一定能发现,而发现火灾时往往已经蔓延了相当大的面积。此时,火灾的扑救也存在相当大的难度,火灾会不断地蔓延甚至出现新的火场。森林火灾危害极大,一场火灾,在很短的时间内,就可能把长期培育起来的大片森林烧光,给森林资源、生态系统和人类生活带来巨大损失和严重危害。

火灾对森林的严重危害,主要表现在以下几方面。

(1)森林火灾不仅会烧死许多树木,降低林分密度,破坏森林结构,同时还会引起树种演替,使森林向低价值的树种、灌木丛、杂草更替,降低森林利用价值。如东北东部的红松原始林区,经过火烧后,红松及其他针叶树消失而变为阔叶林,继续受到火烧,则变为多代萌生柞木林,如果还继续遭到火灾破坏,则可能演变为荒山荒地。尤其严重的是,森林经过焚烧后,许多树木变为枯木、倒木和病腐木,这又大大增加了发生森林火灾的可能性,可能引起更大的火灾。

(2)森林火灾烧毁大量林木,未被烧死的林木则由于生长衰退,为森林病虫害的大量衍生提供了有利环境,容易引起病虫害或成为风倒木。如小蠹虫、吉丁虫等常以火烧迹地为大量发生的策源地,树木根部和干基部被烧伤的部位易感染腐朽菌形成根基和干基腐朽。

(3)森林火灾发生后,森林环境发生急剧变化,天气、水域和土壤等森林生态受到干扰,失去平衡,往往需要几十年或上百年才能恢复。

(4)森林具有涵养水源、保持水土的作用,每公顷林地比无林地能多蓄水 30 m³,3 000 ha 森林的蓄水量相当于一座 100 万 m³ 的小型水库,因此,森林有"绿色水库"之美称。森林火灾烧毁地被物,造成林地裸露,因此,在森林火灾发生后,森林的这种功能会显著减弱,严重时甚至会消失。由于森林多分布在山区,山高坡陡,一旦遭受火灾,林地土壤侵蚀、流失要比平原严重很多。森林失去涵养水源和保持水土的作用后,将会造成水土流失、河流泛滥,引起水涝、干旱、山洪、泥石流、滑坡以及风沙等自然灾害。大量的泥沙会被带到下游的河流或湖泊之中,引起河流淤积,并导致河水中养分变化,使水质显著下降,河流水质的变化会严重影响鱼类等水生生物的生存。与此同时,由于森林环境遭到破坏,失去了森林调节气候的作用,因而直接影响农业稳产高产。

(5)森林火灾使森林大量能量突然释放,使森林生态系统破坏,生态系统内部失去平衡,从而引起生态系统内的生物、生态因子混乱。

(6)森林火灾会烧毁林下经济植物,特别是会烧毁森林中珍贵的野生植物,或者由于火的干扰,其生存环境改变,使其数量显著减少,甚至使某些种类灭绝。森林火灾还会烧死和驱走林内珍贵鸟兽,破坏野生动物赖以生存的自然环境,如紫貂和灰鼠分别生活在偃松林和红松林内,一旦偃松和红松被火烧毁,紫貂和灰鼠将立即消失。由此可见,火灾严重影响林内动、植物资源及林副产品的利用,不利于山区经济的发展。中国有不少野生动植物种类已经灭绝或处于濒危状态。因此,防治森林火灾,不仅是保护森林本身,同时也保护了野生动物,进而保护了生物多样性。

(7)森林火灾能烧毁林区各种生产设施和建筑物,威胁森林附近的村镇,危及林区人民的生命财产安全。森林火灾常造成人员伤亡,全世界每年由森林火灾导致千余人死亡。此外,扑救森林火灾要消耗大量的人力、物力和财力,影响工农业生产,有时还会造成人身伤亡,影响社会的安定。

(8)森林火灾会造成大量林火烟雾(烟灰)随风飘向附近的城镇和居民区,这些烟雾对人体健康十分有害。因为在林火烟雾中包含对肺有害的$PM_{2.5}$颗粒,它会对人体健康造成巨大伤害,包括灼伤眼睛,使人流鼻涕,头痛,痒,以及患上支气管炎等疾病,特别是在患有呼吸系统疾病和其他敏感状况的人群中,这些颗粒会引起更严重的问题,包括呼吸困难和胸痛等。

(9)森林火灾会释放出大量的二氧化碳和水汽,它们都是温室气体的重要组成部分,使地球持续升温,由此导致气候变暖问题日益严峻。气温升高,又会加重局部干旱,使得森林火灾发生的可能性增大。尤其是森林重特大火灾,和气候变暖呈正相关。森林火灾和气候变暖之间,形成了一个恶性循环。

1.4.3 我国森林火灾发生的实情

我国森林火灾频发,每年平均发生森林火灾数千起,烧毁森林上万公顷,烧毁森林的动植物资源,破坏生态环境,导致水土流失,给社会经济造成了严重损失,直接威胁到林业可持续发展和国家生态安全,其中人员伤亡更是我们最不愿看到的。

1.我国森林火灾统计数据

国家统计局发布的统计数据表明:近10年(2010—2019年)来,我国森林火灾发生频度整体呈下降趋势,2011年以后我国的森林火灾特征存在一个显著的转折,即由重转轻。但是在2017年,全国森林火灾发生次数出现了一次小反弹,随后又恢复低值。

2018年我国共发生森林火灾2 478起,其中一般森林火灾1 579起、较大森林火灾894起、重大森林火灾3起、特大森林火灾2起。同比2017年发生的森林火灾次数(3 223起)下降23.12%。2019年我国共发生森林火灾2 345起,较2018年减少133起,同比下降5.37%。2020年我国发生森林火灾1 153起(其中,重大森林火灾7起,未发生特大森林火灾)。2021年,我国发生森林火灾616起,未发生重大以上火灾,与近五年均值相比,2021年我国森林火灾发生次数降幅较大,如图1-11所示。

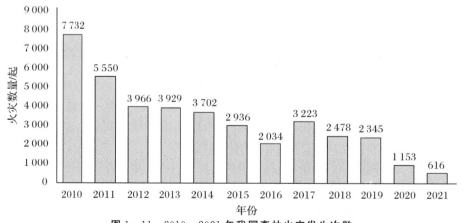

图1-11 2010—2021年我国森林火灾发生次数

我国森林火灾受灾面积与火灾受灾发生次数变化规律较一致,如图1-12所示。在2011年以后呈现明显下降趋势,随着森林火灾发生次数的减少,2018年我国森林火灾受灾面积下降至 16 309.07 ha,较 2010 年减少 29 452.01 ha。2019 年我国森林火灾受灾面积下降至 13 505 ha,较 2018 年减少 22 804.07 ha。2020 年我国森林火灾受灾面积 8 526 ha,较 2019 年减少4 979 ha。2021 年我国森林火灾受灾面积 4 292 ha,较 2020 年减少 4 234 ha,如图1-12所示。

图 1-12　2010—2021 年中国森林火灾受灾面积

2.我国森林火灾伤亡人数数据

回顾历史,1986 年云南省安宁县森林火灾,造成 56 人当场死亡,过火面积 2 300 亩,其中森林面积 2 000 亩。1987 年,大兴安岭森林火灾,造成 211 人死亡,烧毁森林面积 101 万 ha,这是中华人民共和国成立后最严重的一次森林火灾。

随着我国森林火灾发生次数与火灾面积总体呈减少趋势,全国森林火灾受伤死亡人数也总体呈下降趋势。2014 年是 2010—2019 年期间森林火灾造成伤亡人数最多的 1 年,伤亡人数共计 112 人。2018 年森林火灾伤亡人数为 39 人,同比 2017 年下降 15.22%。2019 年森林火灾伤亡人数为 76 人,其中 2019 年 3 月 30 日,四川省凉山州木县境内发生森林火灾,造成 27 名消防员及 4 名地方扑救人员死亡。2020 年森林火灾伤亡人数 41 人,较 2019 年减少 35 人。2021 年森林火灾引起伤亡人数 32 人,较 2020 年减少 9 人。森林火灾引起伤亡人数连续两年下降,如图 1-13 所示。

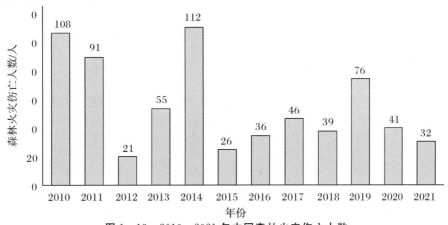

图 1-13　2010—2021 年中国森林火灾伤亡人数

由于我国森林火灾频发的总体态势尚未得到完全有效控制,因此,我们决不可以麻痹大意,一定要提高警惕,高度重视森林消防工作,加强有关森林防火知识的普及,落实各项预防森林火灾措施的实行。

1.5 森林防火和扑救的基础知识

我国森林防火的方针是预防为主,积极消灭。预防是森林防火的前提和关键,消灭是被动手段和挽救措施。只有把预防工作做好了,才有可能不发生或少发生火灾。而一旦发生火灾,必须采取积极措施将其消灭。因此,在森林防火各项工作中,必须做到一手抓预防,一手抓扑救。

1.5.1 森林防火的定义、方针和扑救原则

森林火灾的发生受很多因素的影响,是非常复杂的,包括人类活动、气候变化以及天体演变等多种因素,是不可能完全避免的,但是要尽量减少人为危害和损失。

1. 森林防火的定义

森林防火是指森林、林木和林地火灾的预防和扑救。森林防火工作是中国防灾减灾工作的重要组成部分,是国家公共应急体系建设的重要内容,是社会稳定和人民安居乐业的重要保障,是加快林业发展,加强生态建设的基础和前提,事关森林资源和生态安全,事关人民群众生命财产安全,事关改革发展稳定的大局。简单来说,森林防火就是防止森林火灾的发生和蔓延,即对森林火灾进行预防和扑救。

预防森林火灾的发生,就要了解森林火灾发生的规律,采取行政、法律、经济相结合的办法,运用科学技术手段,最大限度地减少火灾发生次数。扑救森林火灾,就是要了解森林火灾燃烧的规律,建立严密的应急机制和强有力的指挥系统,组织训练有素的扑火队伍,运用有效、科学的方法和先进的扑火设备及时进行扑救,最大限度地减少火灾损失。

2. 森林防火方针和扑救原则

(1)森林防火方针。森林防火实行预防为主,积极消灭的方针,做好预防工作是防止森林火灾的先决条件。

(2)森林火灾扑救原则。森林火灾扑救原则:打早、打小、打了。

1.5.2 预防森林火灾的措施

减少和杜绝森林火灾的根本办法是做好预防工作。预防的措施包括行政措施和技术措施两方面内容。

1. 预防森林火灾的行政措施

(1)开展护林防火的宣传教育。森林火灾主要是人们用火不慎引起的。所以进行宣传教育,做好思想工作,严格控制火源,就可以大大减少乃至杜绝森林火灾的发生。宣传教育要做到经常、细致、普遍、家喻户晓、人人皆知,方式方法要多种多样。

(2)建立健全护林防火组织。在林区和林区附近,结合各级行政机构,建立各级护林防

火组织,经常开展护林防火工作。开展护林防火宣传教育,加强山林管护,便于发生火情时,集中力量,及时组织扑救。在各级行政区接壤的森林毗连地带,往往是护林防火的薄弱地区,很容易发生森林火灾,因此建立区域性的联防组织也是很必要的。联防组织可以做到互通情报,互相支援,共同做好护林防火工作。

(3)建立健全护林防火的各项规章制度。建立健全各项必要的护林防火制度,既是加强各级干部和广大群众护林防火责任心的有效措施,又是长期深入开展护林防火工作的有效办法。根据这些规章制度,各单位都有明确的责任,做到"山山有人护,处处有人管"。

(4)控制火源。严格控制引起森林火灾的各种火源,是从根本上杜绝森林火灾的关键措施之一。对不同的火源,要采取不同的方法加以控制。对生产用火要认真执行各地制定的野外用火制度。对生活和其他用火则应严格控制。常出入林区的机动车辆必须安装防火装置。为了预防雷击火,在有雷雨天气时应加强警戒。

2.预防森林火灾的技术措施

预防森林火灾必须将技术措施与行政措施相配合,才能收到较好的效果。如对火灾进行预测预报,用巡逻、瞭望或利用红外线、遥感、网络技术等监测火情,建立防火设施,采取营林措施提高森林防火性能等都是有效的预防技术措施。

(1)火险预测预报和火情警戒。

1)火灾预测预报。在易发火灾季节里,系统地进行火险天气预测预报是防止森林火灾和及时扑灭火灾的有效措施。它不仅能随时提醒人们注意用火,并能使防火人员掌握主动权。因此,在林区应重点设立森林火灾危险天气预报站。目前在火险预报方面使用的方法较多,大致可分为两大类:一是利用气象资料判断火灾危险等级;二是根据植被状况和气象资料综合判断火灾危险等级。

2)建立防火观察站。建立防火观察站(瞭望台)的目的在于及时发现森林火灾并确定火灾发生的地点。观察站(瞭望台)设置在制高点上,其类型有自动监测观察站和人工观察站两种。观察站的高度可根据周围地势和树高而定。在观察站发现火情后,应立即用仪器测定火场方位,并及时将火情报告防火指挥部。防火指挥部接到火情报告后,在备用的详细地图上用交会法很快就能确定起火的位置。

3)防火巡逻。防火巡逻有地面巡逻和航空巡逻两种方式。地面巡逻的主要任务:一是控制林内各种火源,防止火灾发生;二是发现火情立即扑灭。航空巡逻是利用航空飞行器(包括有人驾驶的飞机和直升机,无人驾驶的无人机等)巡视森林,也叫航空护林。它与地面瞭望、地面巡逻密切配合可以保证及时发现森林火灾。

4)红外线探测火情。红外线探测火情是利用装在航空飞行器或地面观察站(瞭望台)上的红外线探测仪进行探测的一种方法,可以迅速、准确地发现火情。红外线探测仪是根据接收物体不同的红外辐射来判别火情的。

5)卫星监视林火。利用卫星发现和监视林火,速度快,监视面积大,可以掌握林火发展动态。我国卫星技术已经应用在防火监测工作中,并且取得了很好的成绩。

(2)护林防火设施。

在林区预先准备好防火设施是预防森林火灾的有效办法。林内防火设施有以下几种。

1)开设防火线。防火线也称为防火隔离带,是在林区开辟出来的带状无林木空地。其作用是阻止地面火、林冠火和地下火的蔓延,为扑救森林火灾创造条件,并可以作为消灭火灾的控制线,也可以将防火隔离带作为交通道路,修建盘山公路作为隔离带,以便于林内巡逻和扑救火灾。

2)设置生土带和防火沟。生土带是经过翻耕土壤的较窄的防火带,对阻止地面火的蔓延有很大作用。通常在集材场、烧炭场、汽车库、工房周围以及经济价值较高的森林地段设置生土带,带的宽度一般为 1～2 m,杂草高而茂密的地段应适当加宽。

3)营造阔叶树防火林带。在针叶纯林和针阔混交林地区,用阔叶树防火林带代替防火隔离带,可以合理利用土地,将消费性的防火隔离带变为生产性的防火隔离带。阔叶树防火林带的宽度通常为普通隔离带的 1～2 倍。在培育阔叶树防火林带时,最好使其成为多层混交林,并达到最大的郁闭度,以提升防火性能。同时应选择适合当地立地条件的、耐火性强、生长迅速、树木本身含水量大的乔灌木树种。

4)修筑林道。林内修筑林道,能保证及时运送救火人员、工具和物资到达现场迅速扑灭火灾,同时其可兼作防止地面火蔓延的隔离带。林道还有利于整个森林的经营管理,因此林道在护林防火及森林经营上都具有重要意义。

5)保护电力线路。禁止在电力线路下方种植高杆树竹,因为高杆树竹长势快、高度高,风力大时容易触碰线路造成短路跳闸,也易因碰触发热线路而引发森林火灾,如图 1-14 所示。

图 1-14 电力线路下方禁止种植高杆树竹

6)有计划地燃烧枯枝败叶。可通过小规模、有计划,以及使用安全可控的方式将林区中堆积的枯枝败叶烧掉,清理出防火线,这样即使以后发生森林大火,也不会呈现大片林区燃烧(火烧连营)的局面。

7)建立森林防火视频监控系统。林区森林防火视频监控系统由防火指挥部监控管理中心、传输系统、红外摄像机及云台控制系统、无线火灾报警系统、电源系统和铁塔组成。通过在森林内合理布置各个前端监控点,实时采集现场图像数据及发生火情时红外探测器的火灾报警信号,凭借无线通信网的传输信道,把采集到的图像信息和火警信号以数字方式传输至监控管理中心,同步实时显示,以及监控报警。一旦发生森林火灾,有了良好监控通信设备,就可以做到及时报告,及时启动和组织扑救。使防火站、观察站(瞭望台)、林区作业点、居民区、防火指挥部组成一个森林消防联络网。这样可以保证做到及时发现火灾,及时扑救火灾。

(3)采取经营措施提高森林的防火性能。

1)加强抚育间伐,搞好卫生清林工作。通过抚育间伐、卫生伐、清除林内的濒死木、枯立木、病腐木,可以减轻林分的可燃性,增强抗火性,同时促进林木生长。林分生长加快,减小了细小可燃物(枝叶)的比例,可使森林燃烧性降低。

2)调节林分结构,降低林分燃烧性。针叶树含油脂多,易燃,而阔叶树含水分多,不易燃。使林分形成针阔叶混交或营造阔叶树防火林带,就可降低林分的燃烧性。

1.5.3　扑救森林火灾的途经、基本方法、要点和难点

本书主要介绍和讨论使用无人机扑灭森林火灾的技术和方法。一方面,消防无人机只是近年来(2018 年)才出现的新事物,而人工扑救森林火灾的历史却是源远流长,已有几千年的历史;另一方面,消防无人机只是一种先进工具,它取代不了人(消防员)在扑灭森林火灾时所起的主导作用。因此,对森林火灾扑救途径方法要点和难点进行了解还是很有必要的。

1. 扑救森林火灾的途径

扑灭森林火灾有 3 个途径。

(1)散热降温。散热降温的目的是使燃烧可燃物的温度降到燃点以下而熄灭,主要采取将冷水喷洒到可燃物物质上,吸收热量,降低温度,冷却降温到燃点以下。用湿土覆盖燃烧物质,也可达到冷却降温的效果。

(2)隔离热源(火源)。隔离热源(火源)的目的是使燃烧的可燃物与未燃烧可燃物隔离,破坏林火的传导作用,达到灭火目的。为了切断热源(火源),通常采用开防火线、防火沟、砌防火墙,设防火林带,喷洒化学灭火剂等方法,达到隔离热源(火源)的目的。

(3)窒息灭火。窒息灭火的方法是断绝或减少森林燃烧所需要的氧气,使其窒息熄灭。主要采用的方法有扑火工具直接扑打灭火、用沙土覆盖灭火、用化学剂稀释燃烧所需要的氧气灭火,使可燃物与空气形成短暂隔绝状态而窒息。这类方法仅适用于初发火灾,当火灾蔓延扩展后,需要隔绝的空间过大,投工多,效果差。

2. 扑救森林火灾的基本方法

森林火灾往往是突发性的,蔓延速度也很快,扑救森林火灾的最佳时间是火灾初发期,应该就近组织人员和设备开展扑救工作,控制火情,但必须注意扑火安全。在与森林火灾的斗争过程中,消防指挥领导应听取技术人员对火点的地势分析和意见,然后结合实地情况,根据森林火灾发生规律和扑火特点,遵循"早发现、先控制,后消灭,再巩固"的程序,采用多种森林火灾扑救方法交替使用或综合使用的方式。

(1)人工扑灭法。这种方法往往用在森林火灾初发期和火势较弱火场。消防员和救火群众用扑火把或砍一长短比较适合、树叶比较浓密的常绿树技用作扑救工具。扑火要点是沿着火头侧面顺风扑打,举起树枝对准火焰的根部压下去,停 1~2 s 左右才能举起,扑下去

之后如果又迅速扬起树枝,那样会使火势越烧越旺。顺序是扑救人员一线排开,自下而上沿火场边缘扑救。注意不可直接冲入火场、站在大树底下和地面杂草多的地方扑火。

(2)融离法。这种方法往往用在森林火灾蔓延期和火势较强的火场。在森林火灾蔓延期,采用扑灭法的同时,应该同时使用隔离法。这时应观察风向和火灾的强度,并判断蔓延速度,组织大量的人员沿山脊线、山沟线或火场四周开防火隔离带,清理可燃物,把森林火灾控制在一定范围之内。下山火和逆风火的蔓延速度较慢,可在火头前 50 m 开防火隔离带。开防火隔离带的具体位置应由一扑火经验较为丰富的消防员(或救火群众中有经验、有胆识的人)指挥,以求开出一条最短、最有效的防火隔离带。线宽根据地形确定,为保证速度,一般 2 m 左右即可,要砍倒防火隔离带上树木并使之倒向火场外,防止火头借大树窜过防火隔离带。注意不要站在上火头开防火隔离带,而应在火场侧边开,如果确实有需要控制上火头,则要注意保持人员与火场的距离。防火隔离带开好后应留人看守,防止火头窜过防火隔离带,并随时注意观察火势。

(3)火攻法。这种方法往往是在森林火灾的爆发期使用。森林火灾大爆发的时候,扑火人员根本无法接近火源,在茂密的森林里尤其是如此,这时除了在火势较弱的地方仍然采用扑灭法,还要果断实施火攻法。火攻法通常由 20 人左右的消防员突击小队实施,具体是先在距火场 30 m 的地方开出一小段 1 m 宽左右的隔离带,然后由 1 人观察火情并指挥队伍进退,1 人向火场方向点火烧掉可燃物以扩大隔离带,2 人看守点火点,1 人断后,其他人员迅速向前拓展小隔离带。这种方法如果使用得当则非常有效。突击小队应在整个森林火灾扑救过程中起到战略用途的作用,应该把小火头交由普通扑火员负责,而转战大火头。

(4)土掩法。在看守火场时使用土掩法。森林火灾很容易复燃,火场看守人员应人手一把农用铲,看到有冒烟的火种就要用泥土把火种盖住,防止火种被风吹走或复燃。

(5)航空法。通常森林地区地形复杂,地面大型消防设备无法抵达,因此利用航空飞行器(有人机或无人机)从空中迅速飞抵火场上空,向着火燃烧区域喷洒大量的水或阻燃剂进行灭火,或者划出隔离带,达到扑灭森林火灾的目的。航空消防的主要用途是:火场侦察和观察,空运消防人员和设备,将消防队员部署到火场,以及从空中喷洒水或灭火剂等。航空消防不受地面交通限制,机动灵活,反应快速,特别是在山高坡陡、沟壑纵横的重点林区,地面力量难以到达,航空消防的优势更加明显。

3.扑救森林火灾的要点

(1)直接灭火方法的要点。

直接灭火方法是使用灭火机具直接与火交锋,使其停止燃烧。这种方法一般适用于弱度、中度地表火(人能靠近灭火),不适合猛烈燃烧地大火或树冠火。直接灭火法采用的机具很多,可以使用机械扑火工具,也可以用化学灭火药剂、水、土等。其基本方法有人工扑打、用土灭火、用水灭火、用气灭火、以火灭火、开设防火隔离带阻止火灾蔓延、人工降雨、风力灭火机灭火、化学灭火、爆炸灭火、无人机灭火和航空灭火等。

(2)间接灭火方法的要点。

间接灭火法主要用于扑救大面积、大强度、大风条件下的火灾,适用于猛烈燃烧的地表火、树冠火和难灭的地下火,特别是在阻止大面积荒火烧入林内的情况下使用。主要扑救方法包括建立防火隔离带,如开防火隔离带、挖防火沟、以火攻火等,以及利用河流、道路和山脊作为依托条件开设防火隔离带,阻隔火的蔓延。

1)人工开设防火隔离带。在火前方一定距离,选择与主风方向垂直,植被较少的地方,人工开设防火隔离带,并清除防火隔离带上的一切可燃物质。防火隔离带宽度一般不小于30 m,长度应视火头蔓延的宽度而定,伐倒的植被倒向火场一边。开设防火隔离带时要强调质量,不符合质量要求的要立即返工。防火隔离带形成后,要派足够人员在外侧守护,严防火烧越防火隔离带。

2)火烧防火隔离带。火烧防火隔离带的技术性强,危险性大,如掌握不好极易跑火。因此,必须选择有经验的指挥员指挥,组织足够人力,选好风向,在三级以下风力时进行。风力太大时不宜使用此方法。

火烧防火隔离带一般选择在火头的前方,利用河流、道路作为依托条件,迎着火头,在火头前进的方向的对侧开始点火,利用风力灭火机使火向火场方向蔓延,两火相遇产出火爆,降低空气中氧气的含量,而将火熄灭,阻止火蔓延。采用火烧防火隔离带方法灭火时,点火人员一般相间 5 m,向同一方向移动同时点火。逆风火速一般小于 60 m/h,为了使大火烧到时能烧开 100 m 以上的区域,点火则应该提前 20～30 min 进行,并可以采用拉多道火线的方法逆风点火。

3)如果火势进一步扩大,指挥员应根据火势、地形、地被物、气象、扑救力量等情况,考虑变更扑救方法和调整扑救队伍的任务及配备,掌握好支援队伍和物资,力争控制局势。

4)在指挥扑救时应注意判断扑救力量和火势的相互联系,根据火的发展蔓延速度,划分间接扑火区和直接扑火区,确定间接扑火方式和作业地点,分配扑火任务,落实责任,实行分片包干。

5)选派有扑火经验的消防员和经过培训的扑火队(组)到重要火场部位扑救,其余人员配合扑火。在山脊开设防火隔离带:一是要进行严格验收;二是当火烧向防火隔离带时,应组织扑火人员及时撤退;三是已经开好防火隔离带,当火烧向防火隔离带时,指挥员要沉着坚定,指挥有序,主动进攻及时扑灭越界火、飞火,阻止火蔓延。采用火烧方法开设防火隔离带时,要将扑火人员分成点烧组、扑火组、清理组和扑火预备队,边扑火边清理,指挥员要统一行动,严密组织,及时掌握火情变化,果断采取措施。

6)当扑救时间较长,一线扑火人员疲劳时,要及时使用预备队伍,撤换一线扑火人员,避免因过度疲劳造成人员伤亡。

7)当火势激烈凶猛,间接和直接扑火方法难以奏效时,应当利用日出、日落前后一段时间大气湿度大,风小,火势较弱的有利时机,最大限度组织扑救力量,投入扑救战斗。

8)利用防火隔离带阻止火势蔓延成功后,指挥员要重新调整扑火方案、扑火力量和扑火任务。一是留下部分人员清理余火,看守火场,警戒飞火,防止复燃;二是主要扑救力量转移,由外向内边打边清;三是配备适当预备力量,以应付情况突变。

4.扑救森林火灾的难点

以往,在森林消防无人机出现之前,虽然人们为扑救森林火灾想尽了各种方法,并采用了各种措施,但是收效甚微。扑救森林火灾一直是个世界性的难题,主要难点有:

（1）发现难。森林区域大,在某处发生火灾往往不能被消防人员第一时间发现,而发现晚了就会导致火灾蔓延,导致森林资源受到大的损失。

（2）抵达难。森林中道路条件差,路途远,消防人员往往要靠徒步行进赶往起火点现场,不仅耗时长、体力消耗大,而且无法及时到达,从而错失了扑灭林火的最佳时机。如果起火点位于崇山峻岭、悬岩峭壁,消防人员要想赶往现场进行扑救就更加困难,而只能乘坐消防飞机进行机降或伞降。

（3）通信不畅。由于林区内通信不畅,消防灭火人员视野受限,对森林火灾蔓延方向难以判断,在扑救森林火灾火时可能存在较大危险。

（4）供给保障困难。一方面,扑救森林火灾的消防工作一般都是连续作战,消防人员体力消耗大;另一方面,由于山高林密,运输困难,对消防人员的物质供应和生活保障难度大。

（5）没有有效的灭火方法。以往采用人工扑救森林火灾的主要做法是控制林火蔓延,也就是在火线上进行扑打、土埋、人工看守,在燃烧区附近开辟隔离带:把火控制在已经有的燃烧区域而不是直接把林火灭掉。这些办法可对付小火(地表火),但一旦风力加大,火灾变成树冠火,则无法实施。

（6）危害严重。通常森林火灾可燃物分布量大、燃烧区域大、时间长,会烧毁多年的树木,影响森林中的生物,导致气候变化、水土流失、土壤毁坏等多种生态危害。与此同时,森林火灾可能蔓延至附近居民区,损毁房屋和生活生产设施,造成人员伤亡。

1.5.4　应用无人机扑救森林火灾

森林火灾危害大,损失大,因此森林火灾的及时监测具有突出的意义。由于森林覆盖地域辽阔,环境复杂,传统的人工监测效率低、不及时,给扑灭工作带来了很多困难,特别是由于时间延误,可能会造成无法控制的局面。如果通过接触式的传感器直接检测森林火灾,无论是安装,还是网络布置都十分困难,几乎不能实现。目前,视频监控已经广泛应用于金融、电力、交通、公安消防等领域,取得了突出的成绩。但是,视频监控大多数应用都是小范围内的监测,即使是远距离的监测,其监测的范围仍然是小范围的。至今无法通过多个远程监控端的组成网络监测系统对森林火灾实现大范围监测。

相较而言,无人机在及时侦察、监测和扑救森林火灾方面有很大的优势,大有用武之地。

（1）大范围巡查。消防无人机针对森林环境情况,规划飞行航线后进行空中飞行巡查,利用空中视角优势,减少了巡检防火的人力投入,且安全、高效。同时,消防无人机搭载30倍可变焦吊舱进行录像和拍照,通过高清数字图传将实时的监测信息回传到地面控制站和森林消防指挥部,并同时提供地理信息等相关数据。

（2）总览火势。消防无人机可通过双光摄像中的红外热成像分辨出易燃点,迅速寻找到森林火灾的火源处,并在高空通过双光摄像分析实际环境与火情(见图1-15),及时将火情信息通过图传回传到地面控制站和森林消防指挥部,由森林消防指挥部有针对性地布署实施灭火计划,通过远程喊话系统进行远程指挥与规划,选择安全系数高的任务路线等。

图 1-15　消防无人机从空中侦测森林火灾现场燃点

（3）扑救火灾。在森林火灾发生时，灭火人员难以直接靠近火源，消防无人机搭载灭火器材或救援物资直飞森林火灾现场，迅速从空中飞到火源上方，调整好飞行高度和方向，向着火点精准投掷灭火弹，或喷撒灭火干粉（或水），扑灭火源。另外，还可搭载喊话设备，对在森林火灾现场附近的无关人员进行驱离，避免无关人员误入或被困于火场中，以及搭载各种紧急救援物质，从空中运送给参与扑救森林火灾的消防人员和群众。

（4）杜绝复燃。森林火灾扑灭后常有复燃现象，消防人员肉眼不易辨别，但这些隐患在双光摄像头的红外热成像下将暴露无遗。因此，在森林火灾扑灭后，消防无人机要搭载三光（可见光、红外、激光测距）成像系统，对森林火灾扑灭后的现场，至少进行三天三夜的空中巡逻飞行，严查森林火灾扑灭后有无复燃的情况。这不仅可大大减少消防人员的工作量，而且能有效避免复燃现象的发生。

1.5.5　我国森林消防局的职能及森林消防队伍分布

1.我国应急管理部森林消防局承担的职能

中华人民共和国应急管理部森林消防局是中华人民共和国应急管理部下设的组织机构，承担森林和草原相关火灾防范、火灾扑救、抢险救援等工作，具有下列职能：

（1）组织指导森林和草原火灾扑救、抢险救援、特种灾害救援等综合性应急救援任务，负责指挥调度相关救援行动。

（2）组织指导森林和草原火灾预防、消防监督执法以及火灾事故调查处理相关工作。

（3）负责森林消防队伍综合性消防救援预案编制、战术研究，组织指导执勤备战、训练演练等工作。

（4）负责森林消防队伍建设、管理和森林消防应急救援专业队伍规划、建设与调度指挥。组织指导社会森林和草原消防力量建设，参与组织、协调、动员各类社会救援力量参与救援任务。

（5）组织指导森林和草原消防安全宣传教育工作。

（6）管理森林消防队伍事业单位。

（7）完成应急管理部交办的跨区域应急救援等其他任务。

2.我国森林消防队伍分布情况

我国森林消防队伍目前在全国有 9 个省级的建制总队，3 个局直属支队，其中森林消防局机动支队每年会向湖南、湖北、江西、安徽派驻一个大队作为该省的森林消防应急分队;每年上半年(或根据火险形势延长)森林消防队伍会向山西(武当山)、陕西(秦岭)、河北(塞罕坝)和重庆市派出驻防分队,担负这些地区和周边森林防火紧要期的执勤巡护和灭火任务。

习　　题

1.什么是森林和森林资源?森林资源的作用和特征有哪些?

2.简述我国森林的类型和分布特点。

3.什么是森林火灾?森林火灾的类型有哪些?

4.森林火灾发生的条件有哪些?简述我国森林火灾发生的特点。

5.简述森林火灾发生的过程。森林火灾的蔓延主要与哪些热传播形式有关?

6.影响森林火灾蔓延的主要因素有哪些?

7.森林火灾的严重后果有哪些?

8.简述森林防火的定义及森林防火方针、扑救原则。

9.预防森林火灾的行政措施和技术措施分别有哪些?

10.简述森林火灾扑救的基本方法和要点。用无人机扑救森林火灾有什么优点?

11.我国应急管理部森林消防局承担的职能有哪些?简述我国森林消防队伍力量的分布情况。

第2章 无人机及其在森林资源管理中的应用

▶ **本章主要内容**

(1)无人机的基础知识。

(2)无人机的分类。

(3)无人机系统的组成。

(4)林业无人机的定义。

(5)林业无人机在森林资源管理中的应用。

2.1 无人机的基础知识

无人机(Unmanned Aerial Vehicle,UAV)是无人驾驶飞行器的统称,是利用无线电遥控设备操纵的不载人航空飞行器,其种类繁多,特点鲜明,用途广泛。近年来,民用无人机获得了爆发式发展,每年数以百万计的民用无人机被广泛应用于国民建设事业和人们日常生活中,如森林资源调查、森林巡护监测、森林消防等。

2.1.1 无人机的定义和发展历程

1.无人机的定义

无人机就是无人驾驶飞行器(简称"无人飞行器")。它是指不搭载操作人员(简称"飞行员"或"驾驶员")的一种动力驱动航空器,利用空气动力为其提供所需的升力,能够携带有效载荷进行全自动飞行或无线引导飞行;它既能一次性使用,也能进行回收或自动着陆,以便进行多次重复使用。

通俗的说法是:无人机就是一种会飞的机器人,是一种利用无线遥控或程序控制来执行特定航空任务的机器人。它与有人驾驶飞行器(固定翼飞机或直升机)最大的区别是机上没有搭载驾驶人员,即机上无人操作驾驶。但事实上,无人机并不是真正离开了人的驾驶,虽然无人机上确实没有人驾驶操纵,但它却离不开身在地面或船舶上的驾驶员对它进行操纵控制。

2. 无人机的发展历程

纵观飞行器发展史,无人机发展的历史其实并不算短。人类许多伟大的科技发明都源于战争,无人机也不例外,研制无人机的想法最早可追溯到第一次世界大战时期,但是它初期发展并不顺利。1935 年,英国"蜂后"无人机的问世才是无人机真正开始的时代,可以说是近现代无人机历史上的"开山鼻祖"。随后无人机被应用于各大战场执行侦察任务。然而由于当时的科技比较落后,无人机无法出色完成任务,所以后来逐步受到冷落,甚至被军方弃用。

随着科技的高速发展,无人机的技术也逐渐成熟。1982 年以色列首创无人机与有人机协同作战,十分成功。此时无人机才重回大家的视线,真正开启了无人机的发展之路。不过,以前(也就是十几年之前)无人机一直都仅用于军事用途,如作为侦察机、靶机等。

21 世纪初,基于质量只有几克的微机电系统(Micro - Electro - Mechanical System,MEMS)研制出了微型(迷你型)多旋翼无人机,其机型小巧、性能稳定,催发了民用无人机的诞生。2009 年,美国加州 3DRobotics 无人机公司成立,这是一家最初主要制造和销售DIY 类遥控飞行器的相关零部件的公司。2013 年中国大疆创新公司因推出一款 4 旋翼消费级微型无人机而名声大噪。另外,对促使无人机大发展具有重大意义的事件还包括无人机开源飞控代码的公布和发展,因为研制无人机最核心的技术还在于飞控算法的设计和程序编写。这极大地降低了初学者的门槛,使制造多旋翼无人机在飞控硬件制作或购买配件组装方面变得比较容易,成本进一步降低,为无人机产业大发展奠定了广阔、深厚的群众基础。

2015 年是无人机飞速发展的一年,各大运营产商融资成功,为无人机的发展创造了十分有利的条件。如今,随着无人机的技术不断成熟,加上市场的迫切需求,无人机市场日趋火爆,衍生出各种各样的民用机型。世界上已经有 32 个国家研制出了 500 多种无人机,给人们生活带来了很多便利。

2.1.2　无人机的特点及其与航空模型的区别

1. 无人机的特点

无人机与有人驾驶飞行器(以下简称"有人机")相比,有许多的不同,包括使用和功能上的差别,而造成这些差别的根本因素就是"人"。无座舱飞行员是无人机的主要特点,正是这一特点,造就了无人机使用上的特殊优越性,因此近些年来,在世界各地掀起了一股又一股大规模应用无人机的热潮。

对于任何一种无人机来说,基本上都具备以下几方面的突出优势:

(1)不怕牺牲。无人机能胜任条件恶劣、高危环境下的各种危险工作,可以毫无顾忌地执行各种高危险任务,特别适合用于抢险救灾、消防灭火、巡查监视和灾害普查等。在危险的环境中执行任务,使用无人机可有效地降低人员生命损失的风险。

(2)不怕艰苦。无人机能出色完成单调枯燥、时间长、强度大、重复性的艰苦任务。

(3)经济性好。由于在设计无人机时不必考虑飞行员(人)的生理需求,减少了各种生命维持系统,因而可以大大简化机载设备和飞行平台的设计要求,结构更简单合理,体积小、质量轻,使得无人机的研制、生产成本远远低于有人机。另外,无人机的使用、训练和维护费用也比有人机低得多。

(4)执行任务灵活,操作方便。对无人机进行操作的人员无需亲历现场和进行全面、完善的技术培训,同时,无人机可以在各种场合灵活地起降和飞行,具有操作灵活的特点。

(5)对环境影响小。通常无人机体积小、质量轻、能源消耗少,因而产生的噪声和排放也小。在完成同一任务时,无人机产生的环境影响和污染要小于有人机。

(6)自动化程度高。无人机在没有地面操控人员(飞手)的干预下,可以根据自身的状态和感知信息自主执行飞行任务。

2. 无人机与航空模型的主要区别

航空模型(航模)是一种有尺寸和质量限制的微型航空器,国际航空联合会(Federation Aeronautique International,FAI)制定的竞赛规则明确规定:航空模型是一种重于空气的,有尺寸限制的,带有或不带有发动机的,可遥控的不能载人的航空器。航模与无人机的主要区别是什么? 根据我国《轻小无人机运行规定(试行)》规定,当航空模型使用了自动驾驶仪、指令与控制数据链路或自主飞行设备时,认定为无人机。

区别航模和无人机的主要标准有以下几点:

(1)定义不同。航模有带动力和不带动力两种模式,我国对航模的定义是要求能在视距内,即飞行的距离不得超过 500 m,并且航空的高度不得超过 120 m。无人机则是一种由无线电遥控设备或自身程序控制装置操纵的无人驾驶飞行器,可以长距离飞行,甚至飞到几千千米以外,最大续航时间达到了 48 h,这都是航模远远达不到的。

(2)飞控系统不同。无人机有导航飞控系统,自带"大脑",能实现自主或半自主飞行。航模虽然也是无人驾驶,但是它是在地面操控手的视距范围内,由操控手遥控实现机动和姿态的调整,即航模的"大脑"始终在地面操纵人员的手上。

(3)自动控制不同。在自动控制方面,无人机能够智能应对各种情况,自动执行飞行任务。航模的自动控制只体现在能实现失控后自动返航。

(4)组成不同。无人机结构比航模复杂。无人机是为了完成特定任务,追求的是完成任务的能力,科技含量高。航模主要是为了大众的观赏性,追求的是外表的像真或是飞行优雅等,科技含量并不高。

(5)用途不同。无人机多执行超视距任务,目前主要应用于军用与特种民用,最大任务半径达上万千米。通过链路系统上传控制指令和下传任务信息,以及通过机载导航飞控系统自主飞行。航模通常在目视视距范围内飞行,控制半径小于 800 m,操作人员目视飞机,通过手中的遥控发射机操纵飞机,机上一般没有任务设备。

(6)安全管理不同。在我国,航空模型由国家体委下属航空运动管理中心管理。民用无人机由民航局统一管理,军用无人机由军方统一管理。

2.2　无人机的分类

随着无人机应用的飞速发展,现在已经形成了种类繁多、形态各异、丰富多彩的现代无人机大家族。无人机的类型按飞行平台构型,可以分为固定翼无人机、无人直升机、多旋翼无人机、复合无人机、扑翼无人机、伞翼无人机等几大类,其中最常用的无人机主要是固定翼无人机、无人直升机、多旋翼无人机、复合无人机4大类(后三者均属于旋翼无人机),其他类型无人机比较少见(在本书中不予以讨论)。

2.2.1 按无人机气动布局分类

虽然无人机上没有人员驾驶舱,但机体中安装有自动驾驶仪、程序控制装置等设备。地面、舰艇上或母机遥控站人员通过无线电设备,对其进行跟踪、定位、遥控、遥测、图像传输和数字传输等。无人机传统的分类方法是,按其气动布局、动力装置的类型、用途和飞行性能等进行分类。

1. 固定翼无人机

固定翼无人机是指由动力装置产生推力或者拉力,并由固定翼和机身产生升力的无人机。其总体结构与有人驾驶固定翼飞机的总体结构基本类似。除了少数特殊形式的固定翼无人机外,固定翼无人机的总体结构都由机翼、机身、尾翼、起落装置和动力装置5个主要部分组成。固定翼无人机的气动布局如图2-1所示。

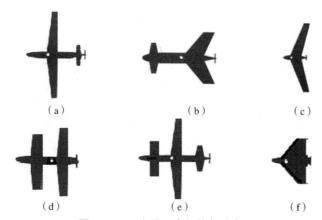

图2-1 固定翼无人机的气动布局

(a)常规气动布局;(b)鸭翼气动布局;(c)气翼气动布局;
(d)串列翼气动布局;(e)三翼气动布局;(f)三角翼气动布局
注:图中机体上白点表示质心位置。

固定翼无人机具有续航时间长、飞行速度快、飞行效率高和载荷大等优点,多应用于军事上或特殊行业。其缺点是起飞降落时机场需要有长距离跑道,以及不能进行空中悬停和超低空飞行(树梢飞行),灵活性比旋翼无人机差。

2. 旋翼无人机

旋翼无人机是指具有一个或多个由发动机驱动的旋转机翼(旋翼),具备垂直起落、空中悬停和超低空飞行(树梢飞行)等特殊性能的无人航空器,包括无人直升机、多旋翼无人机和复合无人机3种类型。

旋翼无人机的旋翼转轴都近于铅直,每片桨叶的工作原理类似于固定翼无人机的一个机翼。旋翼桨叶静止时在重力G作用下下垂,如图2-2(a)所示;当旋翼在动力装置的驱动下在空气中高速旋转时,沿半径方向每段桨叶上产生的空气动力在旋翼轴方向上的所有分量的合成力,即为桨叶的总升力 T,所有桨叶的总升力构成旋翼总拉力,它起到克服旋翼无人机重力的作用。旋翼的桨叶在升力作用下,绕桨毂水平铰向上挥舞,形成一个倒锥体,桨叶与桨毂旋转平面之间的夹角称为锥体角。锥体角的大小取决于桨叶升力 T 及离心力 F 的大小:桨叶升力越大,锥体角越大;桨叶转动的速度越大,桨叶产生的离心力越大,锥体角越小,如图 2-2(b)所示。

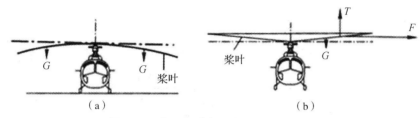

图 2-2 旋翼桨叶产生升力的原理示意图

(a)旋翼静止状态;(b)旋翼高速旋转状态

旋翼由发动机驱动给周围空气以扭矩,根据物体作用力与反作用力的物理学基本原理,空气必定以大小相等、方向相反的扭矩作用于旋翼,继而传递到机体上,如图 2-3 所示。

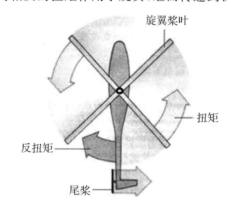

图 2-3 旋翼无人机的旋翼扭矩与反扭矩示意图

如果不采取补偿措施,这个反扭矩将使机体发生逆向旋转。为了消除旋翼反扭矩作用,以保持旋翼无人机机体的航向,可以采用不同的补偿方式,因而出现了不同总体结构形式的旋翼无人机,如图 2-4 所示。

(1)无人直升机。无人直升机是由动力驱动的旋翼在空气中旋转而产生升力和推进力的无人机,无人直升机的旋翼数量为 1 个或 2 个,包括以下几种类型。

1)单旋翼带尾桨无人机。它只有一个主旋翼,采用尾桨推力来平衡主旋翼反扭矩。这种形式在传统直升机中最为流行,如图 2-4(a)所示,在结构上要比双旋翼无人机简单,但要多付出尾桨的功率消耗。

2)双旋翼共轴无人机。两旋翼在同一轴线上,相逆旋转,因此反扭矩彼此相消,如图 2-4(b)所示。这种形式的外廓尺寸较小,但传动和操纵机构复杂。

3)双旋翼纵列无人机。两个旋翼纵向前后布置,相逆旋转,反扭矩彼此相消,如图 2-4(c)所示。这种形式的优点是机身宽敞,容许机体重心位置移动较大;缺点是后旋翼的空气动力效能较差。

4)双旋翼横列无人机。两个旋翼左右安装在支臂或固定机翼上,相逆旋转,反扭矩彼此相消,如图2-4(d)所示。这种形式的优点是构造对称,稳定性操纵性较好;缺点是迎面空气阻力较大。

(2)多旋翼无人机。多旋翼无人机是由多个旋翼在空气中旋转而获得升力和推进力的无人机,其旋翼数量多达4个或4个以上,为双数。每两个旋翼相逆旋转,因而反扭矩彼此相消,如图2-4(e)所示。

(3)复合无人机。复合无人机是在固定翼无人机上加装升力旋翼系统,采用固定翼与旋翼结合的复合式布局,使其具有垂直起降能力。增加的升力旋翼数为双数,每两个旋翼相逆旋转,因而反扭矩彼此相消,如图2-4(f)所示。

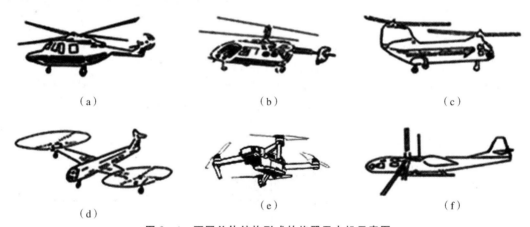

（a） （b） （c）

（d） （e） （f）

图2-4 不同总体结构形式的旋翼无人机示意图

(a)单旋翼带尾桨式;(b)双旋翼共轴式;(c)双旋翼纵列式;(d)双旋翼横列式;(e)多旋翼式;(f)复合式

2.2.2 按无人机动力装置分类

无人机是一种自身密度大于空气密度的航空飞行器,其升空飞行的首要条件是要有动力,即所谓的动力飞行,有了动力,无人机才能产生克服重力所必需的升力。

人们把无人机上产生拉力或推力,并且使其前进的一套装置称为无人机的动力装置,包括无人机的发动机以及保证发动机正常工作所必需的系统和附件。无人机常用的发动机有电动机和航空发动机,以及油电混合动力系统3大类,如图2-5所示。

1.电动机

电动机是将电能转换成机械功的动力装置。直流电动机是目前微型、轻型和小型无人机使用最多、应用最广的动力装置。电动机运转所需的能量由聚合物锂电池或新能源方式(如燃料电池)提供,其作为航空动力装置的优点是结构简单、调速快捷、能源清洁、使用方便。其缺点是采用电池供电,由于电池能量密度太低(为航空燃油能量密度的十几分之一),结果造成纯电动无人机在实际使用中,续航能力和载重能力都受到很大的限制。

2.航空发动机

油动型无人机采用航空发动机作为动力装置。航空发动机是一种燃油发动机,是将燃料热能转换成机械功的动力装置,属于热机范畴。其优点是:无人机飞行的续航时间和航程基本不受限制,与电动型无人机相比较,具有载重大、航程远、续航时间长等优点。其缺点是噪声大,有空气污染问题。

3.油电混合动力系统

油电混合动力系统是指安装在无人机上的一种双动力装置,它由电动机(使用电池或太阳能供电)和燃油发动机(航空发动机)两种动力装置混合组装在一起而构成一个新的动力系统,能改善无人机的气动结构、提升气动效率、降低油耗、减少噪声和排放。

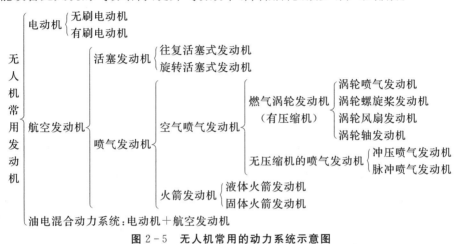

图 2-5　无人机常用的动力系统示意图

2.2.3　按无人机质量、飞行性能分类

1.质量

无人机的质量通常分两种,空机质量和全重。空机质量是由机身、机翼或旋翼、尾翼或尾桨、发动机、起落架、电池或燃油、机内设备等所有部件的质量相加得到的;全重是空机质量加上任务载荷。

(1)微微型无人机(Ⅰ类)。空机质量和起飞全重小于 1.5 kg。

(2)微型无人机(Ⅱ类)。空机质量为 1.5~4 kg、起飞全重为 1.5~7 kg。

(3)轻型无人机(Ⅲ类)。空机质量为 4~15 kg、起飞全重为 7~25 kg。

(4)小型无人机(Ⅳ类)。空机质量为 15~116 kg、起飞全重为 25~150 kg。

(5)中型无人机。空机质量大于 116 kg、起飞全重为 150~3 000 kg。

(6)大型无人机。起飞全重为 3~16 t。

(7)重型无人机。起飞全重大于 16 t。

2.飞行航时

无人机飞行航时是指无人机的续航时间,即无人机在加满燃油后飞行过程中不进行空中加油的情况下,耗尽其本身携带的可用燃料所能持续飞行的时间。

(1)超短航时无人机。飞行留空时间为 0.5 h 及以下。

(2)短航时无人机。飞行留空时间为 0.5～3h。

(3)中航时无人机。飞行留空时间为 3～10 h。

(4)中长航时无人机。飞行留空时间为 10～24 h。

(5)长航时无人机。飞行留空时间为 24～48 h 及以上。

3.飞行航程

无人机飞行航程是指无人机的续航距离,即加满燃油后飞行中途不补充燃料可以飞行的最大距离。

(1)近程无人机。一般指在低空工作,航程为 5～50 km 的无人机,航时小于 1 h。

(2)短程无人机。航程一般在 50～200 km。

(3)中程无人机。航程在 200～800 km 范围内。

(4)远程无人机。航程大于 800 km 以上。

4.飞行升限

无人机飞行升限是指无人机在空中飞行时所能达到的最大高度。一般无人机飞行高度层是以标准大气压下海平面作为基准水平面来计算垂直距离(高度)的。地球周围的大气层的空气密度随高度而减小,越高空气越稀薄。按照飞行高度可将无人机分为以下类型:

(1)超低空无人机。飞行高度为 100 m 以下。

(2)低空无人机。飞行高度为 100～1 000 m。

(3)中空无人机。飞行高度为 1 000～8 000 m。

(4)高空无人机。飞行高度为 8 000～18 000 m。

(5)超高空无人机。飞行高度为 18 000～20 000 m。

(6)临近空间无人机和空天无人机。飞行高度为 20 000～100 000 m。

5.最大飞行速度

按照无人机最大飞行速度可分为低速、亚声速、跨声速、超声速、高超声速几种类型,其衡量指标一般参照马赫数(Ma),马赫数是无人机速度与当地声速的比值。

(1)低速无人机。飞行速度低于或等于 400 km/h。

(2)亚声速无人机。飞行速度大于 400 km/h,且 $Ma \leqslant 0.8$。

(3)跨声速无人机。飞行速度:$0.8 < Ma \leqslant 1.3$。

(4)超声速无人机。飞行速度:$1.3 < Ma \leqslant 4.0$。

(5)高超声速无人机。飞行速度:$Ma > 4.0$。

2.2.4 按无人机用途分类

无人机按其用途分为民用无人机和军用无人机两大类。

1.民用无人机

无人机在民用方面应用范围极为广泛,可以细分为许多种类型,主要包括:消防无人机、农用无人机、气象无人机、勘探无人机、水利无人机、测绘无人机、警用无人机、救援无人机、物流快递无人机、公共设施巡检无人机、灯光秀无人机、虚拟现实无人机,以及交通运输"飞行汽车"等。

通常民用无人机分为消费级和工业级两类,其主要区别有以下几方面:

(1)搭载设备。消费级无人机上搭载最多的就是相机,摄像头一类的拍摄设备;工业级无人机一般会根据行业需求不同搭载各种专业探测设备,以及为完成任务所必备的各种专业设备等。

(2)性能素质。工业无人机比消费无人机有更好的素质,例如抗风更强,续航更持久,抗干扰更强,有着更多的功能,可塑性强等。

(3)应用领域。消费级无人机多用于个人娱乐和摄影、低成本的影视创作,电视台也会使用,而工业级无人机可以进行货物运输,专业影视拍摄、巡检、勘察,野外搜寻,消防救援等,应用范围极为广泛。

(4)营销模式。消费级无人机一般都是固定型号量产销售,工业级无人机则根据需求定制。价格上消费级无人机从数千元到数万元不等,而工业级无人机价格却要数十万元、数百万元甚至数千万元。

2. 军用无人机

军用无人机可分为侦察无人机、诱饵无人机、电子对抗无人机、通信中继无人机、排爆扫雷无人机、察打一体无人机,无人战斗机、靶机以及伤员救助无人机等。

随着高新技术在武器装备上的广泛应用,无人机的研制取得了突破性的进展,并在近年来的几场局部战争中频频亮相,屡立战功,受到各国军界人士的高度赞誉。

2.3　无人机系统的组成

2.3.1　无人机系统的基本概念

1. 无人机系统的定义

无人机所具备的"机上无人,人在系统"的特点,使无人机具有许多有人驾驶飞行器无可比拟的出色性能,且结构大为简化,并可以毫无顾忌地执行各种危险任务。无人机要想真正完成一项特定的任务,光靠能在天空中飞行的无人机飞行平台本身还是不够的,即除了需要无人机及其携带的任务设备外,还需要有地面控制设备、数据通信设备、维护支持设备、地面操作以及维护人员等。因此,完整意义上的无人机应称为无人机系统。

无人机系统(Unmanned Aerial System,UAS)是指无人机及与其配套的地面控制设备、数据通信设备、维护设备,以及指挥控制及其必要的操作、维护人员等的统称。身处地面上的驾驶操纵无人机的人称为无人机驾驶员(俗称"飞手"),他与正在空中飞行的无人机飞行平台之间构成一个完整的人机系统,这是一种闭环控制回路系统。

2.无人机系统的组成

无人机系统是一个高度智能化的闭环反馈控制系统,主要包括无人机空中系统、地面系统、任务载荷和综合保障系统等分系统,如图 2-6 所示。

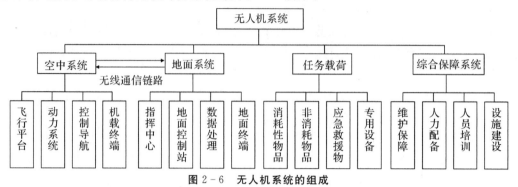

图 2-6　无人机系统的组成

无人机空中系统由飞行平台、动力系统、控制导航、机载终端等组成;地面系统包括指挥中心、地面控制站、数据处理、地面终端等;任务载荷是无人机完成任务所需的设备,如航拍摄影、侦察监视、通信情报、消防灭火、灾难救援、气象观测、地理测绘、资源勘探、管道巡检及农林植保等领域的各种专用设备;综合保障系统是保证无人机系统能够正常工作的支援保障系统,主要包括维修保障、人力配备、人员培训、设施建设等。

目前,无人机系统的概念已经获得了航空业界、学术界和工程界的全面认可,大家都是从系统的角度来研究、运用和管理无人机的。然而,考虑到在民间大多数人都已经非常熟知"无人机"的提法,习惯了用无人机来称呼无人机系统,所以本书中"无人机"和"无人机系统"等价使用,不作明确区分。

2.3.2　无人机空中系统

无人机空中系统,简称"无人机",是无人机系统中最基本、最重要的部分。图 2-7 所示的多旋翼无人机,它由飞行平台(旋翼、机体和支架)、飞控系统、电动机、任务载荷等组成。

图 2-7　多旋翼无人机飞行平台组成图

1.无人机飞行平台

无人机飞行平台有固定翼无人机和旋翼无人机两大类,其主要功能是承载任务载荷及搭载确保其安全飞行所需的各种子系统到达工作地点上空,展开工作。这里有一点需要特别说明:人们通常习惯于把"无人机飞行平台"和"无人机系统"都简称为"无人机"。实际应用中,由于使用的语义环境不同,其含义一般不会混淆。

2. 无人机动力系统

无人机动力系统的核心装置是航空发动机、电动机或油电混合动力系统,其基本功用是为无人机提供持续的动力,以确保重于空气的无人机能够稳定、可控、持续地在空中飞行。

3. 无人机飞控系统

无人机飞控系统(即无人机飞行控制导航系统)是控制无人机飞行姿态和运动的中枢设备,也称自动驾驶仪。无人机在空中飞行,其飞行环境复杂多变,执行的飞行任务各种各样。无人机为了顺利到达目标点或目的地,圆满完成飞行任务,必须在其所处的三维空间解决飞行方向、定位和控制这 3 个最基本的问题,所需技术就是人们常说的制导、导航和控制这 3 项技术。

4. 无人机机载终端

无人机系统数据链路是采用无线通信设备和数据通信规程建立的数据通信网络,主要包括机载数据终端和地面数据终端两部分,构成了上行链路和下行链路,地面控制站通过数据链路完成无人机遥控指令的发送和遥测数据的接收。

2.3.3 无人机地面系统

在规模较大的无人机系统中,可以有若干个控制站,这些不同功能的控制站通过通信设备连接起来,构成无人机地面系统。

1. 无人机飞行指挥中心

无人机飞行指挥中心的任务主要是上级指令接受,系统之间联络,系统内部调度,以及进行无人机任务规划,包括根据无人机需要完成的任务、数量以及携带任务载荷的类型,对无人机制定飞行路线并进行任务分配。对于消防无人机而言,它的飞行指挥中心即是消防指挥中心。

2. 无人机地面控制站

无人机地面控制站主要由飞行操纵、任务载荷控制、数据链路控制和通信指挥等子系统组成,它是无人机系统的地面飞行操控中心,负责实现人机交互,也是无人机任务规划中心,所以全称为任务规划与控制站(Mission Planning and Control Station,MPCS),起到无人机系统的指挥与调度中心的作用。它控制着无人机的飞行过程、飞行航迹、任务载荷和执行任务的功能,通信链路的正常工作,以及无人机的发射和回收等,可完成对无人机机载任务载荷的操纵控制。

3. 无人机数据处理

无人机数据处理是对数据的采集、存储、检索、加工、变换和传输。无人机在地面的驾驶员通过任务规划与控制站,利用上行通信链路给无人机发送指令,控制无人机飞行及操控机上所携带的各种任务载荷;利用下行通信链路,显示与处理从无人机上传输下来的遥测数据、指令、声音及图像等。这些数据会通过地面终端进行中转和处理,经过解释并赋予一定的意义之后,转换成人们可以感知、理解的形式,成为有价值、有意义的信息。

4. 无人机地面终端

无人机无线通信系统的地面部分称为地面终端。无人机系统需要建立稳定可靠的无线通信系统(也称为数据通信链路),才能实现地面控制站对无人机的操控、信息传输、信息综合显示等功能。稳定可靠的通信系统决定着无人机系统的稳定性和飞行平台的可遥控性,关系到无人机的应用方式和范围。

2.3.4 无人机任务载荷

任务载荷是指那些装备到无人机上为完成飞行任务所需的设备,其功能、类型和性能是由所需执行和完成的任务性质决定的。根据无人机功能和类型的不同,其上装备的任务载荷也不同,任务载荷可分为以下四种基本类型。

1. 消耗性物品

消耗性物品是指用过以后不能回收,更不可能重复使用的物品。无人机上装载的消耗性物品,包括民用无人机上装载的农药、灭火弹、灭火用的水以及邮件等,军用无人机上装载的火力打击用弹药、火箭或导弹等。消耗性任务载荷的特点是,随着任务的执行和完成,载荷会脱离无人机飞行平台而消耗掉。

2. 非消耗性物品

非消耗性物品是指能够反复多次使用的物品。无人机非消耗性任务载荷因执行的飞行任务不同而不同,种类繁多,用途各异,包括信息获取及各种信息对抗类设备,如光成像设备、热成像设备、合成孔径雷达(Synthetic Aperture Radar,SAR)成像设备等照相与摄像设备,仪器合成吊舱等。

3. 应急救援物品

无人机装载的应急救援物品一般包括应急食品、应急卫生用品、自救工具、求救工具、衣服及其他应急物资。其中应急急救用品有:处理外伤、骨折及出血的时候,可以及时固定骨折部位及止血包扎的卫生用品,如卷式夹板,杀菌止血促进创伤愈合的创口贴;具有广谱杀菌功能的消毒剂;抑菌和预防皮肤病的清洁包;等等。

4. 专用设备

专用设备是指专门针对某一种或一类对象,实现一项或几项功能的设备;一般设备则针对对象较多,实现的功能也较多。专用设备针对性强,效率高,它往往只完成某一种或有限的几种任务,优点是效率特别高,适合于承担单品种大批量任务。

2.3.5 无人机综合保障

无人机的综合保障是指在无人机使用寿命期内,对无人机系统飞行任务的支持、调度、物品转运、维修测试,以及人力和资源支持等。为了保证无人机在整个生命周期内的可用性,就必须考虑其维修、后勤需求,必须确保为无人机飞行平台、有效载荷和相关组件提供最优性能的服务。

1. 维修保障

综合保障的主要目标是无人机装备保障,其内容涵盖装备的使用保障和维修保障,主要有管理和服务,维修规划,维修和翻新,保障设备,供应保障,人员培训,技术资料,训练保障,以及维护包装、装卸、储存和运输等。

2. 人员配备、培训和设施建设

从组成要素来讲,综合保障系统有"人"和"物"两类核心要素。其中"人"是无人机综合保障活动的主体,包括提供综合保障所需的各级管理人员、技术人员、工人和各种技术资料,担负无人机产品测试、维修、运输,以及对地面驾驶人员(飞手)和维护人员的培训等。"物"是指为完成综合保障工作所需的场地(综合保障服务中心)和物品,包括保养、检测、维修、部署和运输等所需的备件、消耗品、设备等各种物资,以及地面驾驶员(飞手)和维护人员技术培训必备的设备、资料和实验条件。

无人机系统既是一种高精尖的电子系统,也是一个复杂的机械系统。对于这样一个复杂的高科技系统,后勤和维修问题越来越凸显,起保障维护作用的地面综合保障已变得越来越重要,需要为无人机系统保障建立配套的数字工程体系,且需要建立一条共同的数字线来连接无人机的整个生命周期内的装备保障活动。这意味着无人系统的设计、制造、供应链和售后服务需要建立起一个数字主干线,包括相应的数字支持软件、数据收集、分析和执行。通过使用先进数据分析和预测技术,确保在正确的时间为每架无人机分配正确的维修任务。

2.4　无人机在森林资源管理中的应用

森林作为陆地生态系统的主体,除了能提供人类生存发展所需的原材料外,在减缓全球气候变化、保护区域生态环境及推动全球碳平衡等方面发挥着不可替代的作用。然而,传统的森林资源管理存在管理粗放、水平低下、技术手段落后以及人力财力耗费高等诸多问题。近年来,无人机技术快速发展,因其视角广阔、视频画面实时、操控灵活、机动快速和成本低等特点,被迅速运用于林业工作中,为森林资源管理注入了新的活力,对推动现代林业、智慧林业和精准林业的建设和发展具有重要意义。

2.4.1　林业无人机的定义和无人机遥感技术

1. 林业无人机的定义

随着现代无人机技术,特别是其动力装置、复合材料结构、遥感通信、飞行控制以及导航和移动通信等新技术的快速发展,民用无人机性能得到大幅提升、设备载荷功能不断扩展,已可以按照生产工作的具体需要,携带不同设备、执行多种任务,同时各种专业无人机也不断涌现。现代民用无人机作为一种新型的中低空承载设备,搭载不同任务载荷,可以承担不同的角色,执行和完成不同的工作任务。其中,主要或专门应用于森林资源管理的无人机称为林业无人机。

　　林业无人机具有轻量化、自动化水平高、安全性好、机动灵活,以及可根据任务需求搭载不同的任务载荷等多种优势,使其可以在森林(林区)环境下采用空中飞行的方式,快速、高效地接近目标,完成信息获取、通信回传,以及承担森林消防灭火等工作任务。林业无人机业务管理系统如图2-8所示。

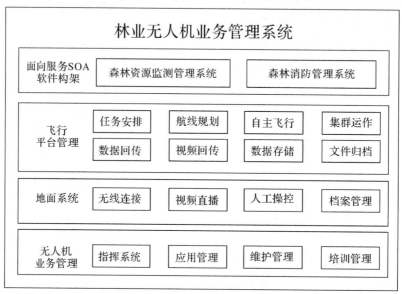

图2-8　林业无人机业务管理系统

　　林业无人机属于航空护林设备的范畴。航空护林是森林资源管理工作的重要组成部分,在保护森林资源、维护生态平衡方面发挥着重要的作用。航空护林通常采用的机型包括有人驾驶飞行器(飞机和直升机)和无人驾驶飞行器(无人机)两大类,林业无人机属于后者。航空护林的发展程度是一个国家林业现代化水平的重要体现,受到世界各国的高度重视。例如,美国拥有20多种机型、近万架的农林用飞机,近3亿ha的森林全部采用航空护林作业方式进行森林植保,其中无人机约占12%,农林通用机场有2 952个,全年农林业航空作业已达97万余h,形成了较完善的农林业航空产业体系,为农林业生产带来了15%以上的直接贡献率。相比之下,截至2016年,我国颁证的农林业民用航空机场仅有218个,全年农林业航空作业仅有5.10万h,与我国现代化林业的建设目标极不相称。现在,林业无人机所具备的独特优势和我国对民用无人机发展的高度重视,为我国大力发展航空护林,追赶世界先进水平提供了一条新的便捷道路。

　　人们在森林资源管理中采用的传统方法,包括卫星遥感、人工实地监测和固定点监测在内的多种传统森林资源监测方案,普遍存在一定的缺点和不足,如监测范围有限、运行成本高昂、操作灵活性不足和实时性不佳等,无法满足森林资源监测任务的实际需求。利用林业无人机对森林资源进行信息监测是提升林业信息化和精准化的重要方向,同时也是实现精准森林资源管理目标的有力途径。相较于传统森林资源监测管理方式,林业无人机可以不受地面道路的限制,快速飞抵目的地上空,从空中实时、准确地获取多尺度、多时相、高分辨率的实时影像数据,提升森林资源管理作业的自动化、智能化水平,满足智慧林业建设的需求。

2.林业无人机遥感技术

无人机任务载荷是指那些装备到无人机飞行平台上为完成任务所必须携带的设备,如信号发射机、传感器等,但不包括飞控设备、数据链路和燃油等。无人机的任务载荷的快速发展极大地扩展了无人机的应用领域。无人机根据其功能和类型的不同,其上装备的任务载荷也不同。一般而言,任务载荷是林业无人机执行森林资源管理各项任务的关键部分,不仅在质量上占林业无人机全重较大比例,而且也在成本上占据了林业无人机成本的大部分。

林业无人机遥感是指以无人机为系统飞行平台,通过搭载不同遥感传感器,综合利用遥测遥控技术、定位定姿技术和遥感应用技术,能够自动、快速、准确地获取森林资源、环境、国土等空间遥感信息,并进行实时处理与分析的航空遥感技术。常见的无人机挂载的遥感器主要是云台相机(可见光相机、红外相机)、红外扫描仪、多光谱扫描仪以及合成孔径雷达。遥感器接收到的数字和图像信息,通常采用 3 种记录方式:胶片、图像和数字磁带。无人机遥感监测具有机动灵活、使用成本低、操作简单、响应迅速、高时空分辨率等特点,可以在不同环境条件下获取多种多样的遥感数据。

无人机遥感技术常见任务载荷及用途有以下几种:

(1)可见光相机。获取可见光照片,生成正射影像图。

(2)可见光摄像机。获取实时地面动态监测影像,目标识别、定位与追踪。

(3)红外热像仪。检测与识别明火、暗火等火场区域,定位火源目标,测量火线。

(4)高光谱成像仪。识别树种、监测病虫害。

(5)激光雷达。监测地形变化,获取森林参数,包括树高、胸径、生物量、蓄积量等。

(6)合成孔径雷达。地形测绘、树种分类。

2.4.2　林业无人机的主要应用领域

无人机与有人驾驶的飞机和直升机相比,具有成本低、耗能少、操作简易、"一不怕苦,二不怕死"等特点,在节约财力物力的同时,能有效降低人员风险,非常适合在林区、山区等复杂地形下开展工作,为林业行业改善工作条件、提高工作效率、加快林业现代化带来了契机。利用林业无人机飞行平台搭载多种光学信息采集设备,结合无人机遥感技术,以及 4G 或 5G 移动互联网通信传输技术,可以高效地实现特征目标信息的收集,获得森林资源多层面的数据。因此,其应用于森林资源管理的多个领域。

1.森林资源调查

森林资源调查是实现森林资源有效管理与森林资源可持续经营的重要组成部分。及时、准确地掌握森林资源分布情况有利于相关管理部门更好地进行决策,以提高森林资源管理水平,并不断推动和保证森林资源管理的可持续发展。国家林业局于 2003 年开始,在全国范围采用 SPOT5 等高分辨率卫星数据开展森林资源调查,开启了森林资源航天遥感调查的热潮。目前各地在一类调查中已普遍采用"卫星数据+地面人工调查"的清查方式,取得了较好的效果。但是,这种方式的缺点,一是卫星容易受到天气和云层影响,遥感图像分辨率低,而且刷新周期长、使用成本高;二是进行森林蓄积量(森林蓄积量是指一定森林面积上存在着的林木树干部分的总材积)调查时发现,它只适合大尺度的蓄积量调查,而对于小尺度的蓄积量调查其测量精度不够。

利用林业无人机遥感航拍技术,进行遥感森林区划调查,在航拍数字图像的基础上进行小班区划调查,受益于无人机遥感技术良好的集成性和适用性,此方法不仅识别精度及错判率均能满足要求,而且还可克服人工林地评估方式费时费力及受环境条件影响大等缺陷,有效弥补了卫星影像分辨率低、精度不够和时效性差等缺点,极大降低了数据成本,减轻了基层工作量,并能有效提高资源调查的效率和质量,因此,使用林业无人机开展森林资源调查管理已越来越成为人们的主流选择。

2.激光雷达的应用

无人机机载激光雷达技术所构建出的三维虚拟仿真模型将具有更强的虚拟现实表达能力,相关模型的可靠性也将会进一步提升。无人机机载激光雷达技术为林业资源调查中的新兴技术,利用其可以实现对地面三维数据的直接采集,进而为林业资源估算提供重要数据支持,在当前林业资源调查中有着较为广泛的应用。

无人机载激光雷达系统在运作过程中会通过激光扫描仪主动向探测目标发射高频率激光脉冲,激光脉冲在照射到地物表面后会发生折射,进而被无人机载激光雷达系统接收。在此过程中,无人机载激光雷达系统可以直接获取无人机距离地物表面的距离、坡度以及地物表面的粗糙度、反射率等数据信息,相关数据信息在经过数据处理软件分析处理后形成点云信息,即高密度三维空间坐标信息。

在 GPS、导航计算机、激光扫描仪等系统设备的支持下,无人机载激光雷达系统不仅可以获取平面坐标信息,还可以获取地物的高程信息,并通过不同视角对相关三维坐标信息进行三维显示和测量,同时采用数据处理软件获取三维坐标信息中所表达的地物表面积、体积等信息。

在林业资源调查中,无人机载激光雷达技术的具体应用有以下几方面。

(1)单木分割。在通过无人机载激光雷达系统所获取到的点云数据足以识别出林分中的单木时,系统会根据林木种类,采用不同的单木分割算法,对林分中的激光反射点进行有效点云数据分割。在完成点云数据精准分割后,采用数据分析软件进行分析处理,从而获取林分中单木的树高、树冠、胸径等一系列数据信息。

现有的单木分割算法大多以冠层高度模型为基础,采用分水岭分割算法,即将林分高点视作“山峰”,将低点视作“山谷”,通过“水”对“山谷”进行填充;随着“水”填充量的持续增加,不同山谷内的“水”也将会持续汇合,在汇合点处设置屏障,此屏障便是分割结果。在完成分割后,对单木自上而下地分析,构建三维立体模型,获取单木的水平分布及垂直分布信息。

(2)树高估测。树木树高作为林业资源调查的重要参数之一,其将会直接影响树木的质量和材积。无人机载激光雷达估测树木树高的流程是:采用数据处理软件,对激光扫描仪所发射的高频脉冲接触到树冠顶部和地面反射后所获取到的高程数据差进行计算分析,进而获取树木的实际树高。在实际树高测量中,激光雷达系统所获取的树高估测数据主要分为样地水平和单木水平两种,其中样地水平估测数据还分为直接提取数据和间接提取数据,直接提取数据是指通过直接数据获取的方式采集树冠顶部到地面的相对高度数据,间接提取数据则是通过构建树木冠层高度数据与激光雷达系统提取变量之间的相互关系来间接预估树木高度数据。

(3)叶面积指数。叶面积作为树木冠层结构的基本参数之一,其通常被定义为单位地面标记上所有叶片表面积的一半。在具体测量过程中,激光雷达系统会通过多种卫星遥感数据反演叶面积指数(Leaf Area Index,LAI)反演,即通过激光扫描仪获取树木冠层物理常数信息与实测 LAI 指数数据来构建统计关系模型,进而根据模型对树木叶面积指数进行估测计算。相关物理数据可以间接反映激光扫描仪所获取点云数据在树木冠层中的分布情况,通常情况下,LAI 与激光扫描仪所发生激光脉冲在树木冠层中的穿透和拦截情况有着直接关联,其中穿透指激光穿透指数,即激光雷达系统所获取到的地面点数量与所有激光点数量的比值;拦截指激光拦截指数,即树木冠层激光点数量与所有激光点数量的比值。

随着无人机载激光雷达技术的快速发展,如今无人机载激光雷达技术在林业资源调查中应用时所采集的地表点密度也在持续增大,单束激光脉冲所能够获取的反射数量也有所增加,进而促使系统可以获取更多的地表、地物信息。从林业资源调查项目实际需求以及无人机载激光雷达技术的不足来看,在未来无人机载激光雷达技术的激光脉冲发射频率和数据采集分辨率将会不断提升,进而促使无人机载激光雷达技术适用于不同地形、不同种类林木资源的调查。

同时,无人机载激光雷达技术所构建出的三维虚拟仿真模型将具有更强的虚拟现实表达能力,相关模型的可靠性也将会进一步提升。在相关特点的支持下,无人机载激光雷达技术在林业资源调查中应用时所获取到的数据参数的精准性和有效性也会得到提升,最终获取到更为理想的数据成果。

3. 森林巡护监测

运用林业无人机进行森林巡护监测作业时,将现代无人机飞行平台、计算机、通信、测控、遥感等技术有机结合,通过自动化飞行控制和传感器检测技术对森林生态系统的状态、环境进行大范围的实时监测,如图 2-9 所示。

传统的森林巡护监测主要依托护林员定期沿特定路线观测记录,由于林区缺少道路且环境复杂,一些 10 km 的巡逻路线传统人力巡检方式需要 1~2 天才能完成;山路蜿蜒及林木茂密,对护林员造成了视野遮挡,采用地面端观察方式时视野局限大,问题点难以及时发现。这种人工森林巡护监测方法不仅工作量和劳动强度大,费时费力效率低下,而且难以保证森林巡护监测的工作质量。

与传统人工森林巡护监测方式相比较,林业无人机搭载视频传感器和可见光相机,用于森林资源的日常巡护监测,可以根据巡逻区域自动生成巡逻航线,能根据航线达到自动巡逻的目的;可以实现监测信息,包括视频图像实时回传,提供给地面指挥中心,以及时提出有效指挥决策;可以获取林区区域全方位信息,通过后期拼图进行面积测算。

林业无人机的精准快速响应能力,可大大提高林业执法部门的作业效率。如在发生盗伐林木案件时,林业无人机从空中对盗伐林木进行航拍,精确获取盗伐滥伐的面积、株树,加强对非法采伐的监控。而在违法征占林地,毁林开荒等案件中,林业无人机又可通过航拍影像快速获取影像,分析出森林遭受破坏的地点和程度,以便及时对征占林地、毁林开荒等行为进行矫正和处置。

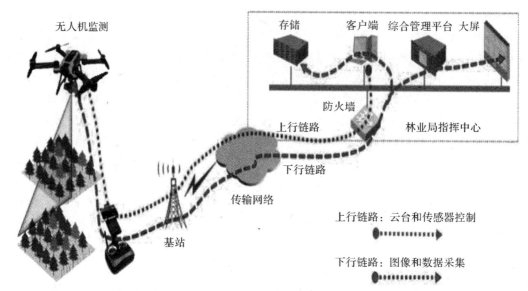

图 2-9 5G 网联无人机森林巡护监测应用场景

使用林业无人机进行森林巡护监测的优点是设备投资小、成本低、自动化程度高以及安全性好,具有明显的技术和经济优势,且不存在由误操作或恶劣地理和天气因素造成的巡护监测人身安全问题,可大大提升森林巡护监测作业的技术水平和效率,其优越性是其他任何技术手段都无法比拟的。

4. 郁闭度估测

郁闭度是评价森林资源质量的重要指标。获取郁闭度的传统方法是目测法、样点法、样线法等,但其不适合大范围或大尺度的郁闭度测定,且劳动强度大、成本高及误差大。虽然应用卫星影像可以大面积估测郁闭度,但受空间分辨率的影响,提取的郁闭度信息精度不会太高。相较而言,林业无人机遥感获取的影像分辨率高,提取的郁闭度信息更加准确可靠,成本低、误差小,是其他估测方法无法比拟的。

此外,林木郁闭度还可以用于估算林分内激光反射数量与地面反射数量的比值。例如,当林木的郁闭度为 100% 时,说明林分内树木极为茂盛,内部没有开拓空间,不利于林下资源的生长;反之则表示林分区域开拓空间过多,需要继续增加林木资源量。从理论角度来看,对林业无人机激光雷达系统所获取到的非地面反射点数量进行分析计算,便可以得到林分中林木郁闭度,但想要保障此结果的真实性和有效性,还需要获取地面反射点数据密度分析数据。

5. 林分密度估测

林分密度是对已识别分析的树冠顶部数据进行预估分析后,获取单位面积内林木资源总数。获取林分密度的核心在于合理进行树冠分割。具体应用过程中,林业无人机机载激光雷达系统会根据识别数据形成树冠高程模型,并以此为基础合理选择变化窗口,在区域范围内进行最大值求解,将此过程中所获取到的最大值作为树冠顶部。

6. 森林病虫害防治

森林病虫害的种类非常多,不同的病虫所造成的危害部位也各不相同,如有的是树干,有的则是树根。不过无论危害的部位以及方式有何不同,它们都会让林木的生长遭受很大的危害,包括林木的外貌也会因此而出现很大的变化,例如叶片会变得枯黄,严重的甚至还会导致林木枯死。近年来,我国森林病虫害灾情呈现程度增强、面积增大的趋势:一方面每年森林病虫害大面积发生,造成成片树木死亡,经济损失巨大,危害极为严重;另一方面,传统人工监测与防治手段难以应对大面积森林病虫害发生的情况,其主要缺点是效率低、成本高、劳动强度大等。

应用防治森林病虫害工作,首先是采用林业无人机监测森林病虫害发生的情况,选择有效的杀虫药物,然后由无人机从空中喷洒药物,达到消灭森林病虫害的目的。无人机遥感技术在森林病虫害监测中具有监测面积广、实时、客观、高效等优点,不仅可以有效降低人力及物力成本,而且便于全面掌握森林受灾的整体情况,采取更为快速、有效的应对措施,进而减少病虫害对森林资源的损害。与此同时,林业无人机还解决了人工投放杀虫药物不均、高山陡峭地无法投放等难题,能大幅度提高森林病虫害防治减灾的效率。

7. 野生动植物保护

森林生态系统是以多种生物群落及非生物环境形成的动态生态系统,其中包含的生物类别较多,尤其是野生动植物不断繁衍和生长,组成了复杂的生物群落结构。野生植物给微生物提供了栖息之地,且具有防止水土流失、改善生态环境等作用;野生动物中很多是害虫的天敌,维持了生态平衡。森林生态系统健康对动植物数量流动及结构平衡具有很大作用,野生动植物资源的增减可显示森林系统状况:当野生动植物资源健康状况下降时,会导致生物质量下降,进而减少物种数量,导致野生动植物资源数量不断减少;当森林生态系统健康状况下降时,容易导致某些稀有物种生病死亡,进而减少野生动植物资源数量,甚至造成各种较为脆弱的野生动植物灭绝。森林生态系统受到的威胁主要是人类对资源的不合理应用,人类活动干扰会引起森林变化,影响森林生态系统健康。因此森林生态平衡要维持自然力和谐,必须遵循自然规律,从森林生长与发育出发,让森林生态系统向健康、稳定的方向发展,因此野生动植物监测、识别与保护工作是维护森林持续发展的基础,意义特别重大。我国早已立法保护有益的或者有重要经济、科学研究价值的野生动植物,任何非法采伐猎捕、走私收购、运输出售珍贵濒危野生动植物的人员,都要受到法律严惩。

林业无人机应用于野生动植物保护方面:首先,是从空中监测与识别森林野生动植物状态,实时监测其空间位置信息及实时进行数据信息传输,实现对野生动植物的动态监测,提高野生动植物资源监测、管理、保护和利用水平;其次,是进行保护野生动植物的空中巡逻飞行,其特点是大面积搜索不受地形视野限制,不易引起被监视对象的注意,携带的监控设备可以提供稳定、高分辨率的实时视频,一旦发现非法采伐、猎捕野生动植物的犯罪分子,可以第一时间派出森林警察前往该地区域开展具体抓捕工作。与地面警力相比,林业无人机在快速寻找、定位犯罪嫌疑人方面具有成本低、效率高、效果好等明显优势。

8.精准林业

精准林业是一种基于知识的林业技术系统,目的是有效利用森林生态资源,核心是实时评估工作质量、数量和时间数据等,包括对树木长势、病害、虫害的发生趋势进行分析模拟,针对林木生长环境和生长条件的时空差异性,生成直方图,提供各林班施肥喷药方案,以及对精准林业的实施效果、经济效益进行评估。森林质量的定义为"森林在生态、社会和经济效益方面的所有功能与价值总和"。森林质量精准提升是基于具体林分特点、预期实现的功能和目标,实施精准化的经营方案和措施,综合提升森林生态、社会和经济效益的过程。森林经营是实现森林质量精准提升的过程和手段,森林质量精准提升是森林经营的目标和结果。精准林业的出现,使定量获取影响树木长势情况的因素最终生成的空间差异性信息,实施可变量投入,以及达到低成本、低消耗、高效率、环保等成为可能。

精准林业的建立依赖于地球空间信息基础理论及其他高新科学技术的发展,主要以"3S"技术、信息技术、无人机技术、智能化决策技术、可变量控制技术等为技术支撑体系,以生态学、造林学、工程学、系统学、控制学、测绘学为指导,能在自动化、智能化、一体化、时效性、准确性、可靠性等方面满足人们的需要,它可以优化资源,保护环境,实现林业的可持续发展,实际上这已成为社会经济发展的基本战略目标。在建立精准林业系统的过程中,林业无人机作为最有效的森林生态系统调查、巡护监测手段,具有高时效、高精度和低成本的特点,充分显示出其他手段无法比拟的优越性,如能有效弥补卫星影像存在的分辨率低、精度不够和时效性差等缺点。

9.飞播造林

飞播造林是利用飞机播种,对大面积宜林荒山进行绿化。天然飞籽成林具有速度快、效率高、省劳力、质量好的优势,在荒山荒坡面积大的地域,飞播造林的效果十分明显。例如飞播造林在陕北黄土高原等人烟稀少、交通不便的地区,是实现荒山绿化、调节生态平衡的重要手段。但传统的有人驾驶飞机实施飞播造林受限于天气、地形等因素,不能按照飞播区域的地形部位、坡向、植被类型等实施精准播种,种子消耗量大、成活率低。林业无人机具有机动灵活、安全方便的特点,非常适用于较为分散的小播区群的播区设计,能有效弥补传统的有人驾驶飞机飞播造林作业中的不足。

在遭遇森林火灾以后,大片的森林中往往会出现一块块的被林火烧毁的过火区块。当森林火灾被扑灭后,需要及时进行树木补种。在这些位置分散、面积大小不一的过火区块,采用林业无人机群进行补种(飞播造林)是进展速度最快、成本效益最高的补种方法,如图2-10所示。

与之相比,如果在这种零散分布、不规则区块上采用传统的有人驾驶飞机实施飞播造林,不仅成本高、效率低,而且效果差。举个实际案例:2020年夏秋两季,美国遭遇了历史上最大的森林火灾(野火),其中加利福尼亚州有超过400万 acre[①] 的森林土地被野火烧毁。

---

① acre 为英亩,1 acre＝0.004 047 km²。

在野火熄灭后赶在多雨季(冬春)来临之前,人们采用大规模无人机集群及时进行了补种,大大提高了树木种子发芽率和幼苗成活率,效果极佳。这一成功经验备受其他各州推崇,2021年美国联邦航空局又批准了5个州(亚利桑那州、科罗拉多州、蒙大拿州、新墨西哥州和内华达州)采用无人机集群进行树木再植工作。

(a)　　　　　　　　　　　　　　　　　(b)

图 2-10　森林火灾过后采用林业无人机集群进行补种

(a)被林火烧毁的区域;(b)无人机进行补种(植树造林)

10. 林区应急管理

近年来极端天气频发,林区自然灾害及其衍生、次生灾害的突发性和危害性有进一步加重加大的趋势。例如国内数量众多的国家森林公园,风景秀丽,其得天独厚的人文和自然资源,每年吸引着大量游客,但是,各类非法穿越屡禁不止、野外遇险的情况时有发生,林区应急管理工作面临严峻和复杂的新形势。林业无人机使用成本低,受天气影响小,能快速启动并传送实时画面,能有效指导应急及搜救工作开展,可以极大地提升林区突发事件处置能力和应急管理水平。

11. 营造林核查

营造林核查是林业部门进行森林资源管理的日常工作,由于营造林面积普遍较大,采取人工目视检查方法,工作强度大且难以全面检查。相较而言,利用林业无人机获取影像,通过影像分析可以计算造林面积、株数,再通过统计死亡株数和总株数得出成活率和保存率,这样不仅能降低工作强度,也能极大地提高工作效率和工作质量。

12. 林业执法

森林资源管理执法是保护森林资源强有力的措施之一,林业无人机的另一个重要应用是开展林区环境下的执法活动。现如今发生在野外林场的乱砍滥伐、违法征占林地、毁林开垦、针对野生动植物的盗猎盗伐等违法犯罪行为时有发生,如何对破坏森林资源的违法行为及时发现并有效取证,是林业管理人员面临的挑战。传统的实地执法是通过森林资源管理工作人员在林间进行的,其缺点是有效覆盖范围低,所需的人力成本高,难以在接近性较差的林间环境中开展执法作业,同时野外复杂、恶劣的环境容易给执法人员带来伤害。

为了克服传统执法方法的不足,可应用林业无人机对林区环境进行动态监测,实时掌握林地使用情况,并及时制止相关违法行为。林业执法过程中出现的突发事件往往具有不确定性,如果在处置过程中无法使用传统的宣传工具与相关人员进行沟通,则可通过林业无人机搭载的空中喊话器、高分贝喇叭对现场进行喊话(空中喊话),以及表达林业执法意图。林业执法过程中使用林业无人机,在降低执法人员工作强度的同时,极大地提升了执法工作效率,已成为森林资源管理执法工作的主流应用之一,其主要应用于土地执法检查、土地管理动态巡查、违法土地案件整改、耕地保护等。

13.森林消防灭火

林业无人机具有安全性好、成本低、操作简便、机动灵活、易于维护等许多优点,非常适合应用于森林消防灭火工作。由于在本书后面章节将会全面展开介绍和讨论有关无人机森林消防灭火的问题,因此在此不赘述。

习 题

1.简述无人机的定义和发展历程。

2.无人机有哪些特点?无人机与航模有何区别?

3.什么是无人机系统?无人机系统包含哪些子系统?

4.无人机气动布局有哪些类型?

5.无人机按动力装置如何分类?

6.无人机按质量、飞行性能如何分类?

7.无人机按用途如何分类?

8.无人机飞行平台由哪些部分组成?

9.无人机地面系统由哪些部分组成?

10.无人机任务载荷由哪些部分组成?

11.简述无人机综合保障的内容和重要性。

12.什么是林业无人机?林业无人机的主要应用领域有哪些?

第3章　森林航空消防与消防无人机

(1)森林航空消防的基本概念。

(2)森林航空消防的发展历程。

(3)消防无人机的基本概念。

(4)消防火无人机的使用环境。

(5)消防无人机的性能要求。

3.1　森林航空消防的基本概念

我国是森林火灾发生较为严重的国家之一,森林火灾的频发,不仅破坏森林资源,对生态环境的破坏也是十分严重的。随着森林航空消防技术和无人机技术的发展,我国森林消防事业已经步入了世界先进国家的行列,特别是我国率先将无人机技术应用于森林航空消防,所取得优势越来越明显,消防无人机已经成了我国森林火灾预防和扑救的重要手段之一。

3.1.1　森林航空消防的定义、任务和方法

为了及时发现森林火灾发生的苗头和蔓延的趋势,人们以往主要采取瞭望台观测和人工地面巡护两种方法。

(1)瞭望台观测方法。瞭望台观测是通过建立在森林区域内或周边的瞭望台,由护林员采用望远镜来观测森林火灾的发生情况,确定森林火灾发生的地点。虽然瞭望台视野广阔,可以覆盖较大的林区,效果也较好,但也存在不少缺点,例如:受地形的限制,存在死角、盲区;受天气影响,并不能时时进行观测;瞭望观测依靠的是护林员的经验,存在误差,且对于地下火、烟雾浓度大的火情及余火,都无法得到准确的火情信息。即使是配备激光夜视摄像机或高清摄像机的无人值守塔台,由于视距比人工瞭望的视距要小,还需考虑塔台的分布网络、安装地的通信基础设施是否符合条件,适用性依然不尽人意。在一些偏远林区,不具备基本生活条件和安装基础设施条件的,甚至不能设置瞭望台。

(2)人工地面巡护方法。采用人工地面巡护方法,并配合瞭望台观测,对森林进行全面监护,其优点是能深入林区瞭望观测的死角地区进行巡逻,可弥补瞭望台监测的不足,提

高森林火灾监测的覆盖率。存在的缺点是：视野狭窄,确定火情位置容易出现较大误差;有的地区地势崎岖、森林茂密、人烟稀少,巡护员的安全难以保障。

针对人工瞭望台观察和地面巡护两种方法的不足,随之出现了航空巡护的方法,航空巡护就是利用航空器(巡护飞机)进行森林火灾的探测。巡护航空器能够做到从空中对林区进行全面观测,机动性大,速度快,一旦发现火情,可以更快地采取有效的灭火措施。航空巡护属于森林航空消防的内容。

1.森林航空消防的定义

森林航空消防(简称"飞机灭火")是由航空器,包括有人驾驶飞机和无人机,担当"空中消防车"的任务,携带水或化学灭火剂(含阻燃剂)前往森林起火区域进行喷洒灭火。森林航空消防技术是利用航空器对森林火灾进行预防和扑救的一种手段,其研究对象是航空器的森林消防应用技术,包括如何利用航空器有效地执行林火探测、林火扑救和其他相关任务。广义的概念中,森林航空消防算是航空应急救援的一部分,后者涵盖了自然灾害救援、人为事故灾难救援、公共卫生灾害救援和公共安全灾害救援四个大类,而森林火灾则属于自然灾害范畴。航空应急救援作业范围广,救援速度快,执行能力强,在各类救援中体现出良好的效果。

我国是森林火灾多发的国家之一,在影响森林生态环境的诸多因素中,火灾对森林资源的影响、损害和破坏最为严重。我国现阶段扑灭森林火灾大多以人工扑救为主,这种林火扑救方式安全性差、灭火效率低,已经不能满足当今森林消防灭火的要求。当对森林火灾没有进行有效预警或者林火发生初期(火苗尚未扩散)没有被有效遏制的情况下,大火便会以很快的速度发展成灾。由于火势凶猛,火焰燃烧分布的空间大,地面消防队员用人工方法完全不能阻止林火的快速蔓延,采用常规人工灭火手段无法对其进行有效遏制,特别是非常复杂的地形条件下,森林航空消防比传统人工方法能更迅速地控制火势蔓延。换言之,就现阶段国内外的森林扑火技术和手段的情况看,这种成灾后的森林大火必须依靠森林航空灭火方法进行扑救才行。

我国高山森林分布范围广、面积大,地理环境大多是高山陡坡、悬崖峭壁,一旦发生森林火灾,消防人员难以及时到达(或者根本无法到达)进行扑救,加上森林火灾火势发展迅猛,刚开始的一点点"星星之火",短时间内就能演变成一场重大灾难,对森林资源造成巨大损失。针对森林火灾蔓延速度快、破坏力巨大,而常规人工灭火方式投送难、接近火场难、扑打清理难和扑救时间窗口较短的特点,优先发展森林航空消防力量,进一步提高火灾扑救效率和重点区域风险防范化解能力就显得特别重要。

2.森林航空消防的任务和灭火方法

(1)森林航空消防的任务。

森林航空消防的任务主要有:巡逻监视、火情侦察、空中指挥与调度、洒水或抛撒化学灭火剂(含阻燃剂)灭火、开设隔离带、机降索降灭火、伞降灭火、人工降雨、点烧防火线、火场急救、运送救火物资以及后勤补给等火场服务、空投防火传单和其他宣传品、火场勘查、火场照相录像、"移动航站"靠前指挥保障和抢险救灾,以及火场信息采集(位置、火场图绘制、天气条件、森林植被情况、火场面积)等。

(2)森林航空消防灭火方法。

森林航空消防灭火主要采用两种灭火剂,一种就是普通的水,另一种就是专用的化学灭火剂(含阻燃剂)。前者可以利用航空器(有人机或无人机)内部消防水箱或者外挂的吊桶从火场附近的江河湖泊中取水,再返回火场从空中直接喷撒实施救火(见图 3-1),这种方法价格低,取用随意,使用方便。后者则是利用事先调配好的专用化学药剂,具体喷洒方法和洒水差不多(见图 3-2)。后者是专用化学药剂,灭火效果更佳,而且人工调配,成分干净,飞机后续清理方便,但是成本较高。

图 3-1　双旋翼共轴直升机外挂吊桶洒水灭火

通常森林航空消防使用的灭火阻燃剂是一种红色液体,组分为 85% 的水、10% 的化学阻燃成分和 5% 的其他成分,包括红色染色剂、防腐剂、增稠剂、稳定剂、杀菌剂和流动性调节剂,其化学成分符合无毒无害的环保标准,不会对森林环境产生污染。即便在高温情况下阻燃剂的水分全部蒸发,剩下的阻燃成分依然能够起到控制火势的作用,其作用可以持续几天甚至一周以上。

图 3-2　有人驾驶固定翼飞机抛撒灭火阻燃剂

3.1.2　森林航空消防的作用和特点

在森林火灾的侦察、监测和扑救中,森林航空消防发挥着至关重要的作用。经过多年发展,航空消防技术日益优化,现已成为森林火灾扑救工作中必不可少的重要消防手段。

1. 森林航空消防的作用

(1) 空中巡护。森林航空消防飞行器(包括有人机和无人机)在空中巡护飞行、火情探测、火场侦察和调度指挥中发挥着重要作用,特别是在山高坡陡、交通不便、人烟稀少的森林火灾扑救中,森林航空消防技术充分显示了其他手段不可替代的重要作用。森林航空消防飞行器通过空中巡护,及时、准确地发现、传递和报告森林火情,弥补了对地面监测不到的区域的侦察,实现早发现、早扑救。

(2) 航空化学灭火。航空化学灭火是利用航空器从空中将化学灭火剂(含阻燃剂)喷洒到火场。化学灭火剂利用水的吸热能力降低燃烧物质温度,以及汽化时产生的大量水蒸气降低氧含量,同时还可以浸湿木材,直接减弱或扑灭猛烈燃烧的火头、火线,阻滞林火蔓延,灭火效果比较理想。

(3) 吊桶灭火。吊桶灭火是利用旋翼飞行器外挂特制的吊桶载水直接喷洒火头、火线,迅速扑灭火头和切断火线,可扑灭飞火、火点、单株树冠火以及各种强度的林火。吊桶灭火是最直接、高效的灭火方式,不受交通、地形限制,喷洒准确,效率高,灭火彻底,能提高水的利用率,经济安全。吊桶灭火对水源条件要求低,经济性良好。

(4) 机降灭火。机降灭火是利用旋翼飞行器所具备的垂直起降性能,将消防人员从空中运送到火场进行布点,包围火场,并在扑打林火过程中不间断地调整兵力,快速扑灭森林火灾的方法。其特点是出动迅速快捷、机动灵活、安全可靠,能减少扑救人员的体力消耗和保持战斗力,对机降人员技术要求较低。当机降点离火场近时,消防队员下机后能在短时间内到达火场,迅速投入扑火工作中,灭火效果好。

(5) 索降灭火。索降灭火是利用旋翼飞行器所具备的悬停性能,飞行器悬停在空中不动,消防人员使用索降器材把人和灭火装备快速输送到地面,并迅速投入灭火工作中。一般在不适合采用机降灭火的情况下才采用索降灭火,其主要用于扑救偏远、无路、林密、火场周围没有机降条件的森林火灾,其能在最短时间内将消防人员输送到火场。索降灭火的优势如下:

1) 接近火场快。面对交通条件差和没有机降条件的火场,可以迅速接近火线进行灭火作战。

2) 机动性强。如果火场面积小,可采取索降直接灭火;如果火场面积大、地形复杂,索降消防人员可先期到达火场附近开设旋翼飞行器降落场,为大批消防人员实施机降进入火场创造条件。

3) 受地形影响小。与机降灭火相比,索降灭火可以在高山林区、原始森林等地形条件较复杂的情况下进行索降作业。

(6) 绳索滑降灭火。绳索滑降灭火是利用旋翼飞行器所具备的悬停性能,消防人员使用随身携带的绳索装置从空中自行滑降到火场地面,其优势是缩短了悬停时间,可快速、有效地把消防员和灭火器材输送到指定位置,赢得扑火时间。该方法要求滑降装备质量轻、体积小、维护方便、安全可靠,其优点是不需增设绞盘车、外挂钢索等设备,装备投资小,加工制作容易,能一机多用。

(7) 伞降消防员灭火。伞降消防员顾名思义,就是采用跳伞方法,把一小队消防员及其几天的生活物资和灭火用品,空投到人迹罕至的火情点,尽量把火灾消灭在萌芽状态。伞降消防员的装备也和伞兵军队类似,他们要佩戴头盔,穿着跳伞服、护膝和防火靴,由于可能要在森林中生活数天,因此还需要携带食物和净水器。只不过不携带武器,而是携带灭火器材和锯子。大部分伞降消防员都会在春天进行复训,然后在春末到夏初的高火险季节随时待命。

(8)航空人工增雨。航空人工增雨是利用航空器在云层中播撒干冰、碘化银、硫化铜等催化剂以凝结冰核和吸湿加速雨滴形成,促使降水灭火的方法,主要用于扑救持续时间较长且不易扑打的森林火灾。也可通过人工降雨降低林区的火险等级,达到预防森林火灾的目的。但人工降雨受天气条件限制,对积雨云的覆盖面积和含水程度要求极严格,而且受气团运动方向和速度的影响很大,不能随时随地应用,只能作为森林消防的辅助手段。

2.森林航空消防的特点

(1)机动性强、不受地形限制。飞机飞行速度快,能从空中及时、快速飞抵崇山峻岭和人迹罕至的森林火灾现场,采用洒水或空投灭火剂的方法进行灭火。

(2)载重大、能力强。森林消防有人机运载能力较强,一次飞行携带的灭火剂或水可以扑灭较长的火线。以波音 747 灭火飞机为例,其一次能装 70t 灭火剂,能一次性喷洒一条宽50 yd[①]、长 5 km 的灭火带,或者划出防火隔离带。

(3)快速空运人员和设备。在森林发生火灾的早期,用最快的速度把一小队消防员及其几天的生活物资和灭火用品空投到人迹罕至的火情点,尽量把火灾消灭在萌芽状态。

3.2　森林航空消防的发展历程

森林航空消防是预防和扑救森林火灾的重要手段,在保护森林资源、维护生态平衡中发挥着重要的作用。森林航空消防技术发展历程,按照专业消防无人机正式投入使用的日期(2018 年)为界可以划分为两个阶段:第一阶段是"纯有人机"阶段,第二阶段是"无人机＋有人机"阶段。

3.2.1　森林航空消防发展的第一阶段

森林航空消防发展的第一阶段是指 2018 年之前的"纯有人机"阶段。这一阶段始于1915 年,历时 100 多年,其主要特征是:采用的飞行器是清一色的有人驾驶航空器(固定翼飞机、直升机)。

1.森林航空消防的起源和发展

1915 年 8 月美国华盛顿州林务局第一次使用固定翼飞机(有人机)侦察森林火灾;1924年加拿大开始使用固定翼飞机(有人机)监测林火;1931 年苏联组建了森林航空队进行护林防火,并于 1932—1935 年间开展航空护林防火的试点工作。这个阶段是航空护林的初期,

---

① 　yd:码,1 yd≈0.914 4 m。

森林航空消防工作主要是使用固定翼飞机(有人机)进行森林巡护、监测火情和及时报警。

20 世纪 50 年代,第二次世界大战结束以后,为了给大批闲置的有人驾驶军用飞机寻找出路,在一些森林资源较丰富的国家开始将这些退役的军用机(有人机)改装成森林消防机——只要对军用机(有人机)的设备稍作改动便可成为航空灭火飞机,在训练相关人员后,其可直接应用于保护森林资源,进行航空护林和航空灭火,如图 3-3 所示。很快,这项技术在世界许多国家推广开来,成为一股潮流。其中伞降灭火是最先采取的航空灭火方法,随后又发展出空中巡护、航空化学灭火、吊桶灭火、机降灭火、索降灭火、绳索滑降灭火、航空人工增雨等航空护林和航空灭火技术。由于一些发达国家在森林航空(有人机)灭火技术的研究和实践方面起步较早,对森林航空(有人机)消防技术,包括航空器(有人机)改装技术、化学灭火剂,以及灭火弹等也已经进行了较多研究和实践,因此他们的森林航空消防(有人机)技术已发展得较为成熟。

图 3-3　退役军用机改装为用于扑救森林火灾的消防飞机

2015 年,一家名为"全球超级运输服务"的美国公司,成功地把一架波音 747-400 客机改装成世界上最大的消防飞机。在满油情况下,它可携带 74 000 L 红色阻燃剂飞行 6 400 km(而整个北美洲东西长只有 4 500 km),而且波音 747-400 消防飞机最高时速可达 565 km,所以它可以在几个小时之内飞往美国任何一个地方,及时扑灭森林火灾,如图 3-4 所示。

图 3-4　世界上最大的森林航空消防飞机(由波音 747-400 改装)

由 CH-54 起重直升机改装而成的森林航空消防飞机如图 3-5 所示。CH-54 是美国西科斯基公司研制的双发单桨重型起重直升机,空重 8 725 kg,正常起飞质量为 17 240 kg,航程 370 km。它的设计十分怪异,其最大特点也是没有机舱,只有一个简单的梁式机身用来吊装外部货物,驾驶舱在最前端,前后都有窗户,方便驾驶员的起重作业。由 CH-54 改装的森林航空消防飞机性能非常优越,能携带 10 000 L 的水飞到森林火灾现场上空进行灭火。如果带来的水用完了,它还可以飞到附近的河流或湖泊再次抽取灭火用的水,而且整个"补水"过程只需 30 s 的时间。在直升机放水灭火的同时,地面上的消防员会用电波起爆器进行协助。电波起爆器是哈佛大学的科学家发明的一种灭火辅助机器,它能向火焰发射一股电流,使火焰中炭粒子携带电荷,然后与其他带相同电荷的未燃物质相互排斥,从而达到灭火的目的,帮助减少复燃的可能性。

图 3-5　由 CH-54 起重直升机改装成的森林航空消防飞机

2. 我国森林航空消防的发展历程

我国高度重视森林资源管理和保护工作,其中包括森林航空消防工作。在森林航空消防发展的第一阶段(纯有人机时代)所取得的主要成绩如下:

(1)1952 年设立了东北地区航空护林组织机构,开展对大小兴安岭林区进行空中巡护报警以及辅助指挥运送物资和机具等工作,并逐渐发展为利用有人驾驶飞行器直接灭火。

(2)1955 年首次在嫩江流域进行了航空化学灭火试验,之后逐渐开始进行直接喷洒化学灭火剂灭火。

(3)1957 年开始使用直升机(有人机)进行机降灭火;1960 年组建,1963 年正式开展伞降灭火,但后来因各种原因伞降灭火队被取消。

(4)1965 年林业部购买了 7 架国产 Z-5 型直升机,从此直升机开始参与护林防火。

(5)1978 年组建森林警察空运专业扑火队。

(6)1980 年和 1982 年林业部又分别购买了美国产 Bell-212 型直升机 2 架,苏联产 M-8 型直升机 4 架,交民航部门管理,主要用于护林防火。

(7)1986 年直升机机降灭火在原思茅航站经过试验取得成功。

(8)1987 年在"5·6"大兴安岭特大森林火灾中,空军出动了大型运输机和直升机共 53 架。据不完全统计,在整个扑火过程中共出动飞机 670 架次,飞行 940 h,空运机降人员 2 700 多人次,运送扑火物资逾 160 km。用 M-8 型直升机喷洒化学灭火剂,并实施人工降雨作业,在扑灭这场特大林火中起到了重要作用。

(9)1991年林业部从法国购买了8架"小松鼠"灭火专用直升机。

(10)1994年春直升机索降灭火在普洱、雨色等站应用于扑火实际工作中。2001年后，各站开始利用绳索滑降开展林火扑救工作。

(11)1995年西南航空护林总站在百色站成功实施吊桶灭火试验，1998年他们又在保山站开展高海拔地区进行吊桶灭火试验，取得成功后，在阿昌、丽汀、普洱站进行推广。

(12)2007年8月我国从俄罗斯引进了世界上载重量最大的直升机M-26，用于航空森林消防灭火，如图3-6所示。采用先租赁后购买的方式，其全年服务于东北、西南的森林航空消防工作。

图3-6 世界上载重量最大的直升机M-26用于航空森林消防灭火

(13)2007年国家批准了北京、陕西、江西、湖北、河南等5省份组建航站，其中北京、江西、河南已于当年开航。

(14)从2007年底开始，西南总站与贵州双阳通用航空公司等共同研究，利用大型固定翼飞机进行洒水灭火。

(15)2008年春经过改装的3架Y-12飞机被部署到保山站和西昌站进行洒水灭火作业。

(16)2008年我国采用租赁方式从韩国引进两架K-32直升机，服务于西南森林航空消防工作。

(17)2009年6月我国采用融资租赁方式又引进了一架M-26和两架M-171直升机。M-26和K-32这两种机型载重量大，高原飞行性能好，扑火效果明显，刷新或创下了多项新纪录，大大提升了我国森林航空消防能力。

(18)2010年，根据国家森林防火指挥部出台的《森林航空消防管理暂行规定》，全国森林航空消防形成了以黄河为界的北方和南方两大体系，建立了两个森林航空消防机构（分别为东北航空护林中心和西南航空护林总站）。据统计，全国森林航空消防共设置航线206条，航线总长度为94 500 km，航护面积约为230×10^4 km²（其中北方为59×10^4 km²，南方为171×10^4 km²），约占总面积的24%。

(19)东北航空护林中心负责管理黄河以北的北京、天津、河北、山西、内蒙占、辽宁、吉林、黑龙江、陕西、甘肃、青海、宁夏、新疆13省（自治区、直辖市）的森林航空消防工作。在东北林区已建成16个航空护林站（点），其中，林业自建可供固定翼飞机起降的航站7个、直升机航站4个，利用民航、通航公司和军航机场的航空护林站5个。

(20)西南航空护林总站负责管理黄河以南（不括包港、澳、台）的云南、四川、重庆、贵州、西藏、广西、广东、江西、河南、湖北、湖南、上海、江苏、浙江、安徽、福建、山东、海南 18 省(自治区、直辖市)的森林航空消防工作。在西南林区已建成 6 个航空护林站,并以流动航站形式设立了 8 个航空护林基地,全部依托民航和军航机场。

(21)经过 50 多年的发展,我国的森林航空消防地位越来越高,作用越来越大,森林航空消防队伍在森林防火事业中的尖兵作用发挥得越来越好,森林航空消防的地位和作用已得到社会的广泛认可。

(22)2018 年 3 月 17 日,国务院机构改革,组建中华人民共和国应急管理部,负责我国国家森林航空消防力量的统筹指挥安排。当前,我国应用于森林消防的航空力量主要有 4 个部分:

1)"国家队"为应急管理部森林消防局大庆、昆明航空救援支队。这两支队伍脱胎于中国人民武装警察部队森林部队直升机支队,2018 年根据中央改革部署,武警森林部队集体退出现役,划归应急管理部,组建国家综合性消防救援队伍,这两支队伍于 2019 年 12 月 31 日挂牌。

2)"专业队"为应急管理部南方航空护林总站(简称"南航")和北方航空护林总站(简称"北航")。这两个总站转隶自原国家林业局,于 2018 年 7 月整体转隶到应急管理部,其中南航总站驻地在昆明,北航总站驻地在哈尔滨。据资料显示,两个总站以黄河为界,分别管理南方、北方森林航空消防业务,下辖多个航空护林站(局、总队),一年租用飞机上百架,用于森林航空消防,基本统筹使用了国内通航公司的大中型直升机机源。从国家森林航空消防力量的部署来看,均把重点放在了黑龙江省和云南省,这与东北、西南拥有数量巨大的森林资源有关,与森林防火的需要相契合。

3)中国人民解放军部队的航空力量。在国家发生重大、特大灾情,包括重大森林火灾时,这是一支强有力的可靠增援力量。

4)以中国民用航空应急救援联盟为代表的民用航空器群体。消防无人机属于通用航空的范畴。通用航空是指使用民用航空器从事公共航空运输以外的民用航空活动,包括医疗卫生、抢险救灾、气象探测、海洋监测、科学实验、遥感测绘、教育训练、文化体育、旅游观光等方面的飞行活动。自 2015 年以后,我国通用航空(通航)通航企业开始进入航空护林和森林消防领域,如飞龙通航、新疆开元、青岛直、海直通航、江苏华宇、中信海直、珠海直、东方通航等。这些通航企业的机队规模全都超过 5 架,可用于航空护林的机队规模总数超过 60 架。近年来,随着国家对航空护林等应急救灾的重视不断加强,预算不断增多,航空护林市场出现供不应求的现象,因此航空护林依然是通用航空领域批量性、稳定性、盈利性最好的作业之一。

3.2.2　森林航空消防发展的第二阶段

森林航空消防发展的第二阶段始于 2018 年,森林消防无人机正式加入了森林航空消防队伍的行列。为什么把该年份确定为森林消防无人机发展"元年"? 主要原因是,统计资料表明,我国民用无人机每月的产量和销量多达十几万架,已经多年占领了全球 70% 以上的市场。在这种大背景下,我国在民用无人机的科研、生产和使用方面,一直处于世界领先地位,起到了带头作用。在森林航空消防灭火应用方面,2018 年我国率先提出了使用无人机进行森林航空消防的理念,并付诸实际行动,定型生产了世界上第一批专用消防无人机,实际投入到森林消防灭火工作中,从而正式拉开了人类消防发展史上应用无人机进行森林航空消防的历史大幕。

1. 消防无人机应用于森林航空消防的起源

2018年我国发生了两件对森林消防无人机(简称"消防无人机")发展具有里程碑意义的重大事情。

(1)2018年3月17日,中华人民共和国应急管理部成立后,提出了建立国家应急救援航空体系的目标,对森林航空消防,特别是对消防无人机予以高度重视,将其提高到了一个新的高度,采取有力措施,对促进森林消防无人机的科研、生产、应用和发展进程进行了周密部署,正式拉开了加速森林消防无人机应用发展的大幕。

(2)2018年6月,中国消防装备检查检验中心首次对我国生产的专业消防无人机进行了严格的专业检测及试飞测试,其中重庆国飞通用航空设备制造有限公司研制生产的世界上第一款专业消防无人机系列,分别如图3-7和图3-8所示,其通过该专业检测及试飞测试,获得了检测合格证书,正式投入批量生产、销售和使用,并于同年获得第三届全国航空创新大赛全国总决赛一等奖。

图3-7　世界上第一款专业消防无人机(喷洒灭火剂)

图3-8　世界上第一款专业消防无人机(发射灭火弹)

自此,在我国掀起了一股消防无人机研发生产和应用普及的浪潮。国内已有多家无人机企业成功设计、生产出了多种型号、各具特色的消防无人机,并投入到森林航空消防一线中使用。

采用有人机(固定翼飞机和直升机)扑灭森林火灾方法的优点是,因其载重大,从空中洒水(或喷洒灭火剂)量大,所以灭火效果好,但是其灭火效率不高。因为林火成灾之后,森林着火空间范围极大,一般高度达到 $10\sim20$ m,火线沿前进方向长度可达 50 m,温度达 900℃以上。为了保证有人机中驾驶员的安全,灭火时飞行器只能在距火场上空较高的高度进行作业,这就导致洒水(或液体灭火剂)高度较高,水(或液体灭火剂)在降落过程中受到火场上空强热上升气流的影响,一部分水(或液体灭火剂)在降落至火场的过程中受热蒸发或被吹散到火场以外,致使真正作用于林火燃烧现场的水(或液体灭火剂)量较少。统计数据表明:大约只有 40% 的水(或液体灭火剂)量能真正落到火场内起到灭火作用,浪费很大,这是它灭火效率不高的原因。特别是有人驾驶固定翼消防飞机在执行灭火任务时,飞行速度太快、高度太高,无法做到针对林火目标的近距离精准洒水,只能“呼啦啦”一阵风似地大面积洒水,“粗粗拉拉”地一扫而过,结果有相当比例的水洒落在着火区域之外,起不到灭火作用,这也是它灭火效率不高的另一原因。

总而言之,采用消防有人机扑救森林火灾时,由于水(或液体灭火剂)有效利用率太低,有人机单架次飞行灭火成本相对较高。除此以外,采用“纯有人机”扑灭森林火灾方法最大的缺点是机动灵活性差,难以在森林火灾刚开始冒烟的萌芽阶段实施。因此在今天的航空智能(AI)时代,“纯有人机”作为森林航空灭火方法很难成为一种常规的灭火手段。

2. 消防无人机应用于森林航空消防的优势

与之相对应,消防无人机在扑灭森林火灾时采用低空飞行、近距离观察、精准抛洒的方式,能将 80% 的水(或液体灭火剂)洒入火场内,起到灭火作用。消防无人机应用于森林消防灭火作业,单次抛洒水(或液体灭火剂)的量没有超大型有人驾驶固定翼消防飞机多,即效果没它好,但是灭火效率却比它高。近距、精准、快速、安全,是消防无人机的最大特点。

事物都是具有两面性的。有人驾驶固定翼消防飞机的优点是载重大,它在执行灭火任务时所携带的水(或液体灭火剂)量远远超过消防无人机所携带的水量,例如一架改装的波音 747 超大型有人驾驶消防飞机,一次可携带 74 000 L 水或红色阻燃剂,而现在一架大型的消防无人机最多也就只能携带 5 000 L 水(或红色阻燃剂),不到前者的 1/10。这也是森林消防灭火要分级实施的主要原因:当发生较大的森林火灾时,必须要求消防无人机与有人机一起上,实施“无人机＋有人机”的消防战略,分工合作,齐心协力扑灭火灾。

我国在无人机科研、生产和使用方面的领先地位,使得我国森林航空消防技术实现了一次漂亮的“弯道超车”:从“纯有人机”时代领先进入了“无人机＋有人机”时代,即进入了航空智能时代。森林航空消防技术一改“有人机”与森林火灾单打独斗的被动局面,兴起“无人机＋有人机”协同运作,如蜂群一样实施集群作战,能大大提高森林消防灭火的效率,而且最重要的是利用航空智能化,能最大限度地保障消防人员的安全。

2021 年统计资料表明,我国与无人机相关的产业、存续企业约 5.5 万家。其中约 1.3万家分布在广东省各地,稳居全国各地区之首;第二名是山东省,拥有 4 554 家无人机企业;第三名是江苏省,拥有 3 907 家无人机企业;第五名是河南省,拥有 2 403 家无人机企业;第六名是陕西省,拥有 2 226 家无人机企业;第七名是湖南省,拥有 2 094 家无人机企业;第八名是四川省(2 056家),第九名是湖北省(1 907家);第十名是黑龙江省(1 668家)。全国各地广泛分布的几万家无人机相关企业,为我国民用无人机产业,包括消防无人机在内的高速发展奠定了坚实的基础。

近年来,随着专业消防无人机技术的高速发展,其在森林航空消防作业中的作用和地位日益显现。消防员利用无人机优异的机动性、灵活性、精准性和安全性,采用消防无人机集群灭火方式,强调把森林火灾消灭在萌芽状态;若未能把森林火灾消灭在萌芽状态,一旦森林火灾开始蔓延开来,形成大火时,就要采用消防无人机与消防有人机协同灭火的方式,即消防无人机集群与消防有人机分工合作、协调动作、扑灭森林火灾。消防有人机利用其本身运载能力大的特点,从空中洒水或抛撒化学灭火剂(含阻燃剂)灭火,以及开展机降索降灭火、伞降灭火、火场急救、运送救火物资等森林消防灭火工作。

采用消防无人机与消防有人机相结合的方法进行航空护林和扑救森林大火,能有效弥补"纯有人机"方法的不足。特别是无人机能胜任条件恶劣、高危环境下的各种危险工作(如森林大火的扑救工作),能出色完成单调枯燥、时间长、强度大、重复性高的艰苦任务,加上其结构简单、体积小、价格便宜、经济性好、运输简单方便(见图3-9),以及执行任务灵活,操作方便,消防人员只需要经过短期简单的培训就能掌握操控方法。除此以外,无人机具有自主或半自主飞行能力,对无人机进行操控的消防人员无需亲历火灾的高危着火点,具有优异的安全性。

图3-9 多旋翼消防无人机及无人机消防车

3.3 消防无人机的基本概念

森林火灾会在短时间内烧毁大片森林,造成巨大的损失,因此,森林防火是保护林业发展中极其重要的一环。消防无人机具有机动快速、使用成本低、维护操作简单等特点,在林业火灾的监测、预防、扑救、灾后评估等方面得到了越来越广泛的应用。消防无人机的总体结构大多采用旋翼无人机的形式,以满足森林消防工作环境严酷的需要,包括垂直起落、超低空飞行、空中悬停等性能要求。

3.3.1　消防无人机的定义和应用优势

自 2018 年 8 月世界上第一架专用消防无人机诞生并取得实际应用后,短短几年时间消防无人机就获得了世界各国的高度重视,掀起了一股开发研制和普及应用消防无人机的浪潮。消防无人机以其优异的集群性能及在实际扑灭森林火灾行动中的突出表现,得到了广大消防员的高度青睐。

1.消防无人机的定义

无人机消防技术是指利用无人机对火灾进行预防和扑救的一种高科技手段,它是现代消防工作的重要组成部分,主要用于消防业务的无人机就称为消防无人机(见图 3 - 10),根据消防无人机主要承担的消防任务、对象和灭火场所,可以划分为两大类——森林消防无人机和城市建筑消防无人机。其中森林消防无人机是指主要应用于森林消防工作的无人机,包括如何利用无人机有效地进行林火探测、火场侦察监测、林火扑救和其他相关任务。

图 3 - 10　消防无人机实施林火扑救任务

消防无人机作为一种无人驾驶飞行器,与有人驾驶飞行器(有人机)有许多的不同,包括使用和功能上的差别,而造成这些差别的根本因素就是"人"。机上无人(无飞机驾驶员)是无人机的主要特点,正是这一特点,使得利用无人机完成任务时,无需考虑机上驾驶员的生命安全问题,不必考虑任务的危险性。这不仅大大放宽了对无人机的设计和使用要求,而且使得无人机比有人机更加适合执行那些存在着各类危险、人力无法承受或企及的任务,其中就包括扑灭森林火灾的工作。消防无人机可以通过搭载不同任务载荷在林区无线视频监控系统各前端(检测点)驻防,执行空中巡护、火场侦察,以及从空中发射灭火弹、洒水(或抛撒阻燃剂)扑灭林火等森林消防任务。

消防无人机可以通过搭载不同任务载荷在林区无线视频监控系统各前端(检测点)驻防,执行空中巡护、火场侦察,以及从空中发射灭火弹、洒水(或化学灭火剂)扑灭林火等森林消防任务。与传统的森林消防方式相比,其具有机动灵活、视野全面、功能丰富、安全可靠等特点,具有火情发现早、报告准、行动快等优势。

我国森林资源较为贫乏,森林覆盖率约为 13%,人均森林占有面积仅为世界平均值的

1/6,但森林大火每年都有发生,特别是由于近年来全球气候变暖,加之森林内可燃物持续增加,我国已进入森林火灾易发期和高危期,森林火灾已成为森林资源安全的最大威胁,如何有效解决森林防火、灭火的问题,已成为林业工作的重中之重。森林消防面临条件复杂、地域广、安全隐患多等难题,森林防火形势严峻,压力持续加重,以往投入大量的人力物力收效甚微,给森林监管部门的日常巡检和火灾监控带来较大阻碍。正是在我国森林资源管理面对如此严峻复杂的外部条件的压力下,消防无人机诞生(可谓应运而生)并高速发展。

2. 消防无人机的应用优势

一般森林火灾往往由不明显的小火苗引起,且森林气候复杂,雨雾或火焰产生的烟雾往往会掩盖初始火情。消防无人机所搭载的红外热成像云台不受光线影响,能实现全天候监控,并具备穿透烟雾、克服雨雾的能力,有助于提早发现森林火灾发生初期的烟雾、火苗或隐患,迅速定位真正着火点和确定火灾蔓延趋势,减小森林火灾造成的危害。消防无人机应用的重点之一是解决地面人工巡护无法顾及的偏远地区发生林火的情况,以及对重大森林火灾现场的各种动态信息的准确把握和及时了解,它也可以解决有人驾驶森林消防飞行器巡护无法夜航、烟雾造成能见度降低无法飞行等问题。

消防无人机应用的最大优势之一是让消防人员更安全。根据相关数据统计,我国每年大概有接近30名消防人员牺牲,如果采用消防无人机,就可以让消防人员远程遥控消防无人机作业,远离高危区域实施救火,从而有效避免或大大减少大火对消防人员的伤害。作为现有森林监测和火灾扑救手段的有力补充,消防无人机显示出其他手段无法比拟的优越性,在林业火灾的监测、预防、扑救、灾后评估等方面必将得到广泛的应用。

在扑灭森林火灾及消防救援中,消防员为了扑灭森林火灾及保护当地居民的生命财产安全,面临着极大的危险。应用消防无人机的最大优势之一是让消防人员更安全。运用消防无人机,可以让消防人员远程遥控消防无人机作业,可以在与森林火灾高危区域保持一定安全距离的情况下救火,从而有效避免或大大减少森林大火对消防人员的伤害,如图3-11所示。

图3-11 消防无人机运作实行人机分离,安全性好

在扑灭森林火灾的过程中,消防无人机不仅可以率先进入火场获取着火点、风向、水源等现场信息,给消防员提供更全面的现场决策情报,而且通过高倍数变焦相机与热成像相机得到的浓烟勘察现场细节,能避免消防灭火过程中可能出现的危险,也能更快速地解救被困人员,既提高了扑灭林火、救援减灾的效率,也保护了消防员自身的安全。消防无人机结构简单,携带运输方便,可以在森林火灾现场快速部署;其自主飞行性能优异,容易操控,消防员只要经过短期培训就能很快掌握其操控方法,这与有人机驾驶员需要经过长期严格培养的情况是完全不同的。消防员有了消防无人机以后,能大大提高扑灭森林火灾的效率。

用"英雄救美人""勇士与恶魔"的童话故事来描述战斗场景,这里"美人"是宝贵的森林资源和居民的生命财产,消防员是"勇士、英雄",森林火灾(林火)是"恶魔",消防无人机则是"长矛"与"弓箭"。以往消防员(勇士)没有消防无人机时,不得不徒手与林火(恶魔)贴身博斗,不仅灭火效率低,而且自己很容易受到林火(恶魔)的伤害。现在,当消防员(勇士)手上有了消防无人机以后,情况就不一样了,就好比勇士(消防员)有了长矛和弓箭,可以远距离操纵消防无人机对恶魔(林火)发起攻击,既能有效地战胜林火(恶魔),又能尽量避免自身受到林火(恶魔)最直接的伤害,从而能更有效地扑灭森林火灾,达到保护森林资源和居民生命财产的目的。从目前一些实际应用的效果来看,消防无人机作为现有森林监测和火灾扑救手段的有力补充,已经显示出其他手段无法比拟的优越性,可以广泛应用于森林火灾监测、预防、扑救、灾后评估等诸多方面。

归结起来,消防无人机的应用优势主要体现在:

(1)消防无人机结构简单,容易操控;人机分离,安全性好;价格低,经济性好。

(2)使用不受地理条件、环境条件限制,特别适合在复杂环境下执行消防任务。

(3)不怕牺牲,勇往直前,能贯彻地面消防管理指挥中心制定的扑火战略和战术。

3.3.2　消防无人机的应用范围与特点

1. 消防无人机的应用范围

消防无人机除了用于直接扑灭森林火灾以外,还可以自动规划森林的巡防航迹,结合5G 或星链移动互联网络技术、高清数字图像传输技术等高新技术,综合应用于大空间范围内的火情探测、火场侦察、火情分析、火源确定、火势蔓延趋势预测、救援方案制定,以及森林的资源管理。

消防无人机在火情探测、火场侦察和调度指挥中发挥着重要作用,特别是消防无人机在对汽车、人员无法到达地带的资源环境监测、森林火灾监测及救援指挥等方面具有独特的优势,有着其他手段不可替代的重要作用,具体表现在以下几方面。

(1)空中指挥。在消防无人机集群灭火过程中必须指定一架无人机作为空中指挥机,依赖 5G 或星链移动互联网络技术,负责整个消防无人机集群系统的信息收集、调度和指挥。在空中参照火场附近明显地标判读火场位置,全面侦察火场情况,掌握森林火灾现场动态和发展趋势,判断火场风向和风速以及勾绘道路、水源、居民区等,实时地将现场视频和相关信息发送给地面消防管理指挥中心,接收和执行上级下达的命令,贯彻消防指挥中心制定的扑灭森林火灾战略和战术,协助、组织人员撤离火场,检查、验收火灾扑灭后的场地,按规定时间留守观察现场(以防复燃)等。

(2)快速响应。在林区所有的森林防火视频监控系统的前端(检测点)建立无人机消防站,一旦森林某处出现任何微小森林火灾火苗,天空中有烟雾冒出,离起火冒烟处最近(10～20 km 以内)的小型旋翼消防无人机即刻垂直起飞,迅速直接飞往起火冒烟处,低空近距离精准喷射灭火干粉或发射灭火弹扑灭火苗,将森林火灾消灭在萌芽阶段。借助于成规模、多站点的连续 5G 覆盖模式或星链移动互联网络的覆盖范围,可保障消防无人机超高清视频的实时传输及采集数据的时效性,实现消防员对消防无人机的超视距远程控制,如图 3 - 12所示。既不需要电信运营商单独为消防无人机业务单独建立网络,节省了成本,又可以使电动消防无人机在电量低的情况下,自主飞行找寻最近的充电平台,完成续航,解决当前电动消防无人机的工作时长过短的问题。

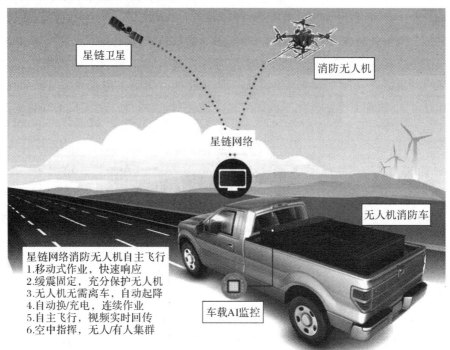

图 3 - 12 星链网络消防无人机自主飞行示意图

(3)空中巡护。利用消防无人机进行空中巡护,监测工作可以不受地形和自然条件的限制,对地面消防人员难以抵达的地方,或者地面车辆进不去的地方进行实时巡护监测,及时、准确地发现、传递和报告森林实时状况,包括火灾发生时的实时火情,弥补对地面监测不到的区域的侦察,实现早发现、早扑救。

消防无人机不仅机动性强、灵活度高、监测范围广,而且操作灵活,具有拍照、录像、定点巡查、跟踪目标、夜间照明等功能,能够实现高清拍摄、实时视频画面传输,以及精确地生成高清的影像资料,清晰、全面地展示森林内的各种异常情况,为地面消防管理指挥中心和巡护人员提供实时数据。它的巡护效率远远高于传统的人工巡护效率,同时,运行成本也非常低。

消防无人机空中巡护工作流程是,提前规划好所需巡护森林的路线,一键起飞后,消防无人机会按照规划路径依次巡护(见图 3-13),消防员只需要观看回传的实时高清影像。消防无人机每次到达指定点后,都可以进行空中全景拍摄、环绕目标飞行;发现任何异常情况时,可随时停止航迹飞行,飞到异常区域的上空,低空盘旋,通过机上搭载的红外相机及在手机软件(App)上设置的异常温度阈值,只要红外云台检测到异常温度,即立刻向消防管理指挥中心和地面控制站实时报告可疑目标。

图 3-13　消防无人机空中巡护路线规划示意图

(4)火场侦察监测。消防无人机通过对火场空中侦察监测(见图 3-14),利用 5G 或星链卫星网络传输系统快速向地面消防管理指挥中心提供准确、直观的火场实时信息,包括火场地理坐标(经、纬度)、火场的轮廓、面积、蔓延速度等现场数据。这些精准数据可使地面消防管理指挥中心制定的森林火灾扑救决策和指挥调度更科学合理,可提高灭火效率。

图 3-14　消防无人机在空中进行火场侦察监测

消防无人机在空中进行火场侦察监测时,机上搭载 800×600 的高分辨率红外热成像云台,其数字测温范围可达 $-20 \sim 150 ℃$,能穿透火灾现场上面的浓烟寻找火源;通过红外热像图反映出的温度异常情况,迅速定位着火点,判断火灾蔓延趋势,并将信息实时传输至地面消防管理指挥中心,为快速灭火和科学调派消防人员、消防无人机和消防有人机提供精准数据和判断依据,火场侦察监测工作主要包括以下几方面:

1)快速定位火点。森林气候复杂,雨雾或火焰产生的烟雾往往会掩盖初始火情,造成火情加快蔓延而成灾。无人机携带的红外热像仪具备穿透烟雾、克服雨雾的能力,能拍摄出清晰的图像,可有效地发现真正着火点以及大火的蔓延趋势(见图 3-15);经数控遥测电路实时传输到地面消防管理指挥中心和地面控制站,将林区内的起火点、高热点显示在地面控制站的数字地图上,经过识别系统确定是否是真实火点,并可进行精确的起火点定位,为地面消防管理指挥中心提供火场地理坐标(经、纬度)。

(a)   (b)

图 3-15 消防无人机通过红外热像图穿透云雾浓烟找到着火区域

(a)大雾掩盖了森林火灾着火区域的真面貌;(b)红外热成像不受大雾影响呈现着火区域的真面貌

2)快速确定火情。消防无人机搭载 4K 高清可见光云台,可实现自动白平衡、自动增益、自动色彩校正等,支持远程遥控拍照、防抖、防摔,可远程获得高清晰、多角度的视频资料。当消防无人机在火场上方飞行时,还可将火场的轮廓、面积、火情蔓延速度等数据实时传回地面。地面消防管理指挥中心根据消防无人机传送回的数据,通过人工智能数据分析可计算火场面积(见图 3-16),为森林救火指挥提供可靠信息。

图 3-16 根据消防无人机回传数据计算的火场面积

3)实现火灾现场三维可视化。森林火灾发生后,无人机搭载倾斜摄影相机对着火区域及时进行数据采集,随后对所采数据快速处理,绘制出着火区域的实景三维模型,实现火灾现场实时的三维可视化。火灾现场实景三维模型不仅可以 360°无死角地展现火灾现场的现状,还可提供空间信息和可视化数据,为地面消防管理指挥中心勘察地形、研判灾情、指挥灭火及灾后救援部署提供更多信息支持。

4)快速识别可燃有毒气体。机上搭载智能气体传感器,可识别 CO、CH_4、CO_2、SO_2、

NO_2、$PM_{2.5}$等空气中多种可燃及有毒气体的浓度和泄漏地点,响应快,测量精度高。

5)为消防人员提供最佳撤离路径。各项信息的有效传达不仅使森林消防部门能迅速调配消防人员进行重点区域灭火工作,还能及时通知消防人员撤离危险地区,并根据火场图像资料为消防人员提供最佳撤离路径,以及提供空中照明、通信中继等。

(5)建立通信信号网络。在发生森林火灾的现场,由于地处偏僻或基础设施受损造成的通信信号中断的情况时有发生,因此森林火灾现场建立临时的 4G/5G 蜂窝移动通信网络就显得尤为重要。在通信信号中断的森林火灾地区,利用消防无人机(系留无人机)搭载 4G/5G 接收设备,升空到一定高度(100 m),起到 4G/5G 通信基站作用,即可快速恢复该地区移动通信信号,如图 3-17 所示。该设备具有响应迅速、操作便捷的特点,可不间断为森林火灾区提供通话、上网等通信保障,覆盖面积达 50 km²。

图 3-17　消防无人机(系留无人机)建立通信信号网络示意图

(6)扑灭林火。消防无人机通过发射灭火弹或喷射灭火剂(或水)灭火,外挂吊桶、吊囊灭火,以及实施无人机集群灭火的战术,使山高坡陡、交通不便的边远林区、重点林区、原始林区发生的森林火灾得以及时扑救,力争做到"打早、打小、打了"。

(7)火场救援。消防无人机可发挥空中飞行优势,不受高山峡谷、河流湖泊等地形地物的限制阻碍,垂直起落,为森林火灾救援现场提供救援物资、应急药品、食品和饮水等。在实在无法降落的情况下,还可进行空中定点悬停,精准抛投,充分保障救火现场的后勤供应。

(8)空中喊话。消防无人机上装载空中喊话器,可用来传达地面消防管理指挥中心的声音。特别在森林火灾现场出现混乱的场面和嘈杂声音时,消防无人机通过空中喊话器能更好地将消防指挥意图传达给现场救火人员和被困群众。

(9)灯光照明。消防无人机上安装有探照灯,可在夜间或光线不足的情况下,为消防人员及撤离疏散的被困群众提供空中照明。

(10)森林火灾损失评估。森林火灾损失评估作为森林资源管理的重要组成部分,能有效反映当前森林火灾防治的状况及管理中存在的问题,同时也可以为森林防火标准的制定和修订、防火资源的科学配置奠定基础。通过消防无人机高清设备获取影像数据,经过软件处理后，可直接采用AI技术三维重建影像，以及计算出受灾面积等，如图3-18所示。发生森林火灾后，有关部门可利用消防无人机，及时对起火原因、火灾损失、扑救情况，以及该次森林火灾对于人类社会与周边环境造成的影响进行调查、鉴定、统计、建档和上报。

图3-18 利用消防无人机获取影像数据并计算受灾面积

（11）防火宣传。封山育林是利用森林的更新能力，在自然条件适宜的山区，实行定期封山，禁止垦荒、放牧、砍柴等人为的破坏活动，以恢复森林植被的一种育林方式。根据实际情况可分为"全封"（较长时间内禁止一切人为活动）、"半封"（季节性的开山）和"轮封"（定期分片轮封轮开）。这是一种投资少、见效快、效益高的育林方式，对加快绿化速度，扩大森林面积，提高森林质量，促进社会经济发展发挥着重要作用。无论是在封山育林期间，还是在平时，消防无人机均可通过高空巡逻、空投森林防火宣传单和空中广播，把森林防火信息及时送到广大林区。

（12）人工增雨。消防无人机可用于人工增雨，其特点是使用简便、机动性好、便于投放，以及没有人员安全的风险等，因此特别适合森林消防作业中的人工增雨。例如，消防无人机携带10枚增雨焰条，通过挂架挂载在机腹与起落架之间。在飞行中由地面遥控点燃增雨焰条，并通过遥测信息显示焰条的状态。每次可根据情况同时点燃多根发烟管。根据消防无人机人工降雨作业投放碘化银数量与作业区域的关系，10枚增雨焰条的碘化银含量即可满足 $100~\text{km}^2$ 的人工降雨作业区域要求。

2. 消防无人机的特点

消防无人机具有机动快速、使用成本低、维护操作简单等优势，通过搭载不同的传感器及任务载荷，可实现在森林火灾复杂、危险的环境下，代替消防人员的部分人力行动，对消防高危行业来说，其重要性不言而喻。归结起来，消防无人机的特点主要体现在以下方面：

（1）火情发现早、行动快。在林区建立森林消防视频监控系统，并给系统的每个森林消防前端（检测点）配置小型消防无人机，以尽早发现火情（起火点），即时启动消防无人机飞到起火地点，低空近距离精准发射灭火弹或喷射灭火剂（或水），迅速扑灭刚刚燃起的火苗，实现"打早、打小、打了"。

（2）指挥协调能力强。在森林林火初发阶段（萌芽状态），由一架小型消防无人机指挥多架小型消防无人机集群，围攻还处于冒烟状态的火苗，实现"打早、打小、打了"，在林火成灾之前及时扑灭；当林火火情有一定扩散（呈扩散趋势状态）时，由一架消防无人机指挥，使用一群（许多架）消防无人机灭火；当火情扩散到失控状态时，出动特大型有人驾驶固定翼消防飞机和多架旋翼消防无人机参与灭火，实施消防无人机/有人机协同灭火，能起到"1+1>2"的高效扑灭森林火灾的效果。

（3）配置多元化。消防无人机在体积、使用、维护上的综合优势，使其应用于扑救森林火灾时的配置相当灵活。现有各类无人机系统在设计时均采用平台化、模块化的方式，各任务模块可根据实际情况进行灵活调整，针对所担任消防角色和任务的不同，配置不同的任务载荷，从而充分发挥一机多能优势，完成任务。

（4）机动性强。消防无人机具有飞行能力，不受地形限制。它能够从空中快速飞行到达地面车辆和消防人员无法抵达的森林火灾现场，进行实时火灾监测、救援指挥及直接参与扑灭火灾。大中型消防无人机载重大，没有航程、航时的限制，作业时间长，灭火效率高、效果好。

（5）灵活性高。消防无人机低空监测系统，包括低空实时电视成像和红外成像快速获取系统，具有对地快速实时巡察监测能力，其可从空中灵活穿梭森林火场进行火灾火情监控，寻找高温火点、监控火灾蔓延方向、勘测火场附近危险物、搜救被困人员，为消防救援提供决策关键信息等。

（6）适应性好。由于消防无人机上"无人"，因此它对恶劣环境的适应性极强，在森林火灾现场地形陡峭，火焰高温、浓烟导致可见度低、有毒气体蔓延的恶劣环境下，它依然能高效率地完成消防灭火工作任务。

（7）视野广阔。消防无人机空中监视探测可以提供准确实时的火场信息，帮助地面消防管理指挥中心及时确定灭火的战略战术，进行高效、正确指挥和调度，有助于提高灭火效率。当消防无人机飞抵森林火灾现场上空后，从空中向下俯瞰，视野广阔、清晰，可掌控森林火灾发生和蔓延全局，迅速定位着火点，局部重点检测，并将高清视频和准确数据实时向地面消防管理指挥中心报告，可协助消防指挥员快速作出决策并完善火灾现场救援控灾战略布局。

（8）经济性好。消防无人机结构简单，体积小、质量轻，其生产成本及使用、训练和维护费用都比有人驾驶消防飞机低得多。另外，消防无人机携带方便，操作简单，反应迅速，执行任务灵活，起飞和降落环境条件要求低，可实行垂直起落。

（9）全天候工作。消防无人机可根据任务要求，携带多种载荷设备，应对各种灾情，不分昼夜，全天候工作，为森林消防救援工作提供全面支持。

（10）灭火效率高。采用消防无人机集群灭火技术及消防无人机/有人机协同灭火技术（见图 3-19），能够充分发挥大兵团作战的优势，集中优势兵力，进行大规模灭火作业，灭火效率高。

（11）全智能模式。全智能模式，或称"傻瓜式"操作，是不需要人员手动操作的。消防无人机使用先进的控制算法和导航算法，同时搭配厘米级精准定位的基准站，一键起飞，实现全程自主飞行。

（12）安全性优异。消防无人机的运作实行人机分离，安全性最大化，它可代替一线消防人员进行近距离侦测火情，以及让消防人员在处置危险火情时远程遥控扑灭火灾，从而可避免或大大减少对消防人员的伤害，最大限度地保障消防人员的生命安全，且使用成本低。

（13）抗风性好。由于森林火灾爆发时，往往是在大风天气，对消防无人机的抗风性能要求较高。消防无人机设计和制造工程师们采取了一系列有效的技术措施，以提高其抗风性能。现在多旋翼小型消防无人机的抗风性能都已经达到了抗 18 m/s（8 级大风），基本上能满足其抗风性能的一般要求。目前正在进行新的抗风性能设计研究，目标是达到抗 25 m/s（10 级狂风）。

（14）集群性好。无人机集群由一定数量的相同类型或不同类型无人机组成，它们彼此间通过无线网络等方式进行态势共享与信息交互，相互协调合作完成任务分配、航迹规划等。一群（多架）消防无人机围攻森林着火区域，发射灭火弹或喷射灭火剂（或水），灭火过程一气呵成，中间没有作业间歇时间，不给火灾现场留下任何复燃的机会，因而扑灭森林火灾效果十分明显，效率极高。

（15）无人机/有人机协同灭火成效好。应用消防无人机/有人机协同灭火技术，可充分发挥超大型有人驾驶消防飞机载重大、灭火成效好，以及消防无人机机动灵活、响应敏捷、操控方便等方面的优点，可以大大提高灭火进程，如图 3-19 所示。

图 3-19　消防无人机/有人机协同扑灭森林火灾
(a)地面消防人员；(b)小型旋翼消防无人机；(c)中型旋翼消防无人机；(d)大型固定翼消防有人机

3.4　消防无人机的使用环境和性能要求

本节将介绍和讨论消防无人机的使用环境和性能要求。其中使用环境是决定其性能要求的关键因素。消防无人机性能要求主要包括两方面的内容：结构性能要求和材料性能要求。结构性能要求是指创建满足特定要求的结构，具有令人满意的特定性能；材料性能要求体现在它不仅是制造消防无人机结构的物质基础，同时也是使无人机结构达到所期望的性能、可靠性与寿命的技术基础。

3.4.1 消防无人机的使用环境

森林火灾是一种突发性强、破坏性大、处置和救助极为困难的自然灾害。真实的森林火灾有多可怕？下面列举两个实际案例来说明。

1. 案例一

澳洲每年都会发生森林火灾（山火），原因有持续高温、闪电等，且由于降水少，没有公路等隔断，灭火极其困难。2019 年 7 月 18 日—2020 年 2 月 12 日，澳大利亚发生了一场全国性森林大火，损失巨大。燃烧了 400 ha 森林和草原土地，夺走了 33 条人命，超过 2 500 间房屋被烧毁，约 12.5 亿只动物死亡，超过 6×10^4 只考拉在大火中丧命、受伤或流离失所（对一个已陷入危机的物种来说，这一数字令人极为不安）。其产生的浓烟基本笼罩整个澳洲，并顺风势扩展到全球，浓烟都飘到了距离 2 000 km 以外的新西兰，导致新西兰空气质量下降，甚至出现了雾霾。据测算，为了弥补这次森林火灾带来的损失，人们要花上十几年甚至大半个世纪的时间。

网络上有一则澳大利亚广播公司播出的视频，是消防员进入火场的真实画面。如图 3-20 所示，在消防员的视野下，烈火近在咫尺，所到之处血红一片，狂风骤卷，烈焰肆虐，大火烤在脸上就像被刀割一样，完全是一副人间炼狱的可怕景象，在现场的每个人都面对着死亡的威胁，瞬间就可能会被无尽的森林大火吞噬。

图 3-20 森林火灾现场犹如人间炼狱

2. 案例二

美国加州常年发生森林火灾（加州习惯称之为"野火"），其规模和影响越来越大。以最近几年情况为例：

（1）2017 年加州的野火十分猖獗，共发生了 8 747 场，其中北加州的野火造成 44 人丧生，8 900 座房屋建筑被烧毁；南加州 6 场主要野火的过火面积达到 141 000 acre，230 000 居民紧急撤离,数万人流离失所,超过 500 栋建筑被毁。熊熊燃烧的森林大火无情地吞噬着附近居民住宅区的建筑物,如图 3-21 所示。

(a) (b)

图 3-21 熊熊燃烧的森林大火

(a)森林大火无情地吞噬着附近居民住宅;(b)被森林大火烧毁的房屋

(2)2018 年 11 月,加州南北几场野火几乎同时出现,最严重的两起是北加州"坎普"野火和南加州"伍尔西"野火。其中"坎普"野火连烧多日,过火面积超过 607 km²,至少造成 85 人死亡,30 余万人被迫迁移,超过 12 000 座房屋被烧毁,其中包括拥有 2.7 万人口的天堂镇(Paradise),昔日富裕繁华的小镇整个化为灰烬,变成了"地狱",如图 3-22 所示。"伍尔西"野火迫使 250 000 人疏散,3 人死亡,1 643 座建筑被烧毁。据统计,加州此次共投入 1.4 万名消防人员、数十架超大型固定翼消防飞机参与灭火工作。研究机构 Enki Research 估计,2018 年野火给加州政府、保险公司及业主造成了至少 190 亿美元的损失。

(a) (b)

图 3-22 美国加州天堂镇森林大火发生前后卫星图对比

(a)森林大火发生前天堂镇卫星图;(b)森林大火发生后天堂镇卫星图

(3)2019 年 10 月 24 日,南北加州再次燃起熊熊大火,大火势不可挡烧通天,树木灰烬四处纷飞,南北加州两地过火面积近 80 000 亩,约有 90 000 个建筑受到火势威胁。由于野火威胁急剧升高,加州州长于 10 月 27 日宣布全州进入紧急状态,有数十万人被下令撤离家园(见图 3-23)。

图 3-23　森林火灾发生时当地居民紧急撤离家园

（4）2020 年是多灾多难的一年，加州野火更是趁火打劫，比其他年份更早地爆发出来，肆虐加州大地，如图 3-24 所示。

图 3-24　森林大火蔓延迅速逼近附近居民住宅区

2019 年加州经历了 5 300 起野火，而自 2020 年 8 月 15 日至 10 月 4 日，这个数字已经超过 8 000 起，森林火灾过火面积超过 16 000 km²（打破加州历史纪录），导致 31 人死亡，8 200 栋建筑物被烧毁，超过 53 000 名居民被迫撤离，流离失所。统计资料表明：加州历史上过火面积最大的 20 场野火中有 6 场发生在 2020 年，排名前 5 的野火有 3 场发生在 2020 年。有学者指出：虽然 2020 年加州野火过火面积已创历史新高，但很不幸的是，如果仍然没有找到有效破解的方法，这一纪录恐怕以后还会被持续刷新。

3. 消防无人机的使用环境要求

消防无人机担负的任务和职责是奔赴森林火灾现场，扑灭森林火灾。森林火灾现场犹如地狱，消防无人机在扑救森林火灾时就是在"地狱"环境中工作、拼博，与"森林火灾恶魔"展开一场生死博斗。消防无人机使用环境要求主要包括以下内容：

（1）耐高温。森林火灾现场正上方温度可达 200℃。消防无人机整体结构和所有零部件（包括旋翼桨叶和桨毂）都要求耐高温，电动机或燃油发动机，机体、锂电池需要防爆，所有电子电气设备都要能在高温环境条件下正常工作等。

(2)抗风力。森林火灾爆发时,往往会是大风天气,因此消防无人机抗风力性能要好,一般要求至少达到抗8级大风(18 m/s),最好能达到抗25 m/s的10级狂风。

(3)防腐蚀。对结构部件采取适当防腐蚀措施,对零部件实施表面处理,保证结构件受腐蚀程度最小。

(4)抗水雾和烟雾。森林火灾现场存在大量水雾和烟雾,因此要求消防无人机有较强的抗水雾和抗烟雾能力。

(5)长航时。消防无人机扑救森林火灾时,它的实际续航时间受火场紊乱气流的影响会变短,所以它的续航时间要求会更长。

(6)大航程。消防无人机扑救森林火灾时,要求航程能够保证它飞抵火灾发生地执行灭火任务,距离不能太短,因此采用5G或星链网络无人机通信方式很重要,没有通信距离的限制。

(7)垂直起降。我国高山森林区域地理环境大多地势险峻,因此要求消防无人机必须具备垂直起降的能力。

(8)夜视能力。由于森林火灾发生的时间、环境不可预知,因此消防无人机应当配备具有红外夜视功能的摄像头以及辅助光源。

(9)低空飞行。消防无人机航线巡查路线要求能够实现不间断监控,飞行高度一般在0～300 m之间,因此要求其具有超低空飞行(树梢飞行)能力。

(10)抗干扰。消防无人机必须具备较强的抗电子干扰能力,以保证飞行使用过程中图像能够不间断、清晰、连续地回传。

(11)全天候。由于森林火灾发生的时间可能在晚上且天气恶劣,因此要求消防无人机能在夜间及恶劣复杂气象条件下执行消防灭火的任务,即具有全天候执行任务的能力。

(12)自主飞行。消防无人机要有自主飞行的能力,包括自主起降,自主搜寻、跟踪、锁定和扑灭火焰目标,自行躲避飞行过程中遇到的障碍物,自主返航充电或加油后继续返回执行灭火任务等。

3.4.2 消防无人机的性能要求

消防无人机的性能要求包括结构性能要求和材料性能要求。无人机结构是指由若干个零件相互连接起来的结合体,它能承受指定的外载,是受力结构,并满足规定的强度、刚度、寿命等要求。无人机材料泛指用于制造它所需要的材料。在人类航空发展史上,航空材料与航空器两者是在相互推动下不断发展的,其中航空材料一直发挥着先导和基础作用。航空材料在很大程度上对航空器的发展和创新起着决定性作用。

1.消防无人机的结构性能要求

(1)空气动力学要求。消防无人机结构性能要求与气动阻力、升力和力矩特性有关,对消防无人机的功率损失、飞行性能,以及操纵性和稳定性有很大的影响。应使结构的外形满足规定的外形准确度要求和表面质量要求,尽量提高结构表面的光滑度。为了保证消防无人机能够达到预定的气动性能目标,旋翼、尾翼与机身不容许有过大的变形,其表面应符合表面粗糙度要求。

（2）强度、刚度和质量要求。消防无人机结构性能应保证结构在承受各种规定的载荷状态下具有足够的强度和刚度,不产生不能容许的残余变形,以及避免出现不能容许的气动弹性问题与振动问题,具有足够的使用寿命等。但并不是要求强度和刚度愈大愈好,因为增大强度和刚度往往伴随着增加结构质量,从而影响消防无人机的飞行性能和有效载重,因此在满足一定的强度和刚度要求的前提下应尽可能减轻结构质量。这一要求可以概括为强度、刚度和质量要求,也可简称为"最小质量要求",或"质量要求"。

（3）结构动力学要求。消防无人机结构性能要符合结构动力学要求,须采取措施控制和降低消防无人机结构部件在飞行过程中的振动水平。因为消防无人机由动部件产生的交变载荷会引起结构振动,这种振动会影响消防无人机的飞行使用并使结构产生疲劳,因此在结构性能中要注意通过结构调整合理地布置动部件的固有频率,以及采取特殊措施,如采用减振、吸振和隔振措施。

（4）最短传力路线要求。在消防无人机结构性能中,为了设计出符合最小质量要求的结构,必须首先分析清楚力在结构中的传力路径,判断何种传力路径对应的是最小结构质量。受力构件布置采用最短传力路线。传力越直接,需要构造的构件越少,这样可减轻传力途中某些构件应力来自各方的复杂程度。传力越直接,结构变形的种类越少,总体的变形方向越单一,变形的总量越小,越容易控制在容许范围内。

（5）耐损性要求。消防无人机结构的耐损性包括两种能力,即耐撞击损伤的能力和抗坠毁的能力。在消防无人机结构性能中,应避免结构在被其他物体撞击后引起空中起火,将坠落或其他灾难性后果的可能性减至最低,并尽量提高消防无人机机载设备的耐冲击力,提高主要结构承力部件的抗坠毁能力。

（6）使用维护要求。为了确保消防无人机的各个部分,包括安装在机体内的电子设备、电池或燃油系统等各个重要设备和系统,以及主要结构能安全、可靠地工作,需要在规定的周期内检查各指定的位置,如发现损伤,则需要进行修理或更换,在结构上需要布置合理的分离面与各种开口,保证维修实施的可达性（通路）和开敞性（空间）。良好的维修性可以提高消防无人机的可靠性和安全性,降低消防无人机的使用和保障成本。

（7）工艺要求。要求消防无人机结构的工艺性好、成本低。工艺要求要结合产品的产量、需求迫切性与加工条件等综合考虑。

2. 消防无人机的材料性能要求

材料是航空器赖以存在和发展的物质基础,航空器的发展历程是以材料性能的进步和提高为主要标志的。"一代材料,一代飞行器"是航空工业发展的生动写照。航空材料在很大程度上对航空器的发展和创新起着决定性作用。在物理学和化学领域中,人们常把材料按物理化学属性分为金属材料、无机非金属材料、复合材料等,航空结构材料至今已经历了3个大的发展阶段。

（1）第一阶段:木布时代（1903—1918 年）。

在人类航空事业发展史的早期,飞机结构较为简单,主要用到的材料有木材、蒙布、金属丝等。

（2）第二阶段:金属时代（1919—2004 年）。

从 1919 年世界上第一架金属飞机——F-13 旅客机诞生之日算起,在 85 年中,用于飞机制造的航空结构材料都是金属（铝、钢、钛等），因此称此阶段为金属时代。一般把金属用量达到整机结构材料总重的51％以上的飞机称为"金属飞机"；把金属用量达到整机结构材料总重的91％以上的飞机称为"全金属飞机"。在人们的认知中，采用金属材料就意味着强度高、刚度大、寿命长、稳定性好，是品质优良的飞机。

（3）第三阶段：复合材料时代（2005年至今）。

在人类航空事业发展史上，减重是航空器领域一直不断追求的主要目标。虽然金属材料的性能有很大提升，但是单单依靠提高金属材料性能来降低飞机结构质量已达到了限度。材料科学的发展造就了高强度、高模量、低密度的碳纤维，从而掀开了先进复合材料时代的大幕。复合材料属于新型高性能结构材料，是由两种或多种材料复合而成的多相材料。它以质量轻、比强度高、耐高温、高韧性、抗腐蚀、耐磨损，以及可设计性强、疲劳性能好等优势，已经成为新一代航空器的主体结构材料，其使用量和比例也成为衡量一种机型先进性的指标。复合材料用量达到整机结构材料总重的51％以上的飞机称为"复合材料飞机"；把复合材料用量达到整机结构材料总重的91％以上的飞机称为"全复合材料飞机"。

2005年诞生的第一架全复合材料飞机是航空结构材料发展史上一件具有历史意义的重大事件，标志着航空结构材料的发展已从金属时代进入复合材料时代，因此人们把2005年作为航空结构材料的"复合材料时代"元年。航空器从金属时代迈向复合材料时代是航空材料发展的必然结果，也越来越受到世界各国的重视。

由于消防无人机使用环境条件极其恶劣，结构性能要求也就非常高，其中无人机结构设计对减重有特殊的需求。减轻结构质量、缩小结构体积一直是消防无人机设计研制领域的主要目标之一。只有严格控制结构质量系数，才能腾出质量空间让给电池（或燃油）和有效载荷，满足轻结构、长航时、自主飞行能力等技术要求。为了减轻无人机结构质量，除了采用合理的结构形式以外，最有效的方法是选用强度高、刚度大、质量轻、耐高温、抗低温、疲劳/断裂特性好、具有良好的加工性能，以及价格相对较低廉的新型高性能复合材料。

习　　题

1. 人工观察发现森林火灾的常规方法有哪些？

2. 什么是森林航空消防？简述森林航空消防的任务和灭火方法。

3. 简述森林航空消防的作用、特点、起源和发展。

4. 简述我国森林航空消防的发展历程。

5. 什么是消防无人机？应用消防无人机有什么优势？

6. 简述消防无人机应用于森林航空消防的起源和应用于森林航空消防的优势。

7. 简述消防无人机的应用范围与特点。

8. 举例说明消防无人机的使用环境。

9. 简述消防无人机结构性能要求和材料性能要求。

第4章 消防无人机的结构类型

▶本章主要内容

（1）多旋翼消防无人机。

（2）单旋翼带尾桨消防无人机。

（3）双旋翼共轴消防无人机。

（4）固定翼无人机。

（5）复合消防无人机。

4.1 多旋翼消防无人机

按照无人机气动布局的分类标准，无人机可以分为固定翼无人机、无人直升机、多旋翼无人机和复合无人机4种类型。其中固定翼无人机需要较长的专用滑行跑道才能起降，对使用环境要求较高，因此用作森林消防无人机（简称"消防无人机"）的情况较少。消防无人机最重要的性能（优点）要求是可以垂直起降，不需要专用的跑道，机动性强、不受地形限制、部署灵活方便，具有优良的低空或超低空飞行（树梢飞行）性能，它执行森林消防灭火任务时，可以全程低空或超低空飞行，不会对高空飞行的民航客机航线造成任何干扰。

4.1.1 多旋翼无人机的发展历程和多旋翼消防无人机的结构类型

1. 多旋翼无人机的发展历程

在人类航空事业发展史上，多旋翼飞行器概念的提出是非常早的。从1903年莱特（Wright）兄弟的固定机翼飞机滑跑起飞成功，到20世纪90年代以前，多旋翼飞行器经历了漫长的技术探索过程。在此期间，人们在发展能垂直起降的飞机方面付出了很多汗水。由于旋翼飞行器升空后，为实现其可控稳定飞行，第一个需要解决的问题是配平旋翼旋转所引起的反扭矩，因此，早期能垂直起降飞机设计方案大多是多旋翼式，靠多个旋翼彼此反转来解决相互的反扭矩配平问题。

1907年8月，法国C. Richet教授指导Breguet兄弟进行了他们的四旋翼飞机的飞行试验，这也是世界上第一架多旋翼飞行器。1920年，E. Oemichen设计了一个四旋翼飞行器的原型,但是第一次试飞就失败了。四旋翼飞行器的机体结构属于非线性、欠驱动系统,多个旋翼之间升力大小的平衡要想完全依靠人手来调控,几乎是不可能的,唯一的办法是用自动控制器来控制其飞行姿态。早期多旋翼飞行器的设计方案受困于惯性导航密度过大,传感器、微控制器等软硬件技术不成熟,多旋翼飞行器的姿态检测和控制等受到局限,即受限于当时电子、计算机及自控水平,结果所有的设计方案和产品都未能进入实用阶段,致使多旋翼飞行器的实际应用工作一直停滞不前。

2005 年是多旋翼飞行器发展的重要转折点。在这一年,稳定可靠的多旋翼无人机自动控制器研制成功,有关多旋翼飞行器的学术研究开始获得人们的广泛关注,更多的学术研究人员开始研究多旋翼飞行器,并搭建自己的多旋翼无人机系统。

2006 年,德国 Microdrones GmbH 公司正式推出 md4 - 200 四旋翼无人机系统,开创了电动多旋翼无人机在专业领域应用的先河,他们又于 2010 年推出 md4 - 1000 四旋翼无人机系统,在全球专业无人机市场取得成功。另外,德国人 H. Buss 和 I. Busker 在 2006 年主导了一个四轴开源项目,从飞控到电调等全部开源,推出了四旋翼无人机最具参考的自驾仪 Mikrokopter。2007 年,配备 Mikrokopter 的四旋翼无人机像“空中的钉子”一般停留在空中。很快他们又进一步增加了组件,甚至使它半自主飞行。美国 Spectrolutions 公司在 2004 年推出 Draganflyer Ⅳ 四旋翼无人机,并在 2006 年推出了搭载稳定航拍视频系统 (Stabilized Aerial Video System,SAVS)的版本。

之前一直被各种技术瓶颈限制住的多旋翼无人机系统突然出现在人们视野中,大家惊奇地发现居然有这样一种小巧、稳定、可垂直起降、机械结构简单的飞行器存在。研究者、投资者和广大的航模爱好者纷纷开始多旋翼飞行器的研发、投资和使用,经过 5 年起步阶段的实验研究、技术积累和市场摸索,逐步拉开了多旋翼无人机大规模发展的序幕。

2010 年是多旋翼无人机大发展的元年。在这一年,法国的 Parrot 公司经过 6 年努力 (2004—2010 年)发布了世界上第一款真正受到大众关注的四旋翼无人机——AR. Drone,它不仅控制简单,可实现悬停,还可以通过 WiFi 将所搭载相机拍摄到的图像传送到手机上,并开放了应用程序接口(API)供科研人员开发应用。AR. Drone 性能非常优异,轻便灵活、操作便捷,大获成功。

实际上,对促使多旋翼无人机大发展具有重大意义的事件还有开源飞控代码的公布和发展,因为多旋翼无人机研制最核心的技术还在于飞行控制算法的设计和程序编写。2007—2009 年,德国最早公布了自己比较完善的 MK 飞控代码,使众多爱好者开始研究和自己制作飞控系统。2010 年法国人 Alex 在模型网站 Regroups 发布了他的 Multiwii 飞控程序,彻底地将多旋翼无人机的制作拉到了大众化水平。正是开源飞控为多旋翼无人机产业大发展铺垫好了广阔深厚的群众基础。

2013 年 1 月,中国大疆创新公司(DJI)推出精灵(Phantom)四旋翼无人机,它最大的优点是控制简便,新手学习半个多小时就可以自由飞行。它具有优雅的白色流线型外形,尺寸比 AR. Drone 大得多,抗风性更好,还具有内置 GPS 导航功能,可以在户外很大的范围内飞行。更重要的是,当时利用 GoPro 运动相机拍摄极限运动已经成为欧美玩家的时尚,而 Phantom 提供了挂载 GoPro 的连接架,让用 GoPro 相机的人们有了从天空向下的拍摄视角。此外,DJI 还发明了精准的相机消抖云台,使 S800 的航拍影像质量达到了电影级别,在好莱坞的电影拍摄者中建立了良好的口碑,也带动了航拍这个产业的形成;发明了四旋翼系统的黑匣子 IOSD,使飞行数据可以被记录、分析,增加了飞行的安全性;开发了优秀的图传系统,提高了远程实时图像传输的质量等。从 2013 年开始,中国 DJI 的产品作为"会飞的相机",迅速成了世界上销量最大的四旋翼无人飞行器,占领了全球 70% 以上的市场。

大疆创新、零度等许多公司除了在市场上积极销售成品机以外,还在国内外大力推销组装四旋翼无人机所需的成套软硬件的零配件,其中附有详细的装配说明书,人们经过简单的学习,就能动手组装出一架属于"自己制造"的、值得自豪的无人机。这种市场推销手法既让所有崇尚 DIY(自己动手)精神的人振奋,跃跃欲试,又像星星之火,点燃触发了人们心中自幼就有的"飞行梦想",即使在组装过程中遇到了一点困难,也欲罢不能。自此,DIY 组装四旋翼无人机就开始成为一种时尚,流行于世界各地。随着 DIY 四旋翼无人机的火爆,众多爱好者的参与不仅对多旋翼无人机产业大发展作出了贡献,而且起到了宣传普及的重要作用。

随着多旋翼无人机在国内外的蓬勃发展,特别是低空、慢速、微型消费级多旋翼无人机数量的快速增加(占了民用无人机市场的绝大多数份额),以及多旋翼无人机技术的快速提升和商业销售市场的迅速扩展,人们开始将目光转向载重更大、快速、便捷、航程大的工业级多旋翼飞行器的开发研制中。近年来国内外企业先后推出了几种不同的设计方案,并都取得了试飞成功,其中包括空机质量为 15~116 kg、起飞全重为 25~150 kg 的小型多旋翼消防无人机,它的基本结构如图 4-1 所示。

多旋翼无人机结构形式主要特征是采用小尺寸旋翼及动力系统的分散式分布,通过多动力系统的协同工作实现姿态的控制。其优点是旋翼系统结构简单,操纵系统没有活动部件,避免了"周期变距"的困扰,操控简单,价格便宜,维护方便。其缺点是采用小尺寸桨叶动力系统会带来低效率的问题,多旋翼迎风面积大(面阻力),阻力系数大、载荷小、航时短、飞行高度低、巡航速度慢,抗恶劣天气能力差等。

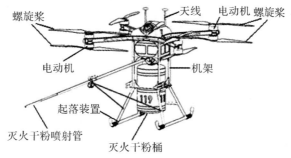

图 4-1　多旋翼消防无人机基本结构示意图

2.多旋翼消防无人机的结构类型

多旋翼消防无人机的结构通常有以下几种类型。

(1)以旋翼数量划分。根据多旋翼消防无人机所具有的旋翼数量可分为 4、6、8、12、16、18、24、36 等多种类型。不同的旋翼数量的构型,其空气动力学特性也各具特色,其中 4 旋翼消防无人机的结构简单,机动性很好,能够做出 3D 特技。6 旋翼、8 旋翼消防无人机则稳定性更好。

(2)以旋翼分布位置划分。根据最前与最后两个旋翼轴的连线与机体前进方向是否在同一直线上,可划分为Ⅰ型(或称为"+"型)和"X"型两种。如果连线与前进方向是在同一直线上,多旋翼无人机呈"Ⅰ"型,否则呈"X"型。由于"X"型结构的实用载荷前方的视野比"Ⅰ"型的更加开阔,所以在实际应用中,多旋翼无人机大多采用"X"型外形结构。除了这两种类型以外,还有其他类型的结构外形,包括"V"型,"Y"型和"ⅠY"型等,如图4-2所示。

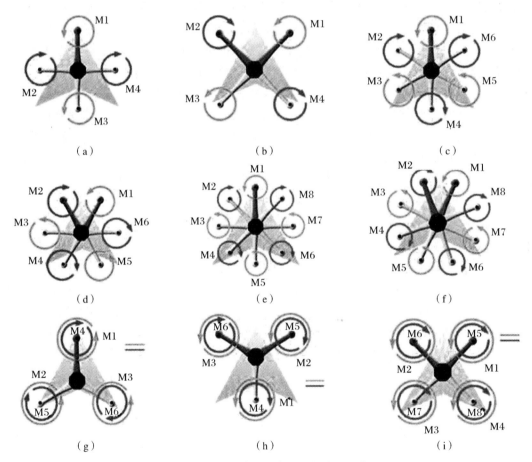

图 4-2 多旋翼消防无人机结构类型示意图

(a)Ⅰ型四旋翼;(b)X型四旋翼;(c)Ⅰ型六旋翼;(d)V型六旋翼;(e)Ⅰ型八旋翼;(f)V型八旋翼;
(g)ⅠY型共轴双桨三轴六旋翼;(h)Y型共轴双桨三轴六旋翼;(i)V型共轴双桨四轴八旋翼

(3)以共轴发动机数量划分。为了在不增大体积的情况下使多旋翼消防无人机的总功率更大,最简单的办法是将两台发动机上下叠放。上下两台发动机分别驱动两个大小相同、转向相反的旋翼转动,使它们产生的反扭矩相互抵消。其结构如图4-3所示,包括ⅠY型共轴双桨3轴6旋翼、Y型共轴双桨3轴6旋翼、V型共轴双桨4轴8旋翼等类型。这种结构虽然能节省空间,但由于上下叠放的两个旋翼之间存在着较大的空气动力干扰,会导致总功率下降 20%。

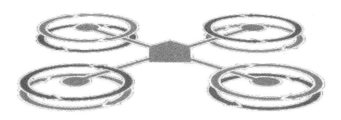

图 4 - 3 共轴双桨 4 轴 8 旋翼消防无人机的结构示意图

4.1.2 多旋翼消防无人机的飞行操纵方式、特点和功用

1. 多旋翼消防无人机的飞行操纵方式

多旋翼无人机与传统直升机结构方式不一样,它没有自动倾斜器,为了克服旋翼旋转产生的反作用力矩问题,用多个旋翼按照不同方向转动来克服彼此的反扭矩,使总扭距为零。下面以四旋翼消防无人机为例说明多旋翼消防无人机的操纵方式。

如图 4 - 4 所示,四旋翼消防无人机有 4 个处于同一高度平面旋转的旋翼,前、后旋翼(1和 3)顺时针方向旋转,左、右旋翼(2 和 4)逆时针方向旋转。由位于 2 个轴向的旋翼反方向旋转方式抵消彼此扭矩,从而使四旋翼无人机能在空中保持飞行预定方向或悬停不动。四旋翼无人机在空中飞行时有 6 个自由度,它们分别是沿 3 个坐标轴做平移和旋转动作。在图 4 - 4 中规定,沿 x 轴正方向的运动为向前运动,垂直于旋翼运动平面的箭头向上表示此旋翼升力提高,向下表示此旋翼升力下降,没有箭头则表示升力不变。

(1)垂直运动。当同时增加或减小 4 个旋翼的升力时,四旋翼无人机便会垂直上升或下降;当四旋翼产生的升力等于机体的自重时,四旋翼无人机便保持悬停状态[见图 4 - 4(a)]。

(2)俯仰运动。改变旋翼 1 和旋翼 3 的升力,保持旋翼 2 和旋翼 4 的升力不变。产生的不平衡力矩使机身绕 y 轴旋转,实现四旋翼无人机的俯仰运动[见图 4 - 4(b)]。

(3)滚转运动。改变旋翼 2 和旋翼 4 的升力,保持旋翼 1 和旋翼 3 的升力不变,产生的不平衡力矩使机身绕 x 轴旋转,实现四旋翼无人机的滚转运动[见图 4 - 4(c)]。

(4)偏航运动。当旋翼 1 和旋翼 3 的升力增大,旋翼 2 和旋翼 4 的升力下降时,旋翼 1和旋翼 3 对机身的反扭矩大于旋翼 2 和旋翼 4 对机身的反扭矩,机身便在富余反扭矩的作用下绕 Z 轴转动,实现四旋翼无人机的偏航运动[见图 4 - 4(d)]。

(5)前后运动。改变旋翼 3 和旋翼 1 的升力,同时保持其他两个旋翼升力不变,四旋翼无人机首先发生一定程度的倾斜,从而使旋翼升力产生水平分量,实现四旋翼无人机的向前和向后运动[见图 4 - 4(e)]。

(6)侧向运动。在图 4 - 4(f)中,由于结构对称,侧向飞行的工作原理与前后运动完全一样。

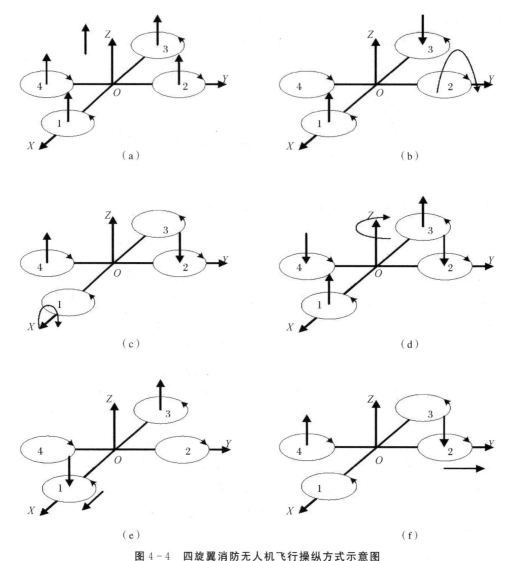

图 4-4　四旋翼消防无人机飞行操纵方式示意图

(a)垂直运动;(b)俯仰运动;(c)滚转运动;(d)偏航运动;(e)前后运动;(f)侧向运动

2.多旋翼消防无人机的飞行操纵特点

　　四旋翼消防无人机是通过协调改变各旋翼升力的大小来实现姿态控制的,需要对旋翼旋转转速或总距进行精准的同步调制。由于在控制四旋翼无人机飞行时,只能通过控制4个旋翼的升力来改变它的6个飞行姿态,所以四旋翼无人机是一个4输入6输出的欠驱动系统。它是不稳定系统,也是欠驱动系统。欠驱动系统是指系统的独立控制变量个数小于系统自由度个数的一类非线性系统,在节约能量、降低造价、减轻质量、增强系统灵活度等方面都比完整驱动系统优越,如图4-5所示。

　　欠驱动系统结构简单,便于进行整体的动力学分析和试验,同时由于系统的高度非线性、多目标控制要求及控制量受限等,欠驱动系统又足够复杂。四旋翼消防无人机的旋翼桨叶只能产生向上的升力,不能产生向下的推力,所以它不稳定,很难控制好。一般情况下,多旋翼消防无人机飞行倾斜角度超过 30°时,旋翼升力骤降,会导致加速下坠。为了避免出现这种情况,要求自动控制器具备限制多旋翼消防无人机飞行中发生过分倾斜的功能。

四旋翼飞行器的非线性、欠驱动系统结构让人力来控制,难度实在太大,因此只能用自动控制器来控制飞行姿态才能解决问题。

3. 多旋翼消防无人机的功用

多旋翼消防无人机以较低的综合成本和较高的灭火效率,推动着我国森林消防手段和技术进一步向人工智能的方向发展。全国各地涌现出一批研制生产多旋翼消防无人机的高科技企业,开发、生产出了许多性能先进、价格实惠的多旋翼消防无人机。其功用主要有:

(1)多旋翼消防无人机搭载灭火干粉(见图 4-5),机上配备碳纤维伸缩式喷管,采用防尘、防水、防热表面处理。安装有实时传输功能的热成像系统,能迅速定位着火点,判断火灾蔓延趋势,快速确定火情,低空接近火焰,采用激光瞄准器,自动计算和判断火焰温度分布梯度,选择最有效扑灭森林火灾的林火关键部位,并快速调整飞行高度和方位,及时进入最佳发射位置,瞄准林火关键部位和精准喷射灭火干粉,以提高扑灭林火的效率。

图 4-5　搭载灭火干粉的多旋翼消防无人机

(2)多旋翼消防无人机搭载多发自动触发式超细干粉灭火弹,可分多次投放,如图 4-6 所示。机上配备具有实时传输功能的热成像系统,能迅速定位着火点,判断火灾蔓延趋势,快速确定火情,低空接近火焰,采用激光瞄准器,自动计算和判断火焰温度分布梯度,选择最有效时机,一次精准投下 1 个或多个灭火弹,快速有效地扑灭林火。

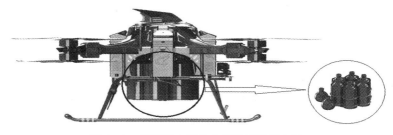

图 4-6　搭载灭火弹的多旋翼消防无人机

(3)多旋翼消防无人机搭载多种消防救援物资,如图 4-7 所示,从空中飞行运送到急需救援物资的受灾现场,以及通过空中喊话,引导和帮助被困人员撤离火势过大区域。应用场景包括火灾现场、空旷地带的物资运送及应急救援。机上配备具有实时传输功能的热成像系统、高达 4 000 lm[①] 的强光探照灯以及大功率喊话设备,可以轻易搜寻到受困人员,并由

---

① 　lm:中文为"流明",是光通量的国际单位。

地面专业消防人员指导受困人员采取适当的自救措施,同时也可起到安慰受困人员情绪的作用,大大提高受困人员的生存概率。

| 氧气罐 | 防毒面具 | 逃生绳 | 灭火毯 |

图 4-7　搭载 4 枚救援物资弹的多旋翼消防无人机

4.2　单旋翼带尾桨消防无人机

在直升机发展初期,不同的设计者根据自己的理解和喜好,设计出了各式各样的能够垂直起降的飞行器。不过,即使如此,从 1939 年世上第一架直升机试飞成功,至今经过了 80 多年的发展,单旋翼带尾桨直升机仍然占据着主导地位,是应用最为广泛的一种直升机。现在,随着无人机开发应用浪潮的兴起,大多数起飞质量较大的无人直升机依然趋向于采用此种气动布局,原因是单旋翼带尾桨无人直升机构造简单,操纵灵便,有显著的优点。

4.2.1　单旋翼带尾桨消防无人机的发展历程和结构特点

1.单旋翼带尾桨直升机的发展历程

要想清楚了解单旋翼带尾桨消防无人直升机(简称"单旋翼带尾桨消防无人机")的飞行原理,首先要了解单旋翼带尾桨直升机的飞行原理和发展历程。

(1)竹蜻蜓与直升机的飞行原理。

我国在公元前 400 年就有了竹蜻蜓,这是一种民间玩具,流传至今。竹蜻蜓为现代直升机的发明提供了启示,指出了正确的思维方向,被公认是直升机发展史的起点。

竹蜻蜓的结构十分简单:由一根竹棒和一个竹片两部分构成,竹片被削成了向同一方向的倾斜面,竹片前面圆钝,后面尖锐,上表面比较圆拱,下表面比较平直(见图 4-8)。竹蜻蜓为什么能在空中飞起来呢?其升力主要来自两部分。当用双手夹住竹棒使劲搓时,竹蜻蜓就会旋转起来,当气流经过竹片圆拱的上表面时,其流速快而压力小;当气流经过平直的下表面时,其流速慢而压力大。根据伯努利定律,竹片上、下表面之间形成了压力差,便产生了向上的升力。当升力大于它本身的重力时,竹蜻蜓就会腾空而起,旋转着飞向空中。在空中自由自在地飞行一会儿后,随着惯性减弱、转速降低,竹蜻蜓又会旋转着稳稳地落回地面。

竹片的斜面也起着关键作用,当转动棍子使竹片旋转起来的时候,旋转的竹片将空气向下推,形成一股强风,而空气也给竹蜻蜓一股向上的反作用升力,这股升力随着叶片的倾斜角而改变。

图 4-8　竹蜻蜓示意图

尽管现代直升机比竹蜻蜓复杂千万倍,但其飞行原理却与竹蜻蜓有相似之处,直升机的旋翼产生升力的道理与竹蜻蜓是相同的。旋翼的桨叶就好像竹蜻蜓的竹片,旋翼轴就像竹蜻蜓的那根细竹棍,带动旋翼的发动机就像用力搓竹棍的双手。

直升机采用固定桨距或可变桨距(只变总距,无周期变距)的旋翼作为升力系统装置,因此其飞行原理也与竹蜻蜓竹片基本相同。直升机靠旋翼旋转来产生空气动力(包括使机体悬停和上升的升力),旋翼的桨叶平面形状细长,相当于固定翼飞机大展弦比的梯形机翼,当它以一定迎角和速度相对于空气运动时,就产生了空气动力,如图 4-9 所示。

旋翼绕轴旋转时,每片桨叶类似于一个机翼,桨叶与发动机(或变速器)轴相连接的部件称为桨毂。旋翼桨叶的截面形状称为翼型,翼型弦线与垂直于桨毂旋转轴平面之间的夹角称为桨叶的安装角,也称为桨距(总距),地面驾驶员通过遥控操纵系统来改变旋翼的转速或总距,从而改变旋翼向上的升力的大小。根据不同的飞行状态,总距的变化范围为 $2°\sim14°$。沿半径方向每段桨叶上产生的空气动力在桨轴方向上的分量为旋翼总升力,在旋转平面上的分量产生的阻力将由发动机所提供的动力来克服。

旋翼系统是直升机最重要的部件或分系统,因为旋翼无人机飞行所需的升力是靠旋翼旋转产生的,同时,处于机体不同位置上的多个旋翼之间相互协调地改变各自升力的大小,使所有升力合成形成的总升力倾斜,产生一个水平面上的分力(拉力),最终可实现整个机体前进、后退和侧飞。

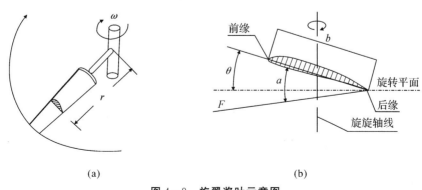

(a)　　　　　　　　　　　　(b)

图 4-9　旋翼桨叶示意图

(a)桨叶旋转示意图;(b)桨叶剖面示意图

（2）直升机的诞生和发展。

在人类文明进程中,从竹蜻蜓飞行原理到真正可实际使用的直升机,即从概念到实现,经历了一个极其漫长的发展过程。1939年春,美籍俄罗斯人 Igor Sikorsky（埃格·西科斯基）采用旋翼自动倾斜器及尾桨平衡旋翼反扭矩的方法,设计制造了世界上公认的第一架实用的直升机 VS－300,Igor Sikorsky 被称为航空界的"直升机之父"。VS－300 是一架单旋翼带尾桨式直升机,如图4－10所示,装有3片桨叶的旋翼,旋翼直径为8.5 m,尾部装有两片桨叶的尾桨。

图4－10　Ⅴ－300单旋翼带尾桨式直升机

1）第一阶段。20世纪40年代至50年代中期是实用型直升机发展的第一阶段,这一时期的典型机种有:美国的 S－51、S－55、贝尔47,苏联的 m－4、卡－18,英国的布里斯托尔－171,等等。这个阶段的直升机动力装置全部采用活塞式发动机。

2）第二阶段。20世纪50年代中期至60年代末是实用型直升机发展的第二阶段。这个阶段的典型机种有:美国的 S－61、贝尔209/AH－1、贝尔204/UH－1,苏联的 m－6、m－8、m－24,法国的 SA321"超黄蜂",等等。这个阶段直升机的特点:动力装置开始采用第一代涡轮轴发动机,它产生的功率比活塞式发动机大得多,直升机性能得到很大提高。

3）第三阶段。20世纪70—80年代是直升机发展的第三阶段,典型机种有:美国的 S－70"黑鹰"、S－76、AH－64,苏联的卡－50、m－28,法国的 SA365"海豚",意大利的 A129"猫鼬",等等。这个阶段的直升机具有以下特点:涡轮轴发动机发展到第2代,改用了自由涡轴结构,质量和体积有所减小,寿命和可靠性均有所提高。

4）第四阶段。20世纪90年代以后是直升机发展的第四阶段,这个阶段的典型机种有美国的 RAH－66 和 S－92,国际合作的"虎"、NH90 和 EH101,等等,称之为第4代直升机。这个阶段的直升机具有以下特点:采用第3代涡轮轴发动机,这种发动机虽然仍采用自由涡轴结构,但采用了先进的发动机全权数字控制系统及自动监控系统,并与机载计算机管理系统集成在一起,有了显著的技术进步和综合特性。桨叶采用碳纤维、凯芙拉等高级复合材料制成,桨叶寿命达到无限长。

2. 单旋翼带尾桨消防无人机与多旋翼消防无人机的对比

在旋翼飞行器发展史上,多旋翼飞行器的探索和实践要比直升机早得多（差不多早100

年)。当多旋翼飞行器还在长长的黑暗中苦苦摸索之际,单旋翼带尾桨直升机以其独特的操纵方式(自动倾斜器)打破僵局,捷足先登,完成了实用的旋翼飞行器成功上天的创举。而随着现代科学技术,特别是微机电系统(Micro - Electro - Mechanical System,MEMS)技术的高速发展,多旋翼无人机的实用化进程终于获得了突破性进展。微机电系统(MEMS)相对于传统的机械,它们的尺寸更小(最大的不超过 1 cm,甚至仅仅为几微米),其厚度就更加微小。质量只有几克的 MEMS 惯性导航系统被开发运用,使制作多旋翼无人机的自动控制器成为现实。此外,由于四旋翼无人机的概念与军事试验渐行渐远,它开始以独特的方式通过遥控玩具市场进入消费领域,其结构简单、价格便宜、使用方便,短短几年时间,就在旋翼飞行器市场份额上以超过 96％的比例独占鳌头。

多旋翼无人机之所以能够比无人直升机成功,除了操控简单、成本较低之外,还有一个主要的原因就是其机械可靠性较高。但是,任何一种实用的飞行器都有它的优点和不足之处。多旋翼无人机与无人直升机相比,其缺点有:

(1)气动效率差。多旋翼无人机需要安装与旋翼数量相同的电机来提供升力,在飞行过程中多个(4 个以上)旋翼间的气动干扰大,气动效率差;飞行速度和姿态变化全部来自于机载电机,能量消耗大,电池储能量比较小,无人机的续航时间短。

(2)机动性差。无人直升机飞行的机动速度与飞行包络都明显优于多旋翼无人机,如果在机动过程中充分考虑无人直升机机身与主旋翼之间的作用力耦合,并在控制算法中巧妙地加以利用则可以增强直升机的机动性,降低能耗。但对于多旋翼无人机而言,机动过程能耗大,不经济。

(3)无法大型化。由于多旋翼无人机的旋翼数量多,其旋翼尺寸受限制(只能小桨),因此多旋翼无人机无法大型化,难以提高其载质量。

单旋翼带尾桨无人机结构形式的主要特征是通过大尺寸桨叶的周期变距实现姿态的控制,优势是速度快、载重大、航时长。其缺点是要实现旋翼周期变距所需的机械机构复杂,故障率高、维护费用高、不易操作。

通过对比可知:多旋翼无人机结构比较适合微型和小型无人机,不太适合大型和中型无人机,因此大中型消防无人机的结构类型需要采用传统直升机结构形式,其中包括单旋翼带尾桨无人机的结构形式。大型消防无人机的起飞全重为 3～16 t;中型消防无人机起飞全重为 150～3 000 kg。单旋翼带尾桨消防无人机的基本结构如图 4 - 11 所示。

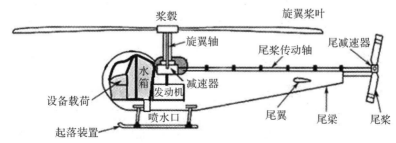

图 4 - 11　单旋翼带尾桨消防无人机基本结构示意图

为了克服小型多旋翼消防无人机受电动和小桨叶的限制,难以大幅度提高其载重能力、续航时间短和有效作业半径小的缺点,大中型旋翼消防无人机动力装置大多数都采用航空燃油发动机及传统直升机气动布局,比较常用、流行的结构形式有单旋翼带尾桨式、双旋翼共轴式、双旋翼纵列式和复合式等。

3. 单旋翼带尾桨消防无人机的结构布局和飞行控制原理

(1)单旋翼带尾桨消防无人机的结构布局。

单旋翼带尾桨消防无人机沿用了现代直升机最常用的气动结构布局,升力系统由一个水平布置的大旋翼(称为主旋翼)和尾部的小垂直螺旋桨(尾桨)组成,是无人机上最重要的部件。从构造上来看,旋翼由数片桨叶及一个桨毂组成,桨毂用来连接旋转轴和桨叶,桨毂和桨叶的连接可以是固接的,也可以是铰接的。主旋翼转轴近似铅直地安装在发动机或主减速器主轴上,每片桨叶的工作原理类同于固定翼飞机的一个机翼,主旋翼在发动机驱动下高速旋转,即桨叶在主轴带动下做高速旋转运动,与周围空气发生作用,产生向上的升力,把无人机举托在空中。发动机同时也输出一小部分动力至尾桨,产生抵消旋翼反扭矩的侧向力。

旋翼桨叶在空气中的运动与固定翼飞机机翼完全不同,旋翼的桨叶一面绕轴旋转,一面随无人机做直线运动以及曲线运动(包括桨叶绕挥舞铰做上下挥舞运动和绕摆振铰作前后摆振运动),因而桨叶的空气动力现象要比固定机翼的复杂得多。

(2)主旋翼的主要功用。

1)产生向上的力(习惯上叫拉力)以克服全机质量,类似于固定机翼的作用。

2)产生向前的水平分力使无人机向前飞行,类似于推进器的作用。

3)产生其他分力及力矩使无人机保持平衡或进行机动飞行,类似于操纵面的作用。

4)若发动机在空中发生事故而停车,可及时操纵旋翼使其像风车一样自转,仍产生升力,保证无人机安全着陆。

(3)主旋翼的能量转换方式。

从能量观点来看,旋翼不过是一具"能量转换器"。其有以下3种转换方式:

1)把发动机的能量转变成有效功,例如无人机的上升状态。

2)把发动机的能量转变成气流的动能,例如无人机的悬停状态。

3)把气流的动能转变成机械能,例如风车状态和无人机的某种下降状态。

(4)飞行控制原理。

单旋翼带尾桨消防无人机的飞行控制是通过主旋翼的倾斜实现的,可分为垂直控制、方向控制、横向控制和纵向控制等,而控制的方式都是通过主旋翼实现的。具体来说,就是通过主旋翼桨毂朝相应的方向倾斜,从而产生该方向上的升力的水平分量,达到控制飞行方向的目的。

单旋翼带尾桨消防无人机主旋翼桨叶所产生的拉力和需要克服阻力产生的阻力力矩,不仅取决于主旋翼的转速,而且取决于桨叶的桨距。从飞行原理上讲,调节转速和桨距都可以调节拉力的大小。但是主旋翼转速取决于发动机(涡轮轴发动机)主轴转速,而发动机转速有一个最有利的值,在这个转速附近工作时,发动机效率高,寿命长。因此,拉力的改变主要靠调节桨叶桨距来实现。但是,桨距变化将引起阻力力矩变化,所以,在调节桨距的同时还要调节发动机油门,使转速尽量接近最有利转速。单旋翼带尾桨消防无人机平飞依靠主旋翼升力倾斜所产生的水平分量来实现。例如,欲向前飞,自动倾斜器使旋翼各桨叶的桨距按周期变化,从而改变旋翼的拉力方向,使旋翼锥体前倾,产生向前的拉力,使直升机前进,如图 4 - 12 所示。

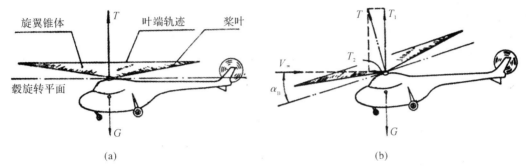

图 4 - 12　单旋翼带尾桨消防无人机的飞行控制原理示意图
(a)垂直上升状态;(b)向前飞行状态

旋翼带尾桨消防无人机方向是靠尾桨控制的。改变尾桨的桨距,使尾桨拉力变大或变小,就能改变平衡力矩的大小,实现对机头指向的操纵。

4.2.2　单旋翼带尾桨消防无人机的结构特点、操纵方式和案例

单旋翼带尾桨无人直升机是目前应用最为广泛的一种消防无人机结构形式,多数起飞质量较大的消防无人机都采用此种总体结构布局,其构造简单,操纵灵便,优势显著。

1.单旋翼带尾桨消防无人机的结构特点

(1)旋翼结构特点。

1)旋翼旋转方向。一般来说,美国喜欢采用俯视逆时针旋翼,法国、俄罗斯等国家喜欢采用俯视顺时针旋翼,我国的直升机"黑鹰"和直-8是俯视逆时针旋翼,我国的其他机型都是俯视顺时针旋翼。从气动特性来说,两种旋转方向对单旋翼带尾桨消防无人机而言并没有明显的差别。

2)旋翼轴前倾角。为了降低燃料消耗率,设计师通常将单旋翼带尾桨消防无人机以巡航速度飞行时的姿态选为接近水平姿态,使前飞时阻力最小。这样,飞行中旋翼桨盘就必须前倾,以便形成足够的水平拉力,与阻力相平衡。比较方便的做法是将旋翼轴设计成向前倾斜的,前倾角通常为5°左右。但是前倾角过大也不好,会造成消速及悬停时消防无人机的姿态前倾很大。

3)旋翼直径。单旋翼带尾桨消防无人机采用大旋翼直径可以有效地提高旋翼拉力,因为旋翼拉力同旋翼半径的四次方成正比。旋翼直径大,则旋翼的桨盘载荷小。这样可以有效地降低旋翼诱阻功率。但是,旋翼直径过大,也有其不利方面,主要有:消防无人机质量增加、造价提高,所需的存放场地更大,在丛林等复杂地貌条件下机动能力差。为此,设计师在设计过程中,最终目标是确定最小的旋翼直径或者确定最大的桨盘载荷,它必须既能满足性能要求,又能满足单旋翼带尾桨消防无人机的使用要求。

4)旋翼桨叶的平面形状。早期直升机的旋翼多采用尖削桨叶,即桨叶尖部的弦长比根部短一些,这可使桨盘诱导速度更为均匀,从而改善悬停性能。旋翼材料采用金属桨叶后,为了制作方便,一般旋翼都采用矩形桨叶。近些年,复合材料受到青睐,由于这种旋翼桨叶按变弦长的要求制作没有困难,尖削方案可能被重新采用。为了解决大速度下空气压缩性的影响和噪声问题,把桨叶尖部做成后掠形。

5)桨叶扭转。采用扭转桨叶可以改善旋翼桨叶的拉力分布,但是,大的扭转虽然对悬停有利,但在大速度飞行时,会产生振动载荷,而且,大的扭转对自转也不利。目前桨叶的扭转角多在$-5°\sim6°$之间。

6)桨叶桨尖折翻。实验结果数据表明:旋翼桨叶桨尖向上或向下折一个角度都能提高其气动效率,使消防无人机具有更好的悬停性能,显著降低噪声,如图4-13所示。至于是向上折好,还是向下折好,以及折翻多大角度(折角)才最佳,对于不同实度的旋翼不一样,需要通过风洞实验或采用旋翼计算流体动力学(Computational Fluid Dynamics,CFD),通过理论计算获得最佳结果。

(a)   (b)

图4-13 旋翼桨叶桨尖向上折和向下折对比图

(a)桨尖向下折一个角度;(b)桨尖向上折一个角度

7)桨叶翼型。一般来说,理想的翼型应该既有较好的低速性能,又有较好的高速性能,同时俯仰力矩也要符合要求,还要考虑防颤振等特殊要求。要满足这些条件往往存在矛盾,一般采用相对厚度比较薄的对称型方案。

8)旋翼实度。旋翼无人机的旋翼实度是指其所有桨叶实际面积之和与整个桨盘面积的比值(常用希腊字母σ表示),通过改变桨叶剖面弦长和叶片数量可以改变旋翼的实度,高实度会带来高扭矩和高功率的需求。旋翼桨叶片数通常为2、3、4、5、6、7、8、9。一般,桨叶数目越多吸收功率越大,但最好不要超过5片桨叶,因为工作实践中发现,具有5片桨叶的旋翼工作效率最高,超过5片桨叶后旋翼工作效率反而下降。

(9)尾桨结构特点。

1)单旋翼带尾桨消防无人机尾桨的安装位置与旋转方向。尾桨的作用是平衡旋翼产生的反扭矩,通常安装在尾梁后部或尾斜梁或垂尾上,其垂直位置有的比较低,有的则比较高。尾桨的安装位置低,可以减小传动系统的复杂性,有助于减轻结构质量,但是,尾桨可能处在旋翼尾流之中,容易发生不利的气动干扰。反过来,尾桨的安装位置高,则可以避免或减少气动干扰,提高尾桨效率,对提高前飞的稳定性也有利,但结构较低置尾桨复杂。现在看来,多数单旋翼带尾桨消防无人机都采用高置尾桨。

单旋翼带尾桨消防无人机尾桨旋转方向的选择,主要是从减弱旋翼与尾桨之间的气动干扰的角度考虑的。一般认为,尾桨采用底部向前的旋转方向较为有利,尾桨效率也比较高。

2）推式尾桨和拉式尾桨。在尾桨拉力方向不变的情况下，可以把尾桨安装在垂尾的左侧，也可以安装在垂尾的右侧。如果尾桨拉力方向指向单旋翼带尾桨消防无人机对称面，则为推式尾桨；如果尾桨拉力是从对称面向外指的，则为拉式尾桨。采用推式尾桨还是拉式尾桨，主要是从尾桨与垂尾的气动干扰方面考虑的。采用拉式尾桨，垂尾处于尾桨的诱导速度范围内，在垂尾上必然要产生一个与尾桨拉力方向相反的侧力，这样会降低尾桨效率，而且这样还容易发生方向摆动等现象。虽然推式尾桨与垂尾之间也会发生气动干扰，但总体来看，采用推式尾桨较为有利。

3）尾桨桨叶的扭转。单旋翼带尾桨消防无人机尾桨桨叶的扭转可以在一定程度上提高尾桨的工作效率，但有可能导致尾桨涡环并带来相应的副作用，因此一般不采用。

2. 单旋翼带尾桨消防无人机的操纵方式

主旋翼是单旋翼带尾桨消防无人机最重要的操纵面，通常由自动驾驶仪操纵指令控制主旋翼拉力的大小和方向，实现对消防无人机的主要飞行操纵。除了多旋翼无人机（旋翼数量至少为 4 个）以外，现代常规形式的旋翼无人机都是采用自动倾斜器（又称斜盘）来改变旋翼桨叶的桨距。

（1）自动倾斜器的结构。

自动倾斜器是单旋翼带尾桨消防无人机旋翼操纵系统必不可少的装置，其结构如图 4-14(a)所示，它将经消防无人机飞行操纵系统传递过来的自动驾驶仪（飞控系统）的指令转换为旋翼桨叶的受控运动。因为消防无人机在飞行时旋翼是旋转的，自动倾斜器被用于将自动驾驶仪（飞控系统）的指令从不旋转的机身传递到旋转的桨叶。它由两个主要零件——一个不旋转环（又称不动环）和一个旋转环（又称动环）组成。不旋转环（通常位于外侧）安装在旋翼轴上。它能够向任意方向倾斜，也能垂直移动。旋转环（通常位于内侧）通过轴承安装在不旋转环上，它能够同旋翼轴一起旋转。扭力臂用于保证旋转环与桨叶一起同步旋转。防扭臂则用于阻止不旋转环旋转。这两个环作为一个单元体同时倾斜和上下。旋转环通过拉杆与变距摇臂相连，另外不旋转环还有蜘蛛式和万向节式等不同形式。

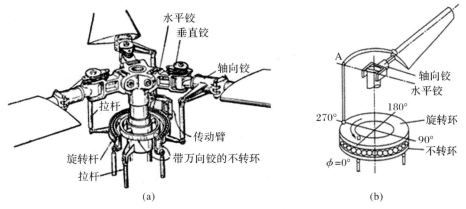

图 4-14 单旋翼带尾桨消防无人机旋翼操纵机构示意图

(a)单旋翼带尾桨消防无人机旋翼操纵系统结构；(b)自动倾斜器工作原理

自动倾斜器的旋转环随桨叶同步旋转,并有变距拉杆分别与每片桨叶相连。不旋转环与总距杆相连,并带动旋转环一同倾转或沿旋翼轴上下滑动。周期变距杆与不旋转环相连,自动驾驶仪操纵变距杆向任何方向偏转,带动旋转环倾斜。

(2)自动倾斜器的工作原理。

自动倾斜器是用来周期性地改变旋翼无人机桨叶桨距的机构,它的工作原理如图4-14(b)所示。当操纵不旋转环向某一方向倾斜时,旋转环也向同方向倾斜。旋转环和桨叶同步旋转。旋转环上的每根拉杆分别与各片桨叶的变距摇臂相连接,如图4-14(b)中A点。桨叶根部有轴向铰(变距铰),桨叶可以绕该铰轴线转动以改变桨距。当自动倾斜器偏转时,拉杆带动节点A使桨叶变距,旋翼旋转时拉杆周期性地上下运动,因此各片桨叶的桨距也周期性地变化。

通常自动倾斜器的构造旋转平面称为操纵平面,用C—C平面表示;旋翼的的构造旋转平面称为旋翼基准平面,用S—S平面表示;旋翼桨叶桨尖的旋转轨迹平面称为桨尖平面,用D—D平面表示。当旋翼桨叶旋转方向与旋翼无人机的前进方向相同时,桨叶称为前行桨叶,如图4-15(a)所示;当旋翼桨叶旋转方向与旋翼无人机的前进方向相反时,桨叶称为后行桨叶,如图4-15(b)所示。

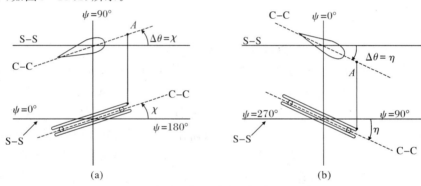

图4-15 自动倾斜器对桨距角的控制示意图

(a)前行桨叶;(b)后行桨叶

单旋翼带尾桨消防无人机主旋翼桨叶的桨距调节变化可以按两种方式进行。第一种方式是各桨叶同时增大或减小桨距,称为总距操纵,从而增大或减小无人机起飞、悬停、垂直上升或下降飞行所需要的拉力。第二种方式是周期性地调节各个桨叶的桨距,称周期性桨距操纵,比如打算前飞,自动驾驶仪(飞控系统)就将驾驶杆向前推,推动自动斜倾器向前倾斜,使各个桨叶每旋转一圈时,其桨距做相应的周期变化。旋翼每个桨叶转到前进方向时,它的桨距减小,产生的拉力也跟着下降;反之,当桨叶转到后方时,它的桨距增大,产生的拉力也跟着增加。结果,各个桨叶梢运动轨迹构成的叶端轨迹平面或旋翼锥体,将向飞行前进方向倾斜,旋翼产生的总拉力也跟着向前倾斜,旋翼总拉力的一个分量就成为向前飞行的拉力,从而实现了向前飞行。单旋翼带尾桨消防无人机旋翼桨毂及其操纵机构的主要缺点是自动斜倾器旋转器件多、液压操纵系统结构复杂、维护工作量大等。

(3)电动操纵系统。

在操纵系统方面,单旋翼带尾桨消防无人机一般采用电动操纵系统(也称为舵机)。它是一个典型的机电一体化伺服机构系统,受到机上自动驾驶仪指令控制,主要包括舵机的位置、速度、电流环控制回路和起功率放大作用的驱动器。舵机总的扭矩输出通过变距拉杆来操纵旋翼的桨距,进而达到控制旋翼消防无人机飞行的目的,所以单旋翼带尾桨消防无人机一般不再需要有人驾驶直升机上必备的复杂液压助力操纵系统。

3. 单旋翼带尾桨消防无人机产品案例

(1)大型单旋翼带尾桨消防无人机产品案例。

目前,已投入实际使用的大型单旋翼带尾桨消防无人机大多是由大型民用直升机改装而成的,两个成功的实例如下:

1)SARA 无人机。大型单旋翼带尾桨消防无人机的典型案例之一是 SARA 无人机(见图 4-16),其由西科斯基公司 S-76 商用直升机改装而成。2014 年 8 月美国西科斯基飞机公司在康涅狄格州完成首款用于载客、运输和森林消防等多用途的无人机实体飞行测试,(从起飞到降落),测试过程十分成功,测试结果令人满意。该机具有高速、远航程和高可靠性的特点。其旋翼系统包括 4 片桨叶的旋翼和 4 片复合材料桨叶的尾桨,动力装置为两台 650 轴马力的艾利逊 250-C303 涡轮轴发动机,空重为 2 540 kg,最大起飞质量为 4 670 kg,最大巡航速度为 269 km/h,航程为 748 km。

由于 SARA 无人机可以连接到平板计算机的应用程序之上,故使用者只需安装相应程序,并点击"起飞"按钮,就可让 SARA 自主飞行升空,自动向目的地进发。SARA 到达目的地后先盘旋一会,然后自动降落。在参加扑灭森林火灾的过程中,大型单旋翼带尾桨消防无人机 SARA 飞行航程可预先设定,也可临时通过应用程序控制,就像操纵轻型多旋翼航拍无人机一样。此外,SARA 还能监测空中风力以调整飞行速度,自主飞行能力十分优越。2016 年秋天,SARA 无人机第一次作为消防无人机用于扑灭山火,取得了令人满意的效果。

图 4-16　SARA 无人机

2)由 AC313 改装的无人机。大型单旋翼带尾桨直升机 AC313 是由中国航空工业集团公司自主研制的大型单旋翼带尾桨民用直升机,于 2010 年 3 月 18 日首飞。该机配装三台涡轴发动机,最大起飞质量为 13.8 t(用于森林灭火时外部吊挂为 5 t),最大巡航速度为 255 km/h,最大航程为 900 km,最大飞行高度为 6 000 m。其具有优化的机体气动外形、先进的旋翼桨叶翼型和配置,旋翼悬停效率高、尾桨抗侧风能力强,适合在各种复杂、恶劣环境下使用,可实现野外一般场地起降。它具备高原飞行能力,能更好地满足山区等复杂地区对直升机飞行性能的苛刻要求。

AC313 直升机以复合材料球柔性旋翼系统、发动机全权限数字化电子调节控制、大面积复合材料结构(复合材料使用面积占全机的 50%)、综合化航电系统、数字化设计制造和最新适航安全性标准等为标志,实现了我国大型直升机整体技术由第二代向第三代的跨越。同时,该机还具有安全性高、三防性能佳、客舱空间大、运载能力强、航程长、操纵性能优良、适用范围广等优点。由 AC313 改装的无人机可广泛应用于森林消防和救援,可使用吊桶或灭火水箱进行森林灭火作业,如图 4-17 所示。

图 4-17 由 AC313 改装的无人机

(2)中型单旋翼带尾桨消防无人机产品案例。

中型单旋翼带尾桨消防无人机与大型机一样,在森林火灾的监测、预防、扑救、灾后评估等方面得到了广泛的应用。在具体的运用中,它可以:按预定航迹对林区进行空中巡护,并将在空中获取的图像数据实时传回地面测控站;快速定位起火点、确定火情,近距离精准喷射水(或化学灭火剂)进行灭火;为消防人员运送消防物资,以及提供最佳撤离路径;等等。

1)由 AC311A 改装的无人机。AC311A 直升机是中航工业直升机所研制的民用直升机,于 2014 年 8 月 14 日成功实现首飞。该机采用法国透博梅卡 LTS101-700D-2 涡轮轴发动机,最大起飞质量为 2 200 kg,巡航速度为 242 km/h,航程为 620 km,实用升限为 7 000 m,最大续航时间为 4 h。该机可实现一机多型,一机多用,平台拓展和个性化改装,由其改装的无人机可广泛应用于森林消防灭火、航拍摄影、电力巡检、农林喷洒、应急救援、公安执法等领域,如图 4-18 所示。

图 4-18　由 AC311A 改装的无人机

2)杭州星际"低空掠夺者"。"低空掠夺者"是由杭州星际低空直升机开发有限公司自主
开发,独立创新设计的一款中型单旋翼带尾桨消防无人机,如图 4-19 所示。

该机机体长 710 cm,高 200 cm,宽 150 cm,最长航时可以达到 6 h,是一款以航空铝材
和玻璃纤维为主要材质的旋翼无人机,机身外壳防水性能优越,也可抗高强度冲击。其最大
任务载荷可以达到 150 kg,用途广泛,可完成森林消防工作中各种飞行任务。杭州星际低
空直升机开发有限公司致力于民用航空在载人机、无人机领域的应用研究,其中主要是直升
机个人娱乐、培训飞行、公务飞行、空中拍摄、农药喷洒、短途运输、搜救和紧急医疗救护、无
人机生产和改装等方面的应用。

图 4-19　杭州星际"低空掠夺者"中型单旋翼带尾桨消防无人机

3)AV500 消防无人机。AV500 是中航工业直升机所自 2004 年开始自主研发的无人
机,它是攻克了一系列旋翼无人机关键技术,在军民深度融合、创新驱动发展的形势下自主
研制的一款中型单旋翼带尾桨无人机。其可应用于森林消防、海事监管、环境监测、搜索救
援、管道巡线、地质勘查、航空拍摄等民用领域。2021 年 12 月 24 日,4 架 AV500 消防无人
直升机(型号系列为 AR500B)交付应急管理部,正式列入国家应急救援装备体系。其飞抵
森林火灾现场监测时的工作图片如图 4-20 所示。

AV500 消防无人机最大起飞质量为 480 kg,最大平飞速度为 190 km/h,最大巡航速度
为 120 km/h,续航时间可达 6 h,机身长 7.3 m,高 2.3 m,宽 1.6 m。机体结构采用模块化
设计,金属焊接主骨架,全复合材料蒙皮,滑橇式起落架,高置平尾,采用跷跷板式旋翼,复合

材料桨叶。它具有良好的飞行性能,可靠性高,使用维护方便灵活,具备航线管理、导航计算、自动任务跟踪航线生成及自动返回航线生成等导航功能,可实现在线航迹变更,其在紧急情况下可自主返航。

图 4-20　AV500 中型单旋翼带尾桨消防无人机飞抵火场监测

(3)小型单旋翼带尾桨消防无人机产品案例。

小型消防无人机的结构为传统直升机形式,动力装置采用航空燃油活塞式发动机或涡轴发动机,从而解决了多旋翼电动消防无人机续航时间太短的问题。小型消防无人机采用传统单旋翼带尾桨直升机结构在业界也很流行,应用相当普遍。下面列举两个实际案例。

1)FWH-300 消防无人机。FWH-300 是由北京航景创新科技有限公司自主研发的一款小型单旋翼带尾桨消防无人机,如图 4-21 所示。该机长 6.2 m、宽 1.8 m、高 2.5 m,可以 100 km/h 的速度巡航 4 h,抗 6 级大风。它能同时挂载 8 发 10 kg 灭火弹或 2 发 50 kg 灭火弹,投弹误差小于 1 m,单发灭火弹装载 50 kg 阻燃灭火剂,最优灭火威力半径为 6 m,可实现有效灭火面积约 100 m²。它具有 24 h 不间断响应、快速部署、超视距长航时飞行、安全精准投送等特点,可实现复杂场景下森林火灾有效精准灭火。

图 4-21　北京航景 FWH-300 消防无人机

2)JC120H 消防无人机。JC120H 是由江苏锦程航空科技有限公司自主研发的一款小型单旋翼带尾桨消防无人机,其优越的性能可保证在复杂情况下的飞行精度和可靠性。其主要应用于森林消防、火情检测、消防救援、反恐应急、空中巡检等,如图 4-22 所示。

锦程航空 JC120H 小型单旋翼带尾桨消防无人机采用 34Hp(1 Hp＝745.7 W)水冷转子发动机,续航时间 2 h(20 L 标配油箱)。机身长度为 3.2 m,机身高度为 1.3 m,旋翼直径为 3.6 m,空机质量为 65 kg,任务载重为 35 kg,最大起飞质量为 120 kg。它具有高精度悬停、精确航线飞行能力,可按照特定航线进行自动飞行,使得森林消防飞行作业更为有效;即时升空、转场便捷,使用一辆小型无人机消防车就可以实现人机转场。通过搭载不同的传感器及任务载荷,它可在复杂、危险环境下执行森林火灾现场监测和视频信息获取工作,为消防决策部门提供实时、可回放的视频信息数据;搭载专用非制冷双通道红外成像仪,可穿透烟雾进行人员搜救。机身下搭载 4 枚灭火弹,可低空抵近森林着火区域上空,精准发射,扑灭林火。

图 4-22　锦程航空 JC120H 消防无人机

4.3　双旋翼共轴消防无人机

双旋翼消防无人直升机(简称"双旋翼消防无人机")有多种结构方案,在实际使用中,比较常见的是双旋翼共轴消防无人直升机(简称"双旋翼共轴消防无人机")。其构型与最常见的单旋翼带尾桨消防无人机不同,它的发动机主减速器主轴上安装了上下两副直径相同的旋翼,这两副结构大小相同的旋翼绕同一理论轴线一正一反旋转。由于这两副相同旋翼的转向相反,它们旋转时所产生的反扭矩在航向不变的飞行状态下相互抵消,达到了平衡。

4.3.1　双旋翼共轴消防无人机的发展历程和结构布局

双旋翼共轴消防无人机的航向操纵是通过上下旋翼之间的总距差动产生不平衡扭矩来实现的。换言之,在双旋翼共轴消防无人机飞行过程中,上下两副旋翼既要提供升力,又要负责纵向、横向和航向的操纵。双旋翼共轴消防无人机的这些特征决定了它与最流行的单旋翼带尾桨消防无人机相比有着自身的特点:结构紧凑,外形尺寸小等。

1.双旋翼共轴消防无人机的发展历程

俄罗斯卡莫夫设计局对双旋翼共轴式直升机情有独钟,它们一直专注地研究这种构型的直升机,在型号研制、理论研究和实验方面均走在世界前列。从 1945 年成功研制卡-4 开始,先后推出了卡-10、卡-15、卡-18、卡-25、卡-26等型号,到20世纪90年代成功研制出卡-50,发展了一系列双旋翼共轴式直升机。其中卡-26动力装置采用航空活塞式发动机,是一种低成本多用途民用直升机:装上客舱,能够运客;装上农用设备,可以进行农药、化肥喷撒作业;装上专用平台,可以运货;等等。后来,在卡-26基础上改用涡轴发动机,进行一系列现代化改型,发展出卡-126、卡-128、卡-226等新型号。

除了俄罗斯之外,美国、日本等多个国家也相继对共轴双旋翼的气动特性、旋翼间的气动干扰进行了大量实验研究。美国于20世纪50年代研制了QH-50双旋翼共轴式遥控直升机并将其作为军用反潜的飞行平台,还先后交付美国海军700多架。美国西科斯基公司在20世纪70年代发展了一种前行桨叶方案直升机,该机采用双旋翼共轴式结构,刚性桨毂,上下旋翼的间距较小。它利用上下两旋翼的前行桨叶边左右对称形式来克服单旋翼在前飞时由后行桨叶失速带来的升力不平衡力矩,从而提高旋翼的升力和前进比。

从20世纪60年代开始,由于军事上的需要,一些国家开始研制旋翼无人机。这些旋翼无人机的共同特点是都采用了双旋翼共轴式形式。在实验方面,从20世纪50年代起,美国、日本、俄罗斯等国相继对双旋翼共轴式直升机的气动特性、旋翼间的气动干扰进行了大量风洞试验研究。经过半个多世纪的发展,双旋翼共轴式的旋翼理论不断发展、完善,这种构型的直升机以它固有的优势越来越受到业内人士的重视。

近年来国内外企业先后推出了几种不同的双旋翼共轴消防无人机设计方案,并都取得了试飞成功。其基本结构如图4-23所示。

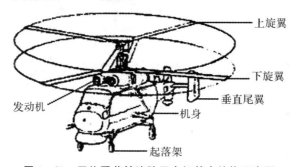

图4-23　双旋翼共轴消防无人机基本结构示意图

2. 双旋翼共轴消防无人机的结构布局

一套完整的双旋翼共轴消防无人机系统一般由7个子系统组成,即无人机飞行平台、动力装置系统、飞行控制导航系统、数据传输链路系统、任务规划与地面站系统、任务载荷系统以及地面综合保障系统。本小节主要阐述双旋翼共轴消防无人机飞行平台的结构类型。

双旋翼共轴消防无人机的结构布局与单旋翼带尾桨消防无人机相比较,有很大的差别。前者采用上下共轴反转的两副旋翼来平衡旋翼反扭矩,不需尾桨。在空中飞行时,通过上下旋翼总距差动产生不平衡扭矩可实现航向操纵,因此它的两副旋翼既是升力面又是纵横向和航向的操纵面。一般情况下,为了增加无人机的航向操纵性和稳定性,双旋翼共轴无人机大多采用双垂尾结构形式。

在总体结构上,由于采用共轴的两副旋翼产生升力,与相同质量的单旋翼带尾桨无人机相比,总体设计若采用相同的桨盘载荷,其旋翼半径仅为单旋翼带尾桨无人机的 70%。单旋翼无人机的尾桨部分必须超出旋翼旋转面,尾桨直径为主旋翼的 16%～22%。这样,假设尾桨紧邻旋翼桨盘,则单旋翼带尾桨无人机旋翼桨盘的最前端到尾桨桨盘的最后端是旋翼直径的 1.16～1.22 倍。由于没有尾桨,双旋翼共轴式无人机的机身部分一般情况下均在桨盘面积之内,其机体总的纵向尺寸就是桨盘直径。这样,在桨盘载荷、发动机和总重相同的情况下,双旋翼共轴无人机的总体纵向尺寸仅为单旋翼无人机的 60% 左右。共轴的两副旋翼在为无人机提供升力的同时,克服了旋翼反扭力,使飞行姿态更稳定。

与之相比,单旋翼带尾桨消防无人机的起飞质量终归有限,要增大起飞质量,就要增加旋翼直径,增加旋翼转速,增加桨叶数目,加强传动轴,而这些都增加了旋翼系统的机械复杂性和质量。另外,一方面,旋翼直径和转速受到翼尖速度不能超过声速的限制,否则声障带来的阻力和振动将不可忍受。另一方面,更大的旋翼直径也迫使尾撑(梁)长度增加,增加结构质量,对狭小场地的起落造成不便。总而言之,大幅度提高起飞质量最有效的途径,还是采用两个旋翼的方案比较好。

在火星探测领域也采用双旋翼共轴无人直升机。2021 年 4 月 19 日 18 时 52 分,美国宇航局宣布,首个火星无人机"机智号"成功在火星耶泽罗撞击坑完成首飞,这是人类首次在地球以外的大气层内完成可控动力飞行。

4.3.2　双旋翼共轴消防无人机的结构特点、操纵方式和案例

1. 双旋翼共轴消防无人机的结构特点

(1)双旋翼共轴消防无人机的结构优点。

对于旋翼飞行器来说,旋翼数量是决定其整体效率的重要一环。在同等质量下,旋翼数量越多,整体效率将会越低。消防无人机采取双旋翼共轴式布局的优点很多,主要有以下几方面:

1)气动特性对称,机动性好:在使用相同发动机的情况下,两副双旋翼共轴式的升力比单旋翼带尾桨布局的旋翼升力大 12%。双旋翼共轴式气动力的对称性显然优于单旋翼式,且不存在各轴之间互相交连的影响,机动飞行时易于操纵。改变航向时,双旋翼共轴式无人机很容易保持无人机的飞行高度,这在超低空飞行和飞越障碍物时尤其可贵,对飞行安全有重要意义。

2)外廓尺寸紧凑:在提供同样升力的情况下,双旋翼共轴无人机的外廓尺寸要比单旋翼带尾桨无人机的小,总体尺寸比较紧凑,占地面积较小,便于在狭小地域或场地垂直起降,以及使用更小的地面车辆进行运载。

3)平稳性和悬停性好:目前悬停效率最高的无人机是双旋翼共轴无人直升机,悬停效率能达到 80% 以上。相较于多旋翼无人机,其质量分布集中,可以以较短的力臂完成姿态改变。由于机身短,体积相对较小,飞行时受侧风影响较小。双旋翼共轴式的振动也由于两副反转的旋翼而较好地对消了,因此平稳性和悬停性好。

4)有效载荷大。在同等升力要求下,双旋翼共轴式直径较小,它在相同级别的发动机驱动下,有效载荷较单旋翼带尾桨无人机更大,也更安全。

5)功率损耗小:双旋翼共轴式反向旋转,反扭力对等,功率损耗(尾桨功耗)要比单旋翼带尾桨式消防无人机小15%。

6)故障率低:由于没有尾桨,双旋翼共轴无人机消除了单旋翼无人机存在的尾桨故障隐患,以及在飞行中因尾梁的振动和变形引起的尾桨传动机构的故障隐患。

(2)双旋翼共轴消防无人机的缺点。

1)上下两副旋翼间气动干扰大。双旋翼共轴消防无人机上下旋翼之间存在着相当大的气动耦合干扰,表现为上旋翼对下旋翼的下洗流的影响以及下旋翼对上旋翼的流态的影响。由于上下旋翼的诱导速度不同,因此上下旋翼的气动特性差别较大,进而增加了气动设计的难度。

2)机械设计和加工难度大。双旋翼共轴无人机采用套筒轴驱动上下两副反转的旋翼:间距小了,上下旋翼有可能打架,间距大了,不光阻力高,对驱动轴的刚度要求也高,而大功率、高强度套筒轴的机械加工难度很大。套筒轴不光要传递功率,还要传递上面旋翼的总距、周期距控制,在机械设计和材料选择上也有相当大的难度。

3)存在上下旋翼桨叶相碰的危险性。双旋翼共轴无人机两副旋翼一上一下,平常飞行时一般不会相碰。但是在某些特殊的情况下,如在飞行中遇到突然变风,机动超过极限值,桨叶变形或损坏时,作用在桨叶上的气动力、离心力和重力就会失去平衡,偏离正常的运行轨迹而发生碰撞。为了保证上下旋翼不发生擦碰,对它的机动飞行有严格限制。

4)废阻功率大。双旋翼共轴无人机上下两旋翼间形状不规则(非流线形)的桨毂和自动倾斜器增大了无人机的废阻面积,因而,一般来说,双旋翼共轴无人机的废阻功率大于单旋翼带尾桨无人机的废阻功率。

2.双旋翼共轴消防无人机的操纵方式

双旋翼共轴消防无人机的纵横向操纵是先通过操纵下旋翼自动倾斜器的不动环,再通过拉杆机构改变上旋翼自动倾斜器,从而使上下旋翼的锥体保持平行运动的。航向操纵是通过改变上下旋翼总距来实现的。因此,在改变了上下旋翼的扭矩分配后,上下旋翼的升力也有所变化。其结果是,伴随着航向的变化无人机还有升降的变化。因此,这种航向与升降运动的耦合响应,必须通过总距操纵补偿来解决。

主要的航向操纵形式有半差动和全差动两种。半差动方式一般是通过改变下旋翼桨叶角以改变上下旋翼的功率分配,使其相等或不等来控制直升机的航向。全差动方式通过同时反向改变上下旋翼的桨叶角来实现直升机航向的操纵和稳定。半差动结构简单,全差动结构复杂,中小型双旋翼共轴消防无人机一般采取半差动方式。

(1)半差动航向操纵系统。

半差动航向操纵系统的总距、航向舵机固连在主减速器壳体上,纵横向舵机固连在总距套筒上,随其上下运动。舵机输出量通过拉杆摇臂、上下倾斜器和过渡摇臂变距拉杆传到旋翼上,使其转过相应的桨距角,以实现操纵的目的,如图 4-24 所示。

上下桨叶通过桨毂分别与内外转轴固连。在外轴的外面轴套上套总距套筒,其上又套航向操纵滑环、滑套式转盘和下倾斜器内环,它们可沿轴向相对上下滑动,但不能转动。上倾斜器内环通过滑键与内轴相连,它不仅可沿轴向上下相对运动,还能随内轴一起转动。上下倾斜器外环通过扭力臂与上下桨叶同步转动,并有根等长撑杆将它们相连以使上下桨叶同步地偏转相同的桨距角。上倾斜器与上旋翼间摇臂支座直接夹固在内轴上,随内轴转动。而下倾斜器与下旋翼间摇臂支座套在轴套上,半差动航向操纵时可上下滑动,其外环随下旋翼一起转动。

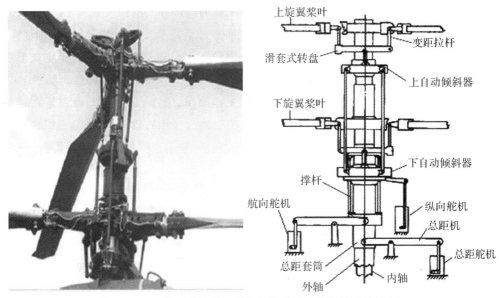

图 4-24　双旋翼共轴消防无人机半差动航向操纵系统示意图

半差动航向操纵的过程为:航向舵机的输出量通过航向杠杆带动航向操纵滑环,使滑环沿总距套筒上下滑动,滑环经两个撑杆带动过渡摇臂的支座。铰接在支座上的过渡摇臂借助两组推拉杆分别连接下倾斜器和下桨叶的变距摇臂,使下桨叶迎角变化,导致由下旋翼气动力对机体所产生的反扭矩变化,此值就是航向操纵力矩。再根据该力矩的大小和符号,决定航向速率和转弯方向,实现航向操纵的目的。

上述的半差动航向操纵方案的总距操纵是通过上下移动自动倾斜器来实现的,即总距操纵除了克服上下旋翼的铰链力矩外,还要克服上倾斜器、上下倾斜器连杆以及相关的套筒和零件的重力。该半差动操纵系统机构比较适合小型双旋翼共轴消防无人机,这是因为对于小型直升机来说,旋翼轴径相对较小,各种操纵线系只能从轴外走,上下旋翼的自动倾斜器以及相关零件的质量也相对较轻,采用该方案相对较易实现。而对于大型双旋翼共轴消防无人机(如卡-50 直升机),其连接上下旋翼的传动系统、桨毂和操纵机构比人还高,要操纵如此巨大的机构上下移动是难以想象的。半差动方案只改变下旋翼总距,由此引起的垂向运动耦合较大。然而,通过总距补偿可以解决此问题。

（2）全差动航向操纵系统。

双旋翼共轴消防无人机全差动航向操纵方案是：在航向操纵时大小相等方向相反地改变上下旋翼的总距，从而使得直升机的合扭矩不平衡，使机体产生航向操纵的力矩。由于在操纵时上下旋翼的总距总是一增一减，因此航向操纵与总升力变化耦合小，即用于差动操纵引起的升力变化所需的总距补偿较小。

该操纵机构分别在上旋翼轴内和下旋翼轴内设有可上下移动的套筒，该套筒随旋翼轴同步转动且可沿旋翼轴做上下相对运动。上下旋翼套筒在上下旋翼桨毂附近，套筒连接上下旋翼变距摇臂，变距摇臂在不同距离处与旋翼变距拉杆和自动倾斜器外环支杆铰接形成杠杆摇臂，通过上下移动套筒实现变距运动。两套筒的内部设有变距装置，该装置与设在主减速器底部的总距拉杆和航向拉杆相连，总距拉杆通过垂直拉动变距装置实现上下旋翼总距的同步增减，达到改变无人机升力的目的。航向拉杆通过正反转动变距装置实现上下旋翼总距一增一减，进而实现航向操纵。

操纵拉杆装置设在轴内，使得整个外部操纵机构简单、干净，上下自动倾斜器在轴向没有运动。这种结构方案比较适合大型无人机，因为轴的内径相对较大，为安装操纵装置提供了较大的空间。而对于轻小型无人机，由于尺寸的限制，采用这样的方案会有困难。

3. 双旋翼共轴消防无人机产品案例

（1）大型双旋翼共轴消防无人机产品案例。

T333 无人机。T333 大型双旋翼共轴消防无人机由北京中航智科技有限公司研制生产。该公司成立于 2012 年，目前已经拥有 20 余项国际发明专利，投放国内外市场 10 余种机型，年生产无人机 200 余架，广泛应用于森林消防、边防、电力、农业等领域。

T333 无人机机长 5.4 m，宽 3.3 m，高 3.325 m，如图 4-25 所示。动力装置采用两台额定功率为 280 kg（相当于 380 hp[①]）的活塞式发动机，空重为 1 200 kg，最大起飞质量为 3 000 kg，最大载荷为 1 500 kg；配合两个直径为 10.2 m 的旋翼，最大速度可达 300 km/h，爬升率不小于 5 m/s，使用升限为 6 000 m，任务半径达 400 km。在载重 200 kg 的情况下，其续航时间为 30 h。

图 4-25　T333 双旋翼共轴消防无人机

---

① 　1 hp＝725 W。

　　T333 无人机的双旋翼为复合材料旋翼,桨叶为 DMH 翼型,坚固耐用,最关键的是其采用了无轴承式结构,其机械部件数量仅为传统结构的一半,提升了动力效率,提高了系统可靠性和寿命。从外形和气动规划上来看,T333 无人机采用轻型模块化设计,选用共轴双旋翼构型与流线型外形,"H"形尾翼,后三点可收放轮式起落架,具有较强的动力效率和抗风能力。另外,其采用双发一体化设计,解决了单发熄火条件下的安全降落问题,扩展了安全飞行通道,大幅度减小了规避区。

　　(2)中型双旋翼共轴消防无人机产品案例。

　　1)F-500 无人机。F-500 中型双旋翼共轴消防无人机由北京航空航天大学直升机所陈铭教授带领的团队于 2016 年完成自主研发,于 2017 年成功首飞并完成飞行项目测试。

　　F-500 消防无人机采用先进的共轴双旋翼布局,具有优异的气动效率、质量效率和操稳特性,最大起飞质量为 500 kg,搭载 150 kg 任务载荷飞行时,最大续航时间为 5 h。机体各向振动加速度小于 0.05 g,具有全自主导航飞行功能,如图 4-26 所示。

图 4-26　F-500 消防无人机自主飞抵森林火灾上空进行灭火作业

　　F-500 无人机动力装置采用四冲程活塞发动机,带先进涡轮增压系统,振动小、油耗小,功重比高;空机质量为 240 km,最大起飞质量为 500 kg;旋翼直径为 6 m,机长 2.3 m,机宽 1.2 m,机高 1.8 m,旋翼桨叶片数为 2×2,巡航速度为 65~100 km/h,最大飞行速度为 140 km/h,实用升限为 3 000 m,标准续航时间为 3~5 h,抗风性为 12 m/s。

　　F-500 作为一款中型双旋翼共轴消防无人机,具有优异性能:尺寸小,结构紧凑,运输方便;悬停、中低速气动效率高,气流对称,抗风能力强;适应高原环境,性能优异;使用维护方便,安全性高;自主导航,一键起飞;载荷大,航时长,应用范围广;等等。该机拥有 10 个外挂点,可挂载 10 枚灭火弹,凭借优异的挂载能力,在森林消防等民用领域获得广泛应用。

　　2)JC950H 无人机。JC950H 是一款中型双旋翼共轴消防无人机(见图 4-27),由江苏锦程航空科技有限公司研制生产。JC950H 双旋翼共轴消防无人机发动机配置 2 台 Rotax914 航空增压发动机,发动机动力为 73.5 kW×2,发动机油耗为 20 L×2/h,燃油为

95#汽油,旋翼直径为 7.11 m,机身长度为 5.2 m,机身宽度为 1.5 m,机身高度为 3.3 m;最大起飞质量为 1 000 kg,载荷质量达到 500 km;巡航速度为 100 km/h(标配油箱 100 L),续航能力为 6 h,实用升限为 4 500 m。其可搭载大型的航拍航测、机载雷达、光谱测量等载荷设备,可进行完全自主飞行、自主起降。其优越的性能可保证在森林火灾现场复杂情况下的飞行精度和可靠性。

图 4-27　JC950H 消防无人机

3)赛鹰-450H 无人机。赛鹰-450H 是一款中型双旋翼共轴消防无人机,由北京华翼星空科技有限公司自主设计并研制生产,如图 4-28 所示。

图 4-28　赛鹰-450H 消防无人机

赛鹰-450H 无人机动力装置采用 Rotax914 航空涡轮增压发动机,发动机功率为115 hp,燃油为 95#汽油;机身总长为 4.2 m(不含桨叶),直升机高 2.1 m,旋翼直径为 5.5 m,桨叶片数为 2×2,起落架跨度为 1.6 m;空机质量为 260 kg,最大任务载荷为 150 kg,最大起飞质量为 450 kg;标配油箱为 120 L,可保证 4 h 的飞行时间。赛鹰 450H 飞行控制系统采用了基于模型的鲁棒控制算法,自适应阵风、高低温、负载变化、重心变化等,能保证复杂情况下的飞行精度和可靠性。

(3)小型双旋翼共轴消防无人机产品案例。

SYR-120H 是北京深远世宁科技有限公司研制生产的双旋翼共轴消防无人机。目前市面上小型双旋翼共轴消防无人机产品类型比较多,几乎所有研制生产大中型双旋翼共轴无人机的公司和厂商都是从研制生产小型双旋翼共轴无人机起步的。

北京深远世宁科技有限公司研制生产的 SYR-120H 双旋翼共轴消防无人机使用 GPS/北斗＋惯导进行组合导航,能实现全自主飞行,飞行时间长(可达4 h),能够胜任各个行业多种飞行任务,如图 4-29 所示。该产品的市场定位是:为载荷为30～40 kg、要求高性能的小型垂直起降飞行提供一个通用型平台,并基于此为客户集成解决方案。

图 4-29　SYR-120H 双旋翼共轴消防无人机

SYR-120H 机体长×宽×高为 3 m×3 m×1.5 m,旋翼直径为 3 m,最大起飞质量为 120 kg,典型有效载荷 30 kg,最大续航时间为 4 h,最大飞行高度为 3 500 m,最大飞行速度为 150 km/h,抗风等级为 6 级,动力类型为汽油发动机,操控方式为半自主/全自主。

4.4　固定翼无人机

固定翼无人机具有旋翼无人机(多旋翼和无人直升机)无可比拟的飞行速度、续航能力、载重能力和低能耗率。但是由于它无法垂直起降,受到使用环境的限制,所以很少被直接用作消防无人机。人们为了充分利用固定翼无人机的性能优势,想了一个办法:以固定翼无人机作为母体,在其上安装能够产生升力的旋翼系统,达到无需机场跑道就能垂直起降的目的。这样就诞生了新一代的品种——复合无人机。应用于森林消防工作的复合无人机就称为复合消防无人机。

4.4.1　固定翼无人机的气动布局定义和总体结构

固定翼无人机是自身密度比空气密度大,需要依靠动力装置产生前进的推力(或拉力)、由固定机翼产生升力,在大气层内飞行,机上无人驾驶的航空器。

1.固定翼无人机气动布局的定义

航空器的空气动力布局(简称"气动布局"),是其主要空气动力部件的气动外形及相对位置的设计和安排,即航空器外部总体形态布局与位置安排。例如:固定翼无人机气动布局是指它的各翼面,如主翼、尾翼等是如何放置的;旋翼无人机气动布局是指它的旋翼系统(如单旋翼＋尾桨或多个旋翼)是如何放置的;复合式无人机气动布局是指它的固定机翼与旋翼系统是如何组合安置在一起的。

固定翼无人机的气动布局同它的外形构造、动态特性及所受到的空气动力密切相关,关系到它的飞行特征、飞行性能、稳定性和机动性。它的动力系统、机载设备及任务载荷等放置在哪里的问题,被笼统地称为固定翼无人机的总体结构。虽然总体结构对固定翼无人机的飞行性能也会有很大的影响,但是起决定作用的主要是它的气动布局,因为只有气动布局才最直接地决定固定翼无人机的基础形态。掌握了固定翼无人机气动布局的分类,人们就能够将固定翼无人机进行简要的归类梳理。

2.固定翼无人机的总体结构

现代无人机气动布局设计不仅要设计无人机气动外形,还要结合它的总体结构设计、动力系统、任务载荷、可靠性等方面进行优化,以实现无人机系统整体优化设计。大多数传统的固定翼无人机都是由机翼、机身、尾翼、起落装置、动力装置和推力螺旋桨等 6 个主要部分组成的,如图 4-30 所示。

(1)机翼。机翼的主要功用是产生升力,以支持固定翼无人机在空中飞行,同时也起到一定的稳定和操控作用。

(2)机身。机身的主要功用是装载武器、货物和各种设备,并将固定翼无人机的其他部件,如机翼、尾翼及动力装置等连接成一个整体。

(3)尾翼。尾翼包括水平尾翼和垂直尾翼。尾翼的作用是操纵固定翼无人机俯仰和偏转,保证固定翼无人机平稳飞行。

(4)起落装置。起落装置是指固定翼无人机在地面停放、滑行、起飞着陆滑跑时,用于支撑固定翼无人机重力、承受相应载荷的装置。

(5)动力装置。动力装置是指发动机及其一系列保证发动机正常工作的系统。

(6)推力螺旋桨。推力螺旋桨用来产生推力使固定翼无人机能够向前飞行。

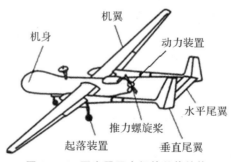

图 4-30　固定翼无人机的总体结构

4.4.2　固定翼无人机气动布局的类型和特点

对固定翼无人机的空气动力展开分析可以发现,整个固定翼无人机受到的空气动力就是各部件受到的空气动力之和,其升力主要由机翼提供,所有外部件都会产生阻力。

1.固定翼无人机气动布局的类型

固定翼无人机的任务需求(用户需求)不同,其总体设计任务和飞行性能要求也就不一样,这必然导致气动布局形态各异,如图 4-31 所示。现代固定翼无人机的气动布局有很多种,其中最常见的用作复合无人机基础的气动布局有 5 种,包括传统的常规布局[见图 4-31(a)]、飞翼布局[见图 4-31(b)]、鸭翼布局[见图 4-31(c)]、串列翼布局[见图 4-31(d)]和三重翼布局[见图 4-31(e)]。这些气动布局都有各自的特殊性及优缺点,各具特色。选择气动布局形式是一个综合考虑、仔细分析和折中处理的过程。

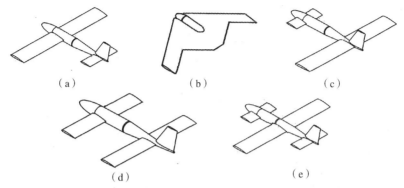

（a）　　　　　　　　　（b）　　　　　　　　　（c）

（d）　　　　　　　　　（e）

图 4-31　固定翼无人机气动布局类型示意图

(a)常规气动布局;(b)飞翼气动布局;(c)鸭翼气动布局;(d)串列翼气动布局;(e)三重翼气动布局

2.固定翼无人机气动布局的特点

(1)常规布局。

自从 1903 年莱特兄弟驾驶第一架固定翼飞机首飞成功以来,飞机设计师们通常将固定翼飞机的水平尾翼和垂直尾翼都放在机翼后面的飞机尾部。这种气动布局一直沿用到现在,是现代固定翼飞机(包括有人驾驶和无人驾驶)最经常采用的气动布局,因此称之为"常规布局",如图 4-32 所示。

图 4-32　常规气动布局的固定翼无人机

这种气动布局技术最成熟,理论研究已经非常完善,生产技术也成熟而稳定,同其他类型气动布局相比,各项性能比较均衡,但同时也没有特别出色的地方。

(2)飞翼布局。

飞翼气动布局只有机翼,没有水平尾翼和垂直尾翼,就像一片飘在天空中的树叶,如图 4-33 所示。所以,其雷达反射波很弱,而且空气动力效率高、升阻比大、隐身性能好、质量轻、结构简单、成本低,但机动性差、操纵效能低。

飞翼气动布局无人机的副翼由上下两片合成,两片副翼可以分别向上或向下偏转,也可以两片合起来同时向上或向下偏转。当无人机需要转向时,一侧的副翼就张开,增加这一侧机翼的阻力,飞机就得到了偏转的力;如果飞机两侧副翼面张开的相等角度,两侧机翼都增加了阻力,就起到减速板的作用;如果副翼面上下两片结合起来一齐偏转,机翼一侧的副翼向上,另一侧的副翼向下,则起副翼作用,使飞机倾斜;如果左右两侧的副翼同时向上或向下偏转,则这对副翼就能发挥升降舵的作用。这种多功能舵面主要用来保持或改变飞机的航向,所以称之为"阻力方向舵"。

图 4 - 33　飞翼气动布局的固定翼无人机(美国 X - 47B 无人机)

飞翼气动布局无平尾、无垂尾,所以也称为无尾布局,其优点是飞机结构质量显著减轻,飞机的气动阻力减小,同常规布局相比,其型阻可减小 60% 以上,改善了维修性并具有更低的全寿命周期成本。无垂尾固定翼无人机是航向静不稳定的,通常采用推力矢量技术加以解决。

(3)鸭翼布局。

鸭翼气动布局是将常规布局位于机翼后方的水平尾翼移到主翼之前,也就是说鸭式气动布局是没有水平尾翼的。其好处是可以用较小的翼面来达到同样的操纵效能,而且前翼和机翼可以同时产生升力,而不像水平尾翼那样,平衡俯仰力矩在多数情况下会产生负升力。在大迎角状态下,鸭翼只需要减少产生升力即可产生低头力矩,从而有效保证大迎角下抑制过度抬头的可控性,如图 4 - 34 所示。

在同等条件下鸭式气动布局的无人机比传统常规气动布局的无人机具有更好的机动性。当无人机需做大强度的机动(如上仰、小半径盘旋等动作)时,鸭式无人机的前翼和主翼上都会产生强大的涡流,两股涡流的相互偶合增强,产生比常规布局更强的升力;鸭式无人机因有前翼而不易失速,有利于保证飞行安全。鸭式气动布局的缺点是:起飞着陆性能不好;鸭翼在大迎角时诱导阻力较大,其失速也早于机翼。

图 4 - 34　鸭翼气动布局的固定翼无人机

（4）串列翼布局。

串列翼气动布局包含前后两个固定机翼，它与鸭翼布局的主要区别是，其前面的机翼是固定不动的，而且面积也比较大，不能算作鸭翼。无人机采用串列翼气动布局时，在合理布置两个固定机翼相对于重心上下位置的情况下，前后机翼的上下反角差，既能有效改善前翼翼尖涡对后翼气动性能的不利诱导效应，又可以改善双翼面布局的整体气动特性，使得无人机的升阻比超过常规单翼面布局，提高无人机空气动力学效率。串列翼气动布局的固定翼无人机，如图 4 - 35 所示。

图 4 - 35　串列翼气动布局的固定翼无人机

串列翼气动布局最大的优点是机翼翼展小，刚度好、诱导阻力小，机翼结构也因为升力的均摊以及机翼整体结构高度和宽度的增加而更便于设计。其缺点是前后两个机翼之间会出现相互干扰，如前机翼的下洗流作用会对后机翼的气动特性产生影响，后机翼同样会对前机翼的气动特性产生影响。前后两个机翼之间的相互干扰作用因两翼之间的水平距离、垂直距离及两翼之间的翼差角度的不同而不同。

（5）三翼面布局。

三翼面布局是在传统常规布局的基础上增加一个水平前翼而构成的，即前翼＋机翼＋平尾，如图 4 - 36 所示。不同于鸭式布局的是，其前翼是不可转动的，只能产生涡流作用，不能算作鸭翼。

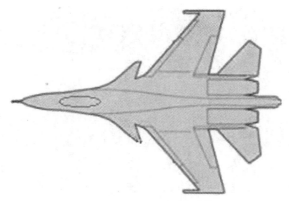

图 4 - 36　三翼面气动布局的固定翼无人机

　　三翼面气动布局综合了常规式和鸭式两种气动布局的优点,不仅能够得到更好的气动特性,而且可进一步提高其飞行性能。在相同的外形尺寸下,三翼面布局无人机的起飞质量大大增加,其起飞质量可增加 50%。除此之外,其优势还在于操纵效率高,配平阻力小,迎角特性佳,可以提高飞行可靠安全性,以及大大改善无人机的起降性能。其缺点在于增加的前翼会使零升阻力和重力增大;在高速和小迎角时的阻力比常规气动布局大,稳定性变化幅度较大。

4.5　复合消防无人机

　　复合又称再结合,其实质就是把两种或多种不同的东西混合(再结合)在一起产生出一种新的东西。例如复合材料就是由两种或两种以上性质不同的物质混合而成的一种多相固体材料,它既保持了原组分材料的主要特点,又具备原组分材料所没有的新性能。在生物学上,复合称为杂交,例如杂交水稻。

4.5.1　复合消防无人机的定义及类型

1. 复合消防无人机的定义

　　常规旋翼无人机,例如无人直升机和多旋翼无人机,可在原地垂直起降,可做低空高机动飞行,应用范围广,但由于受前行桨叶波阻和后行桨叶失速的限制,飞不快,巡航速度很难超过 300 km/h。相比之下,固定翼无人机既省油又飞得快,但不能垂直起降,起降受跑道限制,使用不方便。如何将这两种气动布局无人机的优点结合起来?航空工程师在实际工作中采用复合的办法,将固定翼无人机与旋翼无人机两者混合起来,形成一种新型无人机机种——复合无人机(Composite UAV)。

　　复合消防无人机是指在固定翼无人机气动布局的基础上,安装能够产生抵消全机重力的升力旋翼系统,从而获得一种全新的消防无人机气动布局——复合消防无人机气动布局,目的是使得到的复合消防无人机兼具固定翼无人机航时长、速度快、航程远的特点及旋翼无人机垂直起降、空中悬停的功能。

　　要想得到品质优异的复合消防无人机气动布局,除了需要对旋翼系统有比较清晰的了解外,还需要对其进行复合的基础(即对固定翼无人机的总体结构和气动特性的情况)有比较完整、深入的了解。

2.复合消防无人机的类型

采用固定翼无人机与多旋翼消防无人机相结合的方法所获得的复合消防无人机,与固定翼无人机及多旋翼消防无人机的主要区别在于,在整个飞行过程中,全机重力分阶段由旋翼系统和固定机翼分别承担,或共同承担。

目前,复合消防无人机气动布局的类型有很多种,有它们各自的优缺点,但是它们都是从固定翼无人机和旋翼无人机这两种最基本的气动布局衍生或组合出来的。在固定翼无人机上安装的旋翼系统,按其结构划分,有开放旋翼和涵道风扇两种;按其工作内容划分,有两大类——升力旋翼和推力(或拉力)旋翼。其中,升力旋翼是指旋翼平面可以是水平的,工作时能产生向上的升力,以承担消防无人机的质量,保持其在空中悬停或向上飞行姿态;推力(或拉力)旋翼(螺旋桨)是指旋翼平面可以是竖直的,工作时能产生向前的推力(或拉力),以克服消防无人机向前飞行时的气动阻力,保持其在空中向前的飞行姿态及进行巡航飞行。

固定翼无人机只有推力螺旋桨(空气螺旋桨安装在机体后面)或拉力螺旋桨(空气螺旋桨安装在机体前面),没有升力旋翼系统,飞行时所需的升力全部由固定机翼产生,因此它必须采取地面滑跑或外力助推的方法才能起飞;旋翼无人机包括多旋翼无人机和无人直升机两大类,都只有升力旋翼系统,没有推力(或拉力)旋翼(螺旋桨),也没有固定机翼,飞行时所需向上的升力和向前(向后、向左、向右)的推力都由同一个升力旋翼系统提供。

复合消防无人机气动布局的类型如图4-37所示。图中,"固定旋翼构型"是指升力旋翼系统安装在机身或机翼上的位置和指向是固定的;"倾转旋翼构型"是指升力旋翼系统相对于机翼平面是可以转动的;"倾转机翼构型"是指升力旋翼固定安装在机翼上,可随着机翼转动;"单旋翼构型"是指采用一个直径很大的开放旋翼作为升力系统,同时,在固定机翼两边各安装一个拉力螺旋桨,这两个螺旋桨产生的拉力差形成一个扭矩,可抵消单旋翼旋转引起的反扭矩。

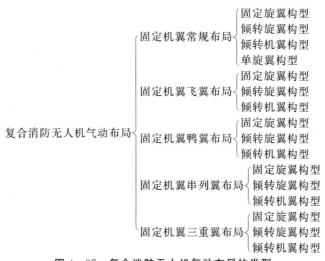

图4-37 复合消防无人机气动布局的类型

4.5.2 复合消防无人机的总体结构和飞行原理

1. 复合消防无人机的总体结构

复合无人机是在固定翼无人机基础上加上升力旋翼构成的复合结构体。固定翼无人机作为复合的基础,有5种气动布局形态:常规布局、飞翼布局、鸭翼布局、串列翼布局和三翼面布局。在这5种气动布局形态的基础上增加的升力旋翼系统又有多种结构搭配形式,其中比较常见的有3种:固定旋翼构型、倾转旋翼构型和倾转机翼构型。采用的升力旋翼也有多种类型:开放旋翼、涵道风扇,以及开放螺旋桨加涵道风扇。采用的涵道风扇同样也有多种结构形式,包括全涵道、半涵道和自适应涵道风扇等,其中半涵道还可分为上半涵道和下半涵道两种。如此多的气动布局形态,再加上无人机动力装置还可分为燃油类、电动类、氢气燃料类和油电混合类等多种类型,这些基本因素组合起来,必然会形成一个庞大的复合无人机家族,其总体结构的各种类型必然会如一个巨大花园里的鲜花一样,百花盛开。

现以传统常规固定翼无人机上加上多个固定旋翼所构成的"常规气动布局固定旋翼构型的复合无人机"为例来说明复合无人机的飞行原理,如图4-38所示。本例固定旋翼复合无人机总体结构由机翼、机身、尾翼、起落装置、动力装置,推力螺旋桨和升力螺旋桨7个主要部分组成,其中螺旋桨(旋翼)安装在机体上的位置是固定不变的。将其与固定翼无人机三视图相比较,就会发现,除了增加了4个升力螺旋桨(包括其驱动电机在内)以外,其余主要组成部分是相同的。换言之,所谓复合无人机就是固定翼无人机加上升力螺旋桨系统或倾转电动涵道喷气发动机系统,使其具有垂直起降和悬停飞行能力。

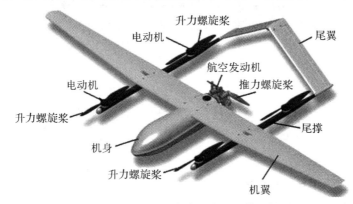

图4-38 固定旋翼复合无人机总体结构图

升力旋翼和推力旋翼都是空气螺旋桨(开放螺旋桨或涵道风扇),它们在工作原理、整体结构和气动特性等方面都是相同的。它们唯一的区别是其旋转工作时旋转平面与地平面之间的相对角度不同。升力旋翼的作用主要是为无人机提供向上的升力,以克服无人机向下的重力,使无人机能够向上飞行或空中悬停,其旋转平面基本上是水平的。推力旋翼(螺旋桨安装在无人机尾部)或拉力旋翼(螺旋桨安装在无人机前部)的作用主要是为无人机提供向前的推力(或拉力),以克服无人机向前飞行的空气阻力,使无人机能够向前飞行,其旋转平面基本上是垂直的。由此可见,只要通过某种方式或机械装置改变空气螺旋桨的旋转平面与地平面之间的夹角(平行或垂直),就能实现它们的角色互换,即让同一个空气螺旋桨既能在无人机垂直起降和悬停飞行时扮演升力旋翼的角色,又能在无人机向前飞行时担任推力(或拉力)旋翼(螺旋桨)的角色。基于这样的构思,就有了倾转旋翼(螺旋桨)和倾转机翼两种不同构型的设计方案。

实际上,在人类航空技术发展史上,这两种不同构型的复合设计方案早就有了,并成功应用于有人驾驶固定翼飞机和直升机上。其中,倾转旋翼构型的设计方案如美国的 V-22,它是由美国贝尔公司和波音公司联合设计、制造的一款倾转旋翼有人驾驶飞机。它的机翼固定不动,在起降和悬停飞行时安装在机翼两端上的两个旋翼及其发动机同时向上倾转,使旋翼旋转平面与地面平行,变成升力旋翼(螺旋桨);随着飞机进入平飞状态,安装在机翼两端上的两个旋翼及其发动机又逐步向下倾转,恢复原位,使旋翼旋转平面与地面垂直,变成拉力螺旋桨。

V-22 具备直升机的垂直升降能力及固定翼螺旋桨飞机的速度较高、航程较远及耗油量较低的优点。它从垂直起飞到水平飞行的转换是自动完成的,如图 4-39 所示。V-22 执行飞行任务时有超过 70% 的时间以固定翼飞机模式飞行,最大速度可达 650 km/h。

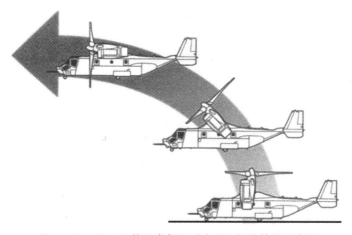

图 4-39　V-22 从垂直起飞到水平飞行的转换示意图

与倾转旋翼构型设计方案不同,倾转机翼构型的设计方案是螺旋桨安装在机翼上,当旋翼需要倾转时,是整个机翼带着螺旋桨一起倾转。

在 V-22 问世之前,美国就已经研制出了有人驾驶的倾转机翼运输机 XC-142。该型运输机于 1964 年 9 月首飞,采用 4 台 T64-GE-1 型发动机,机组人员为 2 名,最大起飞质量为 20 t。不仅机翼能够进行旋转,其水平尾翼同样能够进行旋转切换,而且在机尾部位也安装有一具旋翼,以保证机身的整体平衡。图 4-40 所示为从地面上垂直腾空而起的 XC-142 运输机。

图 4-40　从地面上腾空而起的 XC-142 运输机

2. 复合消防无人机的飞行原理

复合消防无人机的飞行过程可以分为 6 个阶段：垂直起飞阶段、上升过渡阶段、巡航飞行阶段、下降过渡阶段、缓速下降阶段、地效（地面效应）悬停着陆阶段，如图 4-41 所示。

复合消防无人机各飞行阶段的具体状态如下：

（1）垂直起飞阶段。启动全部升力旋翼的电动机，以提供向上拉力（合力）进行垂直起飞，此时推力螺旋桨不工作，具有多旋翼无人机飞行的主要特性。

（2）上升过渡阶段。依靠升力旋翼系统产生的升力稳定悬停在特定高度位置上，同时启动推力螺旋桨系统，产生向前的推力。过渡阶段飞行特性较为复杂，刚开始前飞时由升力螺旋桨系统和固定机翼共同提供所需的升力。随着前飞速度的增大，升力螺旋桨系统逐步降低转速，减小升力负担比例，使升力负担逐步转移到固定机翼上。当前飞速度达到固定机翼可以承担前飞所需的全部升力，即升力与重力平衡时，所有升力旋翼的电动机关机，停止工作。复合消防无人机进入前飞或巡航飞行状态。

（3）巡航飞行阶段。在巡航飞行阶段，复合消防无人机就像固定翼无人机一样，由固定机翼提供全部分升力，进行水平飞行，具有固定翼无人机的主要特性。

（4）下降过渡阶段。下降过渡阶段是将上升过渡阶段的操作程序反过来。复合消防无人机逐渐降低前飞速度，同时开启升力旋翼系统所有电动机，以提供向上的升力。随着前飞速度的降低，固定机翼的升力下降，升力螺旋桨转速增大，升力负担比例增大，使升力负担逐步转移到所有升力螺旋桨上。

（5）缓速下降阶段。该阶段过程与垂直起飞阶段相反，推力螺旋桨关机，由升力螺旋桨提供全部向上的升力，是典型的多旋翼无人机垂直下降方式。

（6）地效悬停着陆阶段。地面效应是一种使飞行器诱导阻力减小，能获得比巡航飞行更高升阻比的流体力学效应。当复合消防无人机下降到距离地面很近（1～2 m）悬停时，出现地面效应，升力会陡然增加。复合消防无人机利用地面效应，着地前短暂悬停后再降落到地面，可提高着陆安全性。

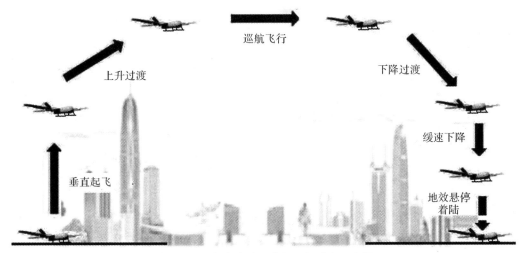

上升过渡

巡航飞行

下降过渡

垂直起飞

缓速下降

地效悬停
着陆

图 4 - 41　复合消防无人机飞行过程示意图

从复合消防无人机飞行的分阶段过程可以看出,它与多旋翼无人机的主要区别是:复合消防无人机在巡航飞行阶段其重力全部由固定机翼承担,并因此获得了固定翼无人机优异的巡航飞行性能;多旋翼无人机则是整个飞行过程其重力全部或大部分都要由旋翼系统承担,因此它不具备固定翼无人机的优异巡航飞行性能。

4.5.3　复合消防无人机气动布局的特点和结构性能对比

1. 复合消防无人机气动布局的特点

为了设计出一种既具有固定翼无人机优良飞行特性,又能垂直起降的无人机,人们在进行了一系列理论研究后,开始通过实践采取混合的方式,融合固定翼无人机和旋翼无人机这两种不同类型无人机的优点,使"混合后代"既具有无人直升机的飞行性能特点,又具有固定翼无人机的飞行性能特点。当旋翼轴处于垂直位置时,它类似于无人直升机,具有垂直升降、空中悬停、原地回转、侧飞、后飞和低空树梢高度飞行等优点,此时它的单位功率起降质量接近典型无人直升机。当它的旋翼轴处于水平位置时,它就相当于固定翼无人机,能做高速远程巡航飞行,具有续航时间长、飞行速度快、飞行效率高等优点。

虽然复合消防无人机兼具旋翼无人机和固定翼无人机的众多优点,但是其复杂度大于它们二者之和。安装在固定翼无人机上的升力旋翼系统对复合消防无人机的性能影响主要有以下几方面:

1)复合消防无人机载重能力取决于升力旋翼系统所产生的升力大小。

2)升力旋翼系统的可靠性决定了复合消防无人机起飞和着陆阶段的安全性。

3)在巡航飞行阶段,升力旋翼系统部件会增加飞行阻力。

4)复合消防无人机与固定翼无人机相比,具有速度低、耗油量较高、航程较短等缺点。

5)复合消防无人机与旋翼无人机相比,其垂直升降、空中悬停的性能,以及稳定性和安全性往往会略逊一筹,特别是受到固定机翼系统结构尺寸的限制,升力螺旋桨的(旋翼)直径比较小,受到其效率影响。

6)固定机翼会导致复合消防无人机迎风面积增加,在升力螺旋桨(旋翼)操控时会产生较大的阻尼,导致结构质量增大。

7)在巡航飞行阶段,固定升力螺旋桨(旋翼)系统的"死重"会降低复合翼无人机的飞行速度、续航能力和载重能力。

8)复合消防无人机各主要部件相互之间存在着很强的非气动性干扰,涉及旋翼-机翼、旋翼-机身、旋翼-尾翼、旋翼-动力装置等多个方面,对飞行稳定性和安全性有较大的影响,在设计研制过程中需要采取措施减少这类干扰。

9)对于倾转旋翼无人机,为了实现不同飞行阶段的功能,必须控制旋翼轴的倾转,当它处于过渡飞行阶段时,具有明显的张力矢量控制特性,各个通道之间存在强耦合,使其飞行控制技术成了一个难点。

综上所述,虽然复合消防无人机在垂直起落和悬停飞行性能方面不如无人直升机,在巡航飞行速度方面又不如固定翼无人机,但不管怎么说,这两种不同类型无人机的混合优势还是存在的,使无人机获得了很多突破性进展,如可提供比无人直升机更高的飞行效率、更低的噪声水平,更快的巡航飞行速度,更远的飞行距离和更长的滞空时间,又克服了固定翼无人机不能垂直起落和悬停飞行而必须要有机场跑道进行一定距离滑跑才能起落的缺点等。

2.倾转旋翼与倾转机翼两种构型的结构性能对比

倾转旋翼与倾转机翼是复合消防无人机气动布局采用最多的两种构型。复合消防无人机不论是采用倾转旋翼构型,还是采用倾转机翼构型,都能达到同样的复合目的,那么这两种不同构型的复合消防无人机在结构性能方面各有什么特点呢?

归结起来,倾转机翼构型相比于倾转旋翼构型具有以下优势和劣势。

(1)优势。

1)进行垂直升降、空中悬停飞行时,旋翼下洗气流不会被处于水平状态的机翼所拦截,相比于倾转旋翼构型,可减少升力损失。

2)倾转机翼复合消防无人机的过渡阶段飞行过程要比倾转旋翼复合消防无人机进行得快。

3)倾转机翼只需一套倾转机构即可完成全部旋翼的倾转,而倾转旋翼的每个旋翼都需要一套单独的倾转机构,因此机翼倾转机构复杂程度低。

(2)劣势。

1)由于倾转机翼复合消防无人机机翼面积大,其悬停飞行时对气流的敏感性高。

2)倾转机翼上安装多个旋翼,倾转时需要承载更大的倾转机构才能完成。

3)倾转机翼构型的悬停升力效率比倾转旋翼构型低,因此其单位功率有效载重小。

4)倾转机翼构型的噪声比倾转旋翼构型的大。

4.5.4 复合消防无人机气动布局分析

1.复合消防无人机常规气动布局分析

复合消防无人机常规气动布局的定义是:在常规气动布局固定翼无人机基础上,增加1

个或多个升力旋翼系统构成一个新的复合消防无人机。在所有复合消防无人机设计方案中,大多数(约占 60%)采用常规气动布局。主要原因是:在航空器发展史上,固定翼飞机和无人机的常规气动布局是一种久经历史考验的布局,几代人的充分研究和大量实践,给现在研究复合消防无人机常规气动布局打下了坚实基础。有大量关于固定翼飞机和无人机的空气动力、操纵品质、结构设计和负载特性的论文和书籍。因此在研制常规气动布局的复合消防无人机过程中,可以借鉴的历史实践经验和理论著作比较多,未知因素比较少,这是设计复合消防无人机过程中一个难得的有利条件,值得好好利用。

复合消防无人机采用常规气动布局时,需要考虑升力旋翼系统尾流对固定机翼气动特性的影响及其动力装置对周围气流的加速作用。常规气动布局的复合消防无人机有 4 种构型——固定旋翼、倾转旋翼、倾转机翼和单旋翼。其中固定旋翼构型由于采用了两种相互独立的旋翼系统——升力旋翼系统和推力旋翼系统,向上的升力与向前的推力基本解耦,因此在转换阶段有较好的稳定性和操纵性。倾转旋翼构型包括倾转旋翼和倾转机翼两种构型,需要考虑机翼与旋翼之间、旋翼与旋翼之间互相影响的因素更多,配平的难度更大。单旋翼构型与直升机相比,既没有解决单点失效相关的安全性问题,也没有解决旋翼带来的噪声问题,因此在行业中受到冷遇。

综合起来看,复合消防无人机采用常规气动布局,与其他非常规气动布局的复合消防无人机相比,具有较高的气动效率、良好的稳定性和操纵性,其安全性和可靠性提高了。其缺点是其重心布置的灵活性较低,会限制乘客和货物在复合消防无人机机身内的移动,以及设计布置机载设备(如动力装置和储能装置)的自由度较低。

2.复合消防无人机飞翼气动布局分析

复合消防无人机飞翼气动布局的定义是:在飞翼气动布局固定翼无人机的基础上,增加多个升力旋翼系统。飞翼气动布局没有传统常规气动布局无人机那样的桶状机身,而是采用翼身融合的设计方案,从而难以分辨出机身与机翼的分界面,整个机体如同一个巨大的机翼。所有机载设备完全浸没在巨大的机翼内,因此其外形可依气动性能最优的条件进行设计,整个机体都设计成一个升力面;同时去除了平尾、垂尾等外形突起部件,从而有效降低了浸润面积,这有助于减小阻力,提高升阻比。与传统常规气动布局相比较,飞翼气动布局在气动效率和隐身性能上有着无可比拟的优势,能满足超长航时、超高空、低可探测性等苛刻的性能要求。其缺点主要是操控难度大,飞行器偏转或纵向摆动时难以及时纠正。

复合消防无人机采用飞翼气动布局时,首先要解决其复杂的设计匹配问题:既要考虑复合消防无人机在飞行中如何实现足够纵向稳定性的机翼配置问题,又要满足复合消防无人机围绕纵轴从垂直起落飞行状态向水平飞行的基本要求。为了充分发挥飞翼气动布局的优势,需要对其翼型进行高效设计,包括机体的内翼区、中间区和翼尖区的翼型优化设计。

1)采用飞翼气动布局时,机体各区域的翼型设计要求不尽相同。其中机体内翼区的翼型需要抬头力矩以帮助机体达到纵向力矩配平,以及良好的隐身特性;机体中间区翼型要求具有良好的巡航升阻特性、阻力发散特性和一定的抬头力矩,以配合实现纵向力矩配平;机体翼尖区则有气动减阻和隐身特性的设计要求。

2)由于抬头力矩约束和隐身设计要求,构成飞翼气动布局机体的翼型均呈现出明显的前缘正加载和后缘反加载的外形特征。对翼型这两种加载特征进行合理配置,可以在保持纵向力矩配平的同时获得飞翼气动布局的空气动力和隐身特性。

飞翼气动布局的翼型设计是综合了气动、隐身、控制等复杂多学科设计的问题,特别是飞翼结构对机体重心位置的要求比其他类型气动布局更严格,而且这些设计要求很难同时完全得到满足,给优化设计带来巨大的困难,造成了常用的经典常规翼型设计方法在飞翼气动布局上应用效果不理想,因而复合消防无人机采用飞翼气动布局设计方案的也比较少。

3. 复合消防无人机鸭翼气动布局分析

复合消防无人机鸭翼气动布局的定义是:在鸭翼气动布局固定翼无人机的基础上,增加多个升力旋翼系统。美国莱特兄弟创造的"飞行者号"飞机采用的就是鸭翼气动布局,其控制纵向爬升和下降的小翼在前,而提供升力的主翼在后,和常规气动布局相比正好相反。位于机身前面的那个小翅膀,称为鸭翼,其主要作用是提升飞行机动性能。

鸭翼是一种位于机身前面可以活动的小翼,用来控制飞机的飞行姿态及提高飞机的机动性能。有人把安装在机头位置、不可活动的一段机翼也归类于"鸭翼",这种说法不太合适,它只能算是一种"假鸭翼",因为它起不到真正鸭翼的作用,而是如边条翼一样,只能拉出涡流,不能控制飞行姿态,飞行姿态的控制还得靠主翼后部的襟翼活动。通常把这种"假鸭翼",即机身前后各有一个固定机翼的气动布局称为串列翼,其主要功能是提升飞行器的飞行稳定性,并且可以产生更大的升力。

(1)鸭翼气动布局的优点。

1)鸭翼气动布局因有前翼而不易失速,有利于保证飞行安全。

2)在同等条件下,鸭翼气动布局的飞机比常规气动布局的飞机具有更好的机动性。鸭式气动布局的前翼和主翼上都会产生强大的涡流,两股涡流之间的相互偶合增强,产生比常规制动布局更强的升力。

3)鸭翼差动配以方向舵操纵可实现直接侧力控制,鸭翼加机翼后缘襟翼操纵可实现直接升力控制和阻力调节。鸭翼气动布局的低空驾驶性较好,有利于突风缓和系统的应用。

(2)鸭翼气动布局的缺点。

1)一旦鸭翼受损,缺少鸭翼提供的升力,则机动性变差,容易引起失速坠毁。

2)鸭翼纵向稳定性差,在大迎角时诱导阻力较大,其失速也早于常规机翼。

4. 复合消防无人机串列翼气动布局分析

复合消防无人机串列翼气动布局的定义是:在串列翼气动布局固定翼无人机的基础上,增加多个升力旋翼系统。串列翼气动布局有两个机翼,它们一前一后地串列在一起。在上下方向两个机翼也错开一点,通常是前机翼下置,后机翼上置,这样前翼的下洗气流不至于对后翼造成不利影响。但如果设计得当,也可以有意识地利用前机翼的下洗气流为后机翼上表面的气流加速,以增强后机翼的升力,这样的话,前机翼就要上置,而后机翼要下置。串列翼气动布局与上下平行安装的双机翼相比,串列翼的两个机翼大小、形状都比较自由,前后间距也比较自由,既可以拉开间距,以减小前后两个机翼之间的不利气动干扰,也可以拉近间距,有意识地利用前翼尾流来使后翼产生增升效应。

对比串列翼气动布局与鸭翼气动布局,发现两者最大的差别不仅是串列翼的机翼平面面积比鸭翼的平面面积大,而且两者的用途完全不一样,串列翼的前翼主要用来产生升力,鸭翼主要用于产生配平和俯仰控制力矩。因此把串列翼的前翼视为"大鸭翼"不太合适。

飞行器的重心位置在很大程度上决定着它的飞行状态(包括飞行平衡、稳定性和操纵性),在飞行过程中必须小心控制其重心和升力中心之间的相对位置。串列翼气动布局前飞时,串列翼气动布局的两个机翼一前一后所产生的升力,就像抬轿子一样,而重心居于两者之间,很容易在产生升力的同时维持飞机的平衡,避免了配平阻力,如图 4-42 所示。

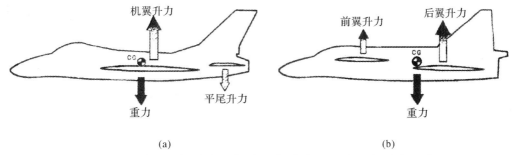

图 4-42　串列翼气动布局与常规气动布局重力平衡对比示意图

(a)常规气动布局重力平衡示意图;串列翼气动布局重力平衡示意图

相比之下,常规气动布局的单翼机对于全机重心位置的控制要求要严格得多。对于复合消防无人机设计方案,采用串列翼气动布局在机身设计和升力旋翼系统布置方面提供了最大的自由度,其重心位置可以根据设计师的喜好进行配置,以控制前、后两个机翼之间的升力分布,并定义稳定性特征,以及使用多个电动机推进装置,以实现分布式电推进(DEP)飞行冗余、主动控制和降低噪声。

综观航空器的整个发展历程,对比串列翼气动布局与常规气动布局,发现采用串列翼气动布局的航空器要比采用常规气动布局的航空器少得多,研究和制造的大多数飞行器都还是实验型飞行器。然而,串列翼气动布局在稳定性和操控性等方面显示出具有竞争力的空气动力学特性,表明它是一种相对尚未被充分研究,具有广阔发展前景的气动布局。

5.复合消防无人机三翼面气动布局分析

复合消防无人机三翼面气动布局的定义是:在三翼面气动布局固定翼无人机的基础上,增加多个升力旋翼系统。三翼面气动布局是在常规气动布局的基础上加装了一副前置翼,即前翼+机翼+平尾。它融合了常规气动布局和鸭翼气动布局两者的诸多优点。不同于鸭翼气动布局的是,其主翼前方的一对前置翼是不可动的,只能产生涡流的作用,不能算作鸭翼。这种设计的优势在于操纵效率高,配平阻力小,迎角特性佳。其缺点在于其在高速和小迎角时的阻力比正常布局大,稳定性变化幅度较大。

三翼面气动布局在失速特性、气动效率、起落性能、操纵稳定性、可靠性、安全性以及经济性等方面都比常规气动布局优越,这种布局能够改善飞行器的巡航性能和结构设计。

三翼面气动布局与常规气动布局相比较,有以下优缺点。

(1)优点。

1)三翼面气动布局总升力特性比常规气动布局好,能提供更大的升力。由于增加了一对前翼,可保证大迎角有足够的低头恢复力矩,从而能改善大迎角特性,提高最大升力,并且尾翼与机翼之间垂直间隔的变化对升力无影响。

2)三翼面气动布局能更有效地实现直接力控制。增加一个前置翼操纵自由度,与机翼的前、后缘襟翼及水平尾翼结合在一起可进行立轴和横轴方向的直接力控制,从而达到对飞行轨迹的精确控制。

3)在巡航飞行状态下,三翼面气动布局的阻力大于常规气动布局的阻力。巡航阻力随着前置翼迎角的增大、尾翼迎角的减小、前置翼与机翼间距离的增加,以及尾翼与机翼间垂直间隔的减小而增大。

4)三翼面气动布局能够增大飞行器的静不稳定度,充分发挥主动控制技术的潜力。

5)在高升力情况下,三翼面气动布局比常规气动布局有更好的阻力特性,而且尾翼与机翼间垂直间隔的变化对高升力阻力没有影响。

6)三翼面气动布局具有更强的抗失速抗尾旋能力。当飞机遇到强扰动气流(如阵风)时,特别是遇到风切变时,3 个翼面均能产生滚转阻尼,使气流扰动迅速衰减。在低空的湍流中飞行时,前置翼起纵向振荡和抖振阻尼器的作用,可提高飞行的安全性和稳定性。

7)三翼面气动布局可减轻机翼上的载荷,使载荷分配更合理。

8)在相同的外形尺寸下,由于三翼面气动布局飞行器的前翼提供了有效的辅助平衡力矩,可使机身长度缩短,升力增大,机翼总面积减少,并使起飞质量增加 50%。

(2)缺点。

1)控制复杂,配平难度大。在小迎角下,前置翼产生的涡流起增加机翼升力的作用,但是在迎角增大到一定程度后,前置翼产生的涡流会发生破裂,导致非线性气动力陡升,使稳定性和操纵性变差。

2)由于增加了前置翼,全机质量增加。

4.5.5　复合消防无人机产品案例

现在复合无人机的发展速度非常快,其应用已深入人们生活和工作的各个领域,特别是面对现代大城市地面交通拥堵情况越来越严重的问题,近年来人们越来越重视复合无人机的研制和发展。其中,电动垂直起降(electric Vertical Take-Off and Landing,eVTOL)飞行器概念的提出和开发实践,大大拓展了复合无人机的应用前景,并成为了全球热门的投资领域。至 2022 年初,全球正在开发的电动垂直起落飞行器设计方案总数已超过 600 个,分别来自 48 个国家的 350 多个企业。

eVTOL 飞行器实质上就是在电动复合无人机的基础上,增加适合人员乘坐的座舱、座椅、安全带和相关设备构成的一种全新的载人航空器,其除了可以解决大城市地面道路严重拥堵的问题以外,还可广泛应用于消防、医疗救护和应急救援等方面。由于篇幅有限,有关 eVTOL 飞行器的内容和案例,请阅读相关的书籍,在此不赘述。以下列举的实际案例都是不能载客(没有旅客坐舱)的复合消防无人机。

1.常规气动布局单旋翼复合消防无人机案例

复合消防无人机大多采用常规气动布局。单旋翼复合消防无人机既能克服旋翼无人机在航程和航速方面所受到的限制,又能摆脱固定翼无人机必须滑跑起飞降落(无法垂直起落)的困境,很好地契合了人们对消防无人机更加智能便捷、载重更大、能耗更少、续航时间更长、使用范围更广的期待。正是这些优点,使得世界各国对常规气动布局单旋翼复合消防无人机的重视程度越来越高,有些实力雄厚的大无人机公司也开始投入人力和资金来研发这种结构形式的无人机,其中包括著名的日本川崎重工。

川崎 K-Racer 是川崎重工研制生产的一款单旋翼复合无人机型号,如图 4-43 所示。该机的动力装置为川崎 Ninja H2R 增压发动机,机械增压的叶轮转速可达 13 万 r/min,最大输出功率达 326 hp。川崎 K-Racer 单旋翼复合无人机具有 1 个直径为 4 m 的主旋翼及两个分别固定安装在机身左右两侧的固定机翼,每个机翼顶端都安装一个水平安装的拉力螺旋桨。这两个水平安装的拉力螺旋桨的功能主要有三:首先是用来抵销主旋翼旋转所产生的反扭矩,其次是提供前飞时向前的辅助拉力,最后是负责航向控制和稳定。

图 4-43 川崎 K-Racer 单旋翼复合消防无人机

2. 常规气动布局固定旋翼构型案例

1)蜂巢 512。蜂巢 512 是一款轻量化设计的纯电动多旋翼复合消防无人机,由蜂巢航宇科技(北京)有限公司研制生产。蜂巢 512 多旋翼复合消防无人机整机采用碳纤维复合材料制作,如图 4-44 所示。

任务载荷

光电吊舱　　　　激光雷达　　　气体检测仪　　　倾斜摄影相机

图 4-44 蜂巢 512 多旋翼复合消防无人机

蜂巢512机体强度高、质量轻;整机流线型设计,具备高效的气动布局;使用工业级飞控系统,自主飞行,精准稳定。机身长为1 440 mm,翼展为2 500 mm,最大起飞质量为12 kg,任务载荷≥1.5 kg,动力装置采用电动机(锂电池),续航时间为2.5 h,实用升限为3 000 m,巡航速度为90 km,抗风等级≥5级。通用平台设计,其适用于森林消防工作中多种任务需求。

(2)闪电F-35。闪电F-35多旋翼复合消防无人机由翼飞智能科技(武汉)有限公司研制生产,机身长为1 970 mm,机身高为300 mm,翼展为3 600 mm,动力为航空活塞发动机/电动机,自重为11 kg,有效载荷为2 kg,抗风等级为6级,续航时间为2 h,巡航速度为90 km/h,最大飞行半径为72 km,支持改装。其采用全碳纤复合材料机架,强度高,耐腐蚀,电绝缘性能好,热绝缘性好,耐瞬时超高温性好,能透过电磁波等。飞行控制精度更准确,效率更高,如图4-45所示。闪电F-35多旋翼复合消防无人机为新一代智能机,能按预定的航线自主飞行,具有航线控制精度高、飞行姿态平稳、操作更简单等特点。

机载设备

倾斜相机　　　微单相机　　　变焦镜头　　　双光吊舱

图4-45　闪电F-35多旋翼复合消防无人机

3.常规气动布局倾转旋翼构型案例

倾转旋翼无人机是一种同时具备旋翼无人机和固定翼无人机特点的复合无人机。当其旋翼处于垂直位置时,倾转旋翼无人机类似于双旋翼横列式无人机,可悬停、侧飞、后飞、垂直起降,此时它的单位功率起降质量接近典型旋翼机。当旋翼处于水平位置时,倾转旋翼无人机就相当于固定翼无人机,能进行高速远程飞行。

目前国外(如美国、以色列、韩国、俄罗斯)和国内都有公司在从事倾转旋翼无人机的研制工作,其中彩虹-10无人机(见图4-46)是一款由中国航天科技集团研制的倾转旋翼无人机,翼展为6.7 m,最大起飞质量为350 kg(垂直起降),巡航速度为150 km/h,最大平飞速

度为 320 km/h,航时为 7 h(携带 50 kg 任务载荷),无地效悬停升限为 3 000 m,实用升限
为 7 000 m。

图 4 - 46　彩虹 - 10 倾转旋翼无人机

4.常规气动布局倾转旋翼构型案例

目前,国内外都有无人机公司在从事倾转机翼无人机研制工作。其中我国北京天宇新
超公司于 2018 年 2 月推出国内首款"倾转机翼无人机",并成功完成首飞,如图 4 - 47 所示。

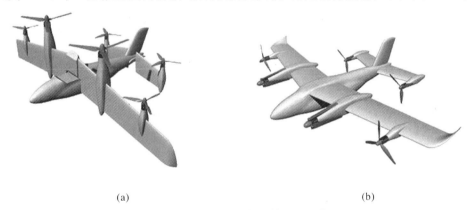

(a)　　　　　　　　　　　　　　　　　(b)

图 4 - 47　北京天宇新超倾转机翼无人机

(a)垂直飞行状态;(b)水平飞行状态

这款倾转机翼无人机具有气动效率高和载荷效率高的特点。机翼倾转方案使得模式间
的转换无需多余的结构设计,可靠性高、结构效率高。天宇新超 30 kg 级无人机起飞质量为
30 kg,载重为 8 kg。平飞模式下巡航速度为 100 km/h,最大时速达 150 km,控制半径
为 50 km。

5.飞翼气动布局固定旋翼构型案例

2023 年伊始,汇星海科技(天津)有限公司就推出一款新品,其采用飞翼气动布局固定
旋翼构型,如图 4 - 48 所示,取名为 Saber 210 飞翼。其主要用于森林消防、测绘、高压输电
线巡查等。

Saber 210 飞翼复合消防无人机翼展为 2 150 mm,采用质地更轻的玻璃纤维材料,机体
更加轻盈;翼身融合的气动布局,具有更高的升力,并能保持稳定的飞行性能。由于省去了
平尾的质量,加上机身长度缩短,以及飞翼的总体结构紧凑、质量较轻,这种先天质量优势使

得在满足设计要求的前提下,在改善复合消防无人机的机动性时具有更高的起点。飞翼的小展弦比、大后掠角、厚度小这些固有的特点,减小了其升阻力,提升了升力,延长了飞行时间。Saber 210 在无负载的情况下飞行时间可达 3.5 h,巡航速度可达 20 m/s。

图 4-48　汇星海科技(天津)有限公司的飞翼复合消防无人机

习　　题

1. 多旋翼消防无人机的结构有哪几种类型? 简述多旋翼消防无人机的操纵方式。

2. 列举一个多旋翼消防无人机产品案例。

3. 简述直升机的飞行原理及各发展阶段的内容。

4. 单旋翼带尾桨消防无人机与多旋翼消防无人机有何不同?

5. 简述单旋翼带尾桨消防无人机的结构布局,以及自动倾斜器的结构和操纵原理。

6. 列举一个单旋翼带尾桨消防无人机产品案例。

7. 简述双旋翼共轴式直升机的结构类型和优点。

8. 简述双旋翼共轴无人机半差动航向操纵系统的结构和原理。

9. 列举一个双旋翼共轴消防无人机产品案例。

10. 简述固定翼无人机气动布局的定义、类型和总体结构。

11. 什么是复合无人机? 复合无人机有哪些类型?

12. 简述复合消防无人机的总体结构和飞行原理。

13. 简述复合消防无人机气动布局的特点。

14. 对比分析倾转旋翼与倾转机翼两种构型的结构性能的优缺点。

15. 对比分析复合消防无人机 5 种气动布局的特点。

16. 列举一个复合消防无人机产品案例。

第5章 消防无人机的机载任务载荷

▶本章主要内容

(1)消防无人机机载任务载荷的基本概念。

(2)消防无人机光电类任务载荷和光电吊舱。

(3)消防无人机激光测距原理和方法。

(4)消防无人机的灭火材料和装备。

(5)消防无人机的应急救援装备。

5.1 消防无人机机载任务载荷的基本概念

无人机的机载任务载荷是指无人机完成任务所需搭载的设备,如摄像机、雷达、传感器、消防灭火设备等,但不包括飞行控制设备、数据链路和燃油等。任务载荷功能和类型的快速发展极大地扩展了无人机的应用领域。无人机根据其功能和类型的不同,其上装备的任务载荷也是不同的。例如消防无人机携带的消防灭火设备包括航空数码相机,利用惯性测量全球定位系统技术进行航空摄影,可快速、精准、高效地获取火灾现场的信息数据,还可携带喷洒灭火化学药剂或水的吊舱、灭火弹等。

5.1.1 消防无人机机载任务载荷的定义和决定因素

1.消防无人机机载任务载荷的定义

无人机装载的实现无人机飞行要完成的特定任务所需的仪器、设备和分系统,统称为无人机机载任务载荷,也称为无人机的有效载荷。无人机机载任务载荷的功能、类型和性能是由该无人机所需执行和完成的飞行任务决定的,但它的质量、尺寸和形状会受到无人机载重量和机体尺寸的限制。无人机机载任务载荷属于无人机系统的核心部分之一,应该在无人机系统设计中占主导地位。

无人机只是一个飞行平台,平台上具体安放什么样的设备主要看它所承担的工作任务的需要,还应严格控制无人机飞行平台的起飞质量限制,以及充分考虑具体设备的工作条件要求等。从本质上说,无人机装载任务载荷并圆满完成任务,是无人机得以广泛应用和高速发展的根本原因,没有机载任务载荷,不能完成工作任务,无人机系统就失去了其存在的基本价值。

无人机飞行平台在没有应用于某行业之前,体现不出其行业专业性,只有在根据行业需求搭载不同的任务载荷后才能体现出其专业性。不论是军用无人机(搭载军用设备)还是民用无人机(搭载民用设备,除了航模玩具外),机载任务载荷都是它的关键部分,不仅在质量上占无人机系统全重的较大比例,而且在成本上也占据了无人机系统成本的大部分。

消防无人机的机载任务载荷是指那些装备到消防无人机上为完成消防灭火任务所需的仪器、设备和系统。根据森林消防工作的需要,搭载森林消防灭火专用任务载荷才能成为森林消防专业无人机。当前情况下,无人机应用于森林防火中,其中专业的机载任务载荷是应用过程中需要克服的技术难点之一,需要大力加强其研发工作。

2. 决定消防无人机机载任务载荷的主要因素

我国森林火灾对森林资源和生态环境的破坏所造成的损失难以估量,为扑救森林火灾每年都要耗费大量的人力、物力和财力。因此,如何利用消防无人机及其安装携带的机载任务载荷,有效实施森林消防预警和现场侦测,并迅速、准确地处置灾情及迅速扑灭火灾已成为森林防火工作的一项迫在眉睫、亟待解决的重大课题。为此,人们除了需要了解和掌握有关消防无人机飞行平台的相关知识外,还需要对消防无人机上安装携带的消防设备有比较深入的了解。

为了更好地完成森林消防灭火任务,消防无人机每次升空飞行所安装、携带的机载任务载荷的类型和数量是不一样的,其主要的决定因素有以下几点:

1)飞行任务。消防无人机每次升空飞行时所承担的飞行任务(例如林区巡护、火场侦察、扑灭林火或空中指挥等)是最主要的决定因素之一。

2)无人机载重量。消防无人机机载任务载荷的类型和数量要受到无人机最大起飞质量的严格限制,不同型号无人机的载重量差别很大,一般微型消防无人机能装载 1～5 kg,小型消防无人机能装载 30～50 kg,中型消防无人机能装载 150～3 000 kg,大型消防无人机能装载 3～16 t。

3)无人机结构类型。消防无人机的结构类型对机载任务载荷的类型和安装携带方式有比较大的影响,此方面具体包括光电吊舱、灭火弹、灭火用的水箱或吊桶等安装方式和安装位置。

4)现场环境。火灾发生的现场环境,包括地理位置、地形地物及地面建筑等,对消防无人机需要搭载的任务载荷类型和数量有很大的影响。在复杂的森林火灾现场环境下,首先要避免或减少火灾现场周围环境对无人机通信和飞行控制的无线电干扰;其次要考虑对林火影响较大的地形因子,如坡度、坡向、坡位、海拔等。在无人机的任务载荷规划中,要综合采取多种技术手段,提高消防无人机对现场环境的适应性。

5)执行任务的时间。消防无人机飞行执行任务的时间对安装携带机载任务载荷的类型也有很大影响。白天,在晴天情况下,能见度好;白天有雾,烟雾缭绕,远处难以分清是烟是雾,近处看不见火光;夜间可视度不良,若是阴天可视度更差。因此针对不同的执行任务时间,无人机要安装、携带与执行任务时间相匹配的机载任务载荷。

6)气候和气象条件。我国南北跨的纬度大,东西跨的经度多,地形复杂,气候类型复杂多样。消防无人机在安装机载任务载荷时,需要考虑执行飞行任务时当地的气候环境及气候条件,包括当时当地的风、云、雨、雪、霜、露、虹、晕、闪电、雷等大气物理现象。

5.1.2　消防无人机机载任务载荷的类型和作用

1.消防无人机机载任务载荷的类型

消防无人机通过搭载不同的传感器及任务载荷,可实现在复杂、危险的环境下,执行遥感信息获取工作,为消防决策指挥部门提供及时、可回放、可协同会商的遥感信息数据,还可携带灭火弹、灭火化学药剂或水,快速飞到火灾现场上空,迅速展开扑灭火灾的工作。除此以外,消防无人机还可以从空中对火场区域进行实时监测,恢复火灾现场通信中继和空中广播、空中照明,以及紧急物资运输传递等。

为了完成不同类型的工作任务,消防无人机搭载的任务载荷有很多种,其分类方法通常有两种方式:一种是按消防无人机的任务载荷在使用过程中是否会被消耗掉,即按其消耗性质划分;另一种是按消防无人机的任务载荷使用功能划分。

(1)按任务载荷消耗性质划分。

1)非消耗性任务载荷。消防无人机的非消耗性任务载荷是指为完成森林消防任务,安装在无人机上的各种灭火投放设施和应急救援专业设备,它们不会在使用过程中消耗掉,如消防无人机上安装的各种传感器、摄像机、蓄水箱等,它们在其使用寿命内可以反复多次使用,不会因多次使用而改变其使用性能或被消耗掉。

2)消耗性任务载荷。消防无人机的消耗性任务载荷是指其在执行森林消防任务时会被消耗掉物质,如消防无人机上携带的各种消防灭火物质,如灭火用的水、灭火弹、灭火剂、照明弹和各种消耗性的救援物资等。

(2)按任务载荷使用功能划分。

1)光电类。消防无人机常用的光电类任务载荷有可见光载荷、红外热像仪、紫外热像仪、合成孔径雷达、激光雷达以及多光谱相机等,根据消防无人机的不同用途而配置,见表 5-1。

表 5-1　消防无人机常用的光电类任务载荷

序　号	光电类设备	空中巡护无人机	空中指挥无人机	消防灭火无人机	运输支援无人机
1	光学相机	√	√	√	√
2	红外热像仪	√	√		
3	日光电视摄像机	√	√	√	√
4	微光电视摄像机	√	√		
5	红外摄像机	√	√		
6	激光测距/照射器	√	√		
7	合成孔径雷达	√	√		
8	其他	√	√	√	√

2)消防灭火设备。消防灭火设备的种类较多,常见的分类方法如下:

a.按投放方式分为灭火弹、灭火喷射枪、水箱或吊桶及其喷撒系统等。

b.按驱动灭火剂的动力来源分为储气瓶式和储压式。

c.按所充装的灭火剂类型分为水、干粉、二氧化碳、洁净气体灭火器等。

d.按灭火类型分为 A 类灭火器、B 类灭火器、C 类灭火器、D 类灭火器、E 类灭火器等。

3)无人机应急救援设备。当森林发生火灾时,无人机在消防指挥中心的统一指挥下,除了能及时飞到火灾现场直接参与扑灭林火工作以外,还能执行灾情勘查、投送救灾物资和运送伤病员等任务,在抢险救灾中发挥着重要作用。而无人机在应急救援中积极作用的发挥,离不开配套的应急救援专业设备。

消防无人机主要的应急救援专业设备有:

a.通信中继、广播、照明设备。

b.索降系统,包括防磨手套、索降挂钩、索降绳、索降速控器、索降安全背带等。

c.绞车系统,包括绞车救援吊篮或担架、绞车员头盔、防磨手套、绞车吊带、操作安全带等。

d.便携式生命探测仪。

e.卫星导航定位设备。

f.烟火信号设备。

g.消防员阻燃服、消防头盔、防火手套、防扎鞋和消防腰带等。

2.消防无人机机载任务载荷的作用

无人机任务载荷技术的快速发展大大扩展了无人机的应用领域。无人机在执行森林消防灭火任务时,根据其所承担的监测、扑灭和灾后评估 3 种不同阶段飞行任务,需要装载多种不同的仪器、设备和系统,如图 5-1 所示。这些机载任务载荷种类繁多、用途不同、特性各异,且在无人机森林消防灭火过程中起着至关重要的作用。

(1)无人机用于监测森林火灾的任务载荷。

无人机在承担和执行森林消防监测飞行任务时,装载的仪器和设备主要有可见光成像任务载荷、红外成像任务载荷,以及激光测距/照射器 3 大类。其中可见光成像任务载荷包括光学相机、日光电视摄像机、微光电视摄像机等;红外成像任务载荷包括红外扫描仪、红外摄像机。激光测距/照射器可用来快速、准确地测量目标距离。

无人机搭载可见光成像任务载荷和红外成像任务载荷,以及配备激光测距/照射器后,能够昼夜 24 h 随时起飞执行火情侦察监测任务,克服了有人驾驶飞机或直升机受日落日出时间、能见度、夜间等因素的限制而不能随时起飞执行任务的难题。

光学相机是经典的光学成像器件,也是最早应用于无人机的光电类任务载荷,它最大的优势是具有极高的分辨率(目前其他成像探测器无法达到)。无人机使用的摄像机应用广泛,主要优点是体积小、质量轻、效率低、灵敏度高、抗冲击、寿命长。可见光成像设备可以把森林起火现场的实况,拍成视频或数码照片传回地面测控站和森林消防指挥中心,可看到浓烟滚滚和火场相邻关系,但看不到准确的火线和火头的位置。可见光成像设备在无人机火情监测飞行过程中,起到的主要作用是掌握火线和火头的位置,使之体现在地形图上,达到测绘的目的,以便准确掌握森林火灾现场的发展变化态势。

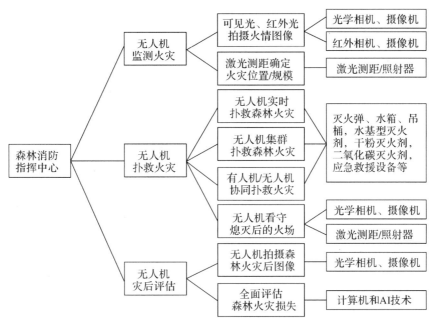

图 5-1　无人机在森林消防灭火过程中装载的主要任务载荷

　　无人机搭载的红外热像仪主要用来探测目标的红外辐射,将目标的红外图像转换为可见光图像,寻找并获取目标参数。红外线成像设备能够透过烟雾遥测到地面火点的温度和火线的准确位置,其采集的森林火场信息传回地面后通过专门图像处理软件和成图软件进行处理,可以形成供各级森林防火部门的领导和指挥员使用的火场态势图。

　　无人机在执行森林消防监测飞行任务时,通常将红外热像仪、电视跟踪器、激光测距仪等组合在一起,形成一个综合探测系统,用于探测和跟踪目标,并将目标的方位、仰角和距离信息传输给机上综合计算机进行实时处理。在这个综合探测系统中,红外热像仪的主要功能是全天候探测、监视和跟踪目标。

　　(2)无人机用于扑救森林火灾的任务载荷。

　　无人机搭载的用于扑救森林火灾的任务载荷有很多种,常见的有灭火弹、灭火喷射枪、水箱或吊桶及其喷撒系统等。喷撒的灭火物质有清水、泡沫、酸碱、二氧化碳、卤代烷、干粉等。

　　(3)无人机应急救援的任务载荷。

　　无人机灵活性比较强,特别是旋翼无人机具有垂直起降、高精度定点悬停、低空精确飞行等优异飞行特点,非常适合应用于森林消防灭火飞行作业。一旦发生森林火灾,消防工作人员可利用无人机搭载相关机载任务载荷(包括消防应急救援设备),飞往森林火灾现场,支援消防人员开展消防灭火工作,以保证消防灭火工作更加有效地开展。在较大的森林火灾现场,消防工作人员一旦进入之后便很难原路返回,在这种情况下依据实际火灾救援情况,利用无人机可实现物资补给,从而为消防工作顺利开展提供物资保障。如果有消防人员被困森林火场,或在有人受伤的情况下,可派遣医护人员乘坐大中型无人机,前往现场垂直降落,进行简单包扎救治后即时运送到医院治疗。消防无人机可以携带的应急救援专业设备种类很多,常见的还有通信中继、广播、照明设备、救生衣、灭火瓶等。

　　(4)无人机用于灾后评估的任务载荷。

诱发森林火灾的因素很多,安全风险评估是一种收集信息并利用信息作出决策的方法,其目的是收集和管理引发森林火灾潜在风险的数据,评估出不同环境或不同时期的森林火灾危险性的重点,全面、有效地落实安全管理并提供基础资料。无人机用于灾后评估的任务载荷主要有视频录像系统,用于拍摄视频,以及采用计算机进行影像处理、地图制作、影像图制作、编制灾后评估文件等。

5.2 消防无人机光电类任务载荷

光电类任务载荷是无人机最常用的设备。一般微、小型消防无人机因载重量太小只能装载光电类任务载荷,如相机、电视摄像机和红外热像仪等担负林区巡护、火场侦察和空中摄影等任务,而不能安装灭火用的水箱或吊桶直接加入扑灭林火的行动;大中型消防无人机既能装载光电类任务载荷,又能安装灭火用的水箱或吊桶执行扑灭林火的任务。

5.2.1 消防无人机光电类任务载荷的类型

消防无人机常用的光电类任务载荷主要有以下几种类型。

1.可见光载荷

无人机可见光载荷主要分为光学相机和电视摄像机。

1)光学相机也称为数码照相机,是一种记录静态影像的机器,照片保存在存储卡上。其最大的优点是具有极高的分辨率,目前其他成像探测器还无法达到。

2)可见光摄像机是一种记录动态影像的机器,拍摄完后,马上就可以看到结果。电视摄像机有多种存储方式,如数码录像带、光盘、存储卡,便携录像机主要是用存储卡存储影像。

可见光摄像机的技术特性:可见光摄像机以光电耦合器件或互补金属氧化物半导体为核心部件,在预定的目标区域上空搜索目标,获取目标反射的能量。摄像机的变焦距镜头将目标成像于探测器靶面上,通过光电转换,将目标亮度信号转化为与自身成比例的光电信号,光电信号经过扫描处理后,可见光摄像机最终输出模拟视频信号或数字视频信号。摄像机采用自动方式搜索目标,自动跟踪和标定目标坐标,实时输出视频,可完成广角侦察、监视、现场作业效果评估等任务,如图5-2所示。

图5-2 消防无人机实时监测森林火灾现场动态

2. 微光电视摄像机

微光电视摄像机是将增强管和电视摄像管相结合的微光夜视系统。它具有成像面积大、直观性强，连续性、远距离，多点、多人观察等优点。大多数的微光夜视装置仅能提供单色的图像，而微光电视摄像机利用彩色图像，有助于目标识别，使识别速度提高 30%，识别错误减少 60%。

全彩色微光电视摄像机的技术特性：全彩色微光电视摄像机的每一个原色有一个增强型 CCD 芯片，并采用了视频增强技术，从而获得了类似于广播级摄像机的彩色图像。摄像机的最低照度是一个很关键的指标。"微光"的概念就是：当照度达到 0.001 lx 时（晴天星空的照度），仍能呈现出彩色的图像。所以全彩色微光电视摄像机都要比普通摄像机照度低。镜头光圈系数值越小，镜头的通光量越大，图像传感器捕获的光源就越多，成像效果也就越好。但是，光圈系数小，进光量大，带来的问题就是，容易产生拖影、噪点等。为解决这些问题，全彩微光电视摄像机对其图像处理技术有一定的要求，比普通摄像机的要求要高。全彩微光电视摄像机一般都使用电荷耦合器件（CCD）作为图像传感器，成本比 CMOS 高。

3. 红外热像仪

红外热像仪是一种利用红外热成像技术，通过对标的物的红外辐射探测，并加以信号处理、光电转换等，将标的物的温度分布的图像转换成可视图像的设备。其功能是通过探测目标的红外辐射，将目标的红外图形转换为可见光图形，发现并获取目标参数。

红外热成像仪的技术特性：红外热成像仪利用红外探测器件，接收被测目标的红外辐射能量，并将红外辐射能转换成电信号，电信号经放大处理，转换成标准视频信号。由于发热物体辐射红外线，无须可见光照射，就能被红外热成像仪探测，因此，红外热成像仪以无源方式工作，属被动侦察设备，隐蔽性好，抗干扰能力强，能较好地透过森林火灾现场硝烟或薄雾探测到热泄漏或出现热异常的地下目标，可全天时工作。红外热成像技术的探测能力强，作用距离远，主要用来进行昼夜探测、监视、跟踪森林火灾现场着火燃烧目标。

4. 紫外热像仪

电晕放电是一种局部化的放电现象，当带电体的局部电压应力超过临界值时，会使空气游离而产生电晕放电现象。特别是高压电力设备，常因设计、制造、安装及维护工作不良产生电晕、闪络或电弧。在放电过程中，空气中的电子不断获得和释放能量，而当电子释放能量（即放电）时，便会放出紫外线。紫外成像仪是利用特殊的仪器接收放电产生的紫外线信号，经处理后成像并与可见光图像叠加，达到确定电晕的位置和强度的目的的，从而为进一步评价设备的运行情况提供依据。其功能是通过探测目标的紫外辐射，将目标的紫外图形转换为可见光图形，发现并获取目标参数。

紫外热成像仪的技术特性：电晕是一种发光的表面局部放电，由于空气局部高强度电场而产生电离。该过程引起微小的热量，通常红外检测不能发现。紫外成像仪可以看到的现象往往红外成像仪不能看到，而红外成像仪可以看到的现象往往紫外成像仪不能看到。因此，紫外成像技术与红外成像技术是互补关系，紫外检测放电异常，红外检测发热异常，原理完全不同，各自都有不可替代的优点，检测目的、应用方法也各具特点。

5.合成孔径雷达

合成孔径雷达又称综合孔径雷达,是利用雷达与目标的相对运动,把尺寸较小的真实天线孔径用数据处理方法合成为一较大的等效天线孔径的雷达。合成孔径雷达分为聚焦型和非聚焦型两类,具有分辨率高、全天候工作、有效识别伪装和穿透掩盖物等特点,雷达所得到的高方位分辨力相当于一个大孔径天线所能提供的方位分辨力。

合成孔径雷达的技术特性:合成孔径雷达由消防无人机搭载。在执行森林消防灭火飞行任务过程中,处于不同位置的小口径雷达单元接收雷达回波信号,并对回波信号进行合成处理。通过阵列组合,小口径雷达单元能够等效为大口径天线,有效提高方位分辨率。合成孔径雷达具有全天时全天候工作能力,能够穿透云雾、植被和树叶,同时具有一定的移动目标探测能力,通常采用普查、详查及聚束模式等多种模式执行任务,广泛应用于森林消防等领域。

6.激光雷达

激光雷达是以发射激光束探测目标的位置、速度等特征量的雷达系统。其工作原理是,以激光作为主动探测源,接收目标对激光信号的反射及散射回波来测量目标的方位、距离及目标表面特性,从而得到多层次、高精度的目标原始扫描数据。对原始扫描数据进行适当处理后,就可获得目标的有关信息,如目标距离、方位、高度、速度、姿态,甚至形状等参数,从而对目标进行探测、跟踪和识别。它由激光发射机、光学接收机、转台和信息处理系统等组成,激光发射机将电脉冲变成光脉冲发射出去,光学接收机再把从目标反射回来的光脉冲还原成电脉冲,送到显示器。

激光雷达的技术特性:激光雷达向目标发射探测信号(激光束),然后将接收到的从目标反射回来的信号(目标回波)与发射信号进行比较;原始扫描数据经过解码分类、数据检查、灰度映射、坐标转换及坐标解算后,用户可以实时获取各种格式、含有世界标准时间(UTC时间)、坐标信息、回波层次信息和反射强度信息的点云数据文件。在后续处理中,综合数据处理系统将点云数据文件与其他影像数据进行融合,得到更精确的目标测量信息。

消防无人机搭载的激光雷达利用激光进行主动式、非接触测量,具有单色性好、方向性强、能量高、光束窄等特点,可实现高精度测量,如图5-3所示。其优点有:

1)对远距离细小物体探测能力强。

2)对于高压电线这种反射率极低且反射信号极弱的物体,对传感器的感知性能要求极高,激光雷达感知性能超群,能够精准探测识别到距离在300 m以上的高压电线等细小物体。

3)入侵探测距离远,最远可至2 000 m,能有效探测飞行航向上其他入侵障碍物。

4)高分辨率、高精度。激光雷达可在厘米级精度下获取海量数据,分辨率最高可达0.01°,能精准探测入侵物大小、形状、位置、速度。

5)不受光照干扰,在强光、弱光、雨、雾、飞尘或黑夜条件下均可正常工作。

6)对场景采取主动式、实时动态扫描,以便提前获知前方空域情况,争取更多避障行动的时间。

图 5－3　无人机使用机载激光雷达探测避让高压电线示意图

7. 多光谱相机

多光谱照相机是在普通航空照相机的基础上发展而来的。多光谱照相是指在可见光的基础上向红外光和紫外光两个方向扩展,并通过各种滤光片或分光器与多种感光胶片的组合,使其同时分别接收同一目标在不同窄光谱带上所辐射或反射的信息,进而得到目标的几张不同光谱带的照片。

多光谱照相机可分为以下 3 类:

1)多镜头型多光谱照相机。它具有 4～9 个镜头,每个镜头各有一个滤光片,可同时记录几个不同光谱带的图像信息。

2)多相机型多光谱照相机。它是由几台照相机组合在一起的,各台照相机分别带有不同的滤光片。

3)光束分离型多光谱照相机。它采用一个镜头拍摄景物,用多个三棱镜分光器将来自景物的光线分离为若干波段的光束。

多光谱相机运用的光谱成像技术是指,相机内部的分光装置将地物目标反射或辐射的全波段或宽波段的光信号分解成若干个特定窄带波段光束,特定窄带波段光束分别在相应探测器上成像,最终形成不同光谱波段的图像。由于不同地物的反射光谱特性及辐射特性存在差异,因此多光谱/高光谱相机可获取目标侦察与识别图像。

5.2.2　消防无人机光电类任务载荷的特点和技术优势

消防无人机使用技术先进的光电任务载荷,配合完善的飞行及地勤保障系统,可对地面实施完备的长时间空中监控,从而实现以较低的综合成本对传统手段无法涉足的区域进行实时监控和辅助救援的目的。其智能化和先进性突出体现在巡查路径规划、智能分析、定点持续监控、火情报警,以及扑灭森林火灾等方面,并且能在制定应急预案、建立快速响应机制、现场火情存档与取证等方面充分发挥技术防范手段的重要作用。

1. 消防无人机光电类任务载荷的特点

消防无人机上使用的光电任务载荷应用广泛,其特点如下:

1)探测精度高。光电类任务载荷的测角精度可以达到毫弧度(mrad),而其他类型的测角精度一般在度(°)的数量级。

2)图像显示直观。光电类任务载荷的显控台可直接显示目标的几何图像或热图像,因此无人机容易实现对目标的自动跟踪,并实时将现场视频发送到地面森林消防指挥部,如图5-4所示。

3)设备少、质量轻。光电类任务载荷设备少、体积小、质量轻,而且采用模块化结构,便于组装维护,可靠性高。

4)隐蔽性好。光电类任务载荷采用电视或红外工作模式,能够主动或被动接收目标的形状、亮度和热辐射等信息,实现对目标的搜索跟踪。

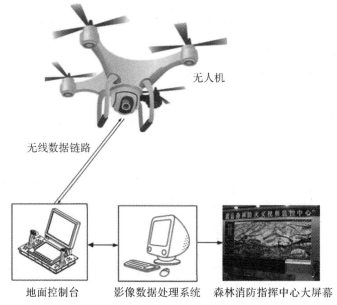

图 5-4　无人机将现场视频发送到地面森林消防指挥部

2.消防无人机光电类任务载荷的技术优势

1)机动灵活。小型消防无人机质量轻,依托飞行控件就可以对其进行操控,只需要1~2人即可完成此类操作任务。在道路不畅,交通中断的情况下,可徒步将其携带至森林火灾现场或附近,且其起飞条件要求很简单,对地形无要求,加上无人机携带方便,所以具有很强的灵活性。

消防无人机快速到达指定地点起飞后,对现场周围飞行环境和气候条件有很强的适应能力,其飞行速度易于控制,转弯半径小,反应速度快,机动性好,可以灵活、机动地控制飞行方向,机载摄像头也可以跟踪拍摄对象。在低空作业时,受气候条件限制非常小,获取影像的速度非常快,可在森林火灾现场范围内稳定、可靠地发挥消防灭火的作用。

2)视野广阔。消防无人机通过网络技术可以实现超视距控制,从而具有非常全面的从空中向下俯视的视野;依据现场需求,可以从不同角度、不同距离,在不同的光线条件下进行灭火消防作业;既可以实现在高空对目标进行全局性拍摄,也可以调整距离和角度(按需抓拍对火灾现场决策有重要帮助的关键因素)。通过远程控制消防无人机和摄像头,可以根据实际需求实时采集并传输图像,尤其是在低空飞行时,消防无人机跟踪拍摄能力极强,使用机载摄像头获取的图像分辨率很高,为森林火灾事故现场实时空中监控和扑救提供了有力保证。

3)操作简单。从技术层面上看,消防无人机的远程视频传输与控制系统通过无线网络和接口接入地面站,通过光纤接入消防指挥中心,因此,只需通过遥控摄像机及其辅助设备(镜头、云台等),就能直接观看消防无人机光电摄像机拍摄的实时视频,从而对现场情况一目了然,以远程、方便地全方位监控和扑灭森林火灾;当客户端(包括 PC 和手机)接入公网后,用户可以通过 PC、手机等多种形式的载体实现对消防无人机的控制。从应用层面上看,无人机的实际操作也并不复杂,只要掌握好飞行、音视频控制和其他兼容模块的操作,便能发挥操作效能。

4)安全可靠。无论是面对暴雨、高温、台风、泥石流等恶劣的天气环境,还是面对易燃易爆、塌陷、有毒等发生了严重事故的森林火灾现场,抑或山高坡陡、峡谷、沟壑等极端地理环境,消防无人机都能有效规避传统消防灭火及救援行动中存在的短板,确保消防人员的安全,并能通过对现场情况的跟拍、追踪,为事故处置的指挥决策提供安全可靠的依据,最大限度地控制森林火灾灾情发展,减少损失,特别是减少人员伤亡。

5)实时图传。COFDM 即编码的 OFDM,在进行 OFDM 调制之前增加一些信道编码(主要是增加纠错和交织),来提高系统的可靠性。消防无人机在对森林火灾灾害现场监测拍摄的同时,利用 COFDM 无线图传技术,实时传输高清图像至地面接收终端,传输视频高达 1080p 画质。由于 COFDM 技术具备广播式传输的特点,无人机视频可同时被地面站、消防指挥中心、操控手微型便携终端等多终端接收。

5.3　消防无人机光电吊舱

无人机要在空中完成对目标的探测监控、跟踪瞄准任务,需要有一个机载平台和搭载一个在该平台上由探测设备组成的集成系统,该系统在硬件表现形式上为"吊舱"。根据吊舱内置设备的功能,无人机的机载吊舱可以分为光电吊舱、导航吊舱、跟踪瞄准吊舱、红外测量吊舱、电子干扰吊舱及电子情报吊舱等。其中消防无人机悬挂使用的主要是光电吊舱。

5.3.1　消防无人机光电吊舱的定义、功能要求和部件组成

1.消防无人机光电吊舱的定义

无人机光电吊舱采用高精度两轴稳定平台,内置连续变焦可见光摄像机和红外摄像机、信号处理单元、图像压缩单元、稳定平台单元等,有拍照、摄像和目标瞄准的功能,可实现全天候对远距离目标的追踪、监控和瞄准。

无人机光电吊舱运用的技术种类较多,并且根据功能不同,技术类型也略有不同,最常用的且具有代表性的技术有 3 种:红外热成像技术、数字图像处理技术、动态目标跟踪技术。

光电吊舱(见图5-5)是消防无人机机载任务载荷中的重要组成部分,更是消防无人机的核心装备之一。其设计要求为:结构紧凑、安装快捷、稳定精度高。其主要用于消防无人机对森林火灾目标的搜索、观察、跟踪、瞄准,以及满足航拍、飞行导航、火情侦查、监测和扑灭火灾等各种应用需求。

光电吊舱是作为无人机的"千里眼"和"瞄准器"应用到消防无人机上的,其核心技术包括数字高清视频、前视红外和电荷耦合器件传感器、激光成像传感器和先进的

图5-5 消防无人机光电吊舱

数据链等。它能够使消防无人机具有对森林火灾侦察、监测、扑灭任务所需的超强态势感知、瞄准和发射控制能力。它不仅能准确地对森林火灾范围进行识别和定位,而且还能选择火源目标位置,精准控制发射灭火弹、喷洒水或喷射灭火干粉等灭火物质的时机,将火源直接扑灭,即对执行侦察、监测、扑灭森林火灾的任务一气呵成,从而大大提高消防无人机扑灭森林火灾的效率。

2.消防无人机光电吊舱的功能要求

机载光电吊舱是消防无人机的关键设备之一,其主要功能要求如下:

1)可昼夜进行森林上空巡逻监视飞行,具有可见光、红外摄像及激光测距能力,并支持背景与影像运动补偿功能,可以高清拍照取证并进行存储留存。

2)可远距离发现地面动静态目标,特别是能及时发现和识别森林火灾初发阶段出现的微弱火苗,并支持目标锁定与跟踪,具备激光测距功能,还可提供跟踪目标的准确位置坐标。

3)可实现地面多目标的识别、分类与跟踪,并根据目标特征进行预警告警,可拓展对地面或空中出现的干扰目标侦测的能力。

4)能够准确提供目标(火源和火苗)的动态地理信息,协助地面森林消防指挥中心进行指挥调度。

5)可通过视距图像传输设备或卫星通信设备,实时地将森林火灾现场图像和其他信息传输至地面森林消防指挥中心。

6)具有机上操作设备,人机界面友好,便于地面操控人员操作。

7)适应机载安装环境,系统结构可靠、便于拆装,具备防尘、透雾、防水功能,支持图像抑制与优化,在高低温环境中可正常运转。支持互联互通,并具备可拓展能力。

3.消防无人机光电吊舱的部件组成

消防无人机电光吊舱是一种电光成像跟踪系统,其捕获、跟踪、瞄准功能都由跟踪伺服系统完成。为满足森林消防应用需求,要求光电传感器具有分辨率高和响应快等特点,并具备复杂气象(如薄云、薄雾、阴天、霾等)条件下的高概率探测和辨识能力。其部件组成包括以下几部分。

1)稳定平台。消防无人机光电吊舱稳定平台系统的主体是两轴支撑的常平架结构,内环(水平环)用于安装光电测量仪器,外环(方位环)垂直安装在基座上,如图5-6所示。两

环的转动轴正交,两环上分别安装一只二自由度挠性陀螺仪,通过锁定回路构成速率陀螺,用以测量两轴的转动角速度。为了提高平台稳定性,在平台设计中,需要采取系统轴系构架组成优化、结构布局优化、材料及控制组件优化选型等措施,以提高系统结构刚度、降低轴系耦合及摩擦力矩,提高扰动力矩隔离能力。平台控制系统需通过采用新技术、新方法,进而提高控制回路带宽和增益,提高系统轴稳定性。

2)控制放大器。消防无人机光电吊舱控制放大器的功用是:根据操作指令和跟踪目标(森林火灾范围和火情)的发展趋势,控制两环上的驱动电机转动,使测量仪器的光轴始终对准目标。

3)多种光电传感器组合。为了提高系统集成度,消防无人机光电吊舱内同时安装多种光电传感器。除了装备红外和电荷耦合器件图像传感器(Charge Coupled Device,CCD)外,还可装载低照度、日光和短波红外传感器、激光测距仪、激光照射器、激光标识器等,同时采用图像融合技术,形成多频谱光电探测系统,有效提升消防无人机在低能见度、低照度等不良大气条件下的目标探测辨识能力。

4)全数字化技术。消防无人机光电吊舱采用高清全数字化技术,避免由于量化、压缩和传输带来的信息损失和图像退化。采用高性能图像增强处理技术,提升场景感知、目标引导定位与探测识别能力。采用激光目标图像处理算法,进一步提升在恶劣气象条件下的目标辨识能力。

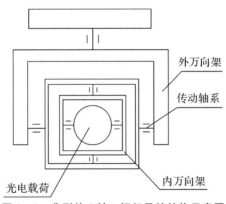

图 5-6　典型的 2 轴 4 框架吊舱结构示意图

5.3.2　消防无人机光电吊舱的关键技术和发展趋势

1.消防无人机光电吊舱的关键技术

消防无人机光电吊舱是建立在图像处理技术要求之上的,其基于图像信息的目标跟踪,为图像处理提供了一个平稳、可靠、方便的操作平台。光电吊舱技术是以图像处理技术为核心,有机融合了计算机技术、传感器技术、模式识别、人工智能等多种理论和技术的一种新型的目标识别跟踪技术。它依靠成像技术,可以获取更加丰富的目标信息,有极强的抗干扰能力以及良好的全天候作战能力;能够利用目标与真实空间信息之间的相互关系,有效地减小机动估计延时、提高跟踪性能。因此,这种基于图像传感器及图像处理的直接机动估计方法具有广阔的发展前景。

消防无人机光电吊舱的关键技术包括以下几方面。

1)视轴稳定技术。视轴稳定技术是光电吊舱最基本、最关键的技术,其作用是消除光电吊舱内各种光电传感器视轴的抖动,解决图像模糊、定位不准的问题。

2)多传感器机械耦合和数据融合技术。光电吊舱内装有多个传感器,如短焦彩色 CCD 摄像机、长焦黑白或彩色 CCD 摄像机、激光测距机、短/中/K 波红外热像仪、目标指示器等。这些传感器可根据需要进行组合,因此要求各传感器的光轴必须互相平行,平行度要视稳定度指标而定,同时各传感器探测到的数据和图像要经过编码、融合、压缩、处理后传输给地面站和森林消防指挥中心。

3)自动辅助目标识别技术。这是一种从图像场景中提取有用信息的像增强新技术,又称为平均真实波动范围(Average True Range,ATR)技术。消防无人机利用该技术,能在 6 min 之内搜索 60 km^2 的地带,探测到着火点(目标),并用 ATR 算法识别这些目标,探测概率大,能实现识别 2 m^2 大小的着火目标,探测距离可达 7 km。

4)多光谱、超光谱摄像技术。多光谱摄像技术是指从可见光到红外波段有几十个频带,空间分辨力从几厘米到几米。超光谱摄像机是对目标反射的光线响应,而不是对目标发射的辐射响应,它是以大型焦平面阵列为基础的。

5)毫米波被动辐射探测技术。以某些频率工作的毫米波被动辐射探测仪,可在低能见度条件下,提供隐蔽目标的图像,可探测温差的典型值为 1 K。

2.消防无人机光电吊舱的发展趋势

根据森林消防无人机工作的特点,消防无人机的光电吊舱既是一种火源目标搜索探测、监测跟踪、投掷灭火弹、控制洒水和喷射灭火干粉的必备手段,又是一种任务飞行导航的重要工具。根据森林消防工作的需要和技术进步,要求其光电吊舱的技术性能有显著提高,同时要求其更加小巧轻便,可靠性更高,朝着空间立体化,信息实时化,手段多样化,监测与灭火一体化,提高装备生存能力的方向发展。

消防无人机光电吊舱总的发展趋势如下:

1)使用新型光学和结构材料,缩小光学系统和结构框架的体积,减轻质量。

2)多探测器并用。一方面要保证全天时、全天候工作;另一方面除了对森林火场范围、面积、地形特征、火灾类型和整体轮廓进行监测外,同时要获取火情发展趋势、实时气候特征,并可进行实时测量、定位和识别等。

3)全数字化方式工作,提高信息获取和处理能力。此方面包含数字化图像采集、捕获、识别和跟踪、数字电控、数字信息传输和显示等。

4)影像技术向着更精确、更灵活、体积小和成本低、能耗小、易于操作的方向发展。

5)动态性能测量方法仍需进一步规范化与标准化,可靠性研究尚需加强。

6)光学系统朝着光轴合一的方向发展。

7)跟踪测量电视将朝着全相关、多目标、昼夜合一的方向发展。

8)红外系统将朝着多频谱、多波段、多元面阵成像的方向发展。

9)激光装置将具备多波长识别、多目标处理能力。

10)向多传感器探测系统以及全面的数据融合的方向发展。

5.4　消防无人机激光测距原理和方法

激光测距是随着激光技术的出现而发展起来的一种精密测量技术,最早在军事上得到运用,随后凭借其抗干扰能力强、精度高等良好的测距性能优势,广泛应用于军事和民用各个领域,特别是能在无人机森林消防领域发挥巨大的作用。

5.4.1　消防无人机激光测距的定义和分类

消防无人机装备光电任务载荷后,可第一时间为地面森林消防指挥部提供火灾现场地理坐标(经、纬度)、火场面积、火场边界、火场火头蔓延趋势等火场态势情报。在光电任务载荷众多的设备中,激光测距仪具有不可或缺的作用。

1.消防无人机激光测距的定义

激光测距(Laser Distance Measuring)是以激光器作为光源进行测距的方法。根据激光工作的方式,激光器分为连续激光器和脉冲激光器。氦氖、氩离子、氦镉等气体激光器工作于连续输出状态,用于相位式激光测距;双异质砷化镓半导体激光器,用于红外测距;红宝石、钕玻璃等固体激光器,用于脉冲式激光测距。激光测距仪由于激光的单色性好、方向性强等特点,加上电子线路半导体化集成化,与光电测距仪相比,不仅可以日夜作业,而且能提高测距精度。

激光测距仪是利用激光对目标的距离进行准确测定的仪器。激光测距仪在工作时向目标射出一束很细的激光,光电元件接收目标反射的激光束,计时器测定激光束从发射到接收的时间,最后计算出从观测者到目标的距离。若激光是连续发射的,测程可达 40 km 左右,并可昼夜作业。若激光是脉冲发射的,一般绝对精度较低,但用于远距离测量,可以达到很好的相对精度。

激光测距仪是消防无人机最重要的机载任务载荷之一,其特点是质量轻、体积小、操作简单、运行速度快、测量结果准确,其误差仅为其他光学测距仪的 1/5 到数百分之一。在消防无人机执行森林消防灭火任务的飞行过程中,激光测距是一种非常重要的非接触式检测手段。目前,激光测距作为激光测速、激光跟踪、激光三维成像以及激光雷达等的应用前提,正越来越受到重视。

2.消防无人机激光测距的分类

根据激光光学的基本原理,激光测距法可分成两大类:飞行时间(Time of Flight,ToF)测距法和空间几何测距法,如图 5-7 所示。其中,飞行时间测距法又包括直接 ToF 测距法(脉冲式)和间接 ToF 测距法(相位式);空间几何法主要包括三角测距法和干涉测距法两大类。

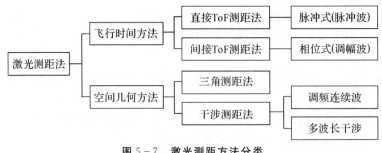

图 5-7 激光测距方法分类

5.4.2 激光测距的飞行时间方法

激光测距飞行时间方法包括直接 ToF 测距和间接 ToF 测距两种方法。

1. 直接 ToF 测距方法

直接 ToF 测距方法,又称脉冲式测距方法,是激光技术最早应用于测绘领域的一种测量方式。由于激光发散角小,激光脉冲持续时间极短,瞬时功率极大,可达兆瓦以上,因而可以达到极远的测程。一般情况下不使用合作目标,而是利用被测目标对光信号的漫反射来测距。测量距离可表示为

$$D = \frac{c\Delta t}{2} \tag{5-1}$$

式中:D 为所测量的距离;c 为光在空气中传播的速度;Δt 为光波信号在测距仪与目标之间往返的时间。

消防无人机激光测距属于非精密测量类型,光在空气中的传播速度取真空中的 3×10^8 m/s(现代物理学通过对光频率和波长的测量导出的精确值为 $2.997\ 924\ 58 \times 10^8$ m/s),若在其他精密测量中可参考空气的状态进行修正得到精确值。由式(5-1)可知:只要测得 Δt 的值就可以得到距离 D。

脉冲激光的发射角小,能量在空间相对集中,瞬时功率大,利用这些特性可制成各种中远距离激光测距仪、激光雷达等。目前,脉冲式激光测距广泛应用于无人机,除了消防无人机以外,还广泛用于承担地形地貌测量、地质勘探、工程施工测量等工程任务的无人机上。

2. 间接 ToF 测距方法

间接 ToF 测距方法,又称相位式测距方法,通常适用于中短距离的测量,测量精度可达毫米级、微米级,也是目前测距精度最高的一种方式,大部分短程测距仪都采用这种工作方式。

间接 ToF 激光测距利用无线电波段的频率,对激光束进行幅度调制并测定调制光往返一次所产生的相位延迟,再根据调制光的波长,换算此相位延迟所代表的距离,如图 5-8 所示。该方法通过测量相位差来间接测量时间,因此也称之为相位式测距方法。

此时距离的计算公式可表示为

$$D = \frac{\lambda}{2} \times \frac{\varphi}{2\pi} \tag{5-2}$$

式中:信号往返测距仪与目标之间一次,所产生的相位差为 φ;λ 为调制信号的波长,$\lambda/2$ 称为测尺,即当相位变化为 2π 时所对应的距离。可以看出,当选择的调制频率不同时,所能测

到的最大距离是不同的。

在实际的单一频率测量中,只能分辨出不足 2π 的部分而无法得到超过一个周期的测距值。对于采用单一调制频率的测距仪,当选择调制信号的频率为 100 kHz 时,所对应的测尺就为 1 500 m,也即当测量的实际距离值在 1 500 m 之内时,得到的结果就是正确的,而当测量距离大于即比测尺大时,所测得的结果只会在 1 500 m 之内,此时就出现了错误。所以,在测量时需要根据最大测程来选择调制频率。当所设计的系统测相分辨率一定时,选择的测尺越小,所得到的距离分辨率越高,测量精度也越高。即在单一测尺的情况下,大测程与高精度是不能同时满足的。间接 ToF 测距方法的测量精度可达(亚)毫米级,测量范围从分米级到千米级,因而被广泛应用于中短程测距。

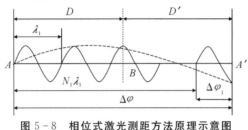

图 5 - 8　相位式激光测距方法原理示意图

5.4.3　激光测距的空间几何方法

激光测距的飞行时间方法包括三角测距和干涉测距两种。

1.三角测距方法

三角测距方法即光源、被测物面、光接收系统 3 点共同构成一个三角形光路,由激光器发出的光线,经过汇聚透镜聚焦后入射到被测物体表面,光接收系统接收来自入射点处的散射光,并将其成像在光电位置探测器敏感面上,通过光点在成像面上的位移来测量被测物面移动距离。

激光三角测距方法按入射激光光束与被测物体表面法线的角度关系,一般分为直射式和斜射式两种,如图 5 - 9 所示。总体来讲,直射式三角测距方法在几何算法上比斜射式更为简单,误差也相对小,且结构可以设计得更为紧凑小巧。

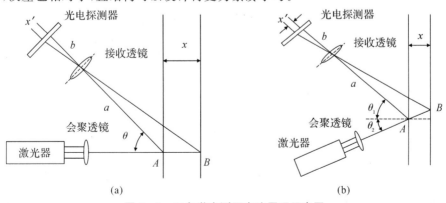

图 5 - 9　三角激光测距方法原理示意图

(a)直射式三角测距方法;(b)斜射式三角测距方法

激光三角测距方法具有结构简单、测试速度快、使用灵活方便,以及激光亮度高、单色性好、方向性强等诸多优点,但由于在激光三角测距系统中,光接收器件接收的是待测目标面的散射光,所以对器件灵敏度要求很高。三角法主要用于微位移的测量,测量范围主要在微米、毫米、厘米数量级,已经研发的具有相应功能的测距仪,广泛应用于物体表面轮廓、宽度、厚度等量值的测量。

2. 干涉测距方法

干涉测距方法包括多波长干涉激光测距和调频连续波激光测距两种。

(1)多波长干涉激光测距方法。干涉法测距是经典的精密测距方法之一,根据光的干涉原理,两列具有固定相位差,而且有相同频率、相同的振动方向或振动方向之间夹角很小的激光束相互交叠,将会产生干涉现象。

常用的迈克尔逊干涉仪的原理如图 5-10 所示。由激光器发射的激光经分光镜分成反射光 S_1 和透射光 S_2。两光束分别由固定反光镜 M_1 和可动反光镜 M_2 反射回来,两者在分光镜处汇合成相干光束。则合成的光束强度 I 为

$$I = I_1 + I_2 + 2\sqrt{I_1 I_2} \cos\left(2\pi \frac{D}{\lambda}\right) \tag{5-3}$$

当距离 $D = m\lambda$(m 为整数)时,合成的光束振幅最大,光强最大,形成亮条纹;当 $D = (2m+1)\lambda/2$ 时,两束光的相位相反,二者振幅相抵消,光强最小,形成暗条纹。干涉法激光测距就是根据这一原理,把明暗相间的干涉条纹由光电探测器转化成电信号,经过光电计数器计数,从而实现对距离和位移的测量。

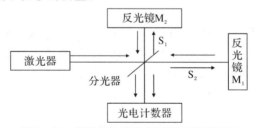

图 5-10　多波长干涉激光测距方法原理图

激光的波长 λ 单一且极小,干涉法激光测距的分辨率可达纳米级,精度极高。但上述这种传统的激光干涉测距技术仅测量相对位移而无法获得目标的距离信息,同时为保证连续测量的精度,要求目标必须沿固定导轨移动且光路不能中断。由干涉原理可知,该测量技术只能得到 $0\sim 2\pi$ 范围内的相位值,且考虑到激光往返距离,相当于只能测量 $\lambda/2$ 范围内的距离变化,更大范围的待测距离将因无法确定相位的 2π 倍数而使测量结果不确定。这个 $\lambda/2$ 范围通常被称为激光绝对距离测量的不模糊范围,即

$$D = \frac{\lambda}{2}(m + \varepsilon) \tag{5-4}$$

式中:D 为被测距离;m 和 ε 为被测距离内包含的干涉条纹整数级次和小数级次。小数级次可以通过测量获得,而 m 为不定值。通常采用多波长干涉的方法,以达到高分辨率和扩大非模糊范围的要求。多波长干涉测量技术的基本原理是小数重合法及在其上发展合成波长的概念。

多波长干涉测距法始于 20 世纪 70 年代初美国科学家 Wyant 及 Polhemus 等人进行的双波长干涉试验。该方法使用两束波长不同的激光 λ_1、λ_2 对未知距离同时进行干涉测量，代入式(5-4)被测距离 D 中，有

$$D=\frac{\lambda_1}{2}(m_1+\varepsilon_1)=\frac{\lambda_2}{2}(m_2+\varepsilon_2) \tag{5-5}$$

两式求解，则有

$$D=\frac{\lambda_1\times\lambda_2}{2(\lambda_1-\lambda_2)}\left[(m_2-m_1)+(\varepsilon_1-\varepsilon_2)\right]=\frac{\lambda_s}{2}(m_s+\varepsilon_s) \tag{5-6}$$

式中：$\lambda_s=\dfrac{\lambda_1\times\lambda_2}{2(\lambda_1-\lambda_2)}$ 为合成等效波长；m_s 和 ε_s 分别为 λ_s 干涉条纹整数级次和小数级次。

若将该合成波长视作测距波长，其对应未知距离的相位信息为原有两波长的测距相位之差，则以此可求解未知距离。将距离测量的不模糊范围扩大到 1/2 合成波长。从式(5-6)中可知，合成波长一定大于 λ_1 和 λ_2。同理，为兼顾测量范围与测量精度，以多测尺思想对该方法进一步发展，使用多波长激光同时进行距离测量，生成多级不同尺度的合成波长。其中最长的合成波长用于实现最大的测量范围，将其得到的测距结果作为较短合成波长的距离参考值，从而对这一级合成波长的测距结果进行解算，以此递推，最终实现利用最大和最小的合成波长进行大范围、高精度的距离测量。

由于该方法需要多个波长的激光，这意味着需要多个激光光源。考虑到每个激光光源都需要各自的激光稳频装置，同时多束激光需要高精度的光学合束，整套激光绝对距离测量系统结构较为复杂，系统的可靠性和精度必然受到一定程度的影响。

（2）调频连续波激光测距方法。调频连续波激光测距是另一种可以实现绝对测量的干涉测量方法，它结合了光学干涉和无线电雷达技术的优点。调频连续波测量的基本原理就是通过调制激光束的频率来实现干涉测量。

一般以输出激光束的频率随时间变化的激光器作为光源。以迈克尔逊干涉仪作为基本的干涉测量光路，参考光和测量光经过的光程不同而产生频差信息，提取信号再经过处理就可得到两束光的距离信息，实现绝对距离的测量。

以锯齿波调制为例，它是频率随着时间呈锯齿形线性变化的正弦信号，测量光与参考光的瞬时频率随时间的变化曲线如图 5-11 所示。图中参考光的频率为 f_t，测量光的频率为 f_r，调制宽带为 ΔF，调制周期为 T，距离为 D，测量光由于传输路径的不同相对参考光会有一个时间延迟 τ。其中，f_t 在 f_0 和 f_m 之间按锯齿波呈周期性变化，那么 f_t 和 f_r 的表达式如下：

$$f_t(t)=f_0+\frac{\Delta F}{T}t, \quad 0\leqslant t\leqslant T \tag{5-7}$$

$$f_r(t)=f_0+\frac{\Delta F}{T}\left(t-\frac{2D}{c}\right), \quad \tau\leqslant t\leqslant T+\tau \tag{5-8}$$

那么 f_{IF} 为

$$f_{IF}=f_t-f_r=\frac{2D\Delta F}{Tc} \tag{5-9}$$

由此得到被测距离为

$$D = \frac{T_c}{2\Delta F} f_{IF} \qquad\qquad (5-10)$$

调频连续波激光测距以激光为载体，所有环境干扰仅仅影响测量信号的光强，而不会影响频率信息，因此能获得较高的测距精度和较强的抗环境光干扰能力，精度可达到微米级，是目前大尺寸高精度测量应用中的研究热点。不过该测量方法对激光束频率的稳定度、线性度的要求很高，从而使得系统的实现较复杂，而且测量范围受周期 T 的限制，无法做到很大。

综上所述，每一种激光测距技术在测量精度、测量速度、测量范围、体积成本、系统复杂度等方面各有优势，而在实际应用中，需要根据具体的应用场景，在满足所需测量的精度和范围时的综合成本、操作最方便等条件下，选择最合适的测量方法。

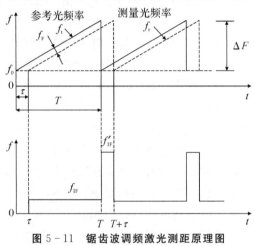

图 5-11　锯齿波调频激光测距原理图

5.5　消防无人机的灭火材料和装备

消防无人机的灭火材料和装备是它最重要的任务载荷之一，其性能和功能对消防无人机扑救森林火灾的成效起到至关重要的作用。由于森林消防无人机灭火材料和装备种类繁多，性能和用途各异，因此在消防无人机每次承担森林消防飞行任务时，起飞之前都要仔细检查其消防灭火材料和装备种类是否齐全，数量是否足够，安装和安置是否妥当，以避免发生影响全局的事故。

5.5.1　消防无人机常用的灭火剂

可作为消防无人机灭火剂用的物质主要有水、泡沫、干粉、二氧化碳、氮气等。不同的灭火剂，其灭火作用和效果也不同。应根据不同的燃烧物质、火场环境和规模，有针对性地使用灭火剂，提高消防无人机的灭火效果。

1. 水和细水雾

由于化学灭火剂污染环境，而水对森林树木具有浸润效果，所以利用水扑灭森林火灾是最好的选择,在重视生态环境与人类和谐发展的今天,水是森林灭火剂发展的方向。但是,以往森林航空灭火大多采用直接喷洒水的方式,这样的灭火方式不但灭火效果不佳,而且还浪费了宝贵的水资源,增加了灭火成本。针对以往航空洒水灭火方法造成的水利用率低、灭火效果差等问题,消防无人机可以将水变成细水雾来扑灭森林火灾。高压细水雾技术是近十几年来由美国科学界、工商界和消防行政部门在 20 世纪 40 年代应用细水雾灭火的基础上发展起来的环保型灭火技术。

细水雾灭火与其他灭火剂比较有以下突出的优势:

1)灭火机理先进,灭火效果好。细水雾灭火具有冷却和绝氧的双重作用。一方面,对立体燃烧的温度达 900℃以上的树冠火,由于细水雾的表面积大、汽化速度快,体积可膨胀 1 700～5 800 倍以上,汽化后的水蒸气能将森林火场燃烧区域整体包围和覆盖,使林火因缺氧而熄灭;另一方面,水汽化后降温迅速,细水雾汽化速度快,可以从林火表面吸收大量的热量,冷却速度比传统喷洒快 10 倍,可使火源温度骤降,达到灭火的目的。

2)水利用率高。细水雾灭火用水量极少,灭火时的用水量仅为传统消防手段的 1%～5%,灭火效率却是传统灭火方式的 2 000～3 000 倍,大大提高了水的灭火效能,克服了在森林消防中供水困难的缺点,在提高森林灭火中消防用水利用率的同时,可缓解飞机灭火效果与飞行成本之间的矛盾。

3)能吸收烟雾和毒气,为地面消防力量的进入提供安全保障。

4)安全、环保、廉价、无危害。

5)针对消防无人机灭火剂补充难的问题,可以在灾害发生前将水箱、吊桶注满水,或直接做成机载灭火弹,飞机灭火后返航时直接更换水箱或装载灭火弹即可。

综合灭火效果和灭火后对环境的影响,水剂是最好的灭火材料,而细水雾则是其最佳的作用方式。消防无人机采用灭火弹爆轰可以产生细水雾,同时便于补充,这也将是森林灭火技术的发展方向。

2. 泡沫灭火剂

泡沫灭火剂是一种常用的灭火剂。其灭火的基本原理是:泡沫层将燃烧物的液相与气相分隔,既阻止了可燃物料的蒸发,同时可将可燃物与火焰区相分隔,即将燃烧物料与空气隔开。泡沫本身及从泡沫中析出的混合液主要是水,水起冷却作用。泡沫灭火剂的基料、添加剂、产生泡沫的方法,决定了泡沫灭火剂质量以及所产生泡沫的流动性、自封闭性、稳定性、耐液性、抗燃性等性能。

泡沫灭火剂按其基料分为以下 3 类:

1)化学泡沫灭火剂。

2)以蛋白质为基料的泡沫灭火剂。这是以天然蛋白质[骨胶朊、毛角朊(动物的角或蹄、豆饼等]的水解产物为基料制成的泡沫液。

3)合成型泡沫灭火剂。合成型泡沫灭火剂是由石油产品为基料制成的泡沫灭火剂。

3. 干粉灭火剂

干粉灭火剂是由灭火基料(如小苏打、碳酸铵、磷酸的铵盐等)和适量润滑剂(硬脂酸镁、云母粉、滑石粉等)、少量防潮剂(硅胶)混合后共同研磨制成的细小颗粒,它用二氧化碳作喷射动力。喷射出来的粉末密集,颗粒微细,盖在固体燃烧物上能够构成阻碍燃烧的隔离层,同时析出不可燃气体,使空气中的氧气浓度降低,火焰熄灭。干粉灭火剂适用于扑灭油类、可燃性气体、电器设备等物品的初起火灾,多用于树木或物料表面火灾的扑救。干粉灭火剂的分类如图 5-12 所示。

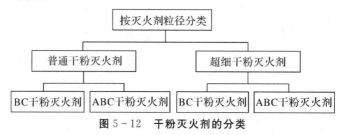

图 5-12 干粉灭火剂的分类

按照充装干粉灭火剂粒径分为以下 2 大类,每一个大类又分为 2 小类:

(1)普通干粉灭火剂。

普通干粉平均粒径为 $30\sim60~\mu m$。

1)BC 干粉灭火剂:BC 干粉灭火剂是以碳酸氢钠为主要组分的灭火剂,可以扑灭 B 类和 C 类火灾。实际应用中,还可以扑救 E 类液体或可溶化物质火灾。

2)ABC 干粉灭火剂:ABC 干粉灭火剂是以磷酸二氢铵为主要组分的灭火剂,可以扑灭 A 类、B 类和 C 类火灾。实际应用中,还可以扑救 E 类火灾。

(2)超细干粉灭火剂。超细干粉中有 90% 的颗粒的粒径小于 $20~\mu m$。

1)BC 干粉灭火剂。

2)ABC 干粉灭火剂。

(3)普通干粉灭火剂与超细干粉灭火剂的区别。

1)灭火效率不同。消防理论和试验证明:干粉灭火剂中,只有 20% 的细微粉末起到灭火的作用,粗的部分只起到穿透火场的作用,因而超细干粉能够迅速与火焰发生反应,几乎可以全部起到灭火作用。文献公布的数据显示,超细干粉灭火剂的灭火效能是普通干粉灭火剂的 6~8 倍。

2)灭火方式不同。普通干粉一般只适用于局部应用灭火,超细干粉全淹没效果很好,粉雾还具有趋热性,能主动捕捉燃烧基,既适用于相对封闭空间的全淹没灭火,也适用于敞开式场所局部应用灭火。

3)灭火剂配方不同。普通干粉易吸潮结块,对保护物具有一定的腐蚀性,灭火后的残留物较难清除,一般要求一年更换一次药剂。超细干粉能整体防潮,具有很好的流动性和电绝缘性,对保护物无腐蚀,对人体无任何刺激,灭火后残留物易清除,灭火剂的有效期提高到 5 年以上。

4)抗复燃效果不同。灭火剂的覆盖厚度、松密度等影响抗复燃性,尤其是 A 类深位火灾(如电缆),超细干粉因粉末的粒径更细则隔绝空气效果显著,比普通干粉的抗复燃效果更好。

4．二氧化碳灭火剂

二氧化碳是一种不燃烧的惰性气体。二氧化碳灭火器的容器内充装的是二氧化碳气体，靠自身的压力驱动喷出进行灭火。二氧化碳气体在灭火时具有以下两大作用：

1）窒息作用。当把二氧化碳施放到灭火空间时，二氧化碳迅速汽化、稀释燃烧区的空气，当空气的氧气含量减小到低于维持物质燃烧时所需的极限含氧量时，物质就不会继续燃烧从而熄灭。

2）冷却作用。二氧化碳从瓶中释放出来时，液体迅速膨胀为气体，会产生冷却效果，致使部分二氧化碳瞬间转变为固态的干冰，干冰迅速汽化的过程中要从周围环境中吸收大量的热量，从而达到灭火的效果。

二氧化碳灭火剂具有流动性好、喷射率高、不腐蚀容器和不易变质等优良性能，可用来扑灭图书、档案、贵重设备、精密仪器、600 V 以下电气设备及油类的初起火灾。

5．洁净气体灭火剂

洁净气体灭火剂一般指的是惰性气体灭火系统。惰性气体灭火系统包括 IG01（氩气）灭火系统、IG100（氮气）灭火系统、IG55（氩气、氮气）灭火系统、IG541（氩气、氮气、二氧化碳）灭火系统。由于惰性气体来自于自然，是一种无毒、无色、无味、惰性及不导电的纯"绿色"压缩气体，故又称之为洁净气体灭火系统。

此外，气体灭火系统包括七氟丙烷、混合气体 IG541、二氧化碳、惰性气体及烟雾灭火系统。

5.5.2　消防无人机常用的灭火设备

消防无人机的灭火设备是指无人机上装载（安装）的投放灭火剂的设备或装置，它是消防无人机最重要的任务载荷之一。常见的消防无人机的灭火设备分类方式如下。

1．按投放方式划分

消防无人机的灭火设备按投放方式分，有灭火弹、灭火喷射枪、水箱或吊桶及其喷撒系统等。

（1）灭火弹。灭火弹是消防无人机最常用的消防灭火机载任务载荷之一。当森林发生火灾时，消防无人机即刻携带灭火弹到达着火点上空，自动调整飞行高度、方位，到达并确定最佳投弹位置和角度后进行投弹，确保精准投弹。投下的灭火弹在起火点起爆、灭火剂正常抛撒，对起火点火焰起到了压制和扑救效果，最终达到火场火势全部扑灭的目的，如图5-13所示。

消防无人机将激光测距瞄准和延时传感器相结合，可精确控制灭火弹的空爆和弥散高度，实现对森林地面和树梢火的有效扑灭。灭火弹的起爆引信是"双重保险"，采用接触引信和延时引信双重导爆设计，以确保运输过程的安全及避免灭火作业时产生"哑弹"，可防止遗留林区给生产作业带来安全隐患。

消防无人机

灭火弹

图 5-13　消防无人机近地精准投掷灭火弹扑灭森林火灾着火点

　　灭火弹采用消防无人机投弹,具备弹道修正能力,机动性好、精度高,可空投放和延时近地引爆,主要用于森林草原突发火情快速处置,可提高应急救援装备智能化水平,实现火情的"打早、打小、打灭、打得起"和"灭火不上山,灭火不伤人"的目标。

　　消防无人机的机载灭火弹技术研究包括以下几个方面:

　　1)起爆位置选择。通过森林火灾现场模拟研究,选择灭火剂合适的散布位置及散布形态,以达到最好的灭火效果。

　　2)起爆方式选择。设计智能化特殊引信,保证机载灭火弹能在理想的炸高引爆,使得灭火弹起爆之后灭火剂达到预期的分布效果。

　　3)储运及投掷方式选择。探索灭火弹储运及投掷方式。灭火弹采用分体式设计,储存及运输时分开存放,在投掷前"合体",可防止误引爆,保证安全性,确保灭火弹处于良好状态且具有最佳的综合效能。

　　(2)灭火喷射枪。消防无人机上安装的灭火喷射枪是一种具有高强度喷射能力的灭火器具。该器具能在远距离高压射流,具有其他灭火工具所不能达到的效果,特别是对地表火、岩缝火有着其特殊的功效。

　　灭火喷射枪器具(系统)一般由灭火剂罐(瓶)、喷射枪、连接软管,以及喷射控制器和连接导线等几部分组成。其工作原理:消防无人机携带灭火喷射枪系统飞到森林火灾上空,自动调整飞行高度和方位,确定并随时调整最佳喷射位置和角度,枪口对准起火点目标后,燃烧室内发射火药点燃,在火药燃烧产生的气体压力作用下,将灭火剂罐(瓶)内的灭火剂(细水雾、泡沫灭火剂、干粉灭火剂等)经单向活门从集流管中高速喷出,扑灭起火点火焰,从而达到扑灭森林火灾的目的。

　　(3)水箱。采用水或细水雾灭火的消防无人机,需要在机上安装盛水用的水箱、汲水装置和投水装置。通常水箱设在飞机重心附近,其结构可由无人机机身的结构空间,再加上水密盖构成。在水箱盖板上设有满水信号传感器,便于操控人员随时掌握水箱内盛水的实际情况。当消防无人机在水面滑行汲水时,汲水管可伸出到机体外面,让迎面流过来的水流对汲水管口产生冲压,进而将水压入水箱。当水箱装满水后,汲水管会自动收到机体内。机上的投水装置由投水门、液压作动筒、操纵钢索和锁组成。为保证万无一失,还备有手摇泵和人工操纵应急收放系统。在水箱下部还设有投水门。

（4）吊桶。消防无人机在执行森林消防灭火任务时，通常采用吊桶作业。消防无人机吊桶灭火是利用其外挂吊桶进行洒水灭火的方法，它是一种新型的火灾扑救技术，具有灵活、机动性强的特点，根据森林火灾周围地理条件就近取水，将消防灭火用的水装在吊桶里。携带吊桶的消防无人机飞到森林火灾现场，可以准确地将水喷洒在火线上。

消防无人机用于洒水作业的吊桶，大多由金属做框、帆布做围，上部有开口（用来向吊桶里灌水），底部设有释放阀门。整个吊桶具有占用空间小、质量轻的特点，因此携带吊桶的消防无人机可以在悬挂吊桶的情况下直接降落。实践证明：消防无人机吊桶灭火方法有着广阔的应用前景，对未来的森林火灾火情处置有着重要的作用。

2.按驱动灭火剂的动力来源划分

消防无人机的灭火设备按驱动灭火剂的动力来源分为储气瓶式和储压瓶式两种类型。

（1）储气瓶式灭火器。储气瓶式灭火器的灭火剂与驱动气体是分开存放的，它有一个单独的储气瓶用来储存驱动气体。灭火时，储气瓶（有外置式和内置式两种）放出压力气体，冲入灭火剂存放处，带出灭火剂。

（2）储压瓶式灭火器。储压瓶式灭火器的驱动气体和灭火剂封装在灭火器同一个筒体中，没有单独的储气瓶，灭火剂和驱动气体混存，但是有一块显示筒体内压力的压力表，便于检查灭火器压力是否正常。

3.按充装的灭火剂类型划分

消防无人机的灭火设备按所充装的灭火剂类型分为水、干粉、二氧化碳、洁净气体灭火器等。

4.按灭火类型划分

根据国家标准《火灾分类》（GB/T 4968—2008）的相关规定，按可燃物类型和燃烧特性将火灾分为 6 类，因而消防无人机的灭火设备按灭火类型分为 A 类灭火器、B 类灭火器、C 类灭火器、D 类灭火器、E 类灭火器以及 F 类灭火器。

1）A 类火灾。A 类火灾指固体物质火灾，这种物质通常具有有机物性质，一般燃烧时能产生灼热灰烬，如木材、棉、毛、麻、纸张火灾等。比较适用的灭火器有水雾、泡沫灭火器、ABC 干粉灭火器等。

2）B 类火灾。B 类火灾指液体或可熔化的固体物质火灾，如汽油、煤油、柴油、原油、甲醇、乙醇、沥青、石蜡火灾等。比较适用的灭火器有水雾灭火器、泡沫灭火器、BC 或 ABC 干粉灭火器、洁净气体灭火器等。

3）C 类火灾。C 类火灾指气体火灾，如煤气、天然气、甲烷、乙烷、丙烷、氢气火灾等。比较适用的灭火器有干粉灭火器、水基型（水雾）灭火器、洁净气体灭火器、二氧化碳灭火器等。

4）D 类火灾。D 类火灾指金属火灾，如钾、钠、镁、钛、锆、锂、铝镁合金火灾等。比较适用的灭火器有 7150 灭火剂（国内暂无现成产品），也可用干沙、土或铸铁屑粉末等物质灭火。

5）E 类火灾。E 类火灾指带电火灾，是物体带电燃烧的火灾，如发电机、电缆、家用电器等。比较适用的灭火器有二氧化碳灭火器、洁净气体灭火器、干粉灭火器和水基型（水雾）灭火器等。

6)F 类火灾。F 类火灾指烹饪器具内烹饪物火灾,如动植物油脂等。比较适用的灭火器有 BC 干粉灭火器、水基型(水雾/泡沫)灭火器等。

5.6 消防无人机的应急救援装备

一旦发生了森林火灾,消防无人机除了要担负扑灭森林大火的任务以外,还要承担应急救援的工作。应急救援工作关系到人民群众的生命安全,举足轻重,是社会所关心的焦点,非常重要。当消防无人机执行应急救援任务时,它需要装载的任务载荷主要是应急救援装备和物资。

5.6.1 消防无人机承担应急救援工作的内容和优势

1.消防无人机承担应急救援工作的内容

森林火灾往往突发性强、破坏性大、火势迅猛、扑救困难,一旦发生,受地形等多重因素影响,常规地面消防救援人员和装备很难迅速抵达火灾现场,易错过最佳灭火时机。此外,森林大火对参与救火的消防员和林区及周边人民群众的人身安全也会构成严重威胁,因此,森林消防无人机除了需要承担扑灭森林火灾的任务以外,还需要承担起森林火灾现场的应急救援工作。

(1)灾情巡查。

发生森林火灾时,使用消防无人机进行灾情侦察具有以下特点:

1)消防无人机利用空中飞行的优势,可以机动灵活地开展侦察。特别是在一些急难险重的灾害现场,地面侦察小组人员一时无法开展侦察的情况下,消防无人机能够迅速升空到达现场,及时展开侦察。

2)利用消防无人机的空中侦察能力,能够有效提升灾情侦察的效率,可以第一时间迅速查明森林火灾事故的关键因素,以便地面消防指挥人员作出正确的决策。

3)利用消防无人机开展应急救援工作,能够有效规避人员伤亡,既能避免人员进入有毒、易燃易爆的危险环境,又能全面、细致掌握森林火灾现场的情况。

4)利用消防无人机集成侦检模块进行检测,例如集成可燃气体探测仪和有毒气体探测仪,可实时对森林火灾现场的易燃易爆、化学事故灾害造成的有毒气体、水和土壤相关气体浓度进行远程检测,从而得到危险部位的关键信息。

(2)监控追踪。

在灾害事故的处置过程中,利用无人机进行实时监控追踪,能够提供精准的灾情变化情况,便于各级指挥部及时掌握动态灾害情况,从而快速、准确地提出对策,最大限度地减少损失。

(3)指挥调度。

一方面,森林火灾通常具有范围广、蔓延迅速、二次复燃频发的特点;另一方面,参加扑救森林火灾的消防人员和当地群众众多,大批人员长时间在不熟悉的地形行动容易发生事故,因此地面消防指挥中心的指挥协调任务多而困难。消防指挥人员利用消防无人机巡查监测信息,包括森林火灾规模、时间、火场地形、气象条件及无人机侦察到的其他信息,快速形成扑救方案,并及时指示各方参与扑救的行动人员进行扑救。

(4)运送救援物资。

在实施应急救援过程中,现有的各种救援物资抛投器,在地面使用环境下有很大的局限性,并且精准度比较差。利用消防无人机携带救援器材(如呼吸器、救援绳)、保暖衣物、饮用水、食物等,飞到救援地点上空,实施低空定点空投、索降或机降,可将救援物资安全、快速地递交给受困人员。

(5)辅助救援。

利用消防无人机携带应急救援器材和装备,为应急救援工作提供辅助救援帮助。

1)传达指令。利用消防无人机携带的集成语音、扩音模块,可进行空中呼喊或转达指令,这比地面喊话或转达指令更有效。尤其崇山峻岭中、山高林密的森林火灾救援现场,使用以消防无人机为载体的高音喇叭,能有效传达关键指令。

2)指引逃生通道。森林火灾与平时的城镇房屋单一性火灾不同,具有显著的无向性与连续性特征,加上森林所处位置大多为山地,地形起伏剧烈,环境恶劣,地表未被人工开发,杂草丛生,一旦发生森林大火,本来绿油油的森林就会笼罩在令人窒息的烟雾中,再加上燃烧面积大、范围广,救灾持续时间长,以及受风力风向突变影响,参加救火的消防人员和当地群众很容易迷失方向而失联。在消防无人机上安装探照灯和红色消防灯,可用来寻找失联迷路人员,给他们指引正确的行进道路和方向。

(6)通信联络。

当森林火灾造成地面基站被毁坏,火场周围区域因通信基础设施损坏而造成通信中断时,可以将系留无人机集成转信模块作为通信中继,悬停于森林火灾区域中心位置,充当移动基站,保障通信畅通稳定,确保救援作业有效开展。

2.消防无人机承担应急救援工作的优势

消防无人机机动灵活,可垂直起降和空中悬停,不受场地及地形限制,承担应急救援工作优势明显。

1)消防无人机操作简单,机动灵活,能够轻松应对复杂的森林火灾应急救援工作任务。

2)消防无人机能出色完成单调枯燥、时间长、强度大的工作,在森林消防救火和应急救援工作中发挥着非常重要的作用。

3)消防无人机视野广阔,可以实现超视距控制,从空中对目标进行全局性拍摄,具有全面的视野。

4)消防无人机能够最大限度地控制森林火灾灾情发展,减少人员伤亡和经济损失。

5)消防无人机能胜任恶劣、高危环境下的各种危险工作。

6)消防无人机机载任务载荷配置模块化,任务多元化,一机多能。

7)消防无人机具备固定节点悬停、滞空时间长的典型特征,特别适合通信中继覆盖应用。

5.6.2 消防无人机常用的应急救援任务载荷

1.通信中继设备

系留消防无人机由系留电缆供电,悬停在 $100\sim300$ m 的空中,可迅速建立空中自组网通信系统,并与地面单兵通信设备形成一个完美的应急自组网通信系统(见图 5-14),非常适用于森林消防救援等应急通信领域。其机载任务载荷主要有:

1)系留电缆。系留消防无人机搭载的输电电缆每米质量比较大,常用的电缆约为 20 g/m;传输电压可达直流 2 000 V,极大地减小了传输电流,降低了供电电缆的截面积,大大提升了有效载荷的质量。

2)遥控方式。系留消防无人机的遥控方式采用光纤有线优先、无线备份的方式,可大大提高其遥控抗环境干扰的能力。

3)通信设备。搭载 2G/3G/4G/5G 通信基站、自组网无线通信设备等机载任务载荷,实现通信专网中继;搭载面向地面单兵自组网通信设备、通信用户终端,提供上联通道,实现空地一体的应急通信覆盖。

各个终端直接或间接将应急场景的多维实况信息实时传输到地面消防指挥中心,实现应急场景的高效协同配合,组建起一个完整的消防无人机应急通信、侦观、指挥的实时指挥系统。

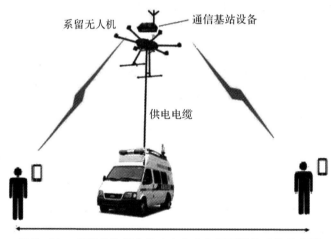

图 5-14 系留消防无人机建立空中自组网通信系统示意图

2.空中喊话器

消防无人机的空中喊话器,又称为"空中广播",其质量轻,声音传播受地形影响小、发音清晰、传播速度快、覆盖面广,在森林消防应急救援过程中起着迅速传递信息的作用。

3.空中照明设备

消防无人机空中照明设备主要指云台探照灯。目前典型的云台探照灯额定功率高达 65 W,由多达 5 片透镜组成的光学成像组件,聚拢发射出仅 12°的锐利光柱,有效照射距离可达 150 m,亮度均匀,颜色一致。此外,它还具备强光爆闪模式及清晰明亮的空中照射效果。

4. 索降系统

消防无人机在执行运送应急救援物资或人员到达目的地上空时,可采用两种投送方法——索降或机降。一般来说,索降适用于人员的快速投送,如图 5-15 所示;机降多用于物资的投送。具体采用哪种方法,还要视投送场地的地形和环境而定。如果地表比较平坦,而且地质硬度尚可,则适合机降,但是如果降落的地点是沙漠、沼泽或者雪地,多数会选择索降方式,这是因为大量的浮雪和沙尘会严重损坏消防无人机动力系统。

消防无人机索降是指消防人员从悬停在低空的无人机上,通过一根软绳滑到地面上的着陆方式。如果把软绳换成绳梯,就称为梯降。消防无人机索降系统是一套非常复杂的指挥控制系统,它包含了索降挂钩、索降绳、索降速控器、稳定机构、索降安全背带和防磨手套等设备。

图 5-15　消防无人机索降消防人员

5. 绞车救援系统

消防无人机绞车救援是它在应急救援工作中最常用的救援方式之一,它是消防无人机在不宜降落的复杂地形或水上实施救援工作的主要方式,其施救过程是消防无人机在空中悬停,通过机载绞车设备将救生员下放接近遇险人员,并将救生员和遇险人员吊起拉回消防无人机机舱中进行紧急转运或救治的救援作业。消防无人机凭借其优异的垂直起降、空中悬停性能,在安装了绞车救援系统以后,就能充分发挥它在应急救援方面所具有的作用。在地面救援力量难以接近的崇山峻岭、悬崖峭壁、被地质灾害或洪水围困的孤岛等特殊地形,能发挥其他施救方法所不具备的巨大优势。

消防无人机绞车救援系统包括绞车及其动力系统,绞车救援吊篮或担架、绞车员头盔、防磨手套、绞车吊带、操作安全带等。

6. 便携式生命探测仪

便携式生命探测仪是通过感应人体所发出的生命体征来找到“活人”位置的仪器,其类型有以下几种。

(1)红外生命探测仪。任何物体只要温度在绝对零度以上都会产生红外辐射。人体也是天然的红外辐射源,但人体的红外辐射特性与周围环境的红外辐射特性不同,红外生命探测仪就是利用它们之间的差别,以成像的方式把要搜索的目标与背景分开。

人体红外辐射能量较集中的中心波长为 $9.4~\mu m$,人体皮肤的红外辐射范围为 $3\sim 50~\mu m$,其中 $8\sim 14~\mu m$ 占全部人体辐射能量的 46%,这个波长是设计人体红外探测仪的重要技术参数。红外生命探测仪探测出遇难者身体的热量,光学系统将接收到的人体热辐射能量聚焦在红外传感器上后转变成电信号,处理后经监视器显示红外热像图,从而帮助救援人员确定遇难者的位置。红外生命探测仪能经受救援现场的恶劣条件,可在森林火灾中的浓烟、大火和黑暗的环境中搜寻生命迹象。

(2)音频生命探测仪。音频生命探测仪应用了声波及震动波的原理,采用先进的微电子处理器和声音/振动传感器,进行全方位的振动信息收集,可探测以空气为载体的各种声波和以其他媒体为载体的振动,并将非目标的噪声波和其他背景干扰波过滤,进而迅速确定被困者的位置。高灵敏度的音频生命探测仪采用两级放大技术,探头内置频率放大器,接收频率范围为 $1\sim 4~000~Hz$,主机收到目标信号后再次升级放大。这样,它通过探测地下微弱的人体生命活动(诸如被困者呻吟、呼喊、爬动、敲打等)产生的音频声波和振动波,就可以判断生命是否存在。

音频生命探测仪是一套以人机交互为基础的探测系统,包括信号的检测、监听、选取、储存和处理等。音频生命探测仪是一种被动接收音频信号和振动信号的仪器,救援时需要在废墟中寻找空隙伸入探头,容易受到现场噪声的影响,探测速度较慢。

(3)雷达生命探测仪。雷达生命探测仪是集雷达技术和生物医学工程技术于一体的生命探测设备。它主要利用电磁波的反射原理制成,通过检测人体生命活动所引起的各种微动,从这些微动中得到呼吸、心跳的有关信息,从而辨识有无生命。雷达生命探测仪是世界上最先进的生命探测仪,它主动探测的方式使其不易受到温度、湿度、噪声、现场地形等因素的影响,电磁信号连续发射机制更增加了其区域性侦测的功能。

超宽谱雷达生命探测仪是该类型中最先进的一种。它的穿透能力强,能探测到被埋生命体的呼吸、体动等生命特征,并能精确测量被埋生命体的距离深度,具有强的抗干扰能力,不受环境温度、热物体和声音干扰的影响,具有广泛的应用前景。超宽谱雷达生命探测仪具有很大的相对带宽(信号的带宽与中心频率之比),一般大于 25%,检验人体生命参数时,以脉冲形式的微波束照射人体,若人体生命活动(呼吸、心跳、肠蠕动等)存在,则被人体反射的回波脉冲序列会重复发生周期变化。如果对经人体反射后的回波脉冲序列进行解调、积分、放大、滤波等处理并输入计算机进行数据处理和分析,就可以得到与被测人体生命特征相关的参数。探测距离可达 $30\sim 50~m$,穿透实体砖墙厚度可达 $2~m$ 以上,可隔着几间房探测到人,并具有人体自动识别功能,在生命探测领域拥有广泛的应用前景。

7. 卫星导航定位设备

北斗卫星定位系统是由我国建立的区域导航定位系统。该系统由 4 颗北斗定位卫星(2颗工作卫星、2 颗备用卫星)、以地面控制中心为主的地面部分以及北斗用户终端 3 部分组成。北斗定位系统可向用户提供全天候 24 h 的即时定位服务,授时精度可达数十纳秒(ns),北斗导航系统三维定位精度约几十米,授时精度约 100 ns。美国的 GPS 三维定位精度:P 码目前由 16 m 提高到 6 m,C/A 码目前已由 $25\sim 100~m$ 提高到 12 m;目前授时精度约 20 ns。

北斗一号导航定位卫星由中国空间技术研究院研究制造。4 颗导航定位卫星的发射时间分别为 2000 年 10 月 31 日、2000 年 12 月 21 日、2003 年 5 月 25 日、2007 年 4 月 14 日。其中,第三、四颗是备用卫星。2008 年北京奥运会期间,它在交通、场馆安全的定位监控方面和已有的 GPS 卫星定位系统一起,发挥"双保险"作用。

北斗一号系统的基本功能包括定位、通信(短消息)和授时。北斗二代系统的功能与 GPS 相同,即定位与授时。

习　　题

1.什么是消防无人机机载任务载荷?其决定因素主要有哪些?

2.简述消防无人机机载任务载荷的类型和作用。

3.消防无人机光电类任务载荷有哪些类型?

4.简述消防无人机光电类任务载荷的特点和技术优势。

5.什么是消防无人机的光电吊舱?简述其功能要求和组成。

6.消防无人机光电吊舱的关键技术有哪些?简述其发展趋势。

7.简述消防无人机激光测距的定义和分类。

8.简述激光测距的飞行时间方法。

9.简述激光测距的空间几何方法。

10.消防无人机常用的灭火剂有哪些?

11.用水和细水雾进行灭火有何区别?

12.消防无人机常用的灭火设备有哪些?

13.简述消防无人机承担应急救援工作的内容和优势。

14.消防无人机常用的应急救援任务载荷有哪些?

第6章 消防无人机航测与图像识别技术

▶本章主要内容

(1)消防无人机航测技术。

(2)消防无人机倾斜摄影测量技术。

(3)消防无人机图像识别技术

(4)森林火灾的类型及其图像识别系统。

(5)消防无人机森林火灾烟雾和火焰图像识别技术。

6.1 消防无人机航测技术

测绘是指对自然地理要素或者地表人工设施的形状、大小、空间位置及其属性等进行测定,并结合某些社会信息和自然信息的地理分布,编制全球和局部地区各种比例尺的地图和专题地图的理论和技术学科。航空摄影测量是摄影测量的一种,是使用航摄仪在空中对地面摄取连续像片,通过控制测量、调绘和测图等步骤形成地形图的方法。

6.1.1 消防无人机航测的定义、作业内容和特点

1.消防无人机航测的定义

航空摄影测量(Aerial Photogrammetry),简称"航测",指的是在航空器上安装航摄仪器,在一定飞行高度上对地面连续摄取像片,结合地面控制点测量、调绘和立体测绘等步骤,绘制出地形图的作业。其目的是利用航摄像片测制地形图,建立数据库,为地理信息系统提供最原始的基础数据,建立数字地球。

航测是一门较老的学科,技术要求一直比较高。现在,随着现代计算机技术、微电子技术和无人机技术的高速发展,航测技术发展也是水涨船高,技术水平获得了空前的提高。现代航空器的机载航测设备不仅有光学照相机,而且还能装上红外热成像仪、紫外热成像仪、合成孔径雷达、激光雷达、多光谱相机、GPS导航设备及其他的专业测量传感器等,它不仅能获取三维图像,还可同时获取如地面高程模型类的其他高精度数据。其功能越来越强,产品越来越多,精度越来越高。

无人机航测是以无人机作为飞行平台(载体),即在无人机上安装摄影测量仪器,从空中拍摄地面像片而绘制成图的技术方法。无人机空中摄影时按设计的航线往返平行飞行进行

空中拍摄,以取得具有一定重叠度的航空像片。这些航空像片能用在专门的仪器上建立立体模型并进行量测。无人机航测技术具有快速高效、机动灵活、分辨率高、处理速度快、运行成本低等特点。

消防无人机航测是指利用消防无人机,从空中拍摄森林火灾正在发生时或大火熄灭后林地像片而绘制成图的技术方法。目的是向地面消防指挥中心实时提供发生森林火灾的地区位置、范围、规模和蔓延趋势的航空像片,并绘制出森林火灾现场地图,以及林火熄灭后用于评估火灾损失的火灾过火区域地图。

2.消防无人机航测的作业内容

消防无人机单张像片测图的基本原理是中心投影的透视变换,立体测图的基本原理是投影过程的几何反转。消防无人机摄影测量的作业分外业和内业。

(1)外业。

外业工作内容包括:

1)像片控制点联测。像片控制点一般是航摄前在地面上布设的标志点,也可选用像片上明显地物点(如道路交叉点等),用测角交会、测距导线、等外水准、高程导线等普通测量方法测定其平面坐标和高程。

2)像片调绘。在像片上通过判读,用规定的地形图符号绘注地物、地貌等要素;测绘没有影像的和新增的重要地物;标记通过调查所得的地名等。

3)综合法测图,在单张像片或像片图上用平板仪测绘等高线。

(2)内业。

内业工作内容包括:

1)加密测图控制点,以像片控制点为基础,一般用空中三角测量方法,推求测图需要的控制点,检查其平面坐标和高程。

2)测制地形原图。

3.消防无人机航测的特点

1)消防无人机航测具有高空间分辨率、大比例尺的特点,适合小区域高精度项目,尤其是带状区域(如公路、铁路、河流、海岸线等)、地形落差较大的区域。

2)外业工作简洁、消防无人机起降方便,对降落场要求较小。

3)消防无人机操作简单,硬件成本和人工成本低。

4)数据处理方便,市场有很多成熟的摄影测量软件,可用于生产 DEM/DOM/DLG/DRG 和倾斜模型等数据产品。

6.1.2　消防无人机航测的类型

消防无人机航测可选用不同的方式,得到功能不同的航空像片和航测结果。主要类型划分方法如下。

1.按像片倾斜角分类

按摄影机物镜主光轴相对于地表的垂直度,可分为垂直航空摄影和倾斜航空摄影两种类型。其中垂直航空摄影主要用于摄影测量目的,倾斜航空摄影大多用于科学考察和森林火灾监测。

1)垂直航空摄影。根据《低空数字航空摄影规范》(CH/Z 3005—2021)的规定,消防无人机进行航测作业时,当倾斜角不大于5°,最大不超过12°时,称其为垂直摄影。此时,摄影机主光轴与地面基本垂直(与主垂直线基本重合),感光胶片(感光传感器平面)与地面基本平行。通过垂直摄影获得的照片称为水平照片,其主要特点是地面物体在水平照片上的图像与地面物体顶部的形状相似,照片各部分的比例也大致相同。水平照片可以用来判断各目标的位置关系,测量距离。

2)倾斜航空摄影。消防无人机进行航测作业时,如果倾斜角度大于15°,则称为倾斜摄影,得到的照片称为倾斜照片。这种照片可以单独使用,也可以与水平照片结合在一起使用。现有的航测软件处理能力已经有了很大提升,可以在这个标准的基础上,把倾角大于12°以上的都划归到倾斜摄影的范畴。传统航空摄影只能从垂直角度拍摄地物,倾斜航空摄影则通过在同一平台搭载多台传感器,同时从垂直、侧视等不同的角度采集影像,有效弥补传统航空摄影的局限。

2.按摄影的实施方式分类

按摄影的实施方式分类,可分为单片摄影、航线摄影和面积摄影。

1)单片摄影。为拍摄单独固定目标而进行的摄影称为单片摄影,一般只摄取一张(或一对)像片。

2)航线摄影。消防无人机沿一条航线,对地面狭长地区或沿线状地物(铁路、公路等)进行的连续摄影,称为航线摄影。为了使相邻像片的地物能互相衔接以及满足立体观察的需要,相邻像片间需要有一定的重叠(称之为航向重叠),如图6-1所示。航向重叠一般应达到60%。

3)面积摄影。沿数条航线对较大区域进行连续摄影,称为面积摄影(或区域摄影)。面积摄影要求各航线互相平行。在同一条航线上相邻像片间的航向重叠为53%~60%。相邻航线间的像片也要有一定的重叠,这种重叠称为旁向重叠,一般应为15%~30%。实施面积摄影时,通常要求航线与纬线平行,即按东西方向飞行。但有时也按照设计航线飞行。由于在飞行中难免出现一定的偏差,故需要限制航线长度。一般为60~120 km,以保证不偏航,避免产生漏摄。

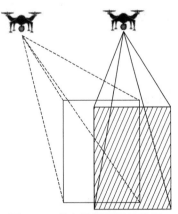

图6-1 航向重叠摄影示意图

3. 按感光材料分类

按感光材料可分为全色黑白摄影、黑白红外摄影、彩色摄影、彩色红外摄影和多光谱摄影等。

1)全色黑白摄影。这是采用全色黑白感光材料进行的摄影,对可见光波段(0.4~0.76 μm)内的各种色光都能感光,是一种应用范围广、容易收集到的航空遥感材料。

2)黑白红外摄影。这是采用黑白红外感光材料进行的摄影。它能对可见光、近红外光(0.4~1.3 μm)波段感光,尤其对水体植被反应灵敏,所摄像片具有较高的反差和分辨率。

3)彩色摄影。彩色像片虽然也能感受可见光波段内的各种色光,但由于它能将物体的自然色彩、明暗度以及深浅表现出来,因此与全色黑白像片相比,影像更为清晰,分辨能力更高。

4)彩色红外摄影。彩色红外摄影虽然也能感受可见光和近红外波段(0.4~1.3 μm),但却使绿光感光之后变为蓝色,红光感光之后变为绿色,近红外感光后成为红色,这种彩色红外片与彩色片相比,在色别、明暗度和饱合度上都有很大的不同。例如在彩色片上绿色植物呈绿色,但在彩色红外片上却呈红色。由于红外线的波长比可见光的波长长,受大气分子的散射影响小,穿透力强,因此彩色红外片色彩很鲜艳。

5)多光谱摄影。多光谱摄影是利用摄影镜头与滤光片的组合,同时对一地区进行不同波段的摄影,取得不同的分波段像片。例如通常采用的四波段摄影,可同时得到蓝、绿、红及近红外波段 4 张不同的黑白像片,或合成为彩色像片,或将绿、红、近红外 3 个波段的黑白像片,合成假彩色像片。

6.1.3 消防无人机航测技术要点

1. 消防无人机空中三角测量点数增加密度

空中三角测量简称"空三"。具体来说,就是在一条航带内的十几个像对中,或几条航带构成的一个区域内,只测定少量的外业控制点,在内业中按一定的数学模型平差计算出该区域内待定点的坐标,然后将其作为控制点用于双像测图、像片纠正等。该方法将空中摄站及像片放到整个网中,起到点的传递和构网的作用,故通常称之为空中三角测量。

通过使用在野外收集的具有一定程度的横向重叠和方向重叠的照片,根据几何特征和参考点的坐标执行空中三角测量点数加密。根据实际的安全带,选择合适的区域网络协调模型和方法,并通过计算获得测量点数加密后的点平面信息和仰角信息。使用适当的密集匹配算法,紧紧匹配无人机图像数据,对匹配后的图像进行镶嵌和闪避处理,最后生成密集点云数据。

2. 消防无人机航测常用术语

航片是指利用航空摄影器拍摄的地面照片。消防无人机航测常用术语如下。

1)地面分辨率。地面分辨率指衡量航片(或影像)能有差别地区分开两个相邻地物的最小距离的能力。超过分辨率的度,相邻两物体在图像(影像)上即表现为一个单一的目标。通常用单位长度内所能分辨出来的黑白相间的线对数(线对/mm)来表示分辨率。对于扫描图像,通常以像元来表示其分辨率(即能分辨的最小面积)。

2)航片重叠率。航片重叠率指同一条航线上相邻两张航片的重叠度,如图6-2所示。

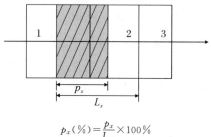

$$p_x(\%) = \frac{p_x}{L_x} \times 100\%$$

图6-2 航片重叠率示意图

3)旁向重叠率。旁向重叠率是指相邻航线上两张航片的重叠度,如图6-3所示。

4)航摄比例尺。航摄比例尺是摄影像片水平、地面取平均高程时,像片上的线段f与地面上相应的水平据L之比。图6-4中f为摄影机主距,H为航高。

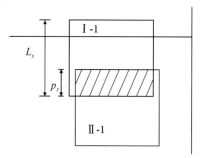

图6-3 旁向重叠率示意图

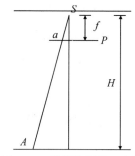

图6-4 航摄比例尺示意图

5)航线弯曲。把一条航线的航摄像片根据地物影像拼接起来,各张像片的主点连线不在一条直线上,而呈现为弯弯曲曲的折线,称为航线弯曲,如图6-5所示。其中,航线弯曲度为航线最大弯曲矢量与航线长度之比的百分数。要求航线弯曲度小于3%。

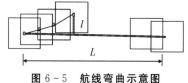

图6-5 航线弯曲示意图

6)五方向飞行。五方向飞行是指在执行拍照做三维模型的任务时,对目标进行前、后、左、右、上5个方向航拍,前、后、左、右航线的角度为约-45°倾斜,上方航线为-90°(正射),如图6-6所示。

7)井字形飞行。井字形飞行是在测区上方执行两条飞行航线,角度约为-60°,如图

6－7所示。

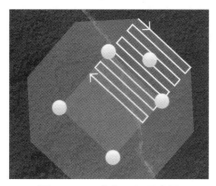
图 6－6　五方向飞行示意图

图 6－7　井字形飞行示意图

8)变高飞行。变高飞行是指无人机根据测区地形自动生成变高航线,保持地面分辨率一致,如图 6－8 所示。

图 6－8　变高飞行示意图

9)正射。正射是指无人机镜头呈－90°的时候拍摄的航片。

10)像片旋角。像片旋角是指一张像片上相邻主点连线与同方向框标连线间的夹角,如图 6－9 所示。要求像片旋角小于 6°。像片旋角过大会减少立体像对的有效范围。

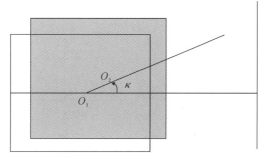
图 6－9　像片旋角示意图

11)中心投影。投影射线会聚于一点的投影称为中心投影,如图 6－10 所示。

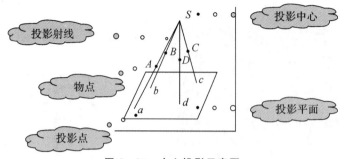

图 6-10 中心投影示意图

12)平行投影。平行投影是指投影射线平行于某一个固定方向的投影。

13)斜投影。斜投影是指投影射线与投影平面斜交的情况。

14)正射投影。正射投影是投影射线与投影平面正交的情况,如图 6-11 所示。

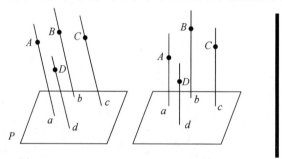

图 6-11 正射投影示意图

15)航摄像片为中心投影,地形图为正射投影,如图 6-12 所示。

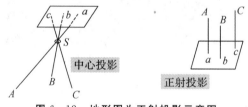

图 6-12 地形图为正射投影示意图

16)像点位移。当像片倾斜、地面起伏时,地面点在航摄像片上的构像相对于理想情况下的构像所产生的位置差异为像点位移,如图 6-13 所示。

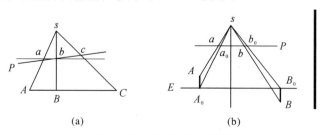

(a)   (b)

图 6-13 像点位移示意图

(a)像片倾斜引起的像点位移;(b)地形起伏引起的像点位移

17)像片的方位元素。像片的方位元素用来确定摄影瞬间摄影物镜(摄影中心)与像片在地面设定的空间坐标系中的位置与姿态的参数,即确定这三者之间相关位置的参数。

18)像片的内方位元素。像片的内方位元素是表示摄影中心与像片之间相互位置的参数:f、x_0、y_0。

19)像片的外方位元素。像片的外方位元素是表示摄影中心和像片在地面坐标系中的位置和姿态的参数。

20)空间后方交会。恢复摄影时的光束,即将空间的模型纳入大地坐标系中,通过已知的像点坐标及其对应的大地坐标系下的坐标求解出相应的外方位元素(坐标:X_s、Y_s、Z_s;转角:φ、ω、κ)。

21)空间前方交会。在恢复摄影时光束的前提下,通过共线方程求解出像点对应的大地坐标系下的坐标。

22)POS 数据。POS 数据是航拍相机曝光的一瞬间,航片中心点的经纬度、海拔高度和俯仰角、侧滚角和航迹角的数据。POS 数据保存在每张航片中,并不是单独生成一个 POS 数据文本文件。

3. 消防无人机航测的内业成果

1)数字高程模型(Digital Elevation Model,DEM)通过有限的地形高程数据实现对地面地形的数字化模拟(即地形表面形态的数字化表达)。它是用一组有序数值阵列形式表示地面高程的一种实体地面模型,是数字地形模型(Digital Terrain Mode,DTM)的一个分支,其他各种地形特征值均可由此派生。

2)数字地形模型(DTM)是利用一个任意坐标系中大量选择的已知 x、y、z 的坐标点对连续地面的一种模拟表示,或者说 DTM 就是地形表面形态属性信息的数字表达,是带有空间位置特征和地形属性特征的数字描述。x、y 表示该点的平面坐标,z 值可以表示高程、坡度、温度等信息,当 z 表示高程时,就是数字高程模型,即 DEM。地形表面形态的属性信息一般包括高程、坡度、坡向等。

3)数字地表模型(Digital Surface Model,DSM)是指包含地表建筑物、桥梁和树木等高度的地面高程模型。DEM 只包含地形的高程信息,并未包含其他地表信息,DSM 是在 DEM 的基础上,进一步涵盖了除地面以外的其他地表信息的高程。在一些对建筑物高度有需求的领域,得到了很大程度的重视。

4)数字正射影像图(Digital Orthophoto Map,DOM)是对航空(或航天)像片进行数字微分纠正和镶嵌,按一定图幅范围裁剪生成的数字正射影像集。它是同时具有地图几何精度和影像特征的图像。

5)真正数字正射影像图(True Digital Orthophoto Map,TDOM)是指所有物体的倾斜均被纠正的一种镶嵌影像。它利用数字地表模型(DSM),采用数字微分纠正技术,改正原始影像的几何变形,保证影像上每点都是完全垂直视角。也就是通过高精度 DSM 纠正、消除所有视差,建立完全垂直视角的地表景观,建筑物保持垂直视角。因此在真正射影像上,只显示建筑物的顶部,不显示侧面,避免了高大建筑物对其他地表信息(较矮建筑物、道路、绿地等)的遮挡,恢复了正确方位,如图 6 - 14 所示。

6)数字线划地图(Digital Line Graphic,DLG)是与现有线划基本一致的各地图要素的矢量数据集,且保存了各要素间的空间关系信息和相关的属性信息,是 4D 产品的一种。

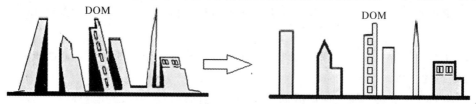

图 6-14   数字正射影像图与真正数字正射影像图对比示意图

6.1.4   消防无人机航测实际操作流程

1.确定消防无人机航测范围,选定影像软件

在实施消防无人机航测飞行前需要确定航空摄影(简称"航摄")范围,并选定影像软件,例如无人机航测常用的 Loca Space Viewer 及轻量级的 GIS 软件 Global Mapper。

2.制订消防无人机航测飞行计划

确定消防无人机航测区域范围之后就要制订飞行计划,整个软件操作过程大致分以下 3 步:

1)用电脑导出或手绘航测飞行范围。

2)在电脑中输入航测飞行技术参数,自动生成航线,调整航线方向。

3)检查飞行计划,无误后保存计划。

选定电脑影像软件后,对于面积非常小的项目,直接导入 kml 格式的范围即可,但对于比较大的面积需要进行分区,各分区之间要有一定的重叠。消防无人机航测的航向和旁向重叠率一般都比较高,通常设置为 60%～80%。太低可能会因重叠度不够而导致 DOM 拼接效果不好;反之,如果太高,可能会因重叠度过高而导致数据量过大,浪费存储空间和处理数据时间。

3.实施消防无人机航测飞行任务

消防无人机航测外业的工作内容包括寻找起降点、组装调试消防无人机、架设基站以及设置相机参数,大概需要 15 min,然后就可以起飞了。消防无人机按预设航线自动进行航测飞行,作业完成或电池没电后返航,之后准备下一个架次飞行。

4.数据处理

消防无人机航测飞行任务完成后,需要进行数据处理。航测 POS 数据保存在每张航测相片中,并不是单独生成一个 POS 数据文本文件。消防无人机航测时基本上都采用 RTK 模式,即 POS 数据中的经纬度和海拔都是高精度的。通常采用处理消防无人机航测数据的标配软件把 POS 数据导出来。例如采用瑞士的 Pix4DMapper 软件,其功能是提取选中的航片中的经纬度和海拔,并生成一个坐标转换软件能直接读取的文本文件。整个处理流程只有 4 个步骤:

1)手动加入航片。

2)导入 POS,设置 POS 坐标系和输出坐标系。

3)导入像控点坐标,并在相应航片上标记所有像控点。

4)完成消防无人机航测的数字刨建。

6.2　消防无人机倾斜摄影测量技术

无人机倾斜摄影测量技术是近年来发展起来的一项新技术,它通过在同一平台搭载多台传感器,同时从垂直、侧视等不同的角度采集影像,从而摆脱了传统航空摄影只能从垂直角度拍摄地物的限制。倾斜摄影技术三维数据可真实反映地物的外观、位置、高度等属性,与此同时,它借助无人机可快速采集影像数据,实现全自动化三维建模。倾斜摄影数据是带有空间位置信息的可量测影像数据,能同时输出 DSM、DOM、TDOM、DLG 等。

6.2.1　倾斜摄影测量技术的优势和设备要求

1. 倾斜摄影测量技术的优势

与传统遥感技术相比,倾斜摄影测量技术的优势表现在以下几方面。

1)更能反映地物的真实面貌。倾斜摄影测量技术通过 5 个角度对地面情况进行拍摄,获得的三维图像可以真实反映地物的本来面貌,客观地再现地物的外观、结构以及高度等属性,这弥补了传统遥感测量技术的不足,使倾斜摄影测量技术应用更为广泛。

2)倾斜摄影测量技术性价比高。随着测绘技术和计算机技术的结合与不断发展,地图不再局限于以往的模式,现代数字地图主要由 4D 产品,即数字正射影像图(DOM)、数字高程模型(DEM)、数字栅格地图(DRG)、数字线划地图(DLG)以及复合模式组成。倾斜摄影测量技术测量的数据带有空间位置信息和各种影像数据,同时还可以输出 DSM、DOM、DLG 等,满足了传统航测技术的要求。除此之外,倾斜摄影测量技术利用提取及贴纹理的方式,还可以降低三维建模的成本。

3)倾斜摄影测量技术效率高。倾斜摄影测量技术是借助无人机进行数据测量和影像拍摄的,是一种全自动的模式。实践表明,传统人工方法需要 1~2 年才能完成的建模任务,利用倾斜摄影测量技术进行三维建模只需要 3~5 个月就可以完成,大幅度提高了效率。

2. 倾斜摄影测量的设备要求

(1)飞行平台的性能要求。

由于无人机用途不同,其性能标准也不一样。测绘型无人机对飞行标准要求更高,可以在载重、巡航速度、实用升限、续航时间、安全性和抗风等级等方面作出限定。

1)无人机最低载重为 2 kg。

2)多旋翼无人机巡航速度大于 6 m/s,固定翼无人机巡航速度大于 10 m/s。

3)电池动力续航时间大于 25 min,内燃机动力续航时间大于 1 h。

4)抗风性要求不低于 4 级风速。

5)无人机实用升限能达到 1 000 m 以上,海拔不低于 3 000 m。

(2)倾斜相机的性能要求。

倾斜摄影发展到今天,倾斜相机不再限定相机镜头的数量。倾斜相机的关键技术指标是获取不同角度影像的能力和单架次作业的广度和深度。这需要5镜头、3镜头、双镜头等多镜头相机及可以调整相机拍摄角度的单相机系统。在无人机航测标准中,要求航测相机像素不低于3500万,在倾斜摄影中可以不对单一相机的像素进行限定,而对一次曝光获取的影像像素进行控制。倾斜相机的性能要求可以从获取影像能力、作业时间、曝光功能、续航时间等方面作出限定。

1)倾斜摄影一次曝光采集的像素越高越好,不过要根据设备的使用成本加以考量,单个镜头不低于2000万像素,一次曝光不低于1亿像素。

2)作业时间至少能满足90 min,最好具备全天候的作业能力。

3)有定点曝光功能,确保影像重叠度满足要求。

6.2.2　消防无人机倾斜摄影测量飞行航线设计和控制测量

在进行消防无人机倾斜摄影飞行前,首先需要根据项目拍摄范围要求,进行飞行航线规划设计。一般来说,消防无人机使用计算机软件进行航线规划设计,规划好航线后再将文件导入消防无人机控制器中。

1. 消防无人机倾斜摄影飞行航线设计

(1)航摄高度的确定。

消防无人机倾斜摄影的飞行高度是航线设计的基础。消防无人机航摄高度需要根据任务要求选择合适的地面分辨率,然后结合倾斜相机的性能,按下式计算航摄高度:

$$H = f \times GSD/\alpha \qquad\qquad (6-1)$$

式中:H 为航摄高度,单位为 m;f 为镜头焦距,单位为 mm;α 为像元尺寸,单位为 mm;GSD 为地面分辨率,单位为 m。

(2)航摄重叠度的设置。

《低空数字航空摄影规范》(CH/Z 3005—2021)规定:"航向重叠度一般应为60%~80%,最小不小于53%;旁向重叠度一般应为15%~60%,最小不小于8%。"在消防无人机倾斜摄影时,旁向重叠度是明显不够的。不论航向重叠度还是旁向重叠度,按照算法理论,建议值是66.7%。可以分为建筑稀少区域和建筑密集区域两种情况来进行求解。

1)建筑稀少区域。考虑到消防无人机航摄时的俯仰、侧倾影响,消防无人机倾斜摄影测量作业时在无高层建筑、地形地物高差比较小的测区,航向、旁向重叠度建议最低不小于70%。要获得某区域完整的影像信息,消防无人机必须从该区域上空飞过。以两栋建筑之间的区域为例,如果这两栋建筑由于高度对这个区域能形成完全遮挡,而无人机没有飞到该区域上空,那么无论增加多少相机都不可能拍到被遮区域,从而造成建筑模型几何结构的粘连。

2)建筑密集区域。建筑密集区域的建筑遮挡问题非常严重。航线重叠度设计不足、航摄时没有从相关建筑上空飞过,都会造成建筑模型几何结构的粘连。为提高建筑密集区域影像采集质量,影像重叠度最多可设计为80%~90%。当高层建筑的高度大于航摄高度的1/4时,可以采取增加影像重叠度和交叉飞行增加冗余观测的方法进行解决。如上海陆家嘴区域的倾斜摄影,就是采用了超过 90％的重叠度进行影像采集以杜绝建筑物互相遮挡的问题。影像重叠度与影像数据量密切相关:影像重叠度越高,相同区域数据量就越大,数据处理的效率就越低。所以在进行航线设计时还要兼顾二者的平衡。

(3)区域覆盖设计。

《低空数字航空摄影规范》(CH/Z 3005—2021)规定:"航向覆盖超出摄区边界线应不少于两条基线。旁向覆盖超出摄区边界线一般不少于像幅的 50％。"这在无人机倾斜摄影时是明显不够的。理论上,需要目标区域边缘地物能出现在像片的任何位置,与测区中心地区的特征点观测量一样。考虑到测区的高差等情况,可以按照下式来计算航线外扩的宽度:

$$L = H_1 \times \tan\theta + H_2 - H_3 + L_1 \tag{6-2}$$

式中:L 为外扩距离;H_1 为相对航高;θ 为相机倾斜角;H_2 为摄影基准面高度;H_3 为测区边缘最低点高度;L_1 为半个像幅对应的水平距离。

2. 消防无人机倾斜摄影控制测量

控制测量是为了保证空中三角测量(空三)的精度、确定地物目标在空间中的绝对位置。空三以视觉的重投影残差最小化为目标,在一定的先验条件下,求解相机成像时的位置和姿态,得到平差后相机曝光中心的准确位置和成像姿态(即 POS 数据)。

在常规的低空数字航空摄影测量外业规范中,对控制点的布设方法有详细的规定,这是确保大比例尺成图精度的基础。倾斜摄影技术相对于传统摄影技术在影像重叠度上的要求更高。当前的规范中,关于像控点布设的要求不适合高分辨率无人机倾斜摄影测量技术。消防无人机通常采用 GPS 定位模式,对确定影像间的相对位置作用明显,可以提高空三计算的准确度。

(1)常规三维建模。

基于 Smart3D 算法,从最终空三特征点点云的角度可以提供一个控制间隔,建议值是按每隔 20 000～40 000 个像素布设一个控制点,其中有差分 POS 数据(相对较精确的初始值)的可以放宽到 40 000 个像素,没有差分 POS 数据的至少每 20 000 个像素布设一个控制点。同时也要根据每个任务的实际地形地物条件灵活应用,如地形起伏异常较大的、大面积植被及水域特征点非常少的,需要酌情增加控制点。控制点测量采取附合导线测量方式,获取高精度位置信息。

Smart3D 模型的结果与软件无关,而完全取决于飞行质量,分辨率高、重叠度大、色彩清晰、航高低,得到的模型效果就很好。

(2)应急测绘保障。

发生森林火灾、地震、山体滑坡、泥石流等自然灾害后,为及时获取灾区可量测三维数据,不能按照传统的作业方式进行控制测量,可通过在 Google 地图读取坐标、手持 GPS 测量、实时动态(Real Time Kinematic,RTK)测量等方式快速获取灾区少量控制点,生成灾区真三维模型,为灾后救援提供帮助。在 GPS 测量中,如静态、快速静态、动态测量都需要事后进行解算才能获得厘米级的精度,而 RTK 是一种能够在野外实时得到厘米级定位精度的测量方法,能极大地提高野外作业效率。

(3)点位选择要求。

影像控制点的目标影像应清晰,选择在易于识别的细小地物交点、明显地物拐角点等位置固定且便于测量的地方。条件具备时,可以先制作外业控制点的标志点,一般选择白色(或者红色)油漆画十字形标志,并在航摄飞行之前试飞几张影像,确保十字标志能在倾斜影像上被正确辨识。控制点测量完成后,要及时制作控制点点位分布略图、控制点点位信息表,准确描述每个控制点的方位和位置信息。

(4)像点标志。

在整个像控布设环节中,像控标志类型、标志尺寸及位置选择至关重要。

1)标志类型。从用途来说,像控点是模型成果坐标转换的依据。其反映在技术流程上,外业中需要实测标志点平面坐标和高程;内业中,在空中三角测量环节,用于像片刺点。因此,像控标志的识别度、反射光的程度以及与周边地物色差都是要考虑的,除了道路已有交通标志线角点和明显清晰线性地物交点之处。

2)标志尺寸。以消防无人机的空中视角来说,地面标志相当小,不同分辨率的照片对地面标志的大小要求不同,经测试,地面分辨率为 2～3 cm 时,地面标志为 60 cm×60 cm 以上的尺寸在消防无人机拍摄的像片上才能清晰可见。

3)位置选择。以 5 镜头相机为例,其倾斜角度一般为 45°,倾斜视线很容易被遮挡,除了大树、高楼和途径车辆,还会被高茎杂草、电力线所遮盖。当高空拍摄像片时,以像素为单位进行处理,因此,在选择点位时,需避开上述遮挡物。另外,为防止人为破坏,布设可移动标志时还需考虑尽量远离人为活动频繁区域。

(5)像控布设流程。

1)在项目准备阶段进行像控预布设,需要对待测区概况有所了解。通常借助卫星图进行像控点位的预布设,秉持"角点布设,中间加密,均匀布设"的原则,设计像控点位。外业中,可通过手机定位实现预设点位"放样"。

2)像控实地测设:将预先布设的点位,放样至实地,在电子地图标记位置拍摄照片,以便后续查找、对照和检查。坐标采集多采用实时动态(RTK)获取。

3)在工程实际中,像控标志被人为毁坏或遮盖的情况屡见不鲜,因此需要做好事后点位补测工作,保证该处有点,以便构建区域网,达到控制误差累积的效果。

4)像控数据检查。首先检查本地坐标点位是否与已有地形图坐标系一致,相对位置关系是否正确。像控坐标至关重要,需及时检查,以免坐标系不符合要求或点位、点号错误。然后检查像片上像控标志是否清晰可见,对于像控标志被遮盖或毁坏的问题,可通过查看对应位置像片,及时检查出来,进而提出外业补救方案。

5)内业刺点。刺点即在多视角、多幅像片上精确标记出同名控制点的位置,后续通过空中三角测量解算,将整体坐标纠正至本地坐标系或其他平面坐标系。刺点原则可概括为虚实结合像素点、不刺过曝像片、不刺像片边缘、尽量多镜头像片皆刺点。

6.2.3 消防无人机空中三角测量和三维模型质量

1.消防无人机空中三角测量

1)像片刺点。将野外测量的控制点信息,按照实际位置刺到自动建模系统中,这个工作叫做像片刺点。刺点位置一般是十字交叉的中心、直线的左右角点或直角的内角点,如斑马线的左右角点。根据影像分辨率和斑马线的宽度,估算角点所占的像素,把影像缩放到合适的大小完成刺点。

2)空三计算。采用光束法区域网整体平差方法进行空三计算,即以一张像片组成的一束光线作为一个平差单元,以中心投影的共线方程作为平差单元的基础方程,通过各光线束在空间的旋转和平移,使模型之间的公共光线实现最佳交会,将整体区域最佳地嵌入控制点坐标系中,恢复地物间的空间位置关系。

3)空三精度。在国家标准《数字航空摄影测量　空中三角测量规范》GB/T 23236—2009 中,对相对定向像片连接点数量和误差有明确的规定,但在无人机倾斜摄影空三中没有相对定向的信息,单个连接点的精度指标也未体现,可以从像方和物方两个方面来综合评价空三的精度。物方的精度评定比较常用,就是对比加密点与检查点(多余像片控制点,不参与平差)的坐标差;像方的精度评定,通过影像匹配点的反投影的误差来进行控制。空三常规的精度指标只能表现整体的精度范围,不能看到局部的精度问题,通过外方位元素标准偏差能更全面地表现。通俗来讲,空三运算的质量指标包括:是否丢片,丢得是否合理;连接点是否正确,是否存在分层、断层、错位;检查点误差、像控点残差、连接点误差是否在限差以内。

2.消防无人机三维模型质量

消防无人机倾斜摄影测量技术能够提供三维点云、三维模型、真正数字正射影像图(TDOM)、数字地表模型(DSM)等多种成果形式,其中三维模型具备真实、细致、具体的特点,通常称之为真三维模型。可以将这种实景三维模型当作一种新的基础地理数据来进行精度评定,评定包括位置精度、几何精度和纹理精度 3 个方面。

1)位置精度。三维模型的位置精度评定跟空三的物方精度评定有类似之处,通过对比加密点和检查点的精度进行评定。在控制点周边比较平坦的区域,容易进行精度对比;在房角、墙线、陡坎等几何特征变化大的地方,模型上的采点误差比较大,精度衡量可靠性降低,可以联合影像作业,得到最终的成果矢量或模型数据之后再进行比对。

2)几何精度。传统手工建模可以自由设计地物的几何形状,而真三维自动化建模,影像重叠度越大的地方地物要素信息越全,三维模型的几何特征就越完整。反之,影像重叠度不够,则可能出现破面、漏面、漏缝、悬空、楼底和房檐拉花等情况,影响地物几何信息的完整表达。这种属于原理性问题,无法完全避免。在三维模型浏览软件中参照航拍角度固定浏览视角,同时拉伸到与实际分辨率相符的高度去查看模型,看不出明显的变形、拉花,即可判定为合格,反之为不合格。

3)纹理精度。真三维建模完全依靠计算机来自动匹配地物的纹理信息,由于原始影像质量不同,匹配结果可能存在色彩不一致、明暗度不一致、纹理不清晰等情况。要提高纹理精度就必须提高参加匹配的影像质量,剔除存在云雾遮挡覆盖、镜头反光、地物阴影、大面积相似纹理、分辨率变化异常等问题像片,提高匹配计算的准确度。

6.2.4　消防无人机倾斜摄影测量的内业数据处理流程

1.内业三维建模

外业航空摄影作业完成后,需要及时将数据导出转入内业处理。

1)数据检查。主要检查航拍影像质量,如实际影像重叠度、像片倾角和旋角、航线弯曲度、摄区覆盖范围、影像的清晰度、像点位移等。如果检查内容不满足内业规范和作业任务要求,则应根据实际情况重新拟定飞行计划,对局部区域补飞或重飞。

2)空三加密。目前在消防无人机倾斜摄影测量内业数据处理过程中,通常采用光束法区域网联合平差的方法,也称之为联合平差。联合平差的基本原理是对运用两种不同观测手段得到的数据进行平差,将控制点坐标数据和像片的 POS 姿态数据作为外方位元素的初始值进行联合平差。

3)建立实景三维模型。基于原始影像及空三成果,即可使用 Pix4Dmapper 等内业处理软件生成三维模型及派生数据,包括 DOM、DSM(含 DEM)、密集点云等数据。

2. 内业数据采集

实景三维模型建模后,应使用像控点和检查点对模型精度进行检查。模型精度符合相关规范要求后,采用相关数据采集平台进行地形数据采集,作业模式采用先内后外的模式生产。

3. 处理流程

根据项目要求采集完毕后进行数据检查,再使用软件进行数据生产,整合成 FDB 格式成果,最后保存为 DWG 或 DXF 格式的文件并输出。

4. 内业成果

1)内业成果相互关系如图 6-15 所示。

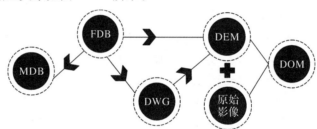

图 6-15 消防无人机航测内业成果相互关系示意图

2)消息驱动模型(Message Driven Bean,MDB)是 Microsoft Access 软件使用的一种存储格式,因其对数据操作的方便性,常用于一些中小型程序中。

3)数字高程模型(DEM)是地形表面形态的数字化表达,即用一组有序数值阵列形式表示地面高程的一种实体地面模型。

4)数字正射影像图(DOM)是对航测相片进行数字微分纠正和镶嵌,按一定图幅范围裁剪生成的数字正射影像集,能得到同时具有地图几何精度和影像特征的图像。

6.3　消防无人机图像识别技术

消防无人机图片识别技术是指利用计算机对消防无人机航测拍摄的图像进行处理、分析和理解,以识别各种不同模式的目标和对象的技术。简单说来,就是通过分析消防无人机航测照片或图像来获取森林火灾燃烧蔓延过程及灾后破坏情况的信息。

6.3.1　消防无人机图像识别的定义和原理

1. 消防无人机图像识别的定义

图像分为模拟图像和数字图像两种类型。数字图像,又称数码图像或数位图像,是用有限数字数值像素表示的图像,由数组或矩阵表示,其光照位置和强度都是离散的。它是由模拟图像数字化得到的、以像素为基本元素的、可以用数字计算机或数字电路存储和处理的图像。电子计算机本身不具有理解图像的能力,图像识别就是让计算机具有对图像理解的能力,包括图像所表示的内容、图像与物体之间的关系等要素。

消防无人机图像识别是以消防无人机从空中拍摄的森林火灾发生时或熄灭后的模拟像片为基础,即以消防无人机航测或航拍影像的基本本质特征为基础,由电子计算机进行数字化处理而得到数字图像的技术。森林火灾发生过程中,消防无人机航测或航拍的主要图像信息是燃烧时产生的烟雾和火焰,对烟雾和火焰的图像信息进行研究,发现烟雾和火焰本身具有一定的规律性,以此为依据设计有针对性的算法,从图像中识别出烟雾和火焰,判断火灾发生位置、规模和蔓延趋势。森林火灾熄灭后由消防无人机航测主要的图像信息,主要用来评估森林火灾的范围、火灾规模、森林资源损失,以及人员伤亡、房屋烧毁和野生动物死亡情况等。

2. 消防无人机图像识别的原理

消防无人机图像识别的本质是计算机的图像识别技术,在原理上和人类的图像识别并没有本质的区别。人类也不单是凭借整个图像存储在脑海中的记忆来识别图像的,而是依靠图像所具有的本质特征,事先将这些图像分类,然后通过各个类别所具有的特征将图像识别出来。

当人们看到一张图片时,其大脑会迅速感应到是否见过此图片或与其相似的图片,在"看到"与"感应到"的中间经历了一个迅速识别过程,这个识别过程和电子计算机的搜索过程有些类似。在这个过程中,人们的大脑会根据存储记忆中已经分好的类别进行识别,查看是否有与该图像具有相同或类似特征的存储记忆,从而识别出是否见过该图像。电子计算机的图像识别技术也是如此,即通过分类并提取重要特征而排除多余的信息来识别图像。电子计算机所提取出的这些特征有时会非常明显,有时又很普通,这在很大程度上影响了它识别的速率。总之,在计算机的视觉识别中,图像的内容通常是用图像特征进行描述的。

6.3.2　消防无人机图像识别的流程和识别方法

1. 消防无人机图像识别的流程

图像识别一般是以影像的本质特征为基础,依靠电子计算机软件实现的。消防无人机图像识别流程通常有以下几个步骤:图像提取和采集、图像增强、图像复原、图像编码与压缩、图像分割以及图像识别技术等。

(1)图像提取和采集。

消防无人机森林火灾图像提取和采集是消防无人机航测或航拍得到的森林火灾现场或灾后的图像,经过计算机提取和处理转为数字图像,并且和文字、图形、声音一起存储在计算机内。计算机图像提取是将一个模拟图像变换为适合计算机处理的形式的第一步,而数字图像处理就是研究它们的变换算法。

(2)图像增强。

图像在成像、采集、传输、复制等过程中其质量或多或少会发生一定的退化,数字化后的图像视觉效果不是十分令人满意。为了突出图像中感兴趣的部分,使图像的主体结构更加明确,必须对图像进行改善,即进行图像增强。通过图像预处理来减少图像中的噪声,改变原来图像的亮度、色彩分布、对比度等参数。图像增强的目的是去除干扰、噪声,将原始图像编程,使之成为适于计算机进行特征提取的形式。图像增强提高了图像的清晰度和质量,使图像中物体的轮廓更加清晰,细节更加明显。图像增强不考虑图像降质的原因,增强后的图像更加赏心悦目,为后期的图像分析和图像理解奠定良好的基础。

(3)图像复原。

图像复原也称图像恢复,在获取图像时,环境噪声的影响、运动造成的图像模糊、光线的强弱等因素使得图像模糊。为了提取比较清晰的图像,需要对图像进行恢复,图像恢复主要采用滤波方法,从降质的图像恢复原始图。图像复原的另一种特殊技术是图像重建,该技术通过物体横剖面的一组投影数据建立图像。

(4)图像编码与压缩。

数字图像的显著特点是数据量庞大,需要占用相当大的存储空间。但基于计算机的网络带宽,大容量存储器无法进行数据图像的处理、存储、传输。为了能快速、方便地在网络环境下传输图像或视频,必须对图像进行编码和压缩。目前,图像压缩编码已形成了国际标准,如静态图像压缩标准(Joint Photographic Experts Group,JPEG),该标准主要针对图像的分辨率、彩色图像和灰度图像,适用于网络传输的数码相片、彩色照片等。由于视频可以被看作一幅幅不同的但又紧密相关的静态图像的时间序列,因此动态视频的单帧图像压缩可以应用静态图像的压缩标准。采用图像编码压缩技术,可以减少图像的冗余数据量和存储器容量、提高图像传输速度以及缩短处理时间。

(5)图像分割。

图像分割是把图像分成一些互不重叠而又具有各自特征的子区域,每一区域是像素的一个连续集,这里的特征可以是图像的颜色、形状、灰度和纹理等。根据目标与背景的先验知识,将图像表示为物理上有意义的连通区域的集合。即对图像中的目标、背景进行标记、定位,然后把目标从背景中分离出来。目前,图像分割的方法主要有基于区域特征的分割方法、基于相关匹配的分割方法和基于边界特征的分割方法。采集图像时受到各种条件的影响,可能会使图像变得模糊、存在噪声干扰等,从而使图像分割遇到困难。在实际的图像中,需根据景物条件的不同,选择适合的图像分割方法。图像分割为进一步的图像识别、分析和理解奠定了基础。

(6)图像识别技术。

每个图像都有它的特征,如字母 A 有个尖、P 有个圈,而 Y 的中心有个锐角等。对图像识别时眼动的研究表明,人的视线总是集中在图像的主要特征上,也就是集中在图像轮廓曲度最大或轮廓方向突然改变的地方,这些地方的信息量最大。而且眼睛的扫描路线也总是依次从一个特征转到另一个特征上。由此可见,在图像识别过程中,知觉机制必须排除输入的多余信息,提取出关键的信息。同时,在大脑里必定有一个负责整合信息的机制,它能把分阶段获得的信息整理成一个完整的知觉映像。

像素是数字图像的基本元素,像素是在模拟图像数字化时对连续空间进行离散化得到的。每个像素具有整数行(高)和列(宽)位置坐标,同时每个像素都具有整数灰度值或颜色值。通常,像素在计算机中保存为二维整数数组的光栅图像。对于由亿万像素组成的复杂图像的识别,电子计算机要将不同层次的像素信息综合加工为单元。对于熟悉的图形单元,由于计算机掌握了它的主要特征,就会把它当作一个单元来识别,而不再注意它的细节了。这种由孤立的单元材料组成的整体单位叫做组块,每一个组块都是同时被感知的。

2.消防无人机图像识别方法

消防无人机图像识别方法是将处理后得到的图像进行特征提取和分类。常用的方法有统计法、句法识别方法、神经网络法、模板匹配法和几何变换法等。

(1)统计法(Statistic Method)。

统计法是通过对研究的图像进行大量的统计分析,找出其中的规律并提取反映图像本质特点的特征来进行图像识别的。它以数学上的决策理论为基础,建立统计学识别模型,因而是一种分类误差最小的方法。常用的图像统计模型有贝叶斯(Bayes)模型和马尔可夫(Markow)随机场模型。但是,较为常用的贝叶斯决策规则虽然从理论上解决了最优分类器的设计问题,其应用却在很大程度受到了更为困难的概率密度估计问题的限制。同时,正是因为统计方法基于严格的数学基础,而忽略了被识别图像的空间结构关系,当图像非常复杂、类别数很多时,将导致特征数量激增,给特征提取造成困难,也使分类难以实现,尤其是当被识别图像的主要特征是结构特征时,用统计法很难进行识别。

(2)句法识别(Syntactic Recognition)法。

句法识别法是对统计识别方法的补充,在用统计法对图像进行识别时,图像的特征是用数值特征描述的,而句法方法则是用符号来描述图像特征的。它模仿了语言学中句法的层次结构,采用分层描述的方法,把复杂图像分解为单层或多层的相对简单的子图像,主要突出被识别对象的空间结构关系信息。模式识别源于统计方法,而句法识别方法则扩大了模式识别的能力,使其不仅能用于对图像的分类,而且可以用于对景物的分析与物体结构的识别。但是,当存在较大的干扰和噪声时,句法识别方法抽取子图像(基元)困难,容易产生误判,难以满足分类识别精度和可靠度的要求。

(3)神经网络(Neural Network)法。

神经网络方法是指用神经网络算法对图像进行识别的方法。神经网络系统是由大量的同时也是很简单的处理单元(称为神经元)通过广泛地按照某种方式相互连接而形成的复杂网络系统。虽然每个神经元的结构和功能十分简单,但由大量的神经元构成的网络系统的行为却是丰富多彩和十分复杂的。它反映了人脑功能的许多基本特征,是人脑神经网络系统的简化、抽象和模拟。句法方法侧重于模拟人的逻辑思维,而神经网络方法侧重于模拟和实现人的认知过程中的感、知觉过程,形象思维,分布式记忆和自学习自组织过程,与符号处理是一种互补的关系。由于神经网络具有非线性映射逼近、大规模并行分布式存储和综合优化处理、容错性强、独特的联想记忆及自组织、自适应和自学习能力,因此特别适合处理需要同时考虑许多因素和条件的问题及信息不确定性(模糊或不精确)问题。在实际应用中,由于神经网络法存在收敛速度慢、训练量大、训练时间长,且存在局部最小、识别分类精度不够等问题,不适应经常出现新模式的场合,其实用性有待提高。

(4)模板匹配(Template Matching)法。

模板匹配法是一种最基本的图像识别方法。模板是为了检测待识别图像的某些区域特征而设计的阵列,它既可以是数字量,也可以是符号串等,因此可以把它看作统计法或句法识别法的一种特例。模板匹配法就是将已知物体的模板与图像中所有未知物体进行比较,如果某一未知物体与该模板匹配,则该物体被检测出来,并被认为是与模板相同的物体。模板匹配法虽然简单方便,但其应用有一定的限制。因为要表明所有物体的各种方向及尺寸,就需要较大数量的模板,且其匹配过程由于需要的存储量和计算量过大而不经济。同时,该方法的识别率过多地依赖于已知物体的模板,如果已知物体的模板产生变形,会导致识别错误。此外,由于图像存在噪声以及被检测物体形状和结构方面的不确定性,模板匹配法在较复杂的情况下往往得不到理想的效果,难以绝对精确。一般都要在图像的每一点上求出模板与图像之间的匹配量度,当匹配量度达到某一阈值时,表示该图像中存在所要检测的物体。经典的图像匹配方法利用绝对差的二次方和作为不匹配量度,但是这种方法经常发生不匹配的情况,因此,利用几何变换的匹配方法有助于提高稳健性。

(5)几何变换法。

典型的几何变换方法主要有霍夫变换(Hough Transform,HT)。霍夫变换是一种快速形状匹配技术,它对图像进行某种形式的变换,把图像中给定形状曲线上的所有点变换到霍夫空间而形成峰点。这样,给定形状的曲线检测问题就变换为霍夫空间中峰点的检测问题,可以用于有缺损形状的检测。为了减小计算量和和内存空间以提高计算效率,有学者提出了改进的霍夫算法,如快速霍夫变换(Fast Hough Transform,FHT)、自适应霍夫变换(Adaptive Hough Transform,AHT)及随机霍夫变换(Randomized Hough Transform,RHT)。其中随机霍夫变换 RHT 是于 20 世纪 90 年代提出的一种精巧的变换算法,其不仅能有效地减少计算量和内存容量,提高计算效率,而且能在有限的变换空间获得任意高的分辨率。

6.3.4　消防无人机图像模式识别和识别模型

1.消防无人机图像模式识别

消防无人机图像识别中的模式识别(Pattern Recognition)是一种从大量信息和数据出

发,在经验和已有认识的基础上,利用计算机和数学推理的方法,对形状、模式、曲线、数字、字符格式和图形自动完成识别、评价的过程。模式识别包括以下两个阶段:

1)学习阶段。在学习阶段,对样本进行特征选择,寻找分类的规律。

2)实现阶段。在实现阶段,根据分类规律对未知样本集进行分类和识别。

消防无人机图像识别技术是人工智能的一个重要领域。为了编制模拟人类图像识别活动的计算机程序,人们提出了不同的图像识别模型。

2.消防无人机图像识别模型

(1)模板匹配模型。

模板匹配模型方法认为,识别某个图像,必须在过去的经验中有这个图像的记忆模式(称之为模板)。当前的图像如果能与大脑中的模板相匹配,这个图像也就被识别了。例如有一个字母 A,如果在脑中有个 A 模板,其大小、方位、形状都与这个 A 模板完全一致,字母 A 就被识别了。

这种模式识别的模板匹配模型简单明了,也容易得到实际应用。但这种模型强调图像必须与计算机中储存的模板完全符合才能加以识别,而事实上图像识别要求不仅要能识别与计算机中的模板完全一致的图像,也要能识别与模板不完全一致的图像。例如,人们不仅能识别某一个具体的字母 A,也能识别印刷体的、手写体的、方向不正、大小不同的各种字母 A。同时,实际应用中要求识别大量的图像,如果所识别的每一个图像在模板中都有一个相应的一模一样的模板,也是不可能的。

(2)原型匹配模型。

为了解决模板匹配模型存在的问题,人们又提出了一个原型匹配模型。这种模型认为,在长时记忆中存储的并不是所要识别的无数个模板,而是图像的某些"相似性"。从图像中抽象出来的"相似性"就可作为原型,拿它来检验所要识别的图像。如果能找到一个相似的原型,这个图像也就被识别了。这种模型从神经上和记忆探寻的过程上来看,都比模板匹配模型更适宜,而且还能说明对一些不规则的但某些方面与原型相似的图像的识别。但是,这种模型依然难以在计算机程序中得到实现。因此又有人提出了一个更复杂的模型,即"泛魔"识别模型。

(3)"泛魔"识别模型。

所谓泛魔,即这个模型把图像识别过程分为不同的层次,每一层次都有承担不同职责的特征分析机制(称作一种"小魔鬼"),由于有许许多多这样的机制在起作用,因此叫做"泛魔"识别模型。

1)主要特点。"泛魔"识别模型的主要特点在于它的层次的划分。它是一种以特征分析为基础的图像识别系统,把图像识别过程分为不同的层次,每一层次都有承担不同职责的特征分析机制,依次进行工作,最终完成对图像的识别。

2)层次的划分。"泛魔"识别模型系统将图像识别过程分为 4 个层次。

第一层是执行最简单任务的"映象鬼",它们只是记录外界的原始形象,如同视网膜获得外界刺激的映象。

第二层是"特征鬼",进一步分析这个映象。在分析过程中,每个"特征鬼"都去寻找与自己有关的图像特征。例如,在识别英文字母时,每个"特征鬼"负责报告字母的一种特征及与数量,如垂直线、水平线、斜线、直角、锐角、不连续曲线和连续曲线等。

第三层是"认知鬼",它们负责监视各种"特征鬼"的反应,每个"认知鬼"都从"特征鬼"的反应中寻找与自己负责识别的图像有关的特征,发现了这种特征时,它就"叫喊",发现的特征越多,"叫喊"声越大。

第四层是"决策鬼",根据众多"认知鬼"的叫喊,选择叫喊声最大的那个"认知鬼"所负责的模式作为所要识别的模式。

例如在识别字母 R 时,"映象鬼"先对 R 进行编码,把信息传递给"特征鬼"做进一步加工,这时会有 5 个"特征鬼"分别报告字母 R 图像所包括的内容:一条垂线、两条水平线、一条斜线、3 个直角和一条不连续曲线。然后许多"认知鬼"根据所报告的这些特征及其数量来识别是否是自己负责的字母。这时 D、P、R 鬼都会有反应,但 P 鬼只有 4 个特征与其符合,并有一特征(斜线)与其不符合;D 鬼只有 3 个特征与其符合,并有两个特征(斜线、直角)与其不符合;只有 R 鬼所有的 5 个特征都与其符合,而且这 5 个特征又包括了 R 的全部特征,所以 R 鬼的"叫喊"声最大,因此"决策鬼"就很容易地作出选择 R 的决定。"泛魔"识别模型对于相似的图形也可以分辨,不致混淆;失真的图形(如字母的大小)发生变化时,识别也不会发生困难。

以特征分析为基础的"泛魔"识别模型是一个比较灵活的图像识别系统。它可以进行一定程度的学习,如"认知鬼"可以逐渐学会怎样解释与它所负责的字母有关的各种特征,它还可以容纳具有其他功能的"鬼"。这个系统现在也被用来描述人像的图像识别过程。

6.4 森林火灾的类型及其图像识别系统

森林火灾是一种突发性强、破坏性大、处置救助较为困难的自然灾害。其起因主要有两类:一类是由居住在森林附近(林区)的居民或前往森林公园游玩的旅客等的人为活动,如吸烟、炊烟、烧荒、上坟烧纸和燃放爆竹礼花等引起的人为火灾,占了森林火灾的 98% 以上。另一类是由包括雷电、自燃等引起的森林火灾,约占我国森林火灾总数的 2%。

6.4.1 森林火灾的类型

不论是由人为活动引起的人为火灾,还是由自然火引起的森林火灾,森林火灾一般都是先从地被植物燃烧开始,然后蔓延到幼树,火焰逐渐扩展到树冠和树杆,引起树冠火,如果地下的腐殖质层厚,可能潜入地下燃烧,发生地下火。森林火灾的类型主要有以下几种。

1.地表火

枯枝落叶层以上到 1.5 m 以内的所有可燃物称为地表可燃物,包括枯枝落叶、杂草、矮灌、幼树、倒木、伐根等。地表火是最常见的森林火灾类型,约占森林火灾的 94%。地表火从地表可燃物开始燃烧,沿森林地表面蔓延,一般温度为 400℃ 左右,烟为浅灰色。地表火烧毁地被物,祸及幼树,烧伤大树干基部和露出地面的树根等,如图 6-16 所示。按其蔓延速度和为害性质分为两类:

(1)急进地表火。急进地表火蔓延速度快,通常达到 0.5~1 km/h,上山火可达 1~3 km/h,大风天气达到 5 km/h,其中荒草山、竹林和油松飞播纯林形成的急进地表火,火蔓延速度非常快,瞬间可达 5~8 km/h。急进地表火往往燃烧不均匀,火烧迹地呈长椭圆形或顺风伸展呈三角形。

(2)稳进地表火。稳进地表火蔓延速度慢,一般为 0.05~0.1 km/h,能烧毁它蔓延时经过地段上的所有地被物,烧伤乔灌木低层枝条。稳进地表火燃烧时间长,温度高,范围大,危害严重,火烧迹地呈椭圆形。

图 6-16　地表火沿森林地表蔓延

2.树冠火

树冠火沿树冠蔓延,约占森林火灾的 5%,主要靠地表火在强对流作用下"飞上枝头"。树冠火高度高、温度高、烟柱也高,一般温度为 900℃,烟柱可高达几千米,常发生飞火,烟为暗灰色,行过之处浓烟弥漫,目不见物,不易扑救(见图 6-17),其多发生在长期干旱的针叶林内,一般阔叶林内不大发生。树冠火破坏性大,能烧毁针叶、树枝和地被物等,按其蔓延速度和危害程度又分为两类:

1)急进树冠火。急进树冠火又称狂燃火,蔓延速度,火焰跳跃前进,顺风蔓延快,通常达到 8~25 km/h,树冠火常将地表火远远抛在后面,形成上下两股火,火烧迹地呈长椭圆形。

2)稳进树冠火。稳进树冠火又称遍燃火,蔓延速度顺风为 5~8 km/h,树冠火与地表火,上下齐头并进,林内大部分可燃物都被烧掉,是森林火灾中为害最严重的一种。火烧迹地为椭圆形。

图 6-17　树冠火沿森林树冠蔓延

3.地下火

地下火又称泥炭火或腐殖质火,多发生在特别干旱的针叶林地内,约占森林火灾的 1%。

地下火在林地的腐殖质层或泥炭层中燃烧,地表看不见火焰,只见烟雾,蔓延速度缓慢,仅为 4~5 m/h,持续时间长,能持续几天、几个月或更长时间,可一直烧到矿物质层或地下水层,如图 6-18 所示。地下火破坏性大,能烧掉土壤中的所有泥炭、腐殖质和树根等。地下火难以发现,不易扑灭,森林被地下火烧后,林地往往出现成片死亡的倒木,火烧迹地呈环形。

图 6-18　地下火在林地的腐殖质层或泥炭层中燃烧

4.火旋风

火旋风,全名称为火焰龙卷风,是一种发生火情时,空气的温度和热能梯度满足某些条件,火苗形成一个垂直的漩涡,旋风般直刺天空形成的罕见现象,如图 6-19 所示。旋转火焰多发生在灌木林火,火苗的高度为 9~60 m,持续时间也有限,一般只有几分钟,但如果风力强劲则能持续更长的时间。火焰龙卷风的形成需要具备一定条件——强烈热量和涌动风流结合在一起,形成旋转的空气涡流。这些空气涡流可收紧形成类似龙卷风结构,旋转着吸入燃烧残骸和易燃气体。

(a)　　　　　　　　　　　　　　　(b)

图 6 - 19　火旋风

(a)火旋风形态之一；(b)火旋风形态之二

　　火旋风会夹带着大量的树枝、木屑等可燃物,形成一个又一个火头,在风的作用下,火头甚至能飞过上百米宽的河流打中对岸,形成"火烧连营"。有记录最大的火旋风甚至能打到几千米外。而且火旋风的温度极高,火旋风核心部分最高温度可达 1 000 ℃以上,足以将从地面吸入其中的灰烬重新点燃。

6.4.2　消防无人机森林火灾图像识别系统及其识别流程图

1. 消防无人机森林火灾图像识别系统

　　消防无人机森林火灾图像识别技术在森林火灾预警、火灾监测和火灾后损失评估等方面,能够为森林火灾消防指挥机构提供实时有效的信息,因此受到人们越来越多的关注。

　　传统火灾探测器多采用单一时刻的火灾参量作为判断标准,这种识别方法存在盲区、时效性差、监测精度不高,在外界干扰下易引起频繁误报或漏报。消防无人机森林火灾图像识别技术与传统火灾探测方法不同,它是基于机器视觉的森林火灾探测报警系统,利用数字图像识别技术来实现森林火灾监测,即基于森林火灾火焰和烟雾的图像特征,能大大提高森林火灾巡视监测的准确性和效率。

　　与传统火灾探测器相比,消防无人机森林火灾识别系统的优点是具有较高的空间、时间分辨率和较大的观测范围,可以从森林火灾初发阶段开始进行连续动态监测,提供详细的火点位置、过火面积、温度变化及其蔓延速度和范围等相关重要信息,为森林火灾扑救提供科学的决策依据,较好地弥补了传统监测方法的不足。

　　为满足森林火灾预警和监测的实时性要求,对森林火灾进行实时、准确的监测和定位尤为重要,因此消防无人机森林火灾识别系统必须是一个实时的系统,即要求系统有很强的实时性和准确性。针对森林火灾数字图像的信息量非常巨大的特点,要想提高其识别系统的处理速度,除采用高性能的硬件外,还必须考虑电子计算机软件的运算方式和运算速度。由于消防无人机森林火灾识别系统所有图像处理和特征检测算法都要由软件实现,算法直接影响系统的准确性、灵敏度及实时性,因此在软件编制过程中,总体方案和算法的设计是非常重要的。

2.消防无人机森林火灾图像识别流程图

前面章节已经介绍和讨论过,图像识别技术分为图像处理和图像识别两个部分:第一部分是图像处理,利用计算机对图像进行分析,以达到所需的结果;第二部分是图像识别,对图像处理得到的图像进行特征提取和分类。这里进一步给出消防无人机森林火灾图像识别流程图,如图 6-20 所示。

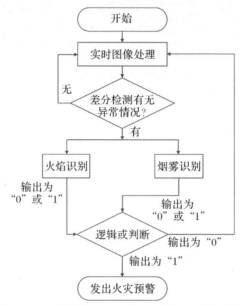

图 6-20   消防无人机森林火灾图像识别流程图

6.5 消防无人机森林火灾烟雾和火焰图像识别技术

消防无人机森林火灾图像识别系统是以计算机为核心,结合数字图像处理技术的森林火灾自动报警系统。它利用无人机安装携带的航摄设备对森林现场进行巡查监测,将摄取的图像和视频信号由图像采集卡捕捉为数字图像,输入计算机后,根据图像特征进行处理和分析识别,达到探测和识别森林火灾的目的。数字图像识别部分的软件是消防无人机森林火灾探测系统的核心。

6.5.1 消防无人机森林火灾烟雾图像识别技术

1.森林火灾烟雾的特性

森林火灾发生和蔓延过程中最大的特点是先有烟,后有火,因此,消防无人机在执行森林巡视监测任务时,其巡视监测的对象有两个——烟雾和火焰。在发生森林火灾的早期,消防无人机并不容易监测到大量的火焰,而烟雾才是森林发生火灾的早期最显著的视觉现象,消防无人机通过监测烟雾,能及早发现林火,更具有研究价值。监测烟雾的优点在于费用低、效率高。通过自动识别森林火灾前期的烟雾特征再进行预警处理。

一般情况下,林木燃烧过程中产生的烟雾颜色主要为白色、灰色、青色、黑色等。由于烟雾实质上是空气中的离子,对光有反射性,所以周围环境的光线颜色也会对烟雾颜色产生影响。烟雾扩散现象的实质是分子不停地做无规则运动的结果,所以烟雾在空气中呈现出不规则的形状,其边缘一般是不规则的曲线。

烟雾另一个重要的特性是扩散性。扩散是由微粒(原子、分子等)的热运动而产生的质量迁移现象,主要由密度差引起。在扩散过程中,气体分子从密度较大的区域移向密度较小的区域,经过一段时间的运动,密度分布趋向均匀。同时随着温度的升高,气体分子的运动速度加快,使扩散的速度加快。随着森林火灾树木燃烧的持续进行,燃烧产生的烟雾越来越多,在空气中占据了越来越大的空间。由于烟雾有颜色,当浓度提高时,烟雾的透明度降低,可见度也随之提高,同时烟雾在图像和视频中的面积随着时间的推移逐渐变大。

森林火灾烟雾颜色具有复杂性,因此烟雾图像识别需要采取颜色提取法进行分割,并运用视觉一致性的聚类算法对其进行改进。对于烟雾特征检测,主要进行小波特征及动态特征的分析,通过对比烟雾图像与背景图像小波系数进行小波特征识别,再对识别结果进一步进行动态特征识别,包括烟雾的不规则性和扩散性,最终确定视频中是否存在因森林火灾引发烟雾的现象。

2. 消防无人机森林火灾烟雾图像识别流程图

森林火灾发生和蔓延过程中,会先后出现两个基本特征:烟雾和火焰。消防无人机森林火灾监测系统针对这两个基本特征采取相应的图像识别措施(算法),可大大提高图像识别效率。

消防无人机森林火灾烟雾图像识别流程图如图 6-21 所示。

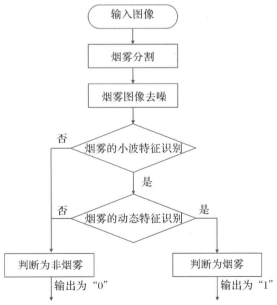

图 6-21　消防无人机森林火灾烟雾图像识别流程图

3.消防无人机森林火灾烟雾图像识别算法

消防无人机森林火灾烟雾图像识别技术常用算法主要有以下几种。

(1)帧差法。

帧差法,全称帧间差分法,是一种通过对视频图像序列中的连续两帧图像做差分运算,获取运动目标轮廓的方法。在环境亮度变化不大的情况下,如果相邻帧图像像素值变化小于设定的阈值时,可以认为此处为背景像素,即无物体运动。如果图像区域的像素值变化很大,可以认为这是由图像中运动物体引起的,将这些区域标记为前景像素,两帧相减,求得图像对应位置像素值差的绝对值,判断其是否大于某一阈值,进而分析视频或图像序列的物体运动特性。

帧差法的优点是算法实现简单,程序设计复杂度低,运行速度快;动态环境自适应性强,对场景光线变化不敏感,比较适用于无镜头运动的、光线变化不大的视频中运动物体的检测。其缺点是对于户外光线环境复杂、运动镜头的航拍视频识别,其精准度较差。

(2)RGB颜色模型。

RGB(Red、Green、Blue)颜色模型可以理解为一个三维坐标的立方体,R、G、B分别为红、绿、蓝3个颜色通道变量,数值在0~255之间变化,从而表现出色彩、明暗的变化,黑色原点到对角白色顶点的中轴线是一条逐渐由黑变白的灰度线,R、G、B3分量相等。RGB颜色空间最常用于显示器系统,彩色阴极射线管和彩色光栅图形的显示器都使用R、G、B数值来驱动R、G、B电子枪发射电子,并分别激发荧光屏上的R、G、B3种颜色的荧光粉发出不同亮度的光线,再通过相加混合产生各种颜色。扫描仪也是通过吸收原稿经反射或透射而发送来的光线中的R、G、B成分来表示原稿的颜色。RGB色彩空间称为与设备相关的色彩空间,因为不同的扫描仪扫描同一幅图像,会得到不同色彩的图像数据,不同型号的显示器显示同一幅图像,也会有不同的色彩显示结果。

由于森林火灾散发的烟雾具有明显的颜色特征和亮度特征,因此运用RGB颜色模型来识别烟雾是一种可取的方法,烟雾区就是以黑色原点到对角白色顶点的中轴灰度线中去掉暗黑色和高光亮白色后中间的一段灰度线为中心的一片区域,通过数学建模形成火灾烟雾区模型,再通过判断视频图像序列中的像素R、G、B值是否在烟雾区范围内来进行烟雾识别的。

(3)高斯混合模型。

高斯混合模型就是用高斯概率密度(正态分布曲线)精确地量化事物,它是一个将事物分解为若干基于高斯概率密度函数(正态分布曲线)形成的模型。对图像背景建立高斯模型的原理及过程:图像灰度直方图反映的是图像中某个灰度值出现的频次,也可以为是图像灰度概率密度的估计。如果图像所包含的目标区域和背景区域相差比较大,且背景区域和目标区域在灰度上有一定的差异,那么该图像的灰度直方图呈现双峰-谷形状,其中一个峰对应于目标,另一个峰对应于背景的中心灰度。通过将直方图的多峰特性看作多个高斯分布的叠加,可以解决图像的分割问题。

在消防无人机图像识别系统中,对于运动目标的检测是中心内容,而在运动目标检测提取时,背景目标对于目标的识别和跟踪至关重要。高斯混合模型可应用于图像分割、对象识别、视频分析等方面,对于任意给定的数据样本集合,根据其分布概率,可以计算每个样本数据向量的概率分布,从而根据概率分布对其进行分类,但是这些概率分布是混合在一起的,从中分离出单个样本的概率分布就实现了样本数据聚类,而概率分布描述可以使用高斯函数实现。高斯混合模型是一种明显优于帧差法的背景模型,图像中的像素值一般都服从高斯分布,对多峰分布背景进行建模很有效,可以鲁棒性地克服诸如户外光线变化、树枝摇动等环境因素造成的影响,可以满足实际应用中算法精确性和实时性的要求。

(4)烟雾识别混合算法优化。

森林火灾烟雾图像识别算法最重要的问题就是算法的准确率,本着"宁错勿漏"的原则,可有一定比例的误判,但不可以漏判,最终通过人工识别来确认,要排除非烟雾干扰物如河流、云雾、白灰色物体的干扰。提高预警准确率和降低误报率、漏报率是森林火灾烟雾识别算法优化的重点。要实现这个目的,单独使用以上 3 种算法并不能满足要求,因此有必要采用一种混合算法。

森林火灾烟雾识别混合算法整个流程经过二值化处理、RGB 颜色模式烟雾区判别式和多特征融合 3 个主要步骤的判断后,如果三者都成立则进入预警阶段,进行人工识别烟雾,如果判断结果成立,最终采取报警处理,否则全部进入不报警处理。主要流程分析如下。

1)二值化处理。二值化处理的目的是提取林区烟雾高亮部分,进行初步判断。以森林烟雾区域(或疑似烟雾区)的 RGB 模型为准,计算出该烟雾区的最小灰度亮度值(假设为160),设置为二值化阈值。采用森林火灾烟雾识别混合算法时,首先进行二值化处理,提取亮度大于 160 的区域。如果没有,说明肯定没有烟雾和其他亮度超过 160 的物体;如果有,说明可能有森林火灾烟雾,也可能是其他灰白色干扰物,然后再进入混合算法的第二步。二值化处理这个步骤是为了快速提取高亮部分,直接进行初步判断,处理数据较少,简单、迅速、有效,尤其是对于没有干扰物的比较理想的疑似林区烟雾识别十分有效。

2)RGB 颜色模型判别。采用 RGB 颜色模型判别式,提取森林烟雾区域和干扰物,经过第一步的灰度亮度初步判断后,亮度大于 160 的像素有可能是森林火灾冒出的烟雾,也有可能仅仅是比较亮的物体,例如黄土、水泥道路。这就需要运用基于烟雾区的 RGB 模型判别式来识别部分干扰物,尤其是具有明显与烟雾区不同的颜色特征的干扰物,即 R、G、B 中某一个值明显偏大的干扰物,以及部分亮度超过烟雾区范围的亮白色干扰物,这些干扰物很容易排除掉。但是即便是这样,也还是有一部分与烟雾颜色特征很相近的物体会识别不出来,如河流、云雾、白灰色物体等干扰物,如果不做进一步处理,会导致混合算法误判预警。

3)多特征融合算法。多特征融合算法是烟雾识别优化的第三步,也是最后一步,目的是进一步排除干扰物,即进一步排除烟雾区 RGB 模型识别不了的干扰物,最终提高报警准确率,降低误报率。在林区,常见的河流、云雾、白灰色建筑物或者道路等物体在颜色特征上具有很强的干扰性,必须通过进一步的多特征融合算法才能排除干扰,提高准确率。

轮廓特征识别:通过对林区图像中已经通过前两步算法的灰亮色干扰物进行轮廓识别,排除轮廓特征固定的干扰物,如建筑物、河流等。

运动特征识别:通过对林区图像中已经通过前两步算法的物体进行运动特征识别,烟雾运动具有独有的扩散和减淡特性,可以通过算法实现排除符合烟雾运动特征之外的干扰物,尤其是云雾。

6.5.2 消防无人机森林火灾火焰图像识别技术

1.消防无人机森林火灾火焰识别的图像信息

消防无人机森林火灾火焰识别的图像信息主要有:

1)火灾面积。森林火灾从初期的萌芽状态开始,有一个不断蔓延发展的过程。在森林火灾蔓延发展过程中,树木燃烧的火焰从无到有,从小到大,燃烧面积呈现连续的、扩展性的增加趋势。在消防无人机的图像处理中,燃烧面积是通过图像分割后统计其像素数来实现的。当其他高温物体向着消防无人机摄像头移动或者从视野外移入时,消防无人机探测到的目标面积也会逐渐增大,容易造成干扰。因此,火灾面积判据需要配合其他图像特性一起使用。

2)闪动规律。火焰的闪动规律是指其亮点在空间上的分布随时间变化的规律,即火焰在燃烧过程中会按某种频率闪烁。在数字图像中,火焰闪动规律是按灰度级直方图随时间变化的,这个特性体现了一帧图像的像素点在不同灰度级上随时间的变化情况。

3)分层变化。火焰内部的温度是不均匀的,并且表现出一定的规律。森林火灾中树木的燃烧属于扩散燃烧,扩散燃烧的火焰都有明显的分层特性,如蜡烛火焰分为焰心、内焰、外焰;树木(木材)等固体燃烧时由于表面辐射很强,可以分为固体表面与火焰部分两大层面,而火焰层面部分还可以再分层。分层变化特性体现了不同灰度级的像素点在空间的分布规律。

4)整体移动。森林火灾初发期,火灾火焰是不断发展的,随着旧的燃烧物燃尽和新的燃烧物被点燃,火焰的位置不断移动。所以火焰的整体移动是连续的、非跳跃性的。

森林火灾火焰具有较多的特性,需要从中找出适合火灾识别的并且处理速度较快的方法,要在理论上、技术上作进一步的探讨,并进行深入的研究和试验。作为一个火灾识别系统,应综合考虑各方面的因素,从而使技术上、性能上的指标符合实际需要。

2.消防无人机森林火灾火焰图像识别流程图

1)发生森林火灾时,造成巨大破坏作用的主角有两个,一个是袅袅升起的烟雾,另一个是熊熊燃烧的火焰。不论是烟雾,还是火焰,它们都会对生态环境和宝贵的森林资源造成巨大破坏。消防无人机森林火灾监测系统为了提高图像识别准确性和效率,除了对森林火灾的烟雾进行图像识别以外,还要对森林火灾的火焰进行图像识别。

消防无人机森林火灾火焰图像识别流程图如图 6-22 所示。

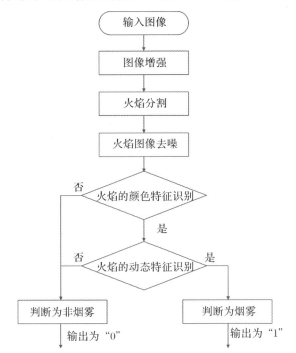

图 6-22　消防无人机森林火灾火焰图像识别流程图

2)边缘变化。森林火灾初发期,林区树木燃烧的火焰边缘变化有一定的规律,这种规律同其他的高温物体以及稳定火焰的边缘变化不同。通常情况下,可以用边缘检测和边缘搜索算法将树木燃烧的火焰边缘提取出来,根据边缘的形状、曲率等特性对边缘进行编码,再根据编码提取边缘的特征量。利用这些特征量在早期火灾初发阶段进行火灾判断。

3)形体变化。森林火灾初发期,火灾火焰的形体变化,反映了火焰在空间分布的变化,包括火焰的形状变化、空间取向变化、火焰的抖动以及火焰的分合等,具有自己独特的变化规律。在图像处理中,形体变化特性是通过计算火焰的空间分布特性,即像素点之间的位置关系来实现的。

3.消防无人机森林火灾火焰的识别算法

根据燃烧学的原理,火焰燃烧时释放出来的能量有 95% 集中于红外波段。所以,在进行图像处理时,主要关注点是红外波段,可以利用红外成像的原理获取燃烧所发出的红外图像进行图像处理。森林发生火灾时,其树木燃烧的火焰图像在色谱、纹理等方面具有独特的特征,使之在图像上与其背景图像之间有明显的区别。利用这些特征,可采用图像处理的方法对森林火灾的火焰图像进行快速识别。

林木在燃烧过程中,火焰会呈现出不同的颜色。在森林火灾早期,树木燃烧的火焰从无到有,有一个发生、发展的过程。这个阶段火焰的图像特征就更加明显。随着森林火灾的蔓延发展,不同时刻火焰的形状、面积、辐射强度等都在变化。根据识别算法所基于的判据类型,森林火灾火焰的识别算法可以分为以下两大类:

1)基于火焰静态特征的识别算法,包括对图像进行预处理、火焰颜色识别以及火焰形状识别。通常通过神经网络或者相似性比对进行识别。

2)基于火焰动态特征的识别算法,包括基于火焰闪烁频率设计的识别算法,基于火焰无序性设计的识别算法和基于火焰面积增长性设计的算法等。

习　　题

1.什么是消防无人机航测？消防无人机航测的作业内容、特点和类型分别有哪些?

2.说明航测术语:地面分辨率,航片重叠率,旁向重叠率,航摄比例尺,航线弯曲。

3.说明航测术语:五方向飞行,井字形飞行,变高飞行,正射,像片旋角,中心投影。

4.说明航测术语:平行投影,斜投影,正射投影,航摄像片为中心投影,地形图为正射投影。

5.说明航测术语:像点位移,像片方位元素,像片内方位元素,像片外方位元素,POS数据。

6.简述消防无人机航测的内业成果和实际操作流程。

7.倾斜摄影测量技术的优势和设备要求有哪些？简述飞行航线设计和控制测量的内容。

8.什么是消防无人机空中三角测量和三维模型质量？简述内业数据处理流程。

9.简述消防无人机图像识别的定义、原理、流程、识别方法、图像模式识别和识别模型。

10.森林火灾的类型有哪些？画出消防无人机森林火灾图像识别流程图。

11.画出消防无人机森林火灾烟雾图像识别流程图。

12.画出消防无人机森林火灾火焰图像识别流程图。

第7章 消防无人机数据链路与网联无人机

▶ 本章主要内容

(1)消防无人机数据链路、无线通信传输方式及网络通信基础知识。

(2)4G 与 5G 移动互联网技术对比。

(3)5G 网络能力及其关键技术。

(4)5G 网联消防无人机整体解决方案与展望。

(5)低轨卫星网联消防无人机。

7.1 消防无人机数据链路和无线通信传输方式

无人机系统数据链路是无人机区别于有人机的重要特征之一,消防无人机系统数据链路是消防无人机系统的一个关键子系统。消防无人机在空中飞行并非完全是无人驾驶的,而是由操作人员(驾驶员)在地面通过数据链路对它进行操纵,使其完成各种指定的任务。其间消防无人机系统数据链路起到地面操控人员与在空中飞行的无人机之间进行信息交互的桥梁和纽带作用。

7.1.1 消防无人机系统数据链路的定义和组成

1. 消防无人机系统数据链路的定义

无线通信是利用电磁波信号在自由空间中传播的特性进行信息交换的一种通信方式。消防无人机数据链路是一个多模式的智能化无线通信系统,其主要任务是建立一个空地双向数据传输通道,用于完成地面控制站对消防无人机的远距离遥控、遥测和任务信息传输。遥控实现对无人机和任务设备进行远距离操作,遥测实现无人机状态的监测。消防无人机在空中飞行时,能够感知其工作区域的电磁环境特征,并根据环境特征和通信要求,实时、动态地调整通信系统工作参数(包括通信协议、工作频率、调制特性和网络结构等),以达到可靠通信或节省通信资源的目的。

消防无人机数据链路系统主要包括机载数据终端和地面数据终端两部分,其传输方向可以分为上行链路和下行链路。上行链路主要完成地面站到消防无人机遥控指令的发送和接收,下行链路主要完成消防无人机到地面站的遥测数据、红外或电视图像的发送和接收,并根据定位信息的传输,利用上下行链路进行测距。数据链性能直接影响消防无人机的性能。简言之,消防无人机与地面站之间完全依赖无线数据链路进行信息的交互和控制,失去数据链路的无人机将完全失去控制。

2.消防无人机系统数据链路的组成

无人机数据链路一般由几个主要的子系统组成,如图7-1所示。数据链路的机载部分包括机载数据终端和天线,其中机载数据终端包括射频接收机、发射机以及用于连接接收机和发射机到系统其余部分的调制解调器。有些机载数据终端为了满足下行链路的带宽限制,还提供了用于压缩数据的处理器。天线采用全向天线,有时也要求采用具有增益的定向天线。

链路的地面部分也称地面数据终端。该终端包括一副或几副天线、射频(RF)接收机、发射机和调制解调器。若传感器数据在传送前经过压缩,则地面数据终端还需采用处理器对数据进行重建。地面数据终端可以分装成几个部分,一般包括一辆天线车(可以放在离无人机地面控制站有一定距离的地方)、一条连接地面天线和地面控制站的本地数据连线,以及地面控制站中的若干处理器和接口。

除了上面描述的数据链路系统的最基本的组成外,对于长航时无人机而言,为克服地形阻挡并延伸数据链路的作用距离,一种普遍采用的方式是中继。常用的中继方式有3种——地面中继、空中中继和卫星中继,甚至在一级中继不能满足要求时采用多级中继。图7-1为卫星中继的情形。当采用中继通信时,中继平台和相应的转发设备也是无人机数据链路系统的组成部分之一。卫星中继是指利用人造地球卫星作为中继站来转发无线电信号,从而实现在多个地面站之间进行通信的一种技术,主要用于将地面站发送的信号放大再转发给其他地面站或空中飞行器(如无人机)。

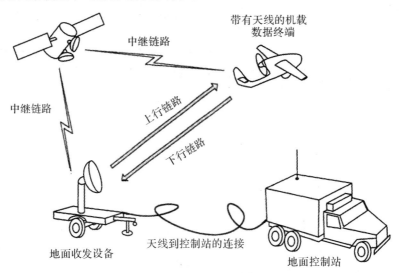

图 7-1　无人机数据链路示意图

7.1.2　消防无人机无线通信传输的目的和具体方式

1.消防无人机无线通信传输的目的

在空中飞行中的无人机与地面驾驶员(飞手)之间无线通信传输的目的主要有遥控、数传和图传。

1)遥控。遥控就是利用无线电电磁波在远距离上按照地面驾驶员(飞手)的意志实现对无人机的无线操纵和控制。其过程是地面驾驶员用遥控器发送遥控指令,将该指令传送到无人机的接收机上,接收机解码后传给自动驾驶仪(飞控系统),自动驾驶仪根据指令控制和操纵无人机做出各种飞行动作,以及操控无人机上携带的各种任务载荷进行工作,如发射灭火弹或喷射灭火剂灭火等。

2)数传。数传就是传输数据。无人机在空中飞行时,会产生很多传感器数据和飞行状态数据,数传就是将这些数据传回地面控制站或飞手的遥控器上。

3)图传。图传是指无人机在空中飞行时,通过高清摄像头进行航拍,并及时传回地面控制站,以便地面驾驶员(飞手)进行观察和决定下一步飞行计划。其过程是无人机上的摄像机把拍到的图像转换成电信号,图传模块把这个电信号转换成无线电信号发回地面,地面控制站或遥控器上的接收机接收这个无线电信号并转换成电信号,通过解码(例如用手机解码),地面驾驶员就可以看到图像了。

不同类型级别的民用无人机,其无线通信传输方式是不一样的。

2.点对点的单线连接方式和网络通信

无人机采用的无线通信链路是以无线电波为传输介质的由无线通信设备和传输信道组成的数字通信链路。目前市面上广泛流行的微小型民用无人机,大多数都不具备自主飞行的能力,主要还是人为控制的,所以,这种类型的无人机大多数都是使用遥控器进行操控的。这种操控方式属于典型的点对点通信系统,可实现任意两个用户之间的信息交换。点对点连接是两个系统或进程之间的专用通信链路,即两个系统独占此线路进行通信,属于点对点的单线连接方式。这种连接方式的缺点是:无人机数据链在复杂电磁交换条件下工作可靠性差,容易受到外界干扰,通信链路中断发生的可能性比较高。除了常见的点对点连接方式以外,目前更有发展前途的线通信方式是网络通信。

1)Wi-Fi。目前Wi-Fi技术非常成熟。使用Wi-Fi控制的无人机可以很方便地通过无线Wi-Fi传输视频或者图像如图7-2所示,但是其缺点在于传输距离较短。如果想要远距离控制,需要增加大功率的中继设备,不方便携带,只是适合短距离的场景使用。

图7-2　无人机Wi-Fi图传示意图

Wi-Fi 主要考虑消费电子产品的局部互联。低成本应用的链路性能偏弱,导致 Wi-Fi 的收发机链路性能偏弱,无法检测微弱信号或者在一定干扰环境中检测有用信号。Wi-Fi 多数设备通信用于几米内的通信距离,经过中继放大可达到 $600\sim800$ m 的通信距离。由于 Wi-Fi 受带宽限制,图像的质量比较差,延时也比较高。

2)正交频分复用(OFDM)和编码正交频分复用(COFDM)。目前无人机上使用最广的传输技术是 OFDM,是多载波调制的一种。该技术更适合于高速数据的传输。OFDM 有很多优势,比如在窄带宽下也能够传输大量的数据,能够对抗频率选择性衰落或窄带干扰等。OFDM 的缺点是载波频率偏移,对相位噪声和载波频偏十分敏感,峰均比比较高。

COFDM 即编码的 OFDM,在进行 OFDM 调制之前增加一些信道编码(主要是增加纠错和交织),来提高系统的可靠性。COFDM 与 OFDM 的区别就是:前者在做正交调制前增加纠错编码和保护间隔,使信号更有效地传输。

3)改进的 Wi-Fi。为了提高无人机图传的链路性能,可对 Wi-Fi 技术进行改进,采用类似 Wi-Fi 实时图传系统。其技术特点是采用 2.4 GHz 频段,以及高效的数字压缩技术和信道传输技术,为无人机航拍应用进行通信机制和参数的优化,提高无线传输链路余量,增强对抗干扰和遮挡的能力,做到全面平衡的性能优化。它使无人机的图传、数传和遥控距离提高到 10 km,数传时延低达 5 ms,图传时延低到 10 ms,从而确保无人机在各种复杂环境中飞行表现可靠、有效。

4)卫星中继。卫星中继传输主要用于大型军用无人机。这类无人机通常需要长期滞空执行侦察或者打击任务,对于控制信号的可靠性要求非常高。大多采用固定翼无人机,有效打击距离一般在 4 000 km 以上,而且多是无人区域。GPS 是全球定位系统,具有 4 颗或更多的全球定位系统卫星视线不受阻碍地向全球定位系统接收器提供地理位置和时间信息。全球定位系统不要求用户发送任何数据,并且它独立于任何电话或互联网的数据接收方式而运行。美国政府创建了这个系统,并对其进行维护,同时让任何拥有全球定位系统接收器的人都能自由使用。

5)网络通信。网络无人机(也称为网联无人机)与无人机传统的点对点单线连接方式完全不同,它是一种全新的无人机无线通信传输方式,采用移动互联网连接和控制无人机。相对于点对点单线连接方式,移动互联网拥有更广阔的覆盖范围,使无人机的无线通信传输链路更加安全、灵活、可靠,消除了无人机飞行距离所受的点对点单线连接方式的限制。目前正在研制的网络无人机有两大类——5G 网联无人机和星链网络无人机。

7.1.3 网联消防无人机的相关知识

1.民用无人机发展遇瓶颈

在科技浪潮的推动下,包括消防无人机在内的无人机技术及其应用发展迅猛。从应用领域上来看,民用无人机应用前景非常广阔,民用无人机已经由原来微型、轻型无人机发烧友和航模爱好者为主的娱乐功能(消费级)向消防、航拍、搜救、物流、监测、交通运输等领域(工业级)发展,市场空间大大拓展,可广泛应用于国民经济建设和人民群众生活的多个领域。现在,民用无人机在我国应用广泛,如无人机送外卖、无人机送快递、无人机参与安全巡检、无人机进行消防灭火、无人机用于农业播种和监测等,"无人机产业是未来大势所趋"已成业内共识。但是随着民用无人机数量的增多和应用范围的持续扩大,无人机的短板也暴露了出来,无人机产业在飞速发展的同时也面临着许多问题。

1)无人机技术发展不成熟、性能不稳定,在通信上存在弊端。现有无人机主要的应用还是由人控制的视距范围内的单机作业,采用点对点通信解决方案,飞行距离短、信号不稳定、信号易丢失等局限性逐渐凸显,导致无人机的应用创新受局限,性价比不高,使无人机很难进一步在市场上全面推广普及。同时无人机"黑飞"和安全事故的屡次发生也迫切需求监管政策出台,这在一定程度上制约了我国无人机产业的快速发展。由此可见,无人机网联化发展势在必行。

2)无人机在监管上受到的制约越来越严。由于无人机在实际飞行应用中,坠毁、"黑飞"事件屡有发生,引发的事故越来越多,相关部门必须加强对无人机行业和使用个人的监管,监管政策不断升级,甚至有些地区采取"一刀切"的做法——禁飞。种种因素导致无人机市场蛋糕虽大却无从下口,无人机产业链上下游迫切需要寻求解决之道。

近年来,我国民航局相继出台了《轻小无人机运行规定》《民用无人机驾驶员管理规定》《民用无人驾驶航空器系统空中交通管理办法》等文件。目前虽有管理条例,但法律属性尚不明晰,规定的内容比较笼统,缺乏强制执行力和可操作性,容易造成执行监管不到位、不全面,无法有效解决无人机可能带来的安全问题,很难大面积开放空域。政策、法规、市场、应用等诸多方面的因素制约着无人机产业的发展,无人机市场亟需注入新的活力。

解决无人机发展中遇到的诸多问题,首先要消除无人机在通信链路上的弊端,最好的办法就是使无人机联网,接入低空移动通信网络,这样可以实现设备的监管、航线的规范和效率的提升,促进空域的合理利用,从而产生巨大的经济价值。

2. 网联无人机的定义

网联无人机是指接入低空移动通信网络的无人机,它与传统无人机最大的区别是采用移动通信网络来承担无线数据通信工作,取代了传统无人机数据通信链路点对点的单线连接方式。这样,网联无人机不受地域限制,可进行远程跟踪和操控,即可远程精准定位、身份认证、接受网络的控制,就像风筝有了牵引线,更有利于监管,使监管更加切实可行。网联无人机在无线网状网络中,节点是互联的,通常可以直接在多个链路上进行通信。数据包可以通过中间节点,从任何源头到任何目的地找到它的路径,从而使无人机的飞行范围更广,安全性和可靠性更高,成本更低,无人机承载的业务范围更加广阔。无人机产业能够获得一些新的能力,企业能够利用这些新能力实现技术创新、市场扩展,使无人机产业的发展进入良性循环。

无人机可靠、安全的飞行要以可靠的连接性、高容量以及低延迟作为支撑,移动通信 5G 技术可以支持移动网络,提供能够满足极端或苛刻应用的服务质量。

3. 无人机联网迎接大未来

移动通信运营商经过几十年的发展覆盖了全球 70% 的陆地及 90% 的人口。以往无线信号主要覆盖地面的人和物,没有专门为无人机设计空中覆盖,因此低空数字化是一块有待开发的宝藏。5G蜂窝移动通信技术与无人机的结合使得这些原本难以想象的想法成为可能。无人机"低空数字化"的含义不仅是连接,而是在整个低空中引入宽带连接、实现空间的自定位及毫秒级的精确授时,这将极大地促进无人机产业健康发展。5G蜂窝移动通信网络所具备的超高带宽、低时延高可靠、广覆盖大连接特性将为网联无人机赋予了实时超高清图传、远程低时延控制、永远在线等重要能力,大大扩展了无人机的应用场景,无人机联网后的应用将摆脱点对点的通信方式,实现跨越式发展。

接入低空移动通信网络的网联无人机,可以实现设备的监视和管理、航线的规范、效率的提升,促进空域的合理利用,从而极大地延展无人机的应用领域,产生巨大的经济价值。基于蜂窝移动通信网络,5G为网联无人机赋予的实时超高清图传、远程低时延控制、永远在线等重要能力,全球将形成一个数以千万计的无人机智能网络,7×24 h不间断地提供航拍、送货、勘探、消防和紧急救援等个人及行业服务,进而构成一个全新的、丰富多彩的"无人机网联天空"。目前,在中国乃至世界各地,诸多领域已显现出"网联无人机+行业应用"的良好发展势头。2017年12月,工业和信息化部提出了我国无人机发展目标:2020年民用无人机产业产值达到600亿元,年均增速40%以上;2025年民用无人机产值目标1 800亿。要求消费类无人机技术保持国际领先,行业应用类无人机技术要达到国际先进水平。

网联能力是加速民用无人机应用普及以及拓展全新应用领域的重要基础,无论是作为无人机本身的创新应用,还是作为一种信息终端类型的拓展,创新应用业务、商用模式及应用空间都不可限量。特别是随着5G移动通信的普及应用,网联无人机将在农林植保、物流快递、电力及石油管线巡查、应急通信、消防灭火、气象监视、农林作业、海洋水文监测、矿产勘探等领域获得更加广泛的普及应用。此外,网联无人机在灾害评估、生化探测及污染采样、遥感测绘、缉毒缉私、边境巡逻、治安反恐、野生动物保护等方面也有着广阔的应用前景。

7.2 网络通信的基础知识

计算机网络是指将地理位置不同的、具有独立功能的多台计算机及其外部设备,通过通信线路连接起来,在网络操作系统、网络管理软件及网络通信协议的管理和协调下,实现资源共享和信息传递的计算机系统。计算机网络并不是随着计算机的出现而出现的,而是随着社会对资源共享和信息交换与及时传递的迫切需要发展起来的。它是现代计算机技术和通信技术密切结合的产物。

7.2.1 通信网络的基础知识

1.计算机网络的基本概念

(1)计算机网络的定义。

计算机网络通俗地讲就是由多个具有独立工作能力的计算机系统(或其他计算机网络设备),通过传输介质和软件物理(或逻辑)连接在一起,组成的能实现资源共享和数据通信的系统。总体来说,计算机网络的组成基本上包括计算机、网络操作系统、传输介质(可以是有形的,也可以是无形的,如无线网络的传输介质就是看不见的电磁波)以及相应的应用软件 4 部分。

(2)计算机网络的分类。

用于计算机网络分类的标准很多,其中最重要的分类方法是按传输距离和按介质进行分类。

1)按距离(覆盖范围)分类。

A. 局域网(Local Area Network,LAN):一般限定小于 10 km 的区域范围,采用有线或无线的方式把网络连接起来。其特点是配置容易,不存在寻径问题,由单个的广播信道来联结网上计算机,速率高。局域网通常用于一个单位内,特别适合于一个地域跨度不大的企业建立内部网(即 Intranet)。

B. 城域网(Metropolitan Area Networt,MAN):规模局限在一座城市的范围,大约 10～100 km 的区域范围。对一个城市的 LAN 互联,采用 IEEE802.6 标准。

C. 广域网(Wide Area Network,WAN):也称为远程网,网络跨越国界、洲界,区域范围达到几百公里至几千公里。发展较早,租用专线,通过 IMP 和线路连接起来,构成网状结构,解决路径问题。

D. 互联网(Internet):把世界各地的计算机网、数据通信网以及公用电话网,通过路由器和各种通信线路在物理上连接起来,实现不同类型网络之间的相互通信,在全世界范围内实现全方位的资源共享和信息交换。实际上,互联网是一个"网络的网络"或"网络的集成"。

2)按传输介质分类。

A. 有线网:采用同轴电缆、双绞线(网线)或光纤(光缆)来连接的计算机网络。同轴电缆网是常见的一种连网方式。它比较经济,安装较为便利,传输率和抗干扰能力一般,传输距离较短。双绞线网是目前最常见的连网方式。它价格便宜,安装方便,但易受干扰,传输率较低,传输距离短。光纤网采用光导纤维作为传输介质,光纤传输距离长,传输率高,可达数百 Gbps,抗干扰能力强,不会受到电子监听设备的监听,是高安全性网络的理想选择。不过其价格高,安装技术要求也高。

B. 无线网:采用空气作为传输介质,用电磁波作为载体来传输数据,包括无线电波、微波、红外、激光等,联网方式灵活,易于扩展,是一种很有发展前景的联网方式。移动通信网属于无线网,它是移动体之间的通信,或移动体与固定体之间的通信。移动通信网已成为现代综合业务通信网中不可缺少的一环,它和卫星通信(无线网)、光纤通信(有线网)一起被列为三大新兴通信手段。

2. 移动通信的基本概念

(1)移动通信的定义。

移动通信是指能够使人们在任何时间、任何地点与任何人或物,以及物与物之间进行通信的技术和方式。移动通信网随时跟踪用户并为其服务,不论主叫或被呼叫的用户是在车上、船上,还是在办公室里、家里、公园里,其都能够获得所需要的通信服务。

由于移动通信系统允许在移动状态(甚至很快速度、很大范围)下通信,所以,系统与用户之间的信号传输一定得采用无线方式。采用无线方式通信的技术有许多类型,其中蜂窝移动通信是当今移动通信发展的主流,是解决大容量、低成本公众需求的主要系统。蜂窝移动通信的发展是超乎寻常的,它是 20 世纪人类最伟大的科技成果之一。1946 年美国 AT&T 公司推出了第一个移动电话,为无线通信开辟了一个崭新的发展空间。20 世纪 70 年代末,各国陆续推出蜂窝移动通信系统,移动通信真正走向商用,逐渐为广大普通民众使用。

(2)无线通信与有线通信的对比。

现代通信技术分为两种——有线通信和无线通信。例如打电话:有线通信的声音信息数据在实物上传播,传输介质(光缆、电缆、网线等)看得见、摸得着;无线通信的声音信息数据在空中传播,传输介质(电磁波)看不见、摸不着,如图 7-3 所示。

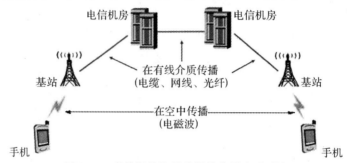

电信机房　　　电信机房
基站　　在有线介质传播　　基站
(电缆、网线、光纤)
在空中传播
(电磁波)
手机　　　　　手机

图 7-3　有线通信和无线通信传播方式对比

目前有线网络中最著名的是以太网,而无线网络中无线局域网(Wireless Local Area Network,WLAN)是一个很有前景的发展领域,虽然其可能不会完全取代以太网,但是它已拥有越来越多的用户。无线网络中最有前景的是 Wi-Fi(无线相容性认证)技术,常见的设备就是无线路由器,在这个无线路由器的电波覆盖的有效范围内都可以采用 Wi-Fi 连接方式联网。无线网络相比有线网络,有如下缺点。

1)由于通信双方通过无线方式进行通信,所以通信之前需要建立连接;有线网络直接用线缆连接。

2)无线网络通信双方的通信方式是半双工的通信方式,有线网络可以是全双工。

3)无线网络通信时在网络层以下出错的概率非常高,所以帧的重传概率很大,需要在网络层之下的协议添加重传的机制(不能只依赖 TCP/IP 的延时等待重传等开销来保证),有线网络出错概率非常小,无需在网络层设置如此复杂的机制。

4)数据是在无线环境下进行的,所以"抓包"非常容易,存在安全隐患。

5)因为收发无线信号,所以功耗较大,对电池来说是一个考验。

6)无线网络相对有线网络,其吞吐量低,通信能力差,如图 7-4 所示。

移动通信随着 1G、2G、3G、4G、5G 的发展,使用的无线电波频率越来越高。主要原因是频率越高,能使用的频率资源越丰富,频率资源越丰富,能实现的传输速率就越高。频率资源就像火车的车厢,频率越高,车厢越多,相同时间内能装载的信息就越多。5G 主要使用的频率为 28 GHz,可计算出波长为:波长=光速/频率=10.7 mm。可见其是毫米波,属于极高频。电磁波的频率越高,波长越短,越趋近于直线传播(绕射能力越差),在传播介质中的衰减也越大。5G 移动通信使用了极高频段,那么它最大的问题就是传输距离大幅缩短,覆盖能力大幅减弱,即覆盖同一个区域,需要的 5G 基站数量将大大超过 4G 基站数量。

图 7 - 4　有线通信和无线通信能力对比示意图

7.2.2　移动通信技术的发展历程

在移动通信网络等专业术语中,G 是英文单词"generation"(第 x 代)的缩写。当代移动通信技术发展经历了以下五个阶段:1G→2G→3G→4G→5G。

1. 第一代移动通信技术(1G)

移动通信的蓬勃发展始于 20 世纪 70 年代中后期。1978 年底,美国贝尔实验室成功研制出先进移动电话系统(Advanced Mobile Phone System,AMPS),建成了蜂窝移动通信系统,提高了系统容量。随后许多国家纷纷推出相类似的系统(如英国的 TACS 等),该阶段称为第一代移动通信技术阶段。这一阶段的特点是微电子技术得到了长足发展,使得通信设备的小型化、微型化有了可能,各种轻便电台被不断地推出,蜂窝移动通信网成为实用系统,并在世界各地迅速发展。

第一代移动通信(1G)系统采用模拟技术和频分多址(FDMA)技术,传输速率为2.4 kb/s,只提供区域性语音业务,其容量有限、保密性差、制式太多、互不兼容,通话质量不高,不能提供数据业务,且设备成本高、质量重、体积大,使得它无法真正大规模普及和应用。1G 标准各式各样,各国都有自己的标准,如美国的 AMPS、英国的 TACS、西德的 C - Network、加拿大的 MTS、瑞典的 NMT - 450 等。

2. 第二代移动通信(2G)技术

第二代移动通信(2G)系统由欧洲发起,源于漫游问题。1988 年,欧洲确定了全球第一个数字蜂窝移动通信系统规范(GSM 标准),1991 年,GSM 系统投入使用;1995 年,美国推出了窄带码分多址(CDMA)系统。

2G 相对于 1G 的改进主要是将模拟通信改为数字通信,语音信号数字化处理压缩带来容量上的收益,对语音和控制信号进行加密增强安全性,催生了诸如短信等新业务展开等。采用的主要技术有时分多址(TDMA)、CDMA 等,工作频率为 900～1 800 MHz,提供 9.6 kb/s 的传输速率。系统特点:保密性强、抗干扰;通话质量好、掉线少、辐射低;提供丰富的业务(低速率的数据业务),频谱利用率高,初步解决了系统容量问题,标准化程度高,可进行省内外漫游。

3. 第三代移动通信(3G)技术

随着移动网络的发展,人们对于数据传输速度的要求日趋高涨,而 2G 网络十几 kb/s

的传输速度显然不能满足人们的要求。于是高速数据传输的蜂窝移动通信 3G 技术应运而生。中国国内支持国际电联确定的 3 个无线接口标准,分别是中国电信的 CDMA2000、中国联通的 WCDMA 和中国移动的 TD-SCDMA。可以说 3G 的发展进一步促进了智能手机的发展。

第三代移动通信(3G)系统是在第二代移动通信技术基础上发展的以宽带 CDMA 技术为主,并能同时提供话音和数据业务的移动通信系统,其目标源于多媒体业务传输问题,包括语音、数据、视频等丰富内容的移动多媒体业务。3G 手机除了能完成高质量的日常通信外,还能进行多媒体通信。用户可以在 3G 手机的触摸显示屏上直接写字、绘图,并将其传送给另一部手机,而所需时间可能不到 1 s。当然,也可以将这些信息传送给一台计算机,或从计算机中下载某些信息;用户可以用 3G 手机直接上网,查看电子邮件或浏览网页;有不少型号的 3G 手机自带摄像头,可替代数码相机,以及利用手机召开线上会议。3G 标准有 4 种:欧洲的 WCDMA、北美的 CDMA2000、中国的 TD-SCDMA、国际电信联盟(ITU)的 WIMAX。

4.第四代移动通信(4G)技术

第四代移动通信系统(4G)出现于 21 世纪初期,源于高质量多媒体业务的传输问题,是集 3G 与 WLAN 于一体的网络技术,能够快速传输数据、高质量音频、视频和图像。传输速率最大可达 1 Gb/s,可以传输高质量视频图像,图像传输质量与高清晰度电视不相上下。4G 系统能够以 100 Mb/s 的速率下载,比拨号上网快 2 000 倍,上传的速率也能达到 20 Mb/s,并能够满足几乎所有用户对于无线服务的要求。此外,可以在有线电视调制解调器没有覆盖的地方部署 4G 网络,然后再扩展到整个地区。

4G 代表制式(标准)有 2 个:欧洲为 FDD-LTE,中国、印度、日本、美国等为 TD-LTE。

1)FDD 制式的特点是在分离(上下行频率间隔为 190 MHz)的两个对称频率信道上,系统进行接收和传送保证频段来分离接收和传送信息。

2)TD 制式的特点是在固定频率的载波上,通过时间域来完成上下行数据传输(某一时间点只有上行或下行数据),来保证传送信息。

5.第五代移动通信(5G)技术

第五代移动通信系统(5G)是第五代的蜂窝移动通信,其峰值理论传输速度可达几十吉比特每秒,比 4G 网络的传输速度快数百倍。举例来说,一部 1G 超高画质电影可在 3 s 之内下载完成。5G 性能的目标是高数据速率,减少延迟,节省能源,降低成本,提高系统容量以及大规模设备连接。

5G 网络是新一代移动互联网连接,可在智能手机和其他设备上提供比以往更快的速度和更可靠的连接。5G 技术可能使用的频谱是 28 GHz 及 60 GHz,属极高频(Extremely High Frequency,EHF),比一般电信业现行使用的频谱(如 2.6 GHz)高出许多,如图 7-5 所示。虽然 5G 能提供极快的传输速度,能达到 4G 网络的 10 倍以上,而且时延很低,但信号的衍射能力(即绕过障碍物的能力)十分有限,且发送距离很短,这便需要增建更多基站以增加覆盖面。5G 网络将有助于推动物联网技术的大幅提升,提供携带大量数据所需的基础设施,从而实现更智能、更连通的世界。

国际电信联盟(ITU)自 2012 年起启动 5G 标准化工作,2015 年 6 月将 5G 正式命名为 IMT - 2020,确定了 5G 愿景、能力指标、技术需求和时间表等关键内容,并确立 2020 年为 5G 元年,这成为 5G 发展史上的重要里程碑。

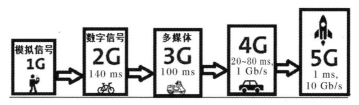

图 7 - 5　移动通信技术发展历程示意图

5G 不再单纯地强调峰值传输速率,而是综合考虑 8 个技术指标:峰值速率、用户体验速率、频谱效率、移动性、时延、连接数密度、网络能量效率和流量密度。表 7 - 1 列出了这 8 项 5G 核心能力指标。

表 7 - 1　5G 核心能力指标

指标名称	数值
流量密度	10 Tb/$(s \cdot km^2)$
连接数	100 万/km^2
时延	1 ms
移动性	500 km/h
能效	相对 4G 提升 100 倍
用户体验速率	100 Mb/s～1 Gb/s
频谱效率	相对 4G 提升 3 倍
峰值速率	20 Gb/s

根据国际电信联盟(ITU)发布的 IMT - 2020 Vision 报告,5G 未来主要面向三类应用场景:增强型移动宽带(enhance Mobile Broad Band,eMBB)、超高可靠与低延迟的通信(ultra Reliable & Low Latency Communication,uRLLC)和大规模(海量)机器类通信(massive Machine Type of Communication,mMTC),前者主要关注移动通信,后两者则侧重于物联网。在 5G 的三大使用情景中,根据标准制定的先后顺序,最先商用的情景是增强移动带宽,主要以人为中心,侧重于关注多媒体类应用场景,此类使用情景需要在用户密度大的区域增强通信能力,实现无缝的用户体验。5G 计划提供高达 1 Gb/s 的用户体验速率和毫秒级的端到端时延,将极大地改善虚拟现实的用户体验。

5G 对人类社会的改变,会远超传统互联网和传统移动互联网,其特点主要有以下几方面。

(1)高速度。4G 的网络直播下载速度为 75 Mb/s。相比之下,5G 网络的传输速率最高可达 10 Gb/s,每个用户有可能达到的速度是 1 Gb/s。实际情况可能没有这么好,但上传速度做到 500 Mb/s,下载速度达到几百兆比特每秒左右是没问题的。

(2)泛在网。5G会渗透到社会生活的每一个角落,联通万物(物联网),全面地改变社会生活。从智能家居、健康管理、智能交通、智慧农业到工业互联网、智能物流,5G会催生众多产业和全新的能力,随之而来的是社会效率大幅度提高,社会成本大幅度降低。

(3)低功耗。5G网络低功耗性能将会带来智能手机和移动设备电池寿命的大幅提升。5G低功耗特点很重要。例如马路上的井盖被偷或被用坏,如果有了智能井盖,在每个井盖上安装一个报警器,一旦它发生问题就会实时给监控中心传输信息,这样就可以及时进行维修、替换。但是如果不是低功耗,每天都要换电池,那太不现实了。

(4)低时延。人类对于声音时延的反应是140 ms。这种速度无法适应未来的实际生活,比如网联无人机飞行和汽车无人驾驶的时延要求必须小于20 ms。现在2G网络反应时长是140 ms,3G网络大约需要100 ms,4G则需要20～80 ms,而5G只需要1 ms。

(5)万物互联。5G能够灵活地支持各种不同的设备,逐步实现万物互联。5G系统的终端包括可佩戴式设备、智能家庭设备(如健身跟踪器和智能手表,家庭房间门锁、冰箱、洗衣机、空调、空气净化器、抽烟机等),5G系统还助力于智能城市、智能交通、智慧农业、工业自动化等。

(6)重构安全。5G会重新构建智能交通体系,即建立起具有全面感知、主动服务等特性的实时动态交通运输信息服务体系,以确保道路运输安全,避免交通恶性事故的发生。

7.3　4G与5G移动互联网技术对比

移动互联网技术的发展,引领了近年来人类社会经济的发展,成为影响社会生活最重要的因素,它正在加速改变生活,也在加速改变社会。现在,无论是个人还是企业,无论是人们的工作还是生活,都受到移动互联网的极大影响。移动互联网已经成为全世界商业和科技创新的源泉和发展的加速器,成为当今时代的机遇与挑战。

7.3.1　移动互联网技术的特点

1.移动互联网对人们生活的影响

人类从工业社会进入信息社会后,现代通信技术和新能源的应用,将成为改变信息社会时代特征的驱动力:1G改变了人类社会的通信方式,2G拉近了人与人之间的距离,3G让广大用户随时上网,4G、5G则使人们真正迈入了移动互联网时代——4G改变了人们的生活,5G改变了人类社会。

移动互联网对人们生活的影响和作用体现在以下几方面:

(1)消费方式的转变。人类社会进入移动互联网时代以后,更小的屏幕和更碎片化的时间必然导致消费方式的转变。移动电子商务可以为用户随时随地提供所需的服务、应用、信息和娱乐,利用手机终端方便、快捷地选择及购买商品和服务。

(2)一直在线。传统电子商务网站市场推广一般是通过单独的渠道进行的,如邮件或离线机制,采用单笔交易的方式。与此不同的是,移动设备用户长年在线,移动交易是全天候的,无时间和地点的限制,因而移动电子商务具有"无所不在"的特点。移动终端(如手机)便于人们携带,可随时与人们相伴,由于移动互联网实现了 24 h 在线,用户可以随时随地上网,这大幅提高了碎片化时间的利用。这也将使得用户能够更有效地利用空余时间来从事商业活动,如商务洽谈、下订单,以及解决交易中遇到的问题等。

(3)社交性和群体性。电子商务在 PC 端完成,移动电子商务则在手机这类移动设备上完成,虽然两者在商务活动上没有本质的差别,但移动电子商务更加贴近人们的生活,特别是年轻人的生活。移动电子商务最大的优势是客户之间的社交性和群体性,即社交群体＋电子商务＝社交电商。为了突出移动电子商务的社交性和群体性,通常人们又把移动电子商务称为移动社交电商,或简称为社交电商,以让更多购物信息渗透到碎片化社交场景中,由以往的"去购物"转变为了"在购物"。

(4)身份鉴别。移动通信 SIM 卡的卡号是全球唯一的,每一个 SIM 卡对应一个用户,这使得 SIM 卡成为移动用户天然的身份识别工具。利用可编程的 SIM 卡,可以存储用户的银行账号等用于标识用户身份的有效凭证,还可以用来实现数字签名、加密算法、公钥认证等电子商务领域必备的安全手段,有了这些手段和算法,就可以开展比传统电商领域更广阔的电子商务应用。

(5)移动支付。移动支付是移动电子商务的一个重要目标,用户可以随时随地完成必要的电子支付业务,移动支付的分类方式有多种,其中比较典型的分类包括:按照支付的数额可以分为微支付、小额支付、宏支付等;按照交易对象所处的位置可以分为远程支付、面对面支付、家庭支付等;按照支付发生的时间可以分为预支付、在线即时支付、离线信用支付等。

(6)个性化。移动终端的身份固定,能够向用户提供个性化移动交易服务。移动电子商务的主要特点是灵活、简单、方便。例如,跟传统媒介类似,开展个性化的短信息服务活动要依赖于包含大量活跃客户和潜在客户信息的数据库。数据库通常包含客户的个人信息,如喜爱的体育活动、喜欢听的歌曲、生日信息、社会地位、收入状况、前期购买行为等。服务提供商能完全根据消费者的个性化需求和喜好定制服务,设备的选择以及提供服务与信息的方式完全由用户自己控制。移动电子商务将用户和商家紧密联系起来,而且这种联系将不受计算机或连接线的限制,使电子商务走向了个人。

(7)精准性。由于移动电话具有比微型计算机更高的贯穿力,因此移动电子商务的生产者可以更好地发挥主动性,为不同顾客提供精准化的服务。利用无线服务提供商提供的人口统计信息并基于移动用户当前位置的信息,商家在营销过程中可以通过具有精准化的短信息服务活动进行更有针对性的广告宣传,从而满足客户的需求。要提供精准化服务,关键在于获取准确的个人信息,如用户的前期交易或偏好、交互的时间及地点等。

(8)安全性。尊重消费者隐私是移动电子商务的优势。由于移动电话具有内置的 ID,在增加交易安全性的同时,也增加了消费者对隐私保护问题的关注。为了防止宣传活动在第一声手机铃声响起之前就被搞砸,商家必须强调保护消费者的隐私,要有配套的、详尽的自愿选择加入邮件列表计划。同时,为了发送定制化的信息,商家需要收集数据,这也会涉及消费者的隐私问题。因此,商家要在实现个性化和尊重消费者隐私之间进行权衡。定制化战略可用于缓解移动交易中对安全及隐私问题的担忧,消费者可以通过改变安全及隐私的设定来满足个人需求。

(9)定位性。位置服务可以充分体现出移动电子商务的特有价值,移动电子商务可以提供与位置相关的交易服务。能够获取互联网用户的地理位置,给移动电子商务带来了有线电子商务无可比拟的优势。利用这项技术,移动电子商务提供商将能够更好地与特定地理位置上的用户进行信息的交互,这将是今后移动电子商务领域比较有前景的产业化方向。

(10)便利性。人们在接入电子商务活动时,不再受时间及地理位置的限制。移动电子商务的接入方式更具便利性,使人们免受日常烦琐事务的困扰。例如,消费者在排队或陷于交通阻塞时,可以通过移动电子商务来处理一些日常事务。

(11)应急性。应急性是指面对突发事件,如自然灾害、重特大事故及人为破坏等所需的应急管理、指挥、救援等。实践证明,移动通信和移动电子商务在我国紧急公共卫生事件、地震、冰雪、紧急社会事件中发挥了巨大作用,移动通信和移动电子商务对完善应急组织管理指挥、应急工程救援保障、综合协调备灾的保障供应等都是必需的。

(12)广泛性。从目前来看,手机等移动设备用户数量远远超过了电脑宽带用户,发展手机电子商务前景广阔。移动电子商务可实现多种灵活的销售方式,并且可以根据顾客的需要和偏好提供个性化服务;同时,手机等移动设备可随身携带,人们可以随时随地进行网上选购、下单、支付等。

2. 4G 改变生活

自 21 世纪初期 4G 出现以来,人们的生活节奏和工作效率整体都获得了快速提升,并且已经深入人们生活的方方面面。在移动互联网时代,沟通交流不再是单纯的语音,还有视频和图像。

3. 5G 改变社会

如果说 4G 时代移动通信更关注人们的日常生活,那么 5G 时代绝对是更关注生产。由于 4G 网络速度有点慢,因此无法满足人们日常生活中某些需要高速率、极低时延的应用场景,如车辆自动驾驶、网联无人机、虚拟现实等,而 5G 则以其高网速、极低时延等优异性能给移动互联网带来了革命性的改变。4G 与 5G 之间移动通信的性能比较,可以形象地比喻为龟兔赛跑,如图 7-6 所示。

图 7-6　4G 与 5G 之间移动通信的性能比较(形象比喻)

未来,一切基于工业生产和社会生活的内容,都要被 5G 带来的技术革命改变。各种智能应用、智能生活和智能制造,都将是无处不在,无处不有的。5G 的普及将拉动社会的全面移动化、数字化和智能化,从而帮助我国在全球的科技竞争中占据领先地位。4G 带来的更多是生活方式的改变,但是 5G 就不一样了,5G 将会像曾经的蒸汽革命和电气革命一样改变社会的生产方式。生产方式带来的不仅仅是生活方式的改变,更多的是生产模式和效率的改变。未来 5G 给社会带来的改变,除了体现在生产方式上,还将体现到国际地位的变化上。

7.3.2　4G 与 5G 网络在无人机上的应用

1.4G 网络在无人机上的应用

蜂窝连接对于无人机的控制和协同操作非常重要,并能实现更多样化的使用场景。当前已有很多无人机的应用程序在 4G 网络上运行,例如农业、物流、基础设施巡检等。通信运营商与设备商也进行了大量的低空覆盖测试和研究,证明了 4G 网络已经具备支持无人机部分场景的通信需求。

2017 年,在 4G 现网中,电信运营商选取了多个城市不同场景进行低空网络质量测试,场景涵盖城区、工业园区和郊区,站间距从 180～2 000 m 不等。频段覆盖 TDD-LTE D 频段(2 575～2 635 m)和 F 频段(1 885～1 915 m),测试高度为 50～300 m。测试结果表明:

(1)当 4G 网联无人机飞行在 300 m 以下时,4G 网络信号覆盖良好,上行数据传输均值达到 5 Mb/s,时延在 300 ms 以下,LTE 蜂窝网络已可以支持联网无人机低速率的多种应用的通信需求。但是当 4G 网联无人机飞行高度超过基站天线的主覆盖方向后,无人机信息传输下行方向干扰较大,部分区域会出现短时断线问题,同时信息传输下行干扰对 4G 网联无人机飞行监管业务的速率和时延也有较严重的影响。

(2)干扰问题。4G 网联无人机部分干扰邻区来自远距离基站间距为 500 m 的城区场景,4G 网联无人机会受到 2.5 km 外的小区干扰,导致空中频繁切换,造成的切换失败和掉线次数比地面高出 2～5 倍。

(3)4G 网联无人机飞行到多个邻区上空附近,对邻区干扰大。

(4)4G 网联无人机难以有效识别空中终端,从而可能无法对其进行有效管控。

综上所述,4G 网络可满足现有的部分低速率、对时延不敏感的无人机应用,但是 4G 网络无法满足高速率、超低时延消防无人机,特别是森林消防无人机集群及森林消防无人机/有人机协同灭火的应用。

2.5G 网络在无人机上的应用

5G 网络通过提供人-人通信、人-机通信和机器之间通信的多种方式,支持移动因特网和物联网的多种应用场景。同时,5G 网络具有提供多样化业务需求和业务特征的能力,能适应不同应用场景的灵活性和多样化的业务需求,如超宽带、超低时延、海量连接、超高可靠性等。

5G 的空中接口和系统架构以革命性的创新设计,支持超大带宽、多连接以及低时延高可靠性等极致体验。5G 通信技术相比 4G 通信技术,在容量方面,实现单位面积移动数据流量增长 1 000 倍;在传输速率方面,单用户典型数据速率提升 10～100 倍,峰值传输速率可达 10 Gb/s（相当于 4G 网络速率的 100 倍）；端到端时延缩短为 4G 的 1/5；在可接入性方面，可联网设备的数量增加 10～100 倍；在可靠性和能耗方面，每比特能源消耗能降至 4G 的 1‰，低功率电池续航时间增加 10 倍。

凭借 5G 无限的发展潜力，蜂窝技术为无人机带来了全新级别的高可靠性、强大的安全性、无处不在的覆盖和无缝的移动性。在 5G 网联无人机的空中终端和地面控制终端之间，均可通过 5G 网络进行完整的数据传输和控制指令传输，并通过业务服务器加载各类场景的应用。其中 5G 网络提供了从无线网到核心网的整体网络解决方案，以适配包括消防无人机在内的各种网联无人机面对复杂应用场景的网络实现。图 7-7 表示 5G 网联消防无人机扑灭森林火灾的整体方案。

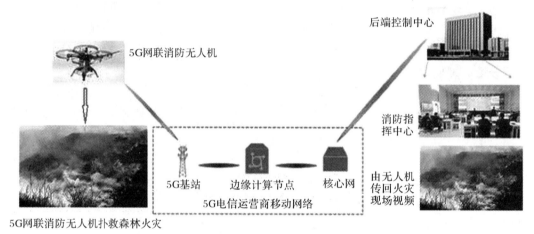

图 7-7 5G 网联消防无人机扑灭森林火灾整体方案

7.4 5G 网络能力及其关键技术

5G 网络通过提供人与人通信、人机通信和机器之间通信的多种方式，支持移动因特网和物联网的多种应用场景。同时，5G 网络具有提供多样化业务需求和业务特征的能力，能适应不同应用场景的灵活性和多样化的业务需求，如超宽带、超低时延、海量连接、超高可靠性等。5G 作为新一代移动通信技术发展的方向（其中包括 5G 网联无人机及其应用），将实现人类社会的万物互联。

7.4.1 5G 网络能力

截至 2023 年 3 月底，我国建成了规模最大、技术最先进的 5G 网络，在 5G 方面已位于世界前列。在基础设施方面，我国已经建成超过 254 万个 5G 基站；在应用方面，5G 移动手机用户已经超过了 5.75 亿；在行业应用方面，我国国民经济有 90 多个大类，一半以上都已经应用了 5G 网络。

1. 超高速移动能力

超高速体验场景主要关注为 5G 移动宽带用户提供更高的接入速率，保证终端用户瞬时连接和时延无感知的业务体验,使用户获得"一触即发"的感觉。超高的速率以及时延无感知的用户体验将成为未来各类新型业务,包括网联无人机、无人车、视频会话、超高清视频播放、虚拟现实等业务得以发展推广的关键因素。对于这些高速移动的场景,5G 网络可为用户提供与在家庭、办公室以及低速移动场景下相一致的业务体验。对于移动速度大于500 km/h 的用户,5G 网络依然能够满足视频类和文件下载类等典型业务对速率的需求(即上、下行速率至少分别大于 100 Mb/s 和 20 Mb/s),以及端到端低于 20 ms 的时延要求。

2.超高用户密度能力

超高用户密度场景重点关注诸如密集住宅、办公室、体育场馆、音乐厅、露天集会、大型购物广场等用户高密度分布场景下的用户业务体验。对于用户密度超高的场景,4G 移动宽带网络会出于网络负载等方面的考虑,拒绝更多的用户接入,降低了用户的业务体验;5G 移动宽带网络用户希望即使在用户密度非常高的情况下,依然能够接入网络并获得一定的业务体验,这对 5G 网络的设计提出了更高的要求。

3.覆盖能力

移动通信网络覆盖的问题分为两类:第一类是有用信号差,如弱覆盖和无覆盖的;第二类是有用信号强度不差,但是干扰信号强度大,从而接收到的有用信号的强度与接收到的干扰信号(噪声和干扰)的强度比值,即信噪比(Signal to Interference plus Noise Ratio,SINR)低。在目前低空无人机(300 m 以内)应用的大部分场景中,主要是第二类覆盖问题,即主要是干扰信号导致的覆盖问题。在一些地面站稀少和网络参数配置等因素导致的第一类覆盖问题中,主要存在网联无人机飞行在较高航线或偏僻位置,该位置属于移动通信网络信号弱覆盖和无覆盖区域。针对第一类由信号弱导致的覆盖问题,可以充分利用基站侧多天线的垂直波束能力来增强覆盖,考虑到网联无人机的不同应用场景,可采用高效的波束扫描和跟踪的方式,也可以采用专用对空天面设计等实现无缝覆盖。针对第二类即由干扰强导致的覆盖问题,可以通过降低下行干扰的方式来提高覆盖。

1)采用大规模天线布局。大规模天线形成较窄波束对准服务用户,可减少小区内和小区间干扰。

2)采用协作传输的方式。采用多个小区间用以协调时、频、空、码、功率域的资源,以减少干扰。

3)采用不同带宽部分(Band Width Part,BWP)分频接入,使得地面和空域采用不同的BWP 资源,以减少空-地间的干扰。

4.用户下行容量

低空飞行无人机数据链路的下行业务速率要求较低,一般不存在容量问题。如果未来无人机的密度增大,同时地面终端业务负载也比较大,会出现小区下行容量受限问题。5G网络基站具有大规模天线,能增加水平和垂直面发射通道数,使得水平垂直面的波束更加准确地指向用户,更窄的波束有利于控制干扰,提升用户的信噪比,同时可以实现更多用户的空分复用,提高下行容量。

移动通信技术对数据传输速率要求越来越高。5G 网络拥有更大带宽,C 波段每载波

100 MHz 带宽,毫米波每载波 400 MHz 带宽,单载波带宽相比 4G 频谱有 5～20 倍的提升。5G 网络不再使用小区参考信号(Cell Reference Signal,CRS),减少了开销,避免了小区间 CRS 干扰,提升了频谱效率。5G 新的下行高阶调制 1024QAM(Quadrature Amplitude Modulation),用两个调制信号对频率相同、相位正交的两个载波进行调幅,然后将已调信号加在一起进行传输或发射,提升了高信噪比条件下的下行速率。

5. 用户上行容量

无人机具有明显的上下行业务不对称性。无人机应用的上行要求几到一百 Gbit/s 的速率,且随着未来无人机高清视频回传要求的进一步提升,蜂窝网络支持无人机上行容量面临较大挑战,同时还需要考虑无人机上行带来的干扰问题。与下行容量提升一样,5G 网络通过大带宽,大规模天线精准波束、高阶调制等技术,相对 4G 网络大幅提升了上行容量;以用户为中心的无边界网络架构,提供了上行高速率、低时延,实现了 5G 网络无缝的移动性和随时随地体验。

6. 低时延、高可靠连接能力

5G 网络低时延、高可靠连接场景,是基于未来新业务在时延和可靠性方面提出的苛刻要求。当前移动通信系统主要是以人为中心进行设计考虑的,其时延要求主要来自人类对话时听力系统的时延要求。当人类接收声音信号的时延在 70～100 ms 以内时,会感觉到实时效果很好。然而,未来基于机器到机器的新业务应用将广泛应用于无人机、工业控制、智能交通、环境监测等领域,对数据的端到端传输时延和可靠性提出了更为严格的要求。以交通安全为例,为了避免交通事故的发生,智能交通系统需要与车辆进行即时可靠的信息交互,端到端时延必须小于 5 ms。

除此之外,更具挑战的时延要求来自于虚拟现实的应用,例如当用操作杆在虚拟现实的环境中移动 3D 对象时,如果响应时延超过 1 ms,将会导致用户产生眩晕的感觉。因此,为了满足上述应用的需求,未来 5G 网络需支持端到端 1 ms 的时延要求和更高的可靠性。

7. 海量终端连接能力

海量终端连接场景主要针对诸如机器以及传感器等设备大量连接且业务特征差异化的场景。机器设备范围很广,从低复杂度的传感器设备到高度复杂先进的医疗设备,其终端繁多的种类以及虚拟应用场景也将导致各种各样差异化的业务特征与需求,如发送频率、复杂度、成本、能耗、发送功率、时延等。以大量传感器的部署为例,预计到 2025 年移动网络在每个小区需要提供 100 万的设备连接能力,同时需要降低终端的成本并使得终端待机时长延长至 10 年量级,从而保证未来网络数百亿的设备连接能力。海量的设备连接将导致网络负载的急剧增加,需要在 5G 网络设计之初就对这个问题进行重点考虑。

7.4.2　5G 网络关键技术

为充分把握 5G 技术命脉,与时俱进,5G 网联无人机的研发工作需要积极投入到 5G 关键技术的跟踪梳理与研究工作当中,为 5G 频率规划、监测以及关键技术评估测试验证等工作提前进行技术储备。下面对其中一些关键技术进行简要剖析和解读。

1. 全频谱接入技术

全频谱接入技术是指通过有效地使用各种通信频段——高频段和低频段、连续频谱和不连续频谱等资源来提高数据传输速度和效率。所涉及的频带包括低于 6 GHz 的低频带和 6～100 GHz 的高频带。选择频段时应遵循以下原则。

1）候选频段需要支持移动业务，并与频段内的其他现有业务兼容，以避免不同系统之间的干扰。

2）候选频段需要具有宽的自由连续频谱，以满足 5G 网络高速率的传输要求。

3）候选频带需要具有良好的传播特性。

由于卫星、广播和地面的多种服务使用的频谱密集分布在 6 GHz 以下，如图 7-8 所示，5G 网络的频谱资源在 6 GHz 以内可以用于低频带的频谱资源极为有限，无法满足 5G 网络开发需求，因此必须开发 6 GHz 以上的高频段。超过 6 GHz 的连续频谱资源非常丰富，非常适合 5G 移动宽带高速连续大宽带需求。

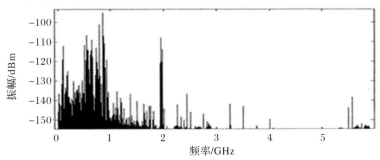

图 7-8　6 GHz 以内频谱资源的使用情况

2. 大规模多天线技术

移动通信网络多天线技术经历了从无源到有源、从二维到三维、从高阶多路输入多路输出（Multiple Input Multiple Output，MIMO）阵列到大规模多路输入多路输出阵列的发展过程。高阶 MIMO 最多有 8 天线通道，在 4G 移动通信网络时代已被广泛应用。区别于传统 4G MIMO 的大规模 MIMO 在 5G 中实现 16/32/64 通道，如图 7-9 所示，这将有望实现频谱效率提升数十倍甚至更高，是目前 5G 技术重要的研究方向之一。

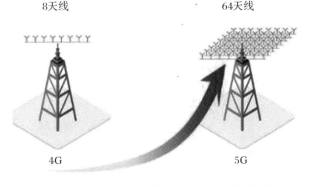

图 7-9　传统 4G MIMO 的 8 通道与 5G 大规模 MIMO 的 64 通道对比

由于引入了有源天线阵列，基站侧可支持的协作天线数量将达到 128 根。此外，原来的

2D 天线阵列拓展成为 3D 天线阵列,形成新颖的 3D-MIMO 技术,支持多用户波束智能赋型,减少用户间干扰,其结合高频段毫米波技术,将进一步改善无线信号覆盖性能。通过使用大规模天线阵列对信号进行联合接收解调或发送处理,相对于传统多天线技术,大规模天线可以大幅提升单用户链路性能和多用户空分复用能力,从而显著增强系统链路质量和传输速率。此外,大规模天线的多天线阵列系统增加了垂直维的自由度,可灵活调整水平维和垂直维的波束形状。因此,基站的三维覆盖能力显著提升。

大规模多天线技术的优势有以下几方面:

1)更精确的 3D 波束赋形,提升终端接收信号强度。

2)不同的波束都有各自非常小的聚焦区域,用户始终处于小区域内的最佳信号区域。

3)同时同频服务更多用户,提高网络容量。

4)在覆盖空间中对不同用户可形成独立的窄波束覆盖,使得天线系统能够同时传输不同用户的数据,从而可以数十倍地提升系统吞吐量,提高网络容量。

5)有效减少小区间的干扰。天线的波束非常窄,并能精确地为用户提供覆盖,可减少干扰。

6)更好地覆盖远端或近端的小区。波束在水平和垂直方向上的自由度,可带来连续覆盖上的灵活度和性能优势。

3.移动边缘计算技术

在目前常规网络架构中,核心网的高位置部署,传输时延比较大,不能满足超低时延业务需求。此外,业务完全在云端终结并非完全有效,尤其一些区域性业务不在本地终结,既浪费带宽,也增加时延。因此,时延指标和连接数指标决定了 5G 业务的终结点不可能全部都在核心网后端的云平台。

移动边缘计算(Mobile Edge Computing,MEC)正好契合该需求。一方面,移动边缘计算部署在边缘位置,边缘服务在终端设备上运行,反馈更迅速,解决了时延问题;另一方面,移动边缘计算将内容与计算能力下沉,提供了智能化的流量调度,将业务本地化、内容本地缓存,让部分区域性业务不必大费周章地在云端终结。其计算原理如图 7-10 所示。

移动边缘计算部署在移动通信网络边缘,可将无线网络和互联网两者有效地融合在一起,并在无线网络侧增加计算、存储、处理等功能,构建移动通信网络边缘云,提供信息技术服务环境和云计算能力。由于应用服务和内容部署在移动通信网络边缘,因此可以减少数据传输中的转发和处理时间,降低端-端时延,满足低时延要求,并降低功耗。移动边缘计算可确保网联无人机所需的低时延和高可靠。

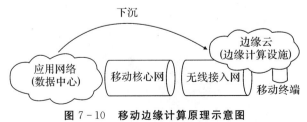

图 7-10 移动边缘计算原理示意图

4.网络切片技术

网络切片技术是将一张物理网络切成多个相互独立的、虚拟的、端到端的子网络,这些"切片网络"共享物理基础设施,分别提供不同的服务类型,应对不同的场景。4G 网络主要服务于人,连接网络的主要设备是智能手机,不需要网络切片以面向不同的应用场景。但是 5G 网络需要将一个物理网络分成多个虚拟的逻辑网络,每一个主虚拟网络对应不同的应用场景,这就称为网络切片。

传统的移动通信蜂窝网采用"一刀切"的网络架构,带有专用的支持和 IT 系统,非常适合单一服务型的网络。然而,使用这种垂直架构,电信运营商难以扩展电信网络,也很难根据前面所提到的不断变化的用户、业务及行业需求进行调整并满足新型应用的需求。因此在 5G 网络中,传统的蜂窝网络"一刀切"的模式已经不能满足 5G 时代各行业对网络的不同需求。电信运营商需要采取一定的措施对速率、容量和覆盖率等网络性能指标进行灵活的调整和组合,从而满足不同业务的个性化需求。

网络切片是解决上述问题的手段之一。将网络资源进行切片,单一物理网络可以划分成多个逻辑虚拟网络,为典型的业务场景分配独立的网络切片,在切片内针对业务需求设计增强的网络架构,实现恰到好处的资源分配和流程优化。多个网络切片共用网络基础设施,从而提高网络资源利用率,并且每个网络切片之间,包括切片内的设备、接入、传输和核心网,逻辑上都是独立的,网络切片之间互不影响,从而保证了为不同用户使用的不同业务提供最佳的支持。

只有实现网络功能虚拟化(Network Functions Virtualization,NFV)与软件定义网络(Software-Defined Networking,SDN)之后,才能实现网络切片,不同的切片依靠 NFV 和 SDN 通过共享的物理/虚拟资源池来创建。网络切片还包含移动边缘计算资源和功能,如图 7-11 所示。

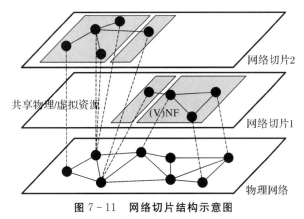

图 7-11 网络切片结构示意图

5.新空口技术

所谓空口,就是空中接口,它是指通过电磁波来承载所需要发送的信息的一系列规范。在有线通信中,一根网线或者光缆就能传输信号了,但是无线通信中,手机要和基站之间互相交换数据,就需要走这个空中接口。而所谓新空口,就是比较新的空口,其新旧是相对于 4G LTE 而言的。5G 新空口技术是一种全新的无线接入技术。全新的第五代移动通信网络空口设计的核心技术主要有以下几方面:

(1)新的波形技术:基于滤波的正交频分复用(Filtered Orthogonal Frequency Division Multiplexing,F-OFDM)。基础波形的设计是实现统一空口的基础,它还兼顾灵活性和频谱的利用效率。4G 的 OFDM 的主要问题就是不够灵活,满足不了 5G 时代的要求。不同的应用对空口技术的要求迥异,F-OFDM 能为不同业务提供不同的子载波间隔,以满足不同业务的时频资源需求。F-OFDM 在继承了 OFDM 的全部优点(频谱利用率高、适配 MIMO 等)的基础上,又克服了 OFDM 的一些固有缺陷,进一步提升了灵活性和频谱利用效率,是实现 5G 空口切片的基础技术。

(2)新的多址接入技术:稀疏码分多址接入(Sparse Code Multiple Access,SCMA)。多址技术决定了空口资源的分配方式,也是进一步提升连接数和频谱效率的关键。通过 F-OFDM 已经实现了在频域和时域的资源灵活复用,并把保护带宽降到了最小。空分复用的 MIMO 技术在 4G 时代就提出来了,在 5G 时代会通过更多的天线数来发扬光大。SCMA 通过引入稀疏码域的非正交,在可接受的复杂度前提下,上行可以提升 3 倍连接数;下行采用码域和功率域的非正交复用,可使下行用户的吞吐率超过 50%。同时,由于 SCMA 允许用户存在一定冲突,结合免调度技术,可以大幅降低数据传输时延,以满足 1 ms 的空口时延要求。

(3)新的信道编码技术 Polar Coding(极化编码)。信道编码的目标,是以尽可能小的开销确保信息的可靠传送。在同样的误码率下,所需要的开销越小,编码效率越高,自然频谱效率也越高。对于信道编码技术的研究者而言,香农极限是无数人的目标。在过去的半个多世纪中人们提出了多种纠错码技术,例如 RS 码、卷积码、Turbo 码和 LDPC 码等,并将其在各种通信系统中进行了广泛应用。但是以往所有实用的编码方法都未能达到香农极限,直到 Polar Code 横空出世。2007 年,土耳其比尔肯大学教授 Erdal Arikan 首次提出了信道极化的概念,基于该理论,他给出了人类已知的第一种能够被严格证明达到香农极限的信道编码方法,并将其命名为极化码(Polar Code)。

Polar Code 的优点:首先,相比 Turbo 码更高的增益,在相同的误码率前提下,实测 Polar 码对信噪比的要求要比 Turbo 码低 0.5~1.2 dB,更高的编码效率等同于频谱效率的提升。其次,Polar Code 得益于汉明距离和 SC 算法设计得好,因此没有误码平层,可靠性较 Turbo 码大大提升,能真正实现 99.999% 的可靠性,解决垂直行业可靠性的难题。最后,Polar Code 的译码采用了基于 SC 的方案,因此译码复杂度也大大降低,这样终端的功耗就大大降低了。在相同译码复杂度情况下相比 Turbo 码功耗大大降低,对于功耗十分敏感的物联网传感器而言,可以大大延长电池寿命。

现在简单总结一下这 3 大空口物理层技术:F-OFDM 是实现统一空口的基础波形,SCMA 和 Polar Code 在 F-OFDM 的基础上,进一步提升了连接数、可靠性和频谱效率,满足了国际电信联盟(ITU)对 5G 的能力要求。因此,这 3 大物理层关键技术成为构建 5G 新空口理念的基石。

6.同频同时全双工技术

同频同时全双工技术是在同一个物理信道上实现两个方向信号的传输,即通过在通信双工节点的接收机处消除自身发射机信号的干扰,在发射机信号的同时,接收来自另一节点的同频信号。相比传统的时分双工(Time Division Duplexing,TDD)和频分双工(Frequency Division Duplexing,FDD)而言,同频同时全双工可以将频谱效率提高 1 倍。

虽然双工技术能够突破 FDD 和 TDD 方式的频谱资源使用限制,使得频谱资源的使用更加灵活。然而,同频双时全双工技术需要具备极高的干扰消除能力,这对干扰消除技术提出了极大的挑战,同时其还存在相邻小区同频干扰问题。在多天线及组网场景下,同频双时全双工技术的应用难度更大。

7.终端直通(D2D)技术

终端直通(Device-to-Device,D2D)是指邻近的终端可以在近距离范围内通过直连链路进行数据传输的方式,而不需要通过中心节点(基站)进行转发。D2D 技术能够无需基站,实现终端之间的直接通信,是一种近距离数据传输技术。D2D 通信在小区网络的控制下实现全小区用户共享资源,因此频谱利用率将得到极大的提升,具有减轻蜂窝网络的负担、减少移动终端的电池功耗、增加比特速率、提高网络基础设施故障的健壮性等优点。D2D 终端可以自动发现周围设备,利用终端间良好的信道质量,实现高速的直连数据传输,如图 7 - 12 所示。不过,控制消息还是要从基站走,即 D2D 仍然要用频谱资源。

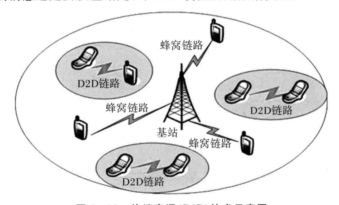

图 7 - 12　终端直通(D2D)技术示意图

8.超密集组网技术

超密集组网(Ultra Dense Network,UDN)是指 5G 异构多层,支持全频段接入的网络架构,如图 7 - 13 所示。低频段提供广域覆盖能力,高频段提供高速无线数据接入能力。

随着移动通信技术的发展,低频的使用接近饱和,移动通信的载波频率变得越来越高,这也意味着蜂窝系统的小区半径越来越小(因为频率越高,电磁波的衰减越大)。另外,小区半径不仅仅是由载波频点决定的,还跟其他很多因素有关,比如自然环境、用户密度等。移动通信基站数直接影响网络覆盖率,在估算一个小区移动通信建设所需的基站数量时,要考虑基站发射功率、基站业务量和周围建筑物的高度3个因素。一般来说,发射功率越高、业务量越低、周围建筑越低,基站的覆盖半径越大。

图 7-13　5G 超密集组网示意图

从移动通信基站覆盖半径来看,2G 到 5G 的数据如下:

1)2G 基站的覆盖半径为 5～10 km。

2)3G 基站的覆盖半径为 2～5 km。

3)4G 基站的覆盖半径为 1～3 km。

4)5G 基站的覆盖半径为 100～300 m。

7.5　5G 网联消防无人机整体解决方案与展望

在 IMT—2020(5G)《5G 无人机应用白皮书》中,对 5G 网联无人机整体解决方案及 3 类机载终端主要功能规格进行了充分的分析,并给出了 5G 网联无人机的发展趋势与展望。

7.5.1　5G 网联消防无人机的整体解决方案

在未来,无人机进入各行业各领域已经是大势所趋。随着无人机技术的不断发展,以前人们认为无人机不可能涉足的地方,未来无人机应用普及也变得非常可观,特别是 5G 的出现给无人机带来了更大的机遇。随着 5G 技术的实现与发展,业界普遍预测无人机应用领域将是 5G 网络最先商用的大行业之一。5G 技术的使用给民用无人机带来极大好处,其大宽带、低延迟、高可靠、广覆盖、大连接的特性,可以对无人机进行远程遥控、实时图传、精准定位、全程监管,目前无人机管理的诸多短板也将被补齐,5G 网联无人机应用场景也将会得到不断拓展。因为,无人机采用了 5G 网络作为通信链路,如虎添翼,它具备了远程通信的能力,这将极大地扩展无人机的作业距离和范围,令其发挥更大的作用,如图 7-14 所示。

在 5G 网络下,更大的带宽将丰富无人机搭载的高清摄像头的数据传输模式,相较于当前的图片传输模式,5G 网络将支持无人机超高清视频的实时传输,保障无人机采集数据的时效性,丰富无人机的应用场景;5G 的低时延特点,还将满足网联无人机的远程控制需求,届时无人机的任务管理、飞行控制、航迹监控等操作,都可以在远程管控平台上完成;5G 的超大连接能力,足以满足未来无人机的广泛连接需求。同时结合 5G+北斗导航系统的厘米级高精度定位能力,可以使无人机在电量低的情况下,自动找寻最近的充电平台,完成续航,解决当前消防无人机的工作时长过短的问题。

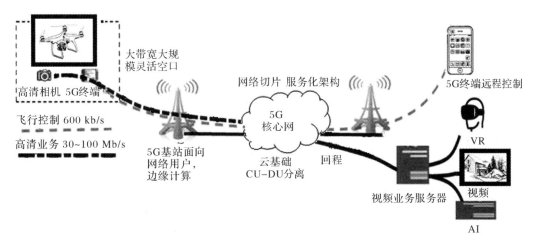

图 7-14 5G 网联消防无人机整体解决方案

5G 网联无人机的无人机终端和地面控制终端均通过 5G 网络进行数据传输和控制指令传输,并通过业务服务器加载各类场景的应用。其中 5G 网络提供了从无线网到核心网的整体网络解决方案,以适配各种复杂应用场景的网络实现。

7.5.2 5G 网联无人机系统的组成

5G 网联无人机系统包括飞行控制系统、通信系统、导航系统、机载计算机系统、任务载荷系统以及安全飞行管理系统。各部分子系统的特点如下:

1)飞行控制系统。结构微型化、轻量化,可靠性高,稳定性好,系统智能化,高效实用。

2)通信和导航系统。低时延、大带宽超视距远程控制,路径规划、自主导航,高精度定位,具有集群飞行能力。

3)机载计算机系统。具有环境感知、智能识别及二次应用开发能力。

4)任务载荷系统。机载设备小型化、轻量化、多样化。具有载荷数据的实时联网传输、本地/云端系统的智能化分析能力。

5)安全飞行管理系统。适航认证,具备安全加密能力。

5G 网联无人机的机载终端归纳为 A、B、C 3 类,以满足不同行业应用场景下的需求:

A 类:保障安全飞行。

B 类:无人机远程超视距实时控制+保障安全飞行。

C 类:超大带宽,智能化分析。

3 类机载终端的主要功能规格见表 7-2。

表 7 - 2　3 类机载终端主要功能规格

功能	类型		
	A 类	B 类	C 类
	（安全飞行）	（超视距实时远控＋安全飞行）	（超大带宽＋端侧智能化）
数据业务速率	DL 100 kb/s	DL 100 kb/s	DL 100 kb/s
	UL 100 kb/s	UL 150 Mb/s	UL 1000 Mb/s
E2E 传输时延	＜500 ms	＜20 ms	＜500 ms
神经网络单元	NA	NA	YES
蜂窝辅助定位/GPS 定位	粗精度（米级）＜10 m（水平和垂直方向）	高精度（厘米级）＜0.1 m（水平和垂直方向）	粗精度（米级）＜10 m（水平和垂直方向）
其他能力	低功耗,低成本 工业级高可靠 安全加密	精准授时 安全加密 工业级高可靠 视频编码处理、视频图传增强	视频编码处理 视频图传增强 本地智能,能力开放

7.6　低轨卫星网联消防无人机

低轨道卫星系统是卫星互联网建设的一部分,被视作最新最有前途的卫星移动通信系统。卫星互联网可使全球各地都能通过宽带连上互联网终端,解决现有世界上超 30 亿人无法使用互联网,超 70％ 地理空间未实现互联网覆盖的问题。随着我国低轨道卫星系统即将问世,低轨卫星网联无人机,包括低轨卫星网联消防无人机在内,即将成为无人机大发展的关键趋势。

7.6.1　低轨互联网的基本概念

1. 低轨互联网的定义

我国国家发展和改革委员会于 2020 年 4 月 20 日表示,新型基础设施主要包括信息基础设施等 3 个方面内容,其中信息基础设施,主要是指基于新一代信息技术演化生成的基础设施,以 5G、物联网、工业互联网、卫星互联网为代表的通信网络基础设施等。

互联网早已深入我们的生活,目前互联网主要靠地面和海底光纤传输,但光纤也有劣势,光纤在陆地上铺,更别说漂洋过海了,建设成本可不低。光纤成本比电缆低,但建设成本仍然不菲,很多国家无法承担建造光纤网络的庞大开销。另外,如果由于各方面因素不允许光纤过境,铺设的困难就更大了。移动通信网络,不论是 4G 还是 5G,虽然省去了铺光纤的费用和麻烦,但它需要建设大量价格不菲的通信基站,以及支付这些通信基站运行所需的电费、维护和管理费等,许多人烟稀少、经济不发达地区难以承受。迄今为止,全世界仍然有过半的人没能接入互联网,特别是山区、农村等偏远地区,将他们带入网络时代,是一个既有经济价值也有社会价值的目标,也是发展卫星互联网的原动力。

卫星互联网是指利用位于地球上空的卫星平台向用户终端提供宽带互联网接入服务的新型网络。卫星互联网主要包括两种:一种是通过静止卫星向地面提供信号,例如美国卫讯公司 ViaSat 运营的 Ka 波段通信卫星 ViaSat-1/2/3、中国卫通公司的中星 16 号卫星等;另一种是通过近地轨道卫星向地面提供信号,这就需要成百上千的小卫星组成通信星座,接力提供连续的通信覆盖。现在热门的卫星互联网主要是指后者,低轨道通信星座能满足全球上网的需求,有利于让地球上广大人烟稀少、基础设施欠缺的地区接入互联网。

2. 低轨互联网的特点

低轨一般是指位于地球表面 500～2 000 km 的范围,相对于地球同步轨道较低的高度,使得低轨卫星传输时延更短,路径损耗更小。而相对于传统的光纤接入庞大的地面网络和基站,低轨互联网在偏远地区部署更加简便、成本更低。由低轨卫星构成的星座系统能够实现对全球的无缝覆盖。新兴的低轨星座容量提升显著,如星链星座(4 425 颗卫星)吞吐量可达到 23.7 Tb/s。此外,低轨卫星空间组网不受地面地形与规划的限制,且在自然灾害导致地面网络被损坏的情况下仍可正常工作。

7.6.2　卫星互联网的市场规模和我国低轨卫星产业

1. 卫星互联网的市场规模

随着对太空空间探索的逐步深入,国内外就卫星互联网纷纷展开部署,2019 年全球卫星产业总收入为 2 860 亿美元,同比增长 3.20%。预计 2025 年前,卫星互联网产值可达 5 600～8 500 亿美元。

预计卫星互联网的市场规模:卫星互联网的目标群体包括 41 亿人次的航空员工和旅客、3 000 万人次的航海员工和旅客、约占偏远地区 30 亿人口 5%～10% 的富裕阶层以及 3 亿人次左右的户外旅行探险者等。美国发射卫星数量未来占比超九成,中国紧随其后。预计到 2029 年全球将在地球近地轨道部署总计约 57 000 颗的低轨卫星,如图 7-15 所示。

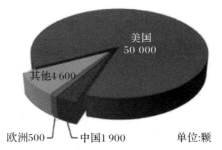

图 7-15　预计到 2029 年全球低轨卫星部署情况

随着美国星链计划启动,全球低轨星座发展已全面进入竞争提速期,空间轨道和频段这一不可再生的战略资源将日益紧缺。

1)高通入股的全球星系统是美国 LQSS 公司于 1991 年 6 月向美国联邦通信委员会(FCC)提出的低轨道卫星移动通信系统。

2)2018 年传统卫星服务三巨头 SES、Intelsat、Eutelsat 公司的销售额分别为 24 亿美元、22 亿美元和 6.2 亿美元。目前,三巨头都已启动了自己的高通量卫星计划,为市场提供了更大容量、更快的速率,提升了原有网络的服务质量。

3)Space X 在 2015 年提出星链项目,计划于 2025 年完成 12 000 颗低轨卫星的部署,其中第二阶段发射 7 518 颗卫星(运行在不超过 346 km 的超低轨道)。

4)科技巨头亚马逊计划在未来发射 3 236 颗低轨卫星,此项目旨在为数千万缺乏基本宽带互联网接入的人提供高速、低时延的互联网服务。同时它可以为亚马逊云服务垂直整合产业链。

2.我国低轨卫星产业

我国目前仅有 3 颗在轨运行的低轨宽带通信卫星,卫星互联网建设已经较为滞后。在卫星与火箭制造的极高壁垒下,资金投入大、开发周期长,都是让人望而却步的原因。但随着卫星开发模式和发射模式的改变,卫星的入门成本大幅降低,从数十亿元级别降到了千万元级别,供给侧迎来了利好。

我国卫星互联网已经被纳入新基建中,国内的商业航天公司、卫星通信公司都在紧锣密鼓地制定发射计划。中国航天科技和中国航天科工两大集团都启动了各自的低轨通信项目"鸿雁"和"虹云"星座计划,将分别发射 300 颗和 156 颗低轨通信卫星组建太空通信网,这两大集团成了我国低轨通信卫星领域的国家队成员。除此之外,我国从事商业航天的初创型民营公司有近 20 家。短期内,国内卫星互联网会采用低轨卫星和高轨卫星结合的形式、融合 5G,在短期内辅助 5G 应用尽快落地,应用边际拓宽至物联网后可以激活万亿市场空间。

我国低轨卫星产业发展趋势如下:

1)低轨卫星与 5G 互补形成无缝衔接通信网络。

2)太赫兹级适用于卫星通信,将在未来 6G 通信和天地一体化信息网络中发挥关键作用。

3)低轨高通量系统技术发展将实现吞吐量提升、高稳定性及低时延。

4)基于人工智能和云计算技术的卫星系统自主任务控制可降低卫星任务管理成本,解决卫星数量呈指数级增长所带来的数据爆炸的问题。

7.6.3　星链网络消防无人机

1.星链低轨卫星互联网

星链(Starlink)是美国 Space X 公司推出的一项通过低轨卫星网,即在 3 个轨道上至少部署几万颗卫星(见图 7-16),提供覆盖全球的高速互联网接入服务。整个计划预计需要约 100 亿美元的支出。

　　星链低轨卫星距离地面只有 340 km。由于卫星离地面越近,传输时延越短,路径损耗越小,这意味着星链卫星要比传统卫星信号强度大很多倍。Space X 公司计划到 2024 年发射 1.2 万颗卫星,到 2027 年发射 4.2 万颗卫星。

　　星链卫星采用可回收火箭发射,只用一枚火箭重复使用。每次发射 60 颗低轨卫星,即每次发射火箭舱内都有 60 颗卫星整齐地堆叠在一起,如图 7-17 所示。每颗卫星重 500 lb①,整个质量达到 18.5 t。这 60 颗卫星发射到太空之后会自动展开两翼,伸出太阳能电池板,卫星进入正常工作状态。采用这样的可重复使用、一箭多星的火箭发射方式,不仅大大降低了卫星发射成本,而且能保证整个星链计划圆满按时完成。星链网络有别于 5G,它主要用于解决互联网目前所存在的两大主要问题。

　　星链解决偏远地区的上网问题。在偏远山区由于人口密度低,用户量少,电信运营商无法弥补网络建设和运维的成本,因此全球超半数人口是无法用 5G 上网的。再比如,在海上航行的轮船上、在天上飞行的飞机上,以及地球上那些广阔的无人区都是 5G 网络盲区。

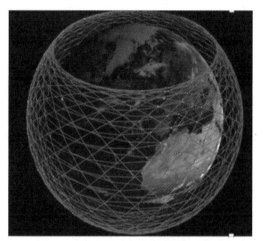

图 7-16　星链低轨卫星互联网示意图

图 7-17　星链火箭舱内有 60 颗卫星堆叠在一起

　　星链的接入设备(接收天线)直径为 0.48 m,大概就一个锅盖这么大,也很薄。初期售价为 200 元左右,最终售价预计会低至几十元,它也非常便于放置在用户家里及汽车、船舶、飞机等移动运输设备上。星链太空互联网全面建成后,将真正做到宽带互联网遍布世界,地球全覆盖,全球无死角。地球上任何地方任意时间,至少会有 3 颗星链卫星与之链接,只要能看到天空的地方就可轻松接入星链宽带网络。在终端机上再连接几个路由器来覆盖室内和室外区域。估计星链终端机加上 3 个路由器,不会超过 300 元,而一个 5G 大型铁塔基站的成本可能需要几万甚至几十万元。两者的建设和运营成本天差地别,完全无法比拟。

---

①　1 lb＝0.453 592 37 kg。

2.星链解决网络时延问题

现在的光纤网络并非点对点链接，在物理上光纤不是一条直线链接，需要绕许多圈子。光纤在近距离访问时，网络时延可以忽略不计，但如果需要访问较远距离的服务器，数据从光纤传输所需要的时间就产生了时延。5G网络其中一个最大特点是降低时延（可以降至1 ms），但并没有解决互联网本身数据时延问题，5G也不可能摆脱光纤、基站、服务器在数据传输时带来的时延。星链在短距离跟光纤相比没任何优势，但长距离它发挥的作用就非常明显了，相当于消防无人机点对点连接，如图7-18所示。

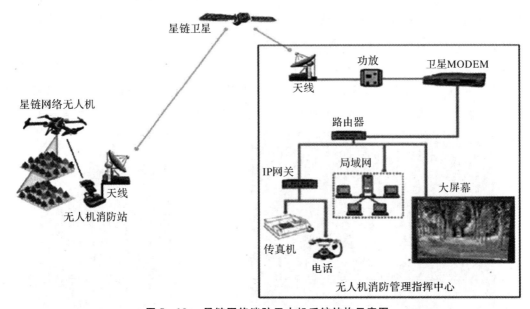

图7-18 星链网络消防无人机系统结构示意图

星链计划首先在距地1 150 km的轨道部署1 600颗卫星（后修改在550 km部署1 584颗），接着，在1 110～1 325 km的高度部署2 825颗卫星。这些属于SpaceX的LEO星座部署，选择的是Ku／Ka频段。将这部分卫星部署在较高轨道上，可以更好地实现信号的覆盖。2019年11月，SpaceX追加部署7 518颗卫星，选择的是更低的340 km轨道，使用V频段。在较低轨道上部署卫星，可以实现信号的增强和提供更有针对性的服务。

星链的三层卫星都是低轨卫星，相比之下，地球同步静止轨道上的卫星要远得多，达到了36 000 km的高度。低轨的好处是信号延迟短，这当然是由于近的原因（虽然信号以光速前进，但对时间很敏感的仪器来讲，还是有很大差别的）。同步轨道上的卫星时延大约为477 ms。另外，考虑到网络协议、基础设施等，实际传输速度肯定在600 ms以上。而星链卫星的延迟仅仅为8～10 ms，能够达到光纤的程度。

星链太空互联网全面建成后，将为每个终端提供最高速率为1Gb/s、延迟时间小于10ms（与5G相当）的网络。

习　　题

1.简述消防无人机系统数据链路的定义和组成。

2.消防无人机无线通信的传输目的是什么？有哪几种方式

3.民用无人机发展遭遇的瓶颈有哪些？

4.简述计算机网络的定义和分类。

5.什么是移动通信？将无线通信与有线通信进行对比。

6.简述移动通信技术的发展历程。

7.移动互联网对人们生活有何影响？

8.简述 5G 网络能力。5G 网络有哪些关键技术？

9.简述 5G 网联消防无人机的整体解决方案与系统组成。

10.简述 5G 网联消防无人机系统的发展趋势、存在的问题与展望。

11.简述卫星互联网的市场规模和我国低轨卫星产业。

12.什么是星链低轨卫星互联网？

13.星链如何解决网络时延问题？

第8章 消防无人机飞控导航系统

8.1 消防无人机飞控导航系统的基本概念

自动飞行控制是消防无人机的核心,其基本任务是保持无人机姿态与航迹的稳定,自主导航飞行与航迹控制、起飞着陆控制,以及按照地面操控指令的要求改变姿态与航迹等。消防无人机的自主飞行能力取决于无人机的飞行环境感知技术、飞行避障技术、飞行控制技术和自动化机库及无人机消防车等技术的发展水平。

8.1.1 消防无人机的飞行品质和 GNC 技术

1. 消防无人机的飞行品质

飞行品质是飞行器作为质点在外力、外力矩作用下的运动特性,它涉及飞行安全和飞机操纵难易程度。消防无人机的飞行品质主要是指它的飞行平衡、稳定性和操纵性,即消防无人机飞起来是否平稳,操纵起来是否方便灵活。如果飞行品质太差,那么就无法有效地控制它,严重的还可能酿成飞行事故。

(1)消防无人机飞行的平衡。

消防无人机的平衡是指作用于消防无人机的各力之和为零,各力对重心所产生的力矩之和也为零。消防无人直升机(单旋翼带尾桨式)悬停时的受力平衡状态如图 8-1 所示;多旋翼消防无人机前飞时的受力平衡状态如图 8-2 所示。

消防无人机处于平衡状态时,飞行速度的大小和方向都保持不变,也不绕重心转动;反之,消防无人机处于不平衡状态时,飞行速度的大小和方向将发生变化,并绕重心转动。消防无人机能否自动保持平衡状态,是稳定性的问题;如何改变其原有的平衡状态,则是操纵性的问题。所以,研究消防无人机的平衡,是分析消防无人机稳定性和操纵性的基础。

1)俯仰平衡。作用于消防无人机的各俯仰力矩之和为零,消防无人机飞行迎角保持不变。

2)方向平衡。作用于消防无人机的各偏转力矩之和为零,消防无人机飞行航向保持不变。

3)横向平衡。作用于消防无人机的各滚转力矩之和为零,消防无人机飞行姿态坡度保持不变。

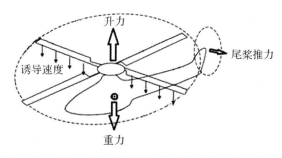

图 8-1　消防无人直升机(单旋翼带尾桨式)悬停时的受力平衡状态示意图

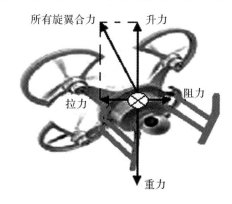

图 8-2　多旋翼消防无人机前飞时的受力平衡状态示意图

(2)消防无人机飞行的稳定性。

消防无人机的稳定性是指它在飞行中,受微小扰动(如阵风、发动机工作不均衡、机体重心的偶尔偏转等)而偏离原来的平衡状态,并在扰动消失后,不需要通过飞控系统操纵就能自动恢复原来平衡状态的特性。消防无人机的稳定性是它本身具有的一种特性,该特性(稳定性)不是一成不变的,而是随着飞行条件的改变而变化的。

消防无人机的稳定性包括俯仰稳定性、方向稳定性和横向稳定性。其稳定性的程度,一般由摆动衰减时间、摆动幅度、摆动次数来衡量。当消防无人机受到扰动后,恢复原来平衡状态的时间越短,摆动幅度越小,摆动次数越少,稳定性就越强。

(3)消防无人机飞行的操纵性。

消防无人机的操纵性是指它在飞行控制系统协调操纵各种舵面机构(固定翼无人机)或旋翼升力方向和大小(旋翼无人机)时,改变其飞行状态的特性。消防无人机除应有必要的稳定性外,还应有良好的操纵性。影响消防无人机操纵性的因素主要有总体布局、机体结构、重心位置、飞行速度、飞行高度以及迎角等。

实际飞行中,如果消防无人机对自动驾驶仪操纵指令的反应不过分灵敏或者不过分迟钝,那么就认为该消防无人机具有良好的操纵性。操纵性的好坏与消防无人机稳定性的大小有密切关系:很稳定的消防无人机,操纵往往不灵敏;操纵很灵敏的消防无人机,则往往不太稳定。因此,稳定性与操纵性二者需要协调统一,应综合考虑,以获得最佳的消防无人机飞行性能。

2. 消防无人机的 GNC 技术

消防无人机在执行飞行任务时,为了圆满完成飞行任务,必须在其所处的三维空间解决飞行方向、定位和控制这 3 个最基本的问题,所需技术就是制导、导航和控制,或称 GNC 技术。

(1)制导。制导(Guidance)是消防无人机发现(或外部输入)目标的位置、速度等信息,并根据自己的位置、速度,以及内部性能和外部环境的约束条件,获得抵达目标所需的位置和速度等指令,解决飞行方向和目标位置的问题,即"要去哪里"。

(2)导航。导航(Navigation)是确定消防无人机在其所处的三维空间的位置、航向、速度和飞行姿态等信息,解决消防无人机的精确定位问题,即"现在何处"。

(3)控制。控制(Control)是根据飞行指令控制消防无人机按照期望的姿态和轨迹飞行,解决消防无人机的稳定和操纵问题,确保消防无人机能够准确到达目的地,即"怎么走"。

制导、导航与控制是消防无人机飞行和完成任务所必需的 3 项关键技术。其工作原理最早是从卫星、导弹等空间飞行器的自动飞行问题中提出来的,成功获得实际应用后,逐步扩展到现代无人机等各种新型飞行器上,GNC 技术成为支撑这些先进飞行器飞行和完成任务不可或缺的重要技术。综合采用 GNC 技术构建的消防无人机飞行制导控制与导航系统,简称飞控导航系统,是无人机实现自主飞行的核心构件,是实现无人机飞行自动化、智能化的关键系统。其结构和工作原理如图 8-3 所示。

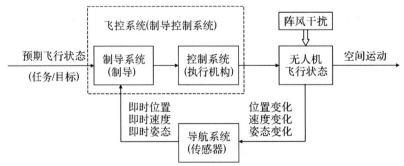

图 8-3 无人机飞控导航系统结构和工作原理

虽然理论上,导航、制导和控制这三者各司其职,只是在指令计算和执行上有顺承关系,但是在实际系统中,三者会有很多交叉因素。例如,导航系统中所测量或估计出的角速度,既要用于导航系统的速度和位置估计,又要用于姿态控制,因此制导与控制需要进行一体化设计。

8.1.2　消防无人机的飞行控制系统、姿态解算与故障诊断

1. 消防无人机的飞行控制系统

自动飞行控制系统,即飞控系统,就像是消防无人机的驾驶员,是消防无人机自主飞行的核心,扮演着制导决策与控制的双重角色。其总体结构由机上及地面两部分组成,机上和地面系统通过数据通信系统直接耦合。地面驾驶员将操纵信号和飞控指令输入地面的飞控系统计算机,经过计算机处理后,通过数据通信系统传输到机上自动驾驶仪系统计算机,经处理后控制无人机的飞行运动。其原理如图 8-4 所示。

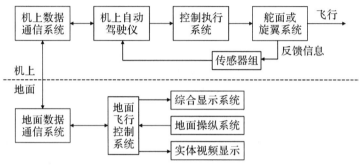

图 8-4　无人机飞行控制系统原理

消防无人机飞行控制方式有全自主控制和半自主控制两种,

(1)全自主控制方式。全自主控制方式是指消防无人机自动按照设定的航路或系统自动生成的飞控信号来控制飞行。在这种控制方式下,自动驾驶仪的控制算法能够完成消防无人机航路点到航路点的位置控制以及自动起降等。地面上的机操作员(驾驶员)只对消防无人机的飞行状态进行监控。仅当出现紧急情况时才切入遥控模式,对消防无人机的自主飞行进行干预。

(2)半自主控制方式。半自主控制方式是指自动驾驶仪的控制算法能够保持消防无人机的姿态稳定等,但消防无人机还是需要通过地面人员遥控操纵。

不论采取何种控制方式,消防无人机上系统的飞行参数和系统状态参数都要由机上自动驾驶仪通过数据通信系统传输到地面飞控系统,并在综合显示屏上显示出来。此外,地面显示系统还要显示无人机实体及相对运动的视频图像,这些信息不但可使地面操作员(驾驶员)了解无人机系统飞行状态及发出的操纵信号或控制指令,而且地面飞控系统也可根据这些信息自动发出控制指令。消防无人机的飞行控制是很复杂的,其关键是实现自动化。飞行系统动力学不稳定,响应特性又快,操纵频繁,人力难于胜任,尤其在恶劣的飞行环境中和远距离飞行时,必须采用全自主控制。

2. 消防无人机的飞行姿态解算

消防无人机飞控导航系统是一个相当复杂的非线性系统,其中涉及大量对飞机控制算法优化和提高精度性能有重要影响的变量参数,如姿态角、速度等,此外,还要考虑到外界环

境扰动及各种干扰条件对数据处理过程所产生的负面影响。

姿态解算是指飞行控制系统控制器读取传感器数据,实时计算消防无人机的姿态角,比如横向翻滚角(Roll)、俯仰角(Pitch)、方向角(Yaw)信息,飞行控制器根据这些信息即可计算出消防无人机各旋翼转速(或桨距)的输出量,使消防无人机保持平衡稳定或者保持一定倾斜角,使消防无人机朝着某设定方向飞行。姿态解算是消防无人机稳定飞行的关键技术之一,解算速度和精度直接关系到消防无人机飞行中的稳定性和可靠性。

(1)飞行姿态自动控制的流程。

首先,自动飞行控制系统通过陀螺仪、磁力计和加速度计等传感器获取无人机飞行姿态(俯仰、横滚和方向)相对于基准姿态(角度)变化的信息;其次,滤波(如卡尔曼滤波等)处理获得方向余弦矩阵得到欧拉角;最后,使用 PID 控制或者 PI,PD 控制(P 比例、I 积分、D 微分)将系统反馈值和期望值进行比较,并根据偏差不断修复,直至达到期望的预定值。通过 PID 自动控制算法处理、输出期望的脉宽调制波(PWM)给执行机构,控制旋翼无人机各旋翼转速(或桨距)的大小,从而得到一个期望的力来控制消防无人机的前后、左右、上下飞行。

(2)飞行姿态解算的步骤。

1)数据滤波算法。采用滤波技术进行姿态数据处理,如卡尔曼滤波等,对获取到的陀螺仪、磁力计和加速度计等传感器数据进行去噪声及融合,得到正确的飞行姿态数据。

2)姿态检测算法。对获得滤波后的传感器数据进行计算,得出消防无人机自身坐标系与地面坐标系的飞行数据偏差。姿态检测算法的作用就是将加速度计、陀螺仪等传感器的测量值解算成姿态,进而作为系统的反馈量。常用的姿态检测算法有卡尔曼滤波、互补滤波等。

3)姿态控制算法。控制消防无人机飞行姿态的三个自由度,以给定的姿态期望值与姿态检测算法得出的姿态偏差作为输入,被控对象的输入量作为输出(例如姿态增量),从而达到控制消防无人机飞行姿态的作用。最常用的就是 PID 控制、自适应控制等。消防无人机自动飞行控制系统结构上一般采用双闭环的形式,对姿态变换和位置变换进行控制。

3.消防无人机自主故障诊断与自修复重构

消防无人机在起飞前或飞行过程中,任何微小故障都有可能引发飞行事故。如果飞控系统能实时、不断地进行自主故障监测与故障诊断,就能大幅降低事故发生的概率。消防无人机飞控系统可以监测诸如振动、电压、电流、温度、转速等各项飞行状态参数,并通过这些监测特征信号进行自主故障诊断。但是这些信号往往是复杂且没有明显规律的,只有通过对大量故障数据进行数据挖掘,用深度学习技术建立飞控故障诊断系统,采用模式识别判定故障发生的概率,对故障进行早期预报或进行应急处理,使飞行变得更加安全。消防无人机自主故障监测与诊断系统在快速监测并判定故障原因的同时,由飞控系统采用正确信息进行飞行操控,避免故障进一步发展,同时采取有效措施修正因故障引起的飞行状态偏差,如图 8-5 所示。

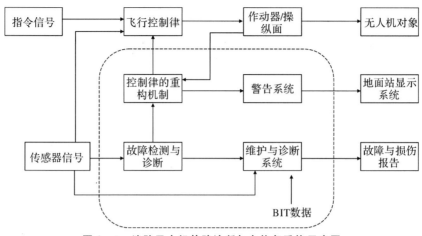

图8-5 消防无人机故障诊断与自修复重构示意图

消防无人机自主故障监测与故障诊断内容分为故障单元确定、故障类型划分及故障/解除判定方法、应急等级及处理策略三大部分。其中故障单元确定需要根据消防无人机上的设备状态,提取直接影响飞行安全的关键设备作为重点的故障监测单元进行监测,以判定各单元是否工作正常。此外,还应关注消防无人机的飞行状态是否正常,如是否在沿预定的航线飞行、飞行速度与给定速度是否一致、飞行姿态是否正常等。消防无人机自主故障诊断与自修复重构是它实现自主控制的保障,能够提高消防无人机在森林火灾恶劣环境下的生存能力以及飞行安全性。

自主故障诊断与自修复内容还包括:如何对不同情况的重大故障和结构损伤进行建模,如何将不同的在线故障检测与识别和自适应可重构控制算法进行综合,以覆盖不同类型的错误,以便寻找产生错误的根源。

8.2 消防无人机导航系统

导航系统向消防无人机提供参考坐标系的位置、速度、飞行姿态,引导消防无人机按照指定航线飞行,相当于领航员。随着科学技术的发展,可供使用的传感器越来越多,导航系统的种类也越来越多。

8.2.1 消防无人机导航系统的定义和功能

1.消防无人机导航的定义

导航是指利用机载导航系统导引无人机沿一定航线和向一定目的地飞行的科学或技术。消防无人机导航系统主要解决消防无人机"现在何处"的精确定位问题,一般分两类:

1)自主式导航。利用消防无人机上机载设备导航,主要有惯性导航、多普勒导航和天文导航等。

2)非自主式导航。利用消防无人机上的机载设备与地面或空中有关的设备相配合进行导航,主要有无线电导航、卫星导航等。

2.消防无人机导航系统的功能

导航系统的功能是向消防无人机提供相对于所选定的参考坐标系的位置、飞行速度和姿态等导航参数,引导消防无人机沿预定航线安全、准时、准确地飞行。完善的无人机导航系统具有以下功能:

1)获得必要的导航要素,包括高度、速度、姿态、航向。

2)给出满足精度要求的定位信息,包括经度、纬度。

3)引导飞机按规定计划飞行。

4)接收预定任务航线计划的装定,并对任务航线的执行进行动态管理。

5)接收控制站的导航模式控制指令并执行,具有指令导航模式与预定航线飞行模式相互切换的功能。

6)具有接收并融合消防无人机其他设备的辅助导航定位信息的能力。

7)配合其他系统完成各种任务。

8.2.2　消防无人机导航系统的类型

消防无人机导航系统可以大致分为以下几种类型。

1.惯性导航

惯性导航是依靠安装在消防无人机的加速度计测量载体在 3 个轴向的运动加速度,经积分运算得出载体的瞬时速度和位置的一种导航方式,主要有以下两大类。

1)平台式惯性导航系统。平台式惯性导航系统将惯性测量装置安装在惯性平台的台体上,这样使得惯性平台能隔离载体的角振动,惯性测量元件工作条件较好,平台能直接建立导航坐标系,具有精度高、计算量小、容易补偿等优点,但是结构复杂、尺寸大、价格高。

2)捷联式惯性导航系统。捷联式惯性导航系统是没有实体平台的惯性导航系统,通常由陀螺仪、加速度计和导航计算机等组成。加速度计和陀螺仪直接安装在消防无人机机体上,由加速度计测量加速度在机体 3 个轴上的分量。导航计算机实际上替代了复杂的陀螺稳定平台的功能,是一种自主式的导航系统。其优点是系统结构简单、体积小、质量轻,成本大大降低,可靠性高,维护方便,不易受到干扰,不受气象条件限制,数据更新率高等。其缺点是定位误差会随时间产生累积误差,影响导航精度。

2.天文导航

天文导航又称为星光导航,是利用对星体的观测和星体在天空的固有运动规律提供的信息来确定飞行器在空间运动参数的一种导航技术。由于星体位置是已知的,测量星体相对于导航用户参考基准面的高度角和方位角就可计算出用户的位置和航向。天文导航系统不需要其他地面设备的支持,所以是自主式导航系统。其不受人工或自然形成的电磁场的干扰,不向外辐射电磁波,隐蔽性好,定位、定向的精度比较高,定位误差与定位时刻无关,因而得到广泛应用。由于天文导航系统的精度主要依赖于对指定星体的观测精度,受气象条件影响较大,通常与其他自主导航系统组合使用。天文导航系统由量测装置、导航计算机和飞行控制系统等组成,量测装置包括星光跟踪器、空间六分仪等。六分仪的天文望远镜安装在双轴陀螺稳定平台上，可实现对星体的自动跟踪。

根据跟踪的星体数，天文导航分为单星、双星和三星导航。单星导航由于航向基准误差大而定位精度低；双星导航定位精度高，在选择星对时，两颗星体的方位角差越接近 $90°$，定位精度越高；三星导航常利用第三颗星的测量来检查前两次测量的可靠性。

3. 多普勒导航

多普勒导航是飞行器常用的一种自主式导航系统，它由脉冲多普勒雷达、航向姿态系统、导航计算机和控制显示器等组成。它的工作原理是多普勒效应，多普勒雷达不断地沿着某方向向地面发出无线电波，利用消防无人机和地面有相对运动产生的多普勒效应，测出雷达发射的电磁波和接收到的回波的频率变化，从而计算出消防无人机相对于地面的飞行速度，即地速，以及航向角，即地速与消防无人机纵轴之间的夹角，得出消防无人机当时的位置。利用这个位置信号进行航线等计算，实现对飞机的引导。

多普勒导航系统的工作方式是主动的，优点是无需地面设备配合工作，不受地区和气候条件的限制，抗干扰能力较强，消防无人机速度和航向角的测量精度高。其缺点是：工作时必须发射电波，导致其隐蔽性不好；消防无人机姿态超过限度时，多普勒雷达因收不到回波而不能工作；定位误差随时间推移而增加；多普勒雷达的工作性能与反射面形状及状况有关，如在水平面或沙漠上空工作时，由于反射性不好，性能降低。

4. 卫星导航

卫星导航，顾名思义，是依靠卫星进行导航的方式。卫星导航的工作原理是通过测量消防无人机与已知精确位置的参考点之间的距离解算出消防无人机位置。卫星导航系统接收多颗卫星发射出来的位置信息，从中得出时间差并根据光速计算出距离，从而解算出消防无人机的位置和经纬度信息。

目前世界上能够使用的卫星导航技术有美国的 GPS 导航、俄罗斯的 GOLLAS 导航、中国的北斗导航以及欧洲的伽利略导航技术。卫星导航具有全球性、全天候、实时性和高精度的优点，但也有致命弱点，如对于机动性高的场合，会产生"周跳"现象，导航精度急剧下降，完全依赖卫星和地面控制中心的可靠性，易受干扰等。

5. 差分 GPS 导航

差分技术很早就被人们所应用。它实际上是一个观测站对两个目标的观测量、两个观测站对一个目标的观测量或一个观测站对一个目标的两次观测量之间的差，目的在于消除公共误差和公共参数。差分 GPS（Differential GPS，DGPS）是首先利用已知精确三维坐标的差分 GPS 基准台，求得位置修正量，再将这个修正量实时发送给用户（GPS 导航仪），对用户的测量数据进行修正，以提高 GPS 定位精度。差分 GPS 基准站发送的信息方式可将差分 GPS 定位分为 3 类，即位置差分、伪距差分和相位差分，其中，相位差分的精度最高。

在 GPS 定位过程中，存在着三部分误差。第一部分是每一个用户接收机所共有的，例如，卫星原子钟误差、星历误差、电离层误差、对流层误差等。第二部分是不能由用户测量或由校正模型来计算的传播延迟误差。第三部分为各用户接收机所固有的误差，例如内部噪声、通道延迟、多径效应等。利用差分技术，第一部分误差可以完全消除，第二部分的大部分可以消除,第三部分则无法消除。

差分 GPS 定位的做法是在地面已知位置设置一个地面站,地面站由一个 GPS 差分接收机和一个差分发射机组成。差分接收机接收卫星信号,监控 GPS 差分系统的误差,并按规定的时间间隔把修正信息发送给用户,用户用修正信息校正自己的测量或位置解,如图8-6所示。

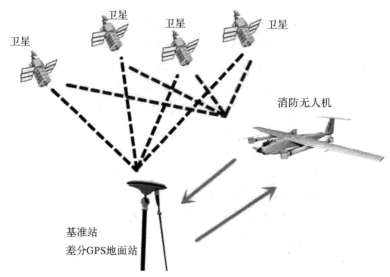

图 8-6 消防无人机差分 GPS 导航示意图

6.无线电导航

无线电导航是根据无线电波的传播特性,测量设置在地面的导航台发射的无线电波参数,如频率、振幅、传播时间或相位,求得消防无人机相对于导航台的几何参数,如角度、距离、距离差等,实现消防无人机的空间精确定位。由于导航和定位密切相关,连续定位实质上就是导航。无线电导航按作用距离分近程、远程和洲际,也可根据原理的差别分成测距导航、测角导航和多普勒导航。

无线电导航的优点是不受时间和天气限制,精度高,作用距离远,定位时间短,设备简单可靠。其缺点是必须发射和接收无线电波,易被发现和干扰,需要载体外的导航台支持,一旦导航台失效,与之对应的导航设备就无法使用。

7.组合导航

所谓组合导航(Integrated Navigation System,INS),是指把两种或两种以上的导航系统以适当的方式组合在一起,利用其性能上的互补特性,以获得比单独使用任一系统时更高的导航效率。通常,组合导航系统具有高精度、高可靠性、高自动化程度,可以解决导航定位、运动控制、设备标定对准等问题。目前消防无人机上实际应用的导航系统大多都是组合导航系统,如卫星/惯性导航组合导航系统、多普勒/惯性导航组合导航系统等,其中应用最广泛的是 GPS/惯导组合导航系统。

组合导航系统的关键器件是卡尔曼滤波器,它是各导航系统之间的接口,并进行着数据融合处理。目前无人机研发人员正在研究新的数据融合技术,例如采用自适应滤波技术,在进行滤波的同时,利用观测数据带来的信息不断地在线估计和修正模型参数、噪声统计特性和状态增益矩阵,以提高滤波精度,从而得到对象状态的最优估计值。

8.3　消防无人机机载传感器和避障技术

传感器是感知飞行姿态、识别物体、距离和温度等的仪器,用于测量飞行控制律解算所需要的各种参数和信息(包括飞行环境的参数、飞行运动参数和目标特性参数),这些参数可以描述消防无人机所处飞行环境、自身运动状态、在空间的位置以及所关注的目标信息。如果没有各种传感器,消防无人机飞行的安全性、稳定性和操纵性,以及回避障碍物的能力和完成各种任务的目标便无法实现。

8.3.1　消防无人机机载传感器

1.陀螺仪

陀螺仪内部有一个高速旋转的陀螺,它的轴由于陀螺效应始终与初始方向平行,这样就可以通过与初始方向的偏差计算出实际方向,并获得系统的转动角度。陀螺具有稳定性和进动性,转动时如果受到外力的作用,陀螺会在自转的同时沿另一个固定轴不停旋转。传统的陀螺仪主要是利用角动量守恒原理,因此它主要是一个不停转动的物体,它的转轴指向不随承载它的支架的旋转而变化。但是微机电系统(MEMS)陀螺仪的工作原理不是这样的。MEMS 是集微传感器、微执行器、微机械结构、微电源微能源、信号处理和控制电路、高性能电子集成器件、接口、通信等于一体的微型器件。其尺寸为几毫米乃至更小,其内部结构一般在微米级甚至纳米级。它是一个独立的智能系统,主要由传感器、执行器和微能源三大部分组成,具有微型化、智能化、多功能、高集成度和适于大批量生产等特点。

MEMS 陀螺仪是利用旋转物体在有径向运动时所受到的切向力(哥氏力),采用振动物体传感角速度的概念,通过振动来诱导和探测哥氏力而设计的。MEMS 陀螺仪没有旋转部件,不需要轴承,而是依赖由相互正交的振动和转动引起的交变哥氏力,振动物体被柔软的弹性结构悬挂在基底之上。整体动力学系统是二维弹性阻尼系统,在这个系统中,振动和转动诱导的哥氏力把正比于角速度的能量转移到传感模式。通过改进设计和静电调试使得驱动和传感的共振频率一致,以实现最大可能的能量转移,从而获得最大灵敏度。陀螺仪提供飞行时的平衡参数,通过这些参数,飞控系统可以控制消防无人机平稳飞行。

2.加速度计

加速度计是 1 个 1 自由度的测量系统加速度的传感器。加速度计由检测质量、支承、电位器、弹簧、阻尼器和壳体组成。检测质量受支承的约束,只能沿一条轴线移动,这个轴常称为输入轴或敏感轴。当仪表壳体随着运载体沿敏感轴方向做加速运动时,根据牛顿定律,具有一定惯性的检测质量力图保持其原来的运动状态不变。MEMS 加速度计分为压电式、容感式和热感式 3 种类型。

(1)压电式。压电式 MEMS 加速度计运用的是压电效应,在其内部有一个刚体支撑的质量块,有运动的情况下质量块会产生压力,刚体产生应变,把加速度转变成电信号输出。

（2）容感式。容感式 MEMS 加速度计内部有一个质量块,是标准的平板电容器。加速度的变化带动活动质量块的移动从而改变平板电容两极的间距和正对面积,通过测量电容变化量来计算加速度。

（3）热感式。热感式 MEMS 加速度计内部没有任何质量块,它的中央有一个加热体,周边是温度传感器,里面是密闭的气腔,工作时在加热体的作用下,气体在内部形成一个热气团,热气团的比重和周围的冷气是有差异的,通过惯性热气团的移动形成的热场变化让感应器感应到加速度值。

由于压电式 MEMS 加速度计内部有刚体支撑,通常情况下,压电式 MEMS 加速度计只能感应"动态"加速度,而不能感应"静态"加速度。而容感式和热感式既能感应"动态"加速度,又能感应"静态"加速度。

3. 磁力计

磁力计是利用通电导线在磁场中产生的洛仑兹力来检测磁场强度的传感器,洛仑兹力是指运动的带电物体(如电子)在磁场中运动时所受到磁场的作用力。MEMS 谐振式磁力计具有灵敏度和分辨力高,驱动和检测方法成熟,且能够满足弱磁场的检测等特点。其工作原理是,在悬臂梁中通过一定频率的变电流,其频率等于悬臂梁的谐振频率,这样,当外界有磁场时,悬臂梁中的电流将受到洛仑兹力的作用使悬臂产生振动,振幅和外界磁场强度的大小成正比关系,通过检测振幅就可得到磁场强度的信息。由于悬臂梁是工作于谐振状态下的,因此振幅会被放大很多倍,从而使检测精度和灵敏度得到提高。消防无人机利用磁力计来检测 3 个轴向的地球磁场数据,计算出当前的飞行方向。

4. 气压计

地球上大气压是随高度变化而变化的,它与海拔的关系是:高度增加,大气压减小。在 3 000 m 范围内,海拔每升高 12 m,大气压减小 1 mmHg(大约 133 Pa)。气压计测量高度的原理是利用大气压与海拔高度的关系,将输入信号(压力)转换为电阻变化,即通过惠斯登电桥架构的压阻式压力传感器感应施加在薄隔膜上的压力。压力传感器的一个重要参数是灵敏度,高分辨率的小型压力传感器使得气压计/高度计应用得以在移动终端实现,比如在导航仪上面,通过高度计能够准确判断出位置高度。用电桥法测电阻,实质是把被测电阻与标准电阻相比较,以确定其值。由于电阻的制造可以达到很高的精度,所以电桥法测电阻可以达到很高的精确度。

5. 全球定位系统(GPS)

全球定位系统(GPS)是指以卫星为基础的无线电导航定位系统,它具有全球性、全天候、连续性和实时性的导航、定位和定时功能,能为各类用户提供精密的三维坐标、速度和时间。GPS 接收器利用 GPS 卫星发送的信息确定卫星在太空中的位置,并根据无线电波传送的时间来计算它们之间的距离。

为了抵抗风的干扰,及时修正空间位置的偏移和提高悬停飞行稳定性,消防无人机空中定位坐标是靠综合使用 GPS、气压计和超声波传感器三种传感器来实现的。首先通过 GPS

读数来了解自己所处的空间坐标,然后采用气压计来读取高度参数,及时修正 GPS 高度数据可能存在的误差,最后用超声波传感器来确保空间坐标周围的净空度。

6. 红外温度传感器

红外线是一种人眼看不见的光线,它位于光谱可见光中红色光以外。在自然界中,当物体的温度高于绝对零度时,由于它内部存在热运动,就会不断地向四周辐射电磁波,其中就包含了波长位于 $0.75\sim100~\mu m$ 的红外线。红外温度传感器是利用物体热辐射红外线与物质相互作用所呈现出来的物理效应进行探测的传感器,多数情况下是利用这种相互作用所呈现出的电学效应。热辐射传感器可以探测具有一定温度的物体,使用时可以避免碰触发热体,如发动机、动物或人体。热辐射传感器分热敏感和光子探测器两大类型。

(1)热敏感探测器。利用红外辐射的热效应,探测器的敏感元件吸收辐射能后引起温度升高,进而使某些有关物理参数发生变化,通过测量物理参数的变化来确定探测器所吸收的红外辐射。

(2)光子探测器。利用入射光辐射的光子流与探测器材料中的电子互相作用改变电子的能量状态,引起各种电学现象。

7. 电子罗盘

电子罗盘,也叫数字指南针,是利用地磁场来定北极的一种方法。高精度电子罗盘可以对 GPS 信号进行有效补偿,保证导航定向信息 100% 有效,即使是在 GPS 信号失锁后也能正常工作,做到"丢星不丢向"。三维电子罗盘由三维磁阻传感器、双轴倾角传感器和 MCU 构成。三维磁阻传感器用来测量地球磁场,双角倾角传感器在磁力仪非水平状态时进行补偿,MCU 处理磁力仪和双角倾角传感器的信号以及数据输出和软铁、硬铁补偿。电子罗盘具有以下特点:

(1)三轴磁阻效应传感器测量平面地磁场,双轴倾角补偿。

(2)高速高精度 A/D 转换。

(3)内置温度补偿,可最大限度减少倾斜角和指向角的温度漂移。

(4)内置微处理器计算传感器与磁北夹角。

在消防无人机上,电子罗盘主要用于提供关键性的惯性导航和方向定位系统的信息。与其他传感器相比,电子罗盘有明显的低功耗优势,同时具有高精度、响应时间短等特点,非常适合消防无人机。

8. 激光扫描测距雷达

激光扫描仪是利用扫描技术来测量物体的距离、尺寸、形状和坐标定位等的一种仪器。激光光源为密闭式,较不易受环境的影响,且容易形成光束,常采用低功率的可见光激光,如氦氖激光、半导体激光等,而扫描仪为旋转多面棱规或双面镜,当光束射入扫描仪后,即快速转动使激光反射成一个扫描光束。激光发射器发出激光脉冲波,当激光波碰到物体后,部分能量返回,当激光接收器收到返回激光波且返回波的能量足以触发门槛值时,则激光扫描器计算它到物体的距离。激光扫描器连续不停地发射激光脉冲波,激光脉冲波打在高速旋转

的镜面上,将激光脉冲波发射向各个方向从而形成一个二维区域的扫描。此二维区域的扫描可以实现以下两个功能:

(1)激光扫描测距雷达一般用于测高或者避障。在扫描器的扫描范围内,设置不同形状的保护区域,当有物体进入该区域时,发出报警信号。

(2)在扫描器的扫描范围内,扫描器输出每个测量点的距离,根据此距离信息可以计算物体的外型轮廓、坐标定位等。

8.3.2 消防无人机避障技术

避障技术是指消防无人机自主及时躲避障碍物的智能技术,通常分为 3 个阶段——感知障碍物阶段、自主绕开阶段和规划路径阶段。目前消防无人机常用的避障技术主要有以下几种。

1.红外线避障

红外线避障常见的实现方式是采用"三角测量原理",如图 8-7 所示。红外感应器包含红外发射器与 CCD 检测器,通过发射红外线在物体上进行反射,反射的光线被 CCD 检测器接收之后,由于物体的距离 D 不同,反射角度也会不同,不同的反射角度会产生不同的偏移值 L,知道了这些数据再进行计算,即能得出物体的距离。

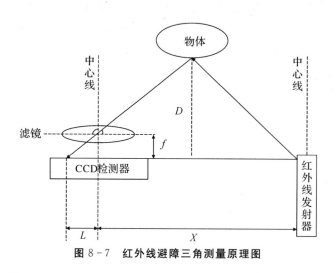

图 8-7 红外线避障三角测量原理图

2.超声波避障

超声波是声波的一种,因为频率高于 20 kHz,所以人耳听不见,且其指向性更强。超声波测距的原理是,声波遇到障碍物会反射,而声波的速度已知,所以知道发射到接收的时间差,就能计算出测量距离,再结合发射器和接收器的距离,就能算出障碍物的实际距离,如图 8-8 所示。

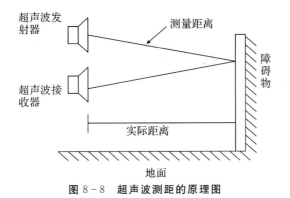

图 8-8 超声波测距的原理图

3.激光避障

激光避障与红外线类似,即发射激光然后接收。激光传感器的测量方式很多种,如有类似红外的三角测量,也有类似于超声波的时间差+速度。激光避障的精度、反馈速度、抗干扰能力和有效范围都明显优于红外线和超声波。

不管是超声波、红外线,还是激光测距仪,都只是一维传感器,只能给出一个距离值,并不能完成对现实三维世界的感知。当然,由于激光的波束极窄,可以同时使用多束激光组成阵列雷达,但是由于其体积庞大,价格较高,目前还较少用于消防无人机。

4.双目视觉避障

双目视觉避障技术运用了人眼估计距离的原理,利用两个平行的摄像头进行拍摄,然后根据两幅图像之间的差异(视差),利用一系列复杂的算法计算出特定点的距离,当数据足够时还能生成深度图。双目视觉的基本原理是利用两个平行的摄像头进行拍摄,然后根据两幅图像之间的差异(视差),利用一系列复杂的算法计算出特定点的距离,当数据足够时还能生成深度图。双目视觉的基本原理如图 8-9 所示。

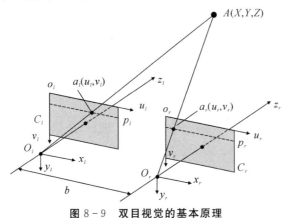

图 8-9 双目视觉的基本原理

双目立体视觉犹如 3D 电影(左、右眼看到的场景略有差异),能够直接给人带来强烈的空间临场感。类比机器视觉,从单个摄像头升级到两个摄像头,即立体视觉(Stereo Vision)能够直接提供第三个维度的信息,即景深(Depth),能够更为简单地获取到三维信息。双目视觉最常见的例子就是人们的双眼。人们之所以能够准确地拿起面前的杯子、判断汽车的远近，都是因为双眼的双目立体视觉，而 3D 电影、VR 眼镜的发明，也都是双目视觉的应用。双目视觉避障技术优点是性价比高、普遍适用、前景广阔。

8.4 消防无人机制导控制系统

飞行制导控制系统，简称飞控系统，是消防无人机的关键部分，是消防无人机完成起飞、空中飞行、任务执行、返航回收等整个飞行过程的核心系统，对消防无人机飞行实现自主飞行控制与管理起着决定性作用。飞行制导控制系统之于消防无人机，相当于驾驶员之于有人机，是消防无人机执行任务的关键。消防无人机由制导控制系统获得抵达目标所需的位置和速度等指令，解决"要去哪里及如何去"的问题。

8.4.1 消防无人机制导控制系统的基本概念

1. 无人机制导控制系统的定义

安装在消防无人机上的机载制导控制系统是完成"制导"和"控制"两项功能的硬件及软件的总称。它的主要工作就是解决"知道目标在哪，如何抵达目标"的问题，即消防无人机发现（或外部输入）目标的位置、速度等信息，并根据自己的位置、速度以及内部性能和外部环境的约束条件，获得抵达目标所需的位置或速度指令。例如，消防无人机按照规划的航路点飞行时，计算消防无人机径直或者沿某个航线飞抵航路点的指令，采用基于计算机视觉目标跟踪的光学制导时，根据目标在视场中的位置（以及摄像头可能存在的离轴角）计算跟踪目标所需的过载或者姿态角速度指令，而当预装地图中存在需要规避的障碍物或禁飞区时，根据消防无人机飞行性能计算可行的规避路线或者速度指令，并由控制系统即时执行，以使消防无人机顺利完成飞行任务。

2. 消防无人机制导控制系统的组成

消防无人机制导控制系统由制导系统、姿态控制系统和伺服执行系统 3 个子系统组成。按照负反馈控制原理，可划分为 3 个工作原理回路，即舵回路、稳定回路和制导回路，如图 8-10 所示。

（1）伺服执行系统。伺服执行系统由伺服机构、舵机、反馈传感器和放大器等部件组成，它是消防无人机制导控制系统最靠内环的控制回路，称为舵回路或伺服回路。其功能是按照制导律所要求的控制指令驱动伺服机构工作，操纵舵面或旋翼产生控制力和控制力矩，以改变消防无人机的飞行姿态和飞行航迹。为了改善舵机性能以满足消防无人机飞行控制的要求，通常将舵机的输出信号反馈到输入端，形成保证舵机性能的负反馈随动控制系统。

（2）控制系统。控制是指消防无人机根据当前的速度、姿态等信息，通过执行机构作用来改变姿态、速度等参数，进而实现稳定飞行或跟踪制导指令。例如，当多旋翼消防无人机需要爬升高度时，计算需要的旋翼总距角和电动机转速指令（或所需的油门指令）；当沿着航线飞行,但是存在侧风时,计算所需的偏航角指令以利用侧滑抵消侧风影响;当多旋翼无人机的某个旋翼失效时,计算如何为剩余旋翼分配指令以尽可能实现稳定飞行。因此简要概括控制的主要工作就是"改变飞行姿态,跟踪制导指令"。

（3）制导系统。制导系统由稳定控制系统加上测量消防无人机运动、位置等信息的导航类传感器,以及制导信号解算模块组成。它是消防无人机制导控制系统的最外环回路,称为制导回路。它主要担负制导功能,测量消防无人机的运动状态(包括位置、速度、加速度、角速度、飞行姿态等),以及消防无人机与目标之间的相对运动状态。信号解算模块是信息的计算、变换和处理设备,它对传感器感知到的消防无人机即时信息与期望的飞行轨迹或者是目标点的位置进行比较和计算,解算出稳定回路所需的控制信号,以实现对消防无人机的飞行航迹控制。

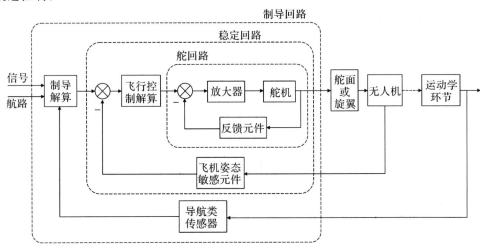

图 8-10　消防无人机制导控制系统的组成示意图

8.4.2　消防无人机制导技术类型

制导技术,或称制导律,是指按照一定规律控制消防无人机的飞行方向、姿态、高度和速度,用于引导其安全飞行的自动化技术。根据制导系统中目标探测或信息获取环节的技术原理的不同,可将消防无人机的制导技术分为以下几种类型。

1.自主制导技术

自主制导是指仅由机载制导设备根据感知装置测得的消防无人机位置等信息,按照一定的制导律解算形成飞行控制指令的一种制导技术。采用自主制导方式的消防无人机在整个飞行过程中完全依据装在消防无人机上的测量设备确定其相对于地球表面的位置,计算出与给定航线的偏差,并根据这些偏差产生制导信号,来消除轨迹偏差。由于其不需要与地面指挥站联系,因而隐蔽性较好。根据感知设备工作原理的不同,自主制导可分为以下几种方式。

（1）程序制导。

程序制导是根据预选设定的飞行航线,或是标准航迹,结合消防无人机的实时状态信息形成消防无人机飞行控制指令的制导方式。

（2）惯性制导。

惯性制导是利用消防无人机上的惯性导航系统测量出的消防无人机的实时位置和速度等信息，在给定的初始运动条件下，按照预定的制导律形成飞行控制指令的制导方式。

（3）卫星制导。

卫星制导是利用卫星导航系统给出的消防无人机在空间的实时位置和速度等信息，按照一定的制导律形成飞行控制指令的制导方式。

（4）天文制导。

天文制导是利用天体测量装置（星光跟踪器、空间六分仪等）对星体的观测和星体在天空的固有运动规律提供的信息来确定消防无人机在空间的运动参数，从而控制消防无人机飞行的一种自主制导方式。

（5）地图匹配制导。

地图匹配制导是利用地图信息及图像识别技术进行制导的一种自主制导方式。

1）地形匹配制导。以某一已知地区地形特征为标志，根据消防无人机飞行过程中实测地形特征和预先获取的地形特征，用最佳匹配算法进行相关处理，并取得制导信息的一种匹配制导。常见的地形等高线匹配制导方式，其系统主要由雷达高度表、气压高度表、制导计算机及地形数据库等组成。

2）景象匹配制导。景象匹配制导是利用机载设备上的传感器获得目标区景物图像或消防无人机飞向目标沿途景物图像，并与预存的基准图进行配准比较，从而获得制导信息的一种地图匹配制导技术。景象匹配制导系统主要由传感器、处理机、制导计算机等组成。景象匹配制导系统的制导精度高出地形匹配制导系统一个数量级，圆概率偏差为米级。

2.遥控制导技术

遥控制导是指地面站向消防无人机发出引导信息，将消防无人机引向目标的一种制导技术。遥控制导系统主要由导引头探测装置、引导指令形成装置、指令传输和消防无人机飞行控制系统等组成。遥控制导的特点是作用距离较远，受天气的影响较小，机上制导设备简单，精度较高，但是易受外界无线电的干扰，且随着制导距离的增加精度迅速下降。遥控制导系统分为指令制导与波束引导两大类。

（1）指令制导。

由地面指挥控制站的导引设备同时测量目标、消防无人机的位置和其他运动参数，并形成制导指令，通过无线电传送至飞行中的消防无人机，消防无人机上的控制系统执行地面指挥控制站发出的指令，操纵消防无人机飞向目标，如图8-11所示。

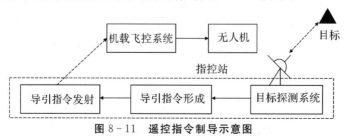

图8-11 遥控指令制导示意图

（2）波束制导。

地面指挥站发出无线电波束，消防无人机在波束内飞行，机载设备感受消防无人机偏离波束重心的方向和距离，并产生相应的控制指令，控制系统操纵消防无人机飞行，如图 8-12 所示。该制导方式多用于消防无人机在自动着陆过程中的下滑段，称为下滑波束引导系统。

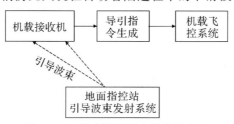

图 8-12　波束引导指令制导示意图

3.寻的制导技术

寻的制导是利用装在消防无人机上的导引头接收目标辐射或反辐射的某种特征能量，确定目标和消防无人机的相对位置，进而按照预设的制导律形成控制指令，自动将消防无人机导向目标的制导技术。

（1）寻的制导控制系统的组成。

采用寻的制导系统的消防无人机能够自主地搜索、捕捉、识别、跟踪目标，其寻的制导装置都装在消防无人机上。寻的制导控制系统主要由以下 3 部分组成：

1）导引头。导引头负责测量消防无人机和目标的相对运动，输出相应的制导误差信息，同时稳定导引头天线尽可能消除机体运动所造成的耦合。

2）制导指令形成装置。制导指令形成装置对制导信息中的噪声进行滤波，按设计的导引规律形成控制指令，同时使寻的制导控制回路在合适的时间常数和有效导航比下，具有足够的飞行稳定性和良好的动态品质。

3）自动驾驶仪。自动驾驶仪用于改善消防无人机的控制特性，按照指令要求控制消防无人机飞行。

（2）寻的制导技术的类型。

寻的制导是消防无人机实现对运动目标的精确自动跟踪、精确打击的重要技术基础。根据能源所在位置的不同，可分为主动式、半主动式和被动式 3 种，如图 8-13 所示。

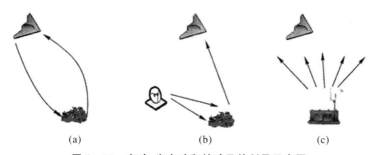

（a）　　　　　　　　　　（b）　　　　　　　　　（c）

图 8-13　主动、半主动和被动寻的制导示意图

（a）主动寻的制导；（b）半主动寻的制导；（c）被动寻的制导

1)主动寻的制导。主动寻的制导是指消防无人机上装有主动导引头。该导引头上装有探测信号发射机,发射机主动发射探测信号,对目标进行照射,照射信号由目标反射后被消防无人机上的导引头接收,输出制导律要求的信号。经处理计算形成控制指令,导引消防无人机飞行并完成对目标的攻击。

2)半主动寻的制导。半主动寻的制导是指目标照射信号由载机之外的照射源发出,消防无人机上的导引头仅接收目标反射信号,输出制导需要的信息,并按照制导律形成控制指令。

3)被动寻的制导。被动寻的制导系统中,不用专门的设备和波束对目标进行照射。消防无人机上的导引头接收目标本身辐射的能量或自然界的电磁波在目标上的反射能量,输出制导律要求的信息,进而形成控制指令的制导方式。

按照能源的物理特性不同,寻的制导又可分为雷达制导、红外制导、电视制导、激光制导等几种方式,它们的工作原理与消防无人机机载传感器相似,在此不赘述。

4.复合制导技术

复合制导技术是指把两种或两种以上制导技术结合起来,应用于同一架消防无人机上,共同完成该消防无人机的制导任务。采用复合制导技术的目的是使消防无人机在完成战术技术指标时,更好地发挥各种制导技术的优越性。复合制导通过综合多种传感器的优点,可以提高目标的捕捉概率和数据可信度,提高系统的稳定性和可靠性,有效识别目标的伪装和欺骗,成功进行目标要害部位的识别,并可以提高寻的制导的精度。目前应用较广的复合制导技术是双模寻的制导,如被动雷达/红外双模寻的制导系统、毫米波主/被动双模寻的制导系统、被动雷达/红外成像双模寻的制导系统等。

消防无人机使用复合制导系统时,各制导技术在时间上可以是串联和并联的,既可以在消防无人机飞行的不同阶段采用各种不同的制导体制,也可以在一个飞行阶段同时采用各种制导体制。例如,复合制通常在初始段和中段采用自主式或指令制导模式,而在末段采用寻的制导模式,以达到高的导引精度。

8.4.3　消防无人机的伺服执行机构

舵机是舵回路的伺服执行机构,其作用是输出力矩和角速度,驱动舵面偏转。其工作过程包括两方面:一方面是通过主传动部分的减速器带动鼓轮转动,操控舵面偏转;另一方面是通过测速传动部分的减速器带动测速发电机旋转,输出与舵面偏转角速度成正比的电信号,作为舵回路的负反馈信号,实现对舵回路的闭环控制。对于消防无人机的制导控制系统来说,常用的舵机有3类,即电动舵机、液压舵机和电液复合舵机。

1.电动舵机

电动舵机以电力为能源,通常由直流电动机或交流电动机、测速传感器、齿轮传动装置和安全保护装置等组成。测速传感器是舵回路的反馈元件,用于测量舵面偏转角速度。电动舵机可分为间接式和直接式两种控制方式。

（1）间接式。间接式控制方式是在电动机恒速转动时，通过离合器的吸合，间接控制舵机输出轴的转速与转向。

（2）直接式。直接式控制方式是改变电动机的电枢电压或激磁电压，直接控制舵机输出轴的转速与转向。

2. 液压舵机

液压舵机是以高压液体作为能源直接驱动舵面偏转的舵机。根据对液压的控制方式可将其分为液压助力器和电液伺服控制舵机两大类。

（1）液压助力器。液压助力器根据伺服操纵杆的位移信号控制高压油液流量，驱动作动筒中的活塞运动。

（2）电液伺服装置。电液伺服装置控制舵机根据电流输入信号控制油液流量。系统工作时，舵面偏转指令以电流信号的形式输入舵机，经伺服放大器控制伺服阀，使其向作动筒输出与输入电流信号成比例的高压油液流量，驱动作动筒中的活塞运动。如果负载连接在这个活塞上，就可以使负载产生与输入信号成比例的位移。位移传感器用于检测负载的实际位移量，并反馈到输入端与输入指令信号进行比较，通过负反馈控制使负载位移与输入指令一致。

3. 电液复合舵机

电液复合舵机是电液副舵机和液压助力器（电液主舵机）的组合体，在操纵系统中既可用作舵机，又可用作助力器。电液复合舵机通常具有 3 种工作状态，即助力操纵状态、舵机工作状态和复合工作状态。在助力操纵状态，它作为液压助力器，根据消防无人机制导控制系统操纵指令，通过液压系统直接控制舵面偏转。在舵机工作状态，它接受消防无人机制导控制系统输出的舵面控制信号，通过电信号控制液压流量来操纵舵面偏转。在复合工作状态，它可满足对舵面的机械、电气复合操纵的要求。

8.5　消防无人机自动化机库和无人机消防车

为了进一步提升消防无人机的无人化、自主化与智能化，消防无人机机库应运而生。消防无人机自动化机库是实现消防无人机全自动作业的地面基础设施，是实现消防无人机自动存储、自动充/换电或自动加油、远程通信、数据存储、智能分析等功能的重要组成。依托于自动机库的全自动化功能，消防无人机就可以在无人干预的情况下自行起飞和降落、更换电池或自动加油，有效替代人工，现场操作消防无人机，提高作业效率，彻底实现消防无人机的全自动作业。

8.5.1　消防无人机自动化机库的基本概念

1. 消防无人机自动化机库的定义

自主飞行无人机是一种能够连续工作、无人值守的全自动无人机系统。对于全自主飞行消防无人机而言,除了要求其具有智能地识别避开各种障碍物,自主飞行执行消防及紧急救援任务的能力外,还要求其在执行飞行任务期间知道何时要停下手头工作,及时飞回去,自主降落到预定位置,自主充电或换电池(电动无人机)或自主加油(燃油无人机)。在完成能源补充后再立刻自主起飞升空,自主飞行返回任务现场继续执行未完成的相关任务。要实现消防无人机全自主飞行作业,必须要有自动化机库,并解决电动无人机自动充电或换电池、油动无人机自动加油的问题。

消防无人机自动化机库,也称消防无人机机场/机巢,通过机械化装置实现飞行平台的升降和舱门开合,具备消防无人机存储等功能,以及开箱即用、自主可控、稳定可靠、数据本地化、软硬件一体化、高环境适应性、多天气适应性等特点。可将消防无人机直接部署到作业现场,解决人工携带消防无人机通勤的问题,既能增强无人机应急作业能力,也能使作业效率得到大幅提升。工业无人机需要执行户外作业,无人机机场为保证工业无人机的安置条件和提供全方位保障,对安全性、可靠性、稳定性、智能性有着极高的要求。通过高度自动化操作,无人机机场不仅提升了任务执行效率,还节省了时间与人力、物力成本,同时也保证了任务执行流程的标准化、统一性。

现场部署消防无人机自动化机库的最大优势是增强消防无人机应急作业能力,使消防无人机的作业半径不再受航时、航程限制,消防灭火效率也得到大幅提升。不工作时,消防无人机在自动化机库内待机;工作时,机场舱门打开,升降平台上升至顶部,消防无人机自动飞出进行作业,完成作业后自动飞回机场及自动进入机库内停放,等待执行下次飞行任务。消防无人机机库的分类可按照其安装位置、充电方式、适配机型和能否自动加油等几个方面进行,如图 8 - 14 所示。

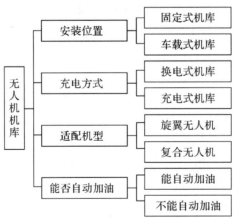

图 8 - 14　消防无人机机库的分类方法

2.消防无人机机库的构成

消防无人机机库一般是一个设计精致的长方体机库,主要包括三部分:机库体、库内模块与库外设备,如图 8 - 15 所示。

(1)机库体。机库体组成包括保护外壳、可自动开闭库门、无人机升降台以及无人机固定机械结构。

(2)库内模块。库内模块包括机库控制模块、充换电系统模块、自动加油系统模块、库内环境监测与调节模块以及地面站模块。机库控制模块为机库体各组件的控制中枢,保障无人机安全出库与回收。充换电系统模块分为不用更换电池的充电模块以及更换电池的换电模块两种。自动加油系统模块主要用来为燃油消防无人机油箱加油。库内环境监测与调节模块主要考虑到在野外环境中保证机库内温度、湿度适宜。地面站模块负责远程指挥端与无人机之间的数据传输任务,包括指挥端与自动机场之间的数据传输模块、自动机场与无人机之间上下行数传和图传数据传输模块,以及作为消防无人机实时动态载波相位差分技术(Real -Time Kinematic,RTK)和动态后处理技术(Post Processing Kinetic,PPK)中基准站的定位模块。

(3)库外设备。库外设备包括环境监测设备与光电监视设备。监测设备如气象仪,可自动监测机场周围环境变化,采集各项与消防无人机飞行性能相关的数据,为飞行安全提供数据参考。光电监视设备可远程监控消防无人机与自动机库当前的状态,增强情景意识,确保消防无人机机库良好运行。

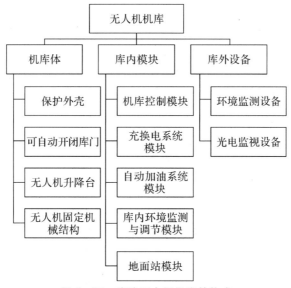

图 8-15　消防无人机机库的构成

3.消防无人机自动化机库的作用

在森林消防站安置无人机自动化机库的主要作用如下:

(1)自动化机库需要一个密闭空间,以解决消防无人机的野外存放问题,即给消防无人机在野外提供一个户外存放机库,无需通勤,足不出户即可实现一键飞行。

(2)自动化机库采用机械装置实现停放消防无人机平台的升降和舱门开合,以解决消防无人机的自动起降问题。消防无人机通过自动定位和识别功能,能自动、高精度地降落到机库的存放平台上。

(3)解决无人机的电池充能或加油问题。自动化机库储存装置能实现给消防无人机充电或加油,以达到消防无人机的全自动飞行作业的目的。

8.5.2 消防无人机自动化机库的功能、类型

1. 消防无人机自动化机库的功能

为了使自主飞行消防无人机连续工作,自动化机库需要具备的功能如下:

(1)复杂环境适应能力。由于自动化机库长期在野外存放作业,对于恶劣天气、极端气温要有较大的适应性,以满足多种不同环境下的使用条件。机场内部温度的控制尤为重要,消防无人机电池在外部温度为$0\sim45°$的范围内才能正常充放电,所以自动化机库必须配备智能温度控制系统,才能在夏季极端高温天气及冬天$-40°$的气温下正常作业。同时,自动化机库还需具备湿度控制模块,才能在南方潮湿的空气中正常作业。

(2)气象探测能力。自动化机库要具备地面气象观测站的功能,能够为消防无人机提供实时气象信息,如风速风向、温度湿度等气象数据,以及暴雪、暴雨、雷雨等天气气候预警,并自动判断周围地区的气象环境是否会影响消防无人机起飞和飞行,以确保消防无人机飞行安全。

(3)自我防护能力。由于自动化机库长期存放在野外,必须具备极强的自我防护能力,以防止蛇虫鼠蚁等进入自动化机库内部,避免库中的电子设备遭受破坏。同时,对于极端天气也要有较大的适应性,特别是在无人值守状态下,要确保自身及消防无人机安全。

(4)提升消防无人机的安全可靠性。机库在一定程度上可协助消防无人机实现真正的无人化作业,可在野外高效执行巡检、巡逻和消防灭火任务。这就要求消防无人机及其机库具有优异的安全防护能力,确保机库内各机械设备的稳定,使其在不同场景下安全、可靠地运行。同时,更高的自动化程度意味着需要具备更全面的保障措施以维持可靠性,因此消防无人机机库需要更加全面的检测能力、更加精准的 AI 起降算法、更高精度的飞控技术等,筑牢作业安全防护。

(5)优化人机交互平台。消防无人机机库的目标用户群体并非专业无人机驾驶员,应当以"优化人机交互"作为第一要务。

A. 在消防无人机端应装设可靠的周边环境探测传感器,增强操作人员的情景意识。

B. 简化操作界面,使每次飞行任务操作步骤简短且固定。

C. 预留提供给熟练超视距无人机驾驶员更多操作空间的通道,以执行特殊需求任务。

D. 保证具有良好的紧急情况处置手段。

E. 强化系统适配程度。消防无人机机库应当朝向无人机与自动机场之间高度适配发展,这种适配不仅仅是消防无人机与机库的适配,更重要的是消防无人机与特定任务的适配。消防无人机系统应当与其机库融为一体,形成高度集成化设备,完善"远程控制+网格管理+智能分析"的数字化决策模式,消防无人机、机库、消防作业任务三者相辅相成,构成一套独有的无人机运营体系。

2. 消防无人机自动化机库的基本类型

通常消防无人机自动化机库主要从它安置的方式分类,可分为固定式和移动式两种基

本类型。

(1)固定式机库。

固定式消防无人机自动化机库是固定摆放在野外的,主要解决的就是在固定区域内消防无人机的全自动巡检巡逻和扑灭火灾工作。由于固定式消防无人机自动化机库作业范围固定,一般部署其覆盖范围相对有限,因此,固定式消防无人机自动化机库主要面对相对高频的应用场景,以发挥产品的最大应用价值。针对有应急需求的场景,因应急需求有随时起飞,以快速到达等需求,部署固定式机场在覆盖区域内,能充分发挥消防无人机的机动性与灵活性,如图8-16所示。

图 8-16 消防无人机和固定式自动化机库

(2)移动式机库。

移动式消防无人机自动化机库安装在运输车辆上,与运输车辆融合为一体。其特点是:既具有固定式自动化机库性能,可以为消防无人机不间断供电、远程通信和集成自动换电(或加油),又具有无人机消防车的运输能力,作业灵活机动,作业范围大,不受区域限制,能够自动化操作,连续作业,提高消防无人机运作效率,以及运行稳定和环境适应能力强等。

8.5.3 无人机消防车

小型消防旋翼无人机体积小、质量轻、运输携带方便,通常采用无人机消防车运输。无人机消防车与移动式消防无人机自动化机库的主要区别是:无人机消防车作为消防无人机的运输工具,不具备自动化机库其他的必备功能,如自动给消防无人机的电池充能或加油等。

无人机消防车安装有5G或星链通信链路接收天线,并在其周围空间构成一个5G或星链移动通信网络系统,供网络消防无人机使用。小型旋翼无人机消防车有多种型号,根据消防车尺寸和载重量的不同,分为 A、B、C 3 种型号。可装载 1 架小型旋翼无人机的无人机消防车称为 A 型,可装载 2 架的称为 B 型,可装载 4 架的称为 C 型。

(1)A 型无人机消防车。A 型无人机消防车外形尺寸为 7 000 mm×2 000 mm×2 700 mm,驾乘人数 5 人,最大行驶速度 95 km/h。车上安装有5G或星链通信链路接收天线,配备车载电平外接充电装置、3 kW 级 UPS 电源管理系统、3 kW 柴油发电机。

全车自动操控无人机机库及自动滑出式无人机起降平台,支持 1 架装载超过 150 kg 的中型消防无人机运输、起飞和降落。随车携带备份的电池或航空燃油(负责为消防无人机更换电池或补充油料)、1 套智能充电系统,以及 4 枚物资救援弹和 4 罐灭火剂(例如水剂/粉剂)等消防物质。A 型无人机消防车外观如图 8-17 所示,A 型无人机消防车结构如图 8-18 所示。

图 8-17 A 型无人机消防车外观图

图 8-18 A 型无人机消防车结构图

(2)B 型无人机消防车。B 型无人机消防车的外形尺寸为 9 000 mm×2 500 mm×3 800 mm,驾乘人数 6 人,最大行驶速度 100 km/h。车上安装有 5G 或星链通信链路接收天线,配备车载电平外接充电装置、10 kW UPS 电源管理系统、20 kg 取力发电机。

全车自动操控卷帘门及自动滑出无人机起降平台,支持 2 架小型消防多旋翼无人机(装载 30 kg)的运输、起飞和降落。随车携带 1 套智能充电系统、4 枚物资救援弹、4 罐灭火剂(例如水剂/粉剂)等消防物质。B 型无人机消防车结构如图 8-19 所示。

图 8-19　B 型无人机消防车结构图

（3）C 型无人机消防车。C 型无人机消防车外形尺寸为 10 500 mm×2 500 mm×3 800 mm，驾乘人数 6 人，最大行驶速度 100 km/h。车上安装有 5G 或星链通信链路接收天线，配备车载电平外接充电装置、20 kW UPS 电源管理系统（支持 30 min 备用电池供电）、20 kg 取力发电机。全车自动操控卷帘门及自动滑出无人机起降平台，支持 4 架小型消防多旋翼无人机（装载 30 kg）的运输、起飞和降落。随车携带 1 套智能充电系统、4 枚物资救援弹、4 罐灭火剂（例如水剂/粉剂）等消防物质，C 型无人机消防车结构如图 8-20 所示。

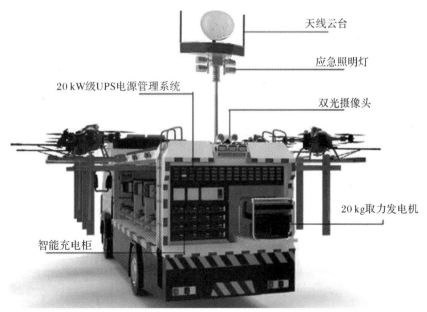

图 8-20　C 型无人机消防车结构图

平时如果没有消防灭火任务或在运输路途中,消防无人机起降平台缩进消防车中,消防车起到保护无人机的作用。当需要出动消防无人机时,起降平台会搭载消防无人机向消防车两边伸展开,从而让消防无人机有足够大的空间进行垂直起飞或降落。

习　　题

1.什么是消防无人机飞行的平衡、稳定性和操纵性?

2.简述消防无人机的 GNC 技术的内容。

3.消防无人机的飞行控制方式有哪几种? 简述姿态解算与自主故障诊断的内容。

4.什么是消防无人机导航系统? 它有哪些功能?

5.消防无人机导航系统有哪些类型?

6.列举说明 5 种消防无人机机载传感器的特点。消防无人机常用的避障技术有哪些?

7.简述消防无人机制导控制系统的定义。它有哪些组成部分?

8.消防无人机的制导技术有哪些类型?

9.什么是消防无人机的遥控制导技术? 它分为哪两大类?

10.什么是寻的制导技术和复合制导技术?

11.简述消防无人机伺服执行机构的内容。

12.什么是消防无人机自动化机库? 它有何作用?

13.简述消防无人机自动化机库、无人机消防车的功能和类型。

第9章 消防无人机任务规划和地面控制站

▶本章主要内容

(1)消防无人机任务规划的基本概念。

(2)消防无人机任务规划系统。

(3)消防无人机任务规划算法。

(4)消防无人机任务规划的数字地图技术。

(5)消防无人机地面控制站。

9.1 消防无人机任务规划的基本概念

规划是一个综合性的计划,它包括目标、政策、程序、规则、任务分配,要采取的步骤、要使用的资源,以及为完成既定行动方针所需的其他因素。任务规划是对工作实施过程、方法的组织和计划,包括在任务执行过程中对个体工作状态及使用方法或步骤的规划及安排。任务规划适用于人们社会生活的诸多领域,几乎所有社会系统的运作都必须明确"什么样的任务该由什么样的成员来完成"。

9.1.1 消防无人机任务规划的定义和分类

1.消防无人机任务规划的定义

消防无人机的任务规划(Mission Planning,MP)是根据其飞行任务、参与该项任务的消防无人机数量及携带荷载类型,对消防无人机制定飞行路线并进行任务分配。任务规划的主要目的是综合考虑消防无人机的性能、飞行时间、耗能、火灾现场和飞行区域、消防无人机集群,以及扑灭森林火灾的战略战术等约束条件,为消防无人机找出最佳飞行航线,集群配合,以及在该航线上对有效载荷的控制策略,以便能最大限度地发挥有效载荷的作用,最大程度地保证消防无人机高效、圆满地完成森林火灾巡查、监测或扑救的飞行任务。

由于消防无人机是无人驾驶的航空器,所以在飞行前需要事先规划和设定好它的飞行任务和航线。在飞行过程中,地面操纵人员还要随时了解消防无人机的飞行状态,根据需要操控消防无人机调整姿态和航线,及时处理飞行中遇到的特殊情况,以保证飞行安全和飞行任务的完成。

2.消防无人机任务规划的分类

消防无人机任务规划的主要目标是综合考虑它所面临的森林火灾规模、蔓延威胁以及飞行区域环境等约束条件,为消防无人机规划出一条或多条飞行覆盖区域的最优或次优航迹,在最大程度上保证消防无人机安全、高效、圆满地完成森林消防灭火的飞行任务。通常消防无人机任务规划的分类如下。

(1)从时间上划分。

1)事前规划。事前规划是在消防无人机起飞前制定的,主要是综合任务要求、气象环境和已有的情报等因素,制定中长期和短期规划。

2)实时规划。实时规划是在消防无人机飞行过程中,根据实际的飞行情况和环境提出对事前规划的修改,以及应急方案。

(2)从功能上划分。

1)航路规划。

2)任务载荷规划。

3)数据链路规划。

4)系统保障与应急预案规划。

消防无人机任务规划研究的重点是航路规划和任务载荷规划。

9.1.2 消防无人机任务规划的实施步骤和主要功能

1.消防无人机任务规划的实施步骤

消防无人机任务规划实施步骤如下。

(1)任务分配。根据消防无人机自身性能和携带任务载荷的类型,协调消防无人机及其载荷资源配合,以最短时间和最小代价完成既定任务。

(2)航线规划。基于避开限制风险区域以及能耗最小的原则,制定消防无人机的起飞、着陆、接近监测点、离开监测点或消防灭火现场,返航及应急飞行等覆盖预定测区的任务过程的飞行航迹。

(3)仿真演示。仿真演示包括飞行仿真演示、环境威胁演示、监测效果显示;可在数字地图上添加飞行路线,仿真飞行过程,检验飞行高度、能耗等飞行指标;可在数字地图上标志飞行禁区,使消防无人机在执行任务过程中尽可能避开这些区域;可进行基于数字地图的合成图像计算,显示不同坐标与海拔位置上的地景图像,以便地面操作人员为执行任务选取最佳方案。

2.消防无人机任务规划的主要功能

(1)航线规划功能。制定消防无人机的起飞,降落,到达预定区域上空实施监测或消防灭火行动,离开现场返航,以及其他应急飞行等任务过程的飞行航线。

(2)标准飞行轨道生成功能。可生成常用的标准飞行轨道,如圆形盘旋、8字形盘旋、往复直线飞行等,将它们存储到标准飞行轨道数据库中,以便在飞行过程中根据任务的需要使消防无人机及时进入和退出标准飞行轨道。

(3)常规的飞行航线生成、管理功能。可生成对特定区域进行搜索监测的常规巡航飞行航线,存储到常规航线库中的航线在考虑了传感器特性、传感器搜索监测模式(包括搜索速度、搜索时间)和传感器监测观察方位(包括搜索半径、搜索方向、观测距离、观测角度)等多种因素后,可实现对目标的最佳侦察监测。

(4)飞行仿真演示功能。能够在数字地图上叠加飞行路线仿真消防无人机的飞行过程,检验飞行高度、电池或燃油消耗等飞行指标的可行性。

(5)森林火灾发生和蔓延过程演示功能。能够在数字地图上生成森林火灾发生和蔓延过程,包括可能的火灾蔓延方向、强度、速度和威胁仿真演示功能。

(6)消防无人机集群和消防无人机/有人机协同灭火演示功能。针对森林火灾发生和蔓延的不同阶段,能够在数字地图上生成不同级别的消防无人机集群和消防无人机/有人机协同灭火演示功能。

9.2　消防无人机任务规划系统

系统是指相互联系、相互作用并具有一定整体功能和整体目的的诸要素的有机综合体。它是混乱、无秩序的反义词,通俗地说就是有组织、有秩序地达到某种目的的一个组合体。消防无人机任务规划系统可以给出火灾类型和火场范围评估,并根据火灾蔓延态势的变化,利用计算机技术安排消防无人机执行扑救森林火灾的飞行任务,使消防无人机或机群整体灭火效能达到最佳。

9.2.1　消防无人机任务规划系统的定义和功能

1.消防无人机任务规划系统的定义

消防无人机任务规划系统是指利用先进的计算机技术,根据任务需求,从多渠道采集消防无人机飞行和使用过程需要的各种情报信息,分析森林火灾蔓延态势和火灾现场环境,为任务规划人员制作并提供数字地形、火灾类型、面积和分布、路径评估、现场气象、消防无人机电池电量(或燃油量)能耗计算、载荷使用等决策依据,为地面消防指挥中心和操控人员制定消防无人机出航航线和返航航线,制定消防无人机群或消防无人机/有人机协同灭火计划和确定时间控制节点,确定各类任务载荷的使用时机和方式、喷水或灭火弹投掷的时间节点和地点,评估扑灭森林火灾的效能,以实现救火行动的最佳效果。

消防无人机任务规划系统是一种综合运用所获取的信息资源,以一种理想或近似理想的方法来规划一个任务,从而达到扑灭森林火灾目标的系统,是一种可以描述机载任务的信息系统,主要由软件系统和硬件系统两大部分组成,如图 9-1 所示。软件系统又可分为系统软件和应用软件两大部分,主要由输入输出、信息采集、规划作业、任务数据库、人机交互界面、辅助决策、任务预演评估和回放等模块组成,软件部分是任务规划系统的核心;硬件系统主要由工作站、高档计算机、数传装置、高分辨率彩色显示器、宽幅打印机、投影设备等组成。

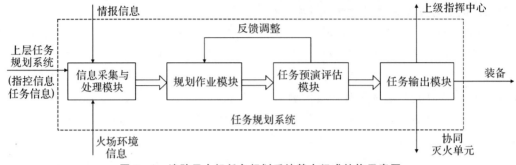

图9-1 消防无人机任务规划系统基本组成结构示意图

(1)信息采集与处理模块。任务规划系统需要采集的信息主要包括上级下达的任务信息、指挥控制信息、目标信息,以及火场环境信息(起火点位置、火势、风向和风势、地形、气象、周围建筑和居民点)等。要对采集的信息(包括地形地物和气象信息显示,高压电线、居民区及火灾蔓延态势标绘等)进行加工处理。

(2)规划作业模块。规划作业模块用于制定机载任务载荷使用过程的时间、空间和行为准则,通常包括航线规划和机载设备使用规划,以及与协同消防灭火实体(地面消防人员、参与救火行动的群众、消防无人机集群、消防无人机/有人机协同等)的交互规划。根据任务规划系统所具有的自主化能力大小,通常还包括冲突检测、安全评估、烈火威胁规避和航线生成等分析计算模块,用于辅助人工决策操作。

(3)任务预演评估模块。规划效果预演主要包括消防无人机飞行仿真、任务载荷灭火效果仿真等,评估包括装备本身的效能评估和任务规划的消防灭火行动效能评估两个方面。预演评估的主要作用是对消防无人机及其机载装备灭火的效果进行预估和判断,并反馈指导决策,形成优化规划方案,同时便于地面消防中心指挥员和消防无人机地面操作员熟悉森林消防灭火过程,了解和把握消防灭火关键环节。

(4)任务输出模块。任务输出是将规划结果以数据的形式输出给作战装备和其他作战节点。输出的任务规划信息应该是完备、一致和可理解的,能够被其他信息系统正确读取和识别,因此输出的规划信息必须遵循既定的信息格式,满足一定的规范要求。

2.消防无人机任务规划系统的功能

消防无人机地面控制站通常配备专门的任务规划系统,其主要功能如下。

(1)航迹规划。在消防无人机避开限制风险区域及耗电(或耗油)最小的原则上指定消防无人机的起飞、着陆、接近监测点或起火点、飞临监测区域或火灾区域上空、离开监测点或火灾区域、返航及应急飞行等任务过程中的飞行航迹。规划消防无人机从起始点到目标点的航路,并对规划出的航路进行检验,确保规划的航路具备可实现性和良好的安全性。

(2)任务分配规划。根据消防灭火任务和森林火灾蔓延信息,合理配置消防无人机载荷资源,确定载荷设备的工作模式。充分考虑消防无人机自身性能和携带载荷的类型,可在多任务、多目标情况下协调消防无人机及其载荷资源之间的配合,以最短时间以及最小代价完成既定任务。

（3）数据链路规划。根据森林火灾电磁环境和网络通信环境特点，制定不同飞行阶段测控链路的使用策略规划，包括视距、卫通链路及 5G 或低轨卫星网络链路的选择、链路工作频段、频点、使用区域、使用时段、功率控制以及控制权交接等。

（4）应急处置规划。规划不同任务阶段时的突发情况处置，针对性地规划应急航路、返航航路、备降场地及链路问题应急处置等内容。

（5）任务推演与评估。在完成任务规划后，通过任务推演完成对消防无人机进行扑灭森林火灾效果的预估和判断，并反馈指导决策，形成最终的消防灭火计划。对任务规划结果进行动态推演，能对拟制完成的消防灭火计划正确分析，计算达成消防灭火目标的程度，并以形象的方式表达任务规划意图，从而作为辅助决策手段供消防指挥中心进行决策。

（6）数据生成加载。能够将航路规划、载荷规划、链路规划、应急处置规划等内容和结果自动生成任务加载数据，并通过数据加载卡或无线链路加载到消防无人机相关的功能系统中。

9.2.2　消防无人机任务规划的流程和特点

1. 消防无人机任务规划的流程

消防无人机任务规划的基本流程如图 9-2 所示。从图 9-2 可看出，首先通过任务接收与输入组件进行相关数据准备，分析消防灭火任务目标的相关信息，并根据实时信息或存储在数据库中的火情、气象、地理信息系统（Geographic Information System，GIS）、空中交通管制等信息，形成约束条件，并实现森林火灾现场情景可视化；在此基础上，选择合适的消防灭火战术（包括消防无人机数量、集群灭火方式、分工、时序等），得到初步的目标和角色分配。在上述条件的基础上，进行航路规划、载荷使用规划和链路使用规划。

2. 消防无人机任务规划的特点

（1）任务规划输出信息的准确性、完整性、一致性要求高。消防无人机在起飞、飞往任务区域、执行任务、返航等环节，虽然可实现“完全自主”，但都是按照任务规划信息的指引完成的，对任务规划数据具有绝对的依赖性，因此任务规划信息的准确性、完整性和一致将性对消防无人机的任务完成效果及飞行安全产生直接影响。

（2）消防无人机任务规划系统应具备快速的重规划能力。消防无人机执行消防灭火任务过程中，火场环境和火情复杂多变，很多情况下对飞行前预先规划的航路和任务模式将不得不进行修正，以确保其生存和完成任务的成功率。因此，要求消防无人机任务规划系统具有快速重规划能力。这种重规划能力是体现消防无人机系统性能的一项重要指标，重规划对消防无人机态势感知和决策等方面的要求非常高，在消防无人机发展的初级阶段，重规划系统可以设置在消防无人机地面控制站，随着消防无人机智能水平的不断提升，这种重规划功能将逐步植入消防无人机飞行平台，并且重规划的时间将越来越短，效果越来越好，以应对复杂多变的森林火灾现场环境的变化。

（3）消防无人机任务规划系统应与其他航空器（如有人驾驶大型固定翼消防飞机）任务规划系统的发展协调一致，因为扑救森林火灾任务的协同需求，要求消防无人机任务规划系统具有一定的通用性和协调性，以满足消防无人机本身的通用化发展要求。

(4)消防无人机任务规划的制作人员需要同时具备战术和技术素养。消防无人机任务规划的实质体现了其消防灭火过程的"两个载体""两个约束"。

任务规划是消防灭火任务的载体,是将具体消防灭火任务和要求,通过信息化的方法转换为消防无人机可识别和执行的数据结构;任务规划是以消防无人机作为扑灭森林火灾的载体,制定任务规划的过程就是将消防指挥中心的扑灭森林火灾指导思想、运作方法赋予消防无人机的过程。同时,任务规划需要满足两个约束:一是装备约束,即规划的扑灭森林火灾过程不能超出消防无人机装备的实际性能限制,确保任务规划的有效性;二是环境和任务约束,制作任务规划时需要综合考虑森林火灾区域的地形、地物、气象、电磁等环境信息,以及到达时间、进入方向等具体任务要求,确保任务执行的安全性和可靠性。前者是静态约束,后者是动态约束。要体现消防无人机任务规划"两个载体""两个约束"的要求,对任务规划制作人员而言,既要熟悉消防无人机的使用,又要掌握消防无人机装备知识,即对消防无人机的性能和技术两方面的素养要求都比较高。

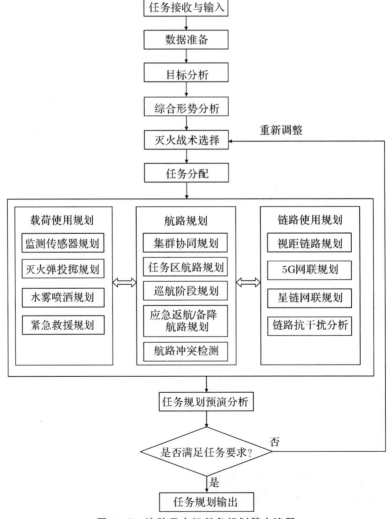

图9-2　消防无人机任务规划基本流程

9.3　消防无人机任务规划算法

消防无人机任务规划是一项包含森林火灾现场分析、数字地图数据、任务分配与航迹规划、指挥调度与控制等诸多内容的复杂功能系统,涉及消防无人机运用的顶层规划及相关任务载荷的选择,也是提高消防无人机执行任务能力的有效手段。所采用的规划算法既有传统的优化算法,如动态规划算法、狄克斯特拉算法,也有通过模拟某一自然现象建立起来的智能优化算法,包括蚁群算法、遗传算法、合同网协议算法、黑板模型算法等。

9.3.1　算法在消防无人机任务规划中的作用和分类

1.算法在消防无人机任务规划中的作用

在森林航空消防技术日益进步、航空消防体系日趋完备的大背景下,消防无人机任务规划是在综合考虑森林火灾发生的时间、地形、范围、过火面积、规模,以及飞行区域等约束的前提下,根据消防无人机性能载荷及消防任务的不同,对消防无人机进行合理的分配,规划出一条最优的飞行航迹,以支持消防无人机顺利飞行,完成任务并安全返回,实现耗时、耗电(耗油)、承受威胁代价最小和消防无人机种类及数量等资源的实时、动态合理调配,是使任务目标与约束条件相匹配的函数优化问题。算法是任务规划的核心,是飞行航迹寻优的数学实现途径,算法直接决定任务规划的速度和质量。消防无人机任务规划算法研究的不断深入,推动了消防无人机任务规划技术朝着实时化、精准化、智能化的方向不断发展。

2.消防无人机任务规划算法的分类

为使任务规划效能最优,学者们先后提出了一系列算法。根据智能化、自动化程度或适用范围,可将规划算法划分为不同的类别。

消防无人机航迹规划的本质是路径规划,即寻找适当的策略构成连接起点到终点位置的由序列点或曲线组成的路径,因此用于航迹规划的算法实际上也就是路径规划算法。路径规划算法有很多,每种算法都有其自身的优缺点和适用范围,按照规划决策可以将算法分为传统经典算法和智能优化算法两类。

(1)传统经典算法。

近年来常用于航迹规划的传统经典算法有动态规划算法、狄克斯特拉(Dijkstra)算法、人工势场算法和模拟退火算法等。其中狄克斯特拉算法是图论中求解最短路径的经典算法,适用于每条边的权数为非负的情况,能得到从指定顶点到其他任意顶点的最短路径。

(2)智能优化算法。

相较于传统经典算法,现代智能优化算法的应用范围更为广泛,特别突出了现代计算机技术、数学与计算科学、数字地图等科技的应用。在航迹规划中常用的现代智能算法有蚁群算法、遗传算法、合同网协议算法和黑板模型算法等。

9.3.2 传统优化算法

1.动态规划算法

(1)动态规划算法简介。

动态规划是运筹学的一个分支,是求解决策过程最优化的数学方法。动态规划算法是一种分步最优化方法,它既可用来求解约束条件下的函数极值问题,也可用于求解约束条件下的泛函极值问题。动态规划在多阶段决策问题中,各个阶段采取的决策,一般来说是和时间有关的,决策依赖于当前状态,又随即引起状态的转移,一个决策序列就是在变化的状态中产生的。

动态规划算法没有一个固定的解题模式,技巧性很强,其基本思想是将待求解的问题分解为若干个子问题(阶段),按顺序求解子阶段,前一子问题的解,为后一子问题的求解提供了有用的信息。在求解任一子问题时,列出各种可能的局部解,通过决策保留那些有可能达到最优的局部解,丢弃其他局部解。依次解决各子问题,最后一个子问题就是初始问题的解。

(2)动态规划算法适用范围。

能采用动态规划算法求解的问题的一般要具有以下 3 个性质:

1)最优化原理:如果问题的最优解所包含的子问题的解也是最优的,就称该问题具有最优子结构,即满足最优化原理。

2)无后效性:某阶段状态一旦确定,就不受这个状态以后决策的影响。也就是说,某状态以后的过程不会影响以前的状态,只与当前状态有关。

3)有重叠子问题:子问题之间是不独立的,一个子问题在下一阶段决策中可能被多次使用到。(该性质并不是动态规划适用的必要条件,但是如果没有这条性质,动态规划算法同其他算法相比就不具备优势。)

动态规划与其他算法相比,优点是大大减少了计算量,丰富了计算结果,不仅求出了当前状态到目标状态的最优值,而且求出了到中间状态的最优值,这对于很多实际问题来说是很有用的。其缺点是空间占据过大,但对于空间需求量不大的题目来说,动态规划无疑是最佳方法。

(3)动态规划算法求解的基本步骤。

动态规划所处理的问题是一个多阶段决策问题,一般由初始状态开始,通过对中间阶段决策的选择达到结束状态。这些决策形成了一个决策序列,同时确定了完成整个过程的一条活动路线(通常是最优的活动路线),如图 9-3 所示。

$$\boxed{初始状态} \rightarrow \boxed{决策1} \rightarrow \boxed{决策2} \rightarrow \cdots \rightarrow \boxed{决策 n} \rightarrow \boxed{结束状态}$$

图 9-3 动态规划算法活动路线示意图

动态规划的设计有着一定的模式,一般要经历以下几个步骤:

1)划分阶段。按照问题的时间或空间特征,把问题分为若干个阶段。在划分阶段时,注意划分后的阶段一定是有序的或者是可排序的,否则问题就无法求解。

2)确定状态和状态变量。将问题发展到各个阶段时所处的各种客观情况用不同的状态表示出来。当然,状态的选择要满足无后效性。

3)确定决策并写出状态转移方程。因为决策和状态转移有着天然的联系,状态转移就是根据上一阶段的状态和决策来导出本阶段的状态,所以如果确定了决策,状态转移方程也就可以写出来。但事实上常常是反过来做,根据相邻两个阶段的状态之间的关系来确定决策方法和状态转移方程。

4)寻找边界条件。给出的状态转移方程是一个递推式,需要一个递推的终止条件或边界条件。

(4)动态规划算法求解的简化步骤。

一般,只要确定了解决问题的阶段、状态和状态转移决策,就可以写出状态转移方程(包括边界条件)。实际应用中可以按以下几个简化的步骤进行设计:

1)分析最优解的性质,并刻画其结构特征。

2)递归地定义最优解。

3)以自底向上或自顶向下的记忆化方式(备忘录法)计算出最优值。

4)根据计算最优值时得到的信息,构造问题的最优解。

2.狄克斯特拉算法

狄克斯特拉算法是由荷兰计算机科学家狄克斯特拉(Dijkstra)于 1959 年提出的,是从一个顶点到其余各顶点的最短路径算法,用于寻找在加权图中前往目标节点的最短路径。

狄克斯特拉(Dijkstra)算法是图论中求解最短路径问题的经典算法。该算法建立在抽象的网络模型上,把路径抽象为网络中的边,以边的权值来表示与路径相关的参数,算法确定了赋权网络中从某点到所有其他结点的具有最小权的路径。权的含义是广泛的,可以表示距离、数量、代价等。通常把两点之间的最小权称为两点之间的距离,而把相应的问题概括为最短路径问题表达。狄克斯特拉算法复杂度的数量级为节点数的二次方,在网络模型中节点数和边数较多的情况下,算法的计算量较大,时间花费较多。在现行实用系统中,网络模型的规模常常较大,顶点数多达上千个或上万个,因此,狄克斯特拉算法在实际应用中不尽人意。

(1)狄克斯特拉算法术语。

1)权重。狄克斯特拉算法用于每条边都有关联数字的图,这些数字称为权重。

2)带权图。在处理有关图的实际问题时,往往有值的存在,比如距离、运费、城市、人口数以及电话部数等,一般称这个值为权值,带权值的图称为带权图,也称为网。例如带权图的顶点代表城市,边的权可能代表城市之间的距离,或者城市之间的路费,或者城市之间的车流量等。

3)有向图。若图中的每条边都是有方向的,则称之为有向图。有向图中的边是由两个顶点组成的有序对,有向图是单向的,有箭头,例如路径可以从 B 节点到 A 节点,但不可以从 A 节点到 B 节点;无向图是双向的,没有箭头,路径可以从 A 到 B,也可以从 B 到 A。

4)路径。在一个无权的图中,若从一顶点到另一顶点存在着一条路径,则称该路径长度为该路径上所经过的边的数目,它等于该路径上的顶点数减 1。由于从一顶点到另一顶点可能存在多条路径,每条路径上所经过的边数可能不同,即路径长度不同,我们把路径长度最短(即经过的边数最少)的那条路径叫作最短路径,其路径长度叫作最短路径长度或最短距离。

5)对于带权图,考虑路径上各边上的权值,则通常把一条路径上所经边的权值之和定义为该路径的路径长度或带权路径长度。从起点到终点可能不止一条路径,把带权路径长度最短的那条路径称为最短路径,其路径长度(权值之和)称为最短路径长度或者最短距离。

6)环。如果可以从一个节点出发,走一圈后又回到这个点,则说明图中存在环,绕环的路径不可能是最短路径。在无向图中,每条边就是一个环,狄克斯特拉算法只适用于有向无环图,且没有负权边。

7)开销。开销是指从一个点到另一个点所经历的边的权重之和,一般加权图的最短路径指的是权重之和最小的那条路径。

(2)狄克斯特拉算法原理。

设想这样一个场景:在一个没有负权边的有向图中,如果从起点直接到节点 A 的开销小于从起点直接到节点 B 的开销,那么即使从起点出发经过节点 B 还有其他路径可以到达节点 A,其总开销也会大于从起点到节点 A 的开销。加权图是对边进行加权的图,如图 9-4 所示。

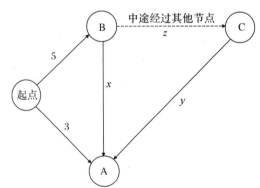

图 9-4　狄克斯特拉算法加权图示意图

比如在图 9-4 中,起点到 A 的开销为 3,这个开销一定小于从起点开始经其他节点到 A 的总开销,因为从起点到 B 的开销就已经大于从起点到 A 的开销了。

上面推论的结果就是最短路径的子路径仍然是最短路径。比如在图 9-4 中,如果最短路径经过了 A,那么在最短路径中从起点到 A 的子路径一定是所有从起点到 A 的路径中最短的那条。可以这样理解,在最短路径中,A 到终点的路径保持不变,如果不选择从起点到 A 的所有路径中最短的那条,最后得到的路径就不是最短路径。同样地,我们可以保持起点到 A 的路径不变,如果不选择从 A 到终点的所有路径中最短的那条,最后得到的路径也不是最短路径。这就是为什么狄克斯特拉算法每次都从当前节点开销最少的邻居节点开始下一轮处理。

(3)狄克斯特拉算法步骤。

狄克斯特拉算法可分为以下几个步骤:

1)找出从起点出发,可以前往的、开销最小的未处理点。

2)对于该节点的邻居,检查是否有前往它们的更短路径,如果有,则更新其开销。

3)将该节点加入已处理队列中,后续不再处理该节点。

4)重复以上几个步骤,直到对图中除了终点的所有节点都进行了检查,得到最终路径。

9.3.3　智能优化算法

1.蚁群算法

(1)蚁群算法简介。

蚁群算法(Ant Colony Optimization,ACO)是一种用来在图中寻找优化路径的概率型算法,它由 Marco Dorigo 于 1992 年在其博士论文中提出,其灵感来源于蚂蚁在寻找食物过程中发现路径的行为,具有一种新的模拟进化优化方法的有效性和应用价值。各个蚂蚁在没有被事先告诉食物在什么地方的前提下开始寻找食物。当一只蚂蚁找到食物以后,它会向周围环境释放一种挥发性分泌物,称为信息素,来吸引其他的蚂蚁过来,这样越来越多的蚂蚁会找到食物。信息素随着时间的推移会逐渐挥发消失,信息素浓度的大小表征路径的远近。有些蚂蚁并没有像其他蚂蚁一样总重复同样的路,它们会另辟蹊径,如果另开辟的道路比原来的其他道路更短,那么,渐渐地更多的蚂蚁被吸引到这条较短的路上来。最后,经过一段时间运行,可能会出现一条最短的路径被大多数蚂蚁重复着,如图 9 - 5 所示。

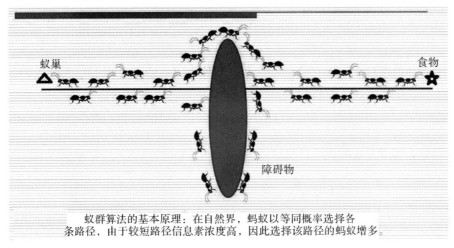

蚁群算法的基本原理:在自然界,蚂蚁以等同概率选择各条路径,由于较短路径信息素浓度高,因此选择该路径的蚂蚁增多。

图 9 - 5　蚁群算法基本原理示意图

(2)蚁群算法原理。

通过观察与研究,发现蚂蚁在搜索过程中有一定的移动规则,具体分为以下几部分。

1)范围。蚂蚁观察到的范围是一个很小的范围。

2)环境。蚂蚁所在的环境中有障碍物,有别的蚂蚁,还有外激素。外激素有两种,一种是找到食物的蚂蚁洒下的食物外激素,另一种是找到窝的蚂蚁洒下的窝的外激素。每个蚂蚁仅能感知它范围内的环境信息,环境以一定的速率让外激素消失。

3)觅食规则。在每只蚂蚁能感知的范围内寻找是否有食物,如果有就直接过去。否则看是否有外激素,并且比较在能感知的范围内哪一点的外激素最多,这样,它就朝外激素最多的地方走。每只蚂蚁多会以小概率犯错误,从而并不总是往外激素最多的点移动。蚂蚁找窝的规则和上面一样,只不过它对窝的外激素作出反应,而对食物外激素没反应。

4)移动规则。每只蚂蚁都向外激素最多的方向移动。当周围没有外激素指引的时候,蚂蚁会按照自己原来运动的方向惯性地运动下去,且在运动的方向有一个随机的小的扰动。为了防止原地转圈,它会记住最近刚走过了哪些点,如果发现要走的下一点已经在最近走过了,它会尽量避开。

5)避障规则。如果蚂蚁要移动的方向有障碍物挡住,它会随机地选择另一个方向。如果有外激素指引,它会按照觅食的规则行动。

6)播撒外激素规则。每只蚂蚁在刚找到食物或者窝的时候播撒的外激素最多,并随着它走的距离增加,播撒的外激素越来越少。根据这几条规则,蚂蚁之间并没有直接的关系,但是每只蚂蚁都和环境发生交互,而通过外激素这个纽带把各个蚂蚁关联起来。比如,当一只蚂蚁找到了食物,它并没有直接告诉其他蚂蚁这有食物,而是向环境播撒外激素,当其他的蚂蚁经过它附近的时候,就会感觉到外激素的存在,进而根据外激素的指引找到食物。

(3)蚁群算法的特点。

1)蚁群算法是一种自组织算法。在系统论中,自组织和他组织是组织的两个基本分类,其区别在于组织力或组织指令是来自于系统的内部还是来自于系统的外部,来自于系统内部的是自组织,来自于系统外部的是他组织。自组织是在没有外界作用下使得系统熵减小的过程(即是系统从无序到有序的变化过程)。蚁群算法充分体现了这个过程。此处以蚂蚁群体优化为例子说明。当算法开始的初期,单个的人工蚂蚁无序的寻找解,算法经过一段时间的演化,人工蚂蚁间通过信息激素的作用,自发地越来越趋向于寻找到接近最优解的一些解,这就是一个无序到有序的过程。

2)蚁群算法是一种并行算法。每只蚂蚁搜索的过程彼此独立,仅通过信息激素进行通信。所以蚁群算法可以看作一个分布式的多点系统,它在问题空间的多点同时开始进行独立的解搜索,不仅增加了算法的可靠性,也使得算法具有较强的全局搜索能力。

3)蚁群算法是一种正反馈算法。从真实蚂蚁的觅食过程中我们不难看出,蚂蚁能够最终找到最短路径,直接依赖于最短路径上信息激素的堆积,而信息激素的堆积却是一个正反馈的过程。对蚁群算法来说,初始时刻在环境中存在完全相同的信息激素,给予系统一个微小扰动,使得各个边上的轨迹浓度不相同,蚂蚁构造的解就存在了优劣,算法采用的反馈方式是在较优的解经过的路径留下更多的信息激素,而更多的信息激素又吸引了更多的蚂蚁,这个正反馈的过程使得初始的不同得到不断的扩大,同时又引导整个系统向最优解的方向进化。因此,正反馈是蚂蚁算法的重要特征,它使得算法演化过程得以进行。

4)蚁群算法具有较强的鲁棒性。首先,相对于其他算法,蚁群算法对初始路线要求不高,即蚁群算法的求解结果不依赖于初始路线的选择,而且在搜索过程中不需要进行人工的调整。其次,蚁群算法的参数数目少,设置简单,有利于将蚁群算法应用到其他组合优化问题的求解上。

2.遗传算法

遗传算法(Genetic Algorithm,GA)是模拟达尔文生物进化论的自然选择和遗传学机理的生物进化过程的计算模型,是一种通过模拟自然进化过程搜索最优解的方法,是由适者生存、优胜劣汰的遗传机制演化而来的随机优化搜索方法。

(1)遗传算法基本原理。

遗传算法是由美国的 J. Holland 教授于 1975 年首先提出的,其主要特点是:直接对结构对象进行操作,不存在求导和函数连续性的限定;具有内在的并行性和更好的全局寻优能力;采用概率化的寻优方法,自适应地调整搜索方向,不需要确定的规则。遗传算法基本原理如图 9-6 所示。

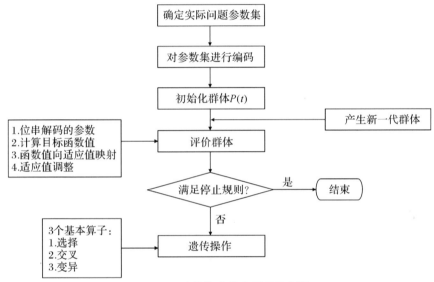

图 9-6　遗传算法基本原理示意图

遗传算法也是计算机科学人工智能领域中用于解决最优化问题的一种搜索启发式算法,是进化算法的一种。这种启发式通常通过生成有用的解决方案来优化和搜索问题。进化算法最初是借鉴了进化生物学中的一些现象而发展起来的,这些现象包括遗传、突变、自然选择以及杂交等。遗传算法在适应度函数选择不当的情况下有可能收敛于局部最优,而不能达到全局最优。由于这些性质,遗传算法广泛地应用于组合优化、机器学习、信号处理、自适应控制和人工生命等领域,是现代智能计算中的关键技术。

遗传算法计算优化的操作过程就如同生物学上生物遗传进化的过程,主要有 3 个基本算子(或称为操作):选择(Selection)算子、交叉(Crossover)算子、变异(Mutation)算子。

1)选择算子,又称复制繁殖算子。选择是从种群中选择生命力强的染色体,产生新种群的过程。选择的依据是每个染色体的适应度大小,适应度越大,被选中的概率就越大,其子孙在下一代产生的个数就越多。选择操作的主要目的是避免基因缺失,提高全局收敛性和计算效率。选择的方法根据不同的问题,采用不同的方案。最常见的方法有轮盘赌选择、局部选择和截断选择等。

2)交叉算子,又称重组配对算子。当许多染色体相同或后代的染色体与上一代没有多大差别时,可通过染色体重组来产生新一代染色体。染色体重组分两个步骤进行:首先,在新复制的群体中随机选取两个染色体,每个染色体由多个基因组成;其次,沿着这两个染色体的基因随机取一个位置,二者互换从该位置起的末尾部分基因。

3)变异算子。选择和交叉算子基本上完成了遗传算法的大部分搜索功能,而变异则增加了遗传算法找到接近最优解的能力,即决定了遗传算法的局部搜索能力。变异就是以很小的概率,随机改变字符串某个位置上的值。在二进制编码中,就是将 0 变成 1,将 1 变成0。它本身是一种随机搜索,但与选择、交叉算子结合在一起,能避免由复制和交叉算子引起的某些信息的永久性丢失,从而保证了遗传算法的有效性。

遗传算法中涉及的参数见表 9-1。

表 9-1　遗传算法参数

序号	遗传学概念	遗传算法概念	数学概念
1	个体	要处理的基本对象、结构	也就是可行解
2	群体	个体的集合	被选定的 1 组可行解
3	染色体	个体的表现形式	可行解的编码
4	基因	染色体中的元素	编码中的元素
5	基因位	某一基因在染色体中的位置	元素在编码中的位置
6	适应值	个体对于环境的适应程度,或在环境压力下的生存能力	可行解所对应的适应函数值
7	种群	被选定的 1 组染色体或个体	根据入选概率定出的 1 组可行解
8	选择	从群体中选择优胜的个体,淘汰劣质个体的操作	保留或复制适应值大的可行解,去掉适应值小的可行解
9	交叉	1 组染色体上对应基因段的交换	根据交叉原则产生的一组新解
10	交叉概率	染色体对应基因段交换的概率(可能性大小)	闭区间[0~1]内的 1 个值,一般为 0.65~0.90
11	变异	染色体水平上的基因变化	编码的某些元素被改变
12	变异概率	染色体上基因变化的概率(可能性大小)	开区间(0,1)内的 1 个值,一般为 0.001~0.01

(2)遗传算法的特点。

遗传算法具有以下几方面的特点。

1)遗传算法从问题解的串集开始搜索,而不是从单个解开始。这是遗传算法与传统优化算法的极大区别。传统优化算法是从单个初始值迭代求最优解的,容易误入局部最优解。遗传算法从串集开始搜索,覆盖面大,有利于全局择优。

2)许多传统搜索算法都是单点搜索算法,容易陷入局部的最优解。遗传算法同时处理群体中的多个个体,即对搜索空间中的多个解进行评估,减少了陷入局部最优解的风险,同时算法本身易于实现并行化。

3)遗传算法基本上不用搜索空间的知识或其他辅助信息,而仅用适应度函数值来评估个体,在此基础上进行遗传操作。适应度函数不仅不受连续可微的约束,而且其定义域可以任意设定。这一特点使得遗传算法的应用范围大大扩展。

4)遗传算法不是采用确定性规则,而是采用概率的变迁规则来确定其搜索方向。

5)具有自组织、自适应和自学习性。遗传算法利用进化过程获得的信息自行组织搜索,适应度大的个体具有较高的生存概率,并获得更适应环境的基因结构。

(3)遗传算法原理。

在遗传算法里,优化问题的解被称为个体(染色体),它表示为一个变量序列(基因串),序列中的每一位都称为基因。个体一般被表达为简单的字符串或数字串,不过也有其他的依赖于特殊问题的表示方法,这一过程称为编码。

算法首先随机生成一定数量的个体,有时操作者也可以对这个随机产生过程进行干预,以提高初始种群的质量。在每一代中,每一个个体都被评价,并通过计算适应度函数得到一个适应度数值。种群中的个体被按照适应度排序,适应度高的在前面。这里的“高”是相对于初始的种群的“低”适应度来说的。

随后,产生下一代个体并组成种群。这个过程是通过选择、交叉和变异完成的。选择是根据新个体的适应度进行的,但并不意味着完全以适应度作为导向,而是以概率选择的方式。因为单纯选择适应度高的个体将可能导致算法快速收敛到局部最优解而非全局最优解(称之为早熟)。作为折中,遗传算法依据原则是,适应度越高,被选择的机会越高,适应度越低,被选择的机会也就越低。初始的数据可以通过这样的选择过程组成一个相对优化的群体。之后,被选择的个体进入交叉、变异过程。

交叉运算中算法对两个相互配对的个体,依据交叉概率按某种方式相互交换其部分基因,从而形成两个新的个体。交叉运算是遗传算法区别于其他进化算法的重要特征,它在遗传算法中起关键作用,是产生新个体的主要方法。而后变异运算依据变异概率将个体编码串中的某些基因值用其他基因值来替换,从而形成一个新的个体。遗传算法中的变异运算是产生新个体的辅助方法,它决定了遗传算法的局部搜索能力,同时保持种群的多样性。交叉运算和变异运算的相互配合,共同完成对搜索空间的全局搜索和局部搜索。由于最好的个体总是更多地被选择去产生下一代,而适应度低的个体逐渐被淘汰,因此,经过上述一系列的过程,产生的新一代个体不同于初始的一代,并一代一代向增加整体适应度的方向发展。这样的过程不断重复,直到满足终止条件为止。遗传算法的具体步骤如图 9-7 所示。

1)选择编码策略,把可行解集合转换到染色体结构空间。

2)定义适应函数,便于计算适应值。

3)确定遗传策略,包括选择群体大小,确定选择、交叉、变异方法以及确定交叉概率、变异概率等遗传参数。

4)随机产生初始化群体。

5)计算群体中的个体或染色体解码后的适应值。

6)按照遗传策略,将选择、交叉和变异算子作用于群体,形成下一代群体。

7)判断群体性能是否满足某一指标,或者是否已完成预定的迭代次数,不满足则返回第

5)步,或者修改遗传策略再返回第6)步。

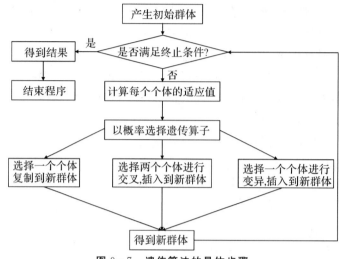

图 9-7 遗传算法的具体步骤

3.合同网协议方法

(1)合同网协议方法简介。

合同网协议(CNP)是分布式环境下广泛采用的、相对较为成熟的协商机制。1980年,Smith第一个提出了使用合同网协议经济学模型去控制多智能体系统的概念。其主要思想是,当一个任务可以被执行时,这个任务就被公开"招标",等待执行该任务的所有个体则参与投标,最后中标的个体,也就是最适合完成该任务的个体获得完成这个任务的"合同"并开始执行。现存的大部分基于自由市场的多智能体合作模型都是以此为基础建立起来的。

在合同网协议方法中,所有主体分为两种角色:管理者和工作者。

1)管理者职责。

A.对每一待求解任务建立任务通知书,将任务通知书发送给有关的工作者主体。

B.接收并评估来自工作者的投标。

C.从投标中选择最合适的工作者,与之建立合同。

D. 监督任务的完成,并综合结果。

2)工作者的职责。

A.接收相关任务通知书。

B.评价自己的资格。

C.对感兴趣的子任务返回任务投标。

D.如果投标被接受,按合同执行分配给自己的任务。

E.向管理者报告求解结果。

(2)合同网协议方法原理。

从系统决策的角度看,基于合同网协议(Contract Net Protocol,CNP)的任务分配过程主要包括4个阶段——招标阶段、投标阶段、中标阶段和签约阶段。基于CNP的任务分配过程如图9-8所示。

当管理者有任务需要其他个体帮助解决时,它就向其他个体广播有关该任务的信息,即发出任务通告,招标阶段的决策主要是由管理者决定任务发布的相关内容、发布的范围和方式。投标阶段的决策是由投标者确定是否需要投标,需要投标时如何选择合适的投标值。中标阶段的决策是由管理者根据投标者提交的标值,通过评标选择出合适的中标者。签约阶段的决策是由中标者决定是否与管理者签订任务执行合同。在合同网协议(CNP)方法中,不需要预先规定个体的角色,任何个体都可以通过发布任务通告而成为管理者;任何个体也都可以通过应答任务通告而成为投标者直至最终成为中标者。这一灵活性使任务能够被层次地分解分配。系统中的每一待求解(任务),由承担该任务的个体负责完成。当该个体无法独立完成该任务时,它就将任务进行分解,并履行管理者职责,为每一个子任务发送任务通告,然后从返回的投标中选择"最合适"的个体,将子任务分配给这一个体,建立相应的合同。按合同执行子任务的中标个体若不能独立完成任务,就需扮演管理者角色,将子任务继续分解,并按合同网方式实行分配。如此进行下去,直到所有任务都能顺利完成。

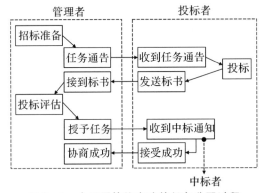

图 9-8 合同网协议方法的任务分配过程

4.黑板模型算法

(1)黑板模型算法简介。

对于一个复杂的消防无人机系统,现有的任务分配方法影响其实用性最主要的障碍是问题求解的控制与协调能力弱,具体表现如下:

系统各模块间难以统一协调地工作,难于进行合理的知识调度,用户难以了解系统的功能和结构,既不便于维护,又限制了自身功能的发挥。根本原因在于,系统没有控制信息,没有记录求解过程中的状态信息,以及灵活运用这些信息的机制。

黑板模型在这方面为我们提供了很多较好的解决思路。黑板结构是一种多知识源的知识库系统,其概念最早于 1962 年由 A. Newell 提出,其基本思想是:多个专家协同求解一个问题,黑板是一个共享的问题求解工作空间,多个专家都能"看到"黑板。当问题和初始数据记录到黑板上时,求解开始。所有专家通过"看"黑板寻求利用其专家经验知识求解问题的机会。当一个专家发现黑板上的信息足以支持他进一步求解问题时,他就将求解结果记录在黑板上。新增加的信息有可能使其他专家继续求解。重复这一过程直到问题彻底解决,获得最终结果。

(2)黑板模型原理。

在黑板结构中,一个问题的所有可能的解答称作解法空间,解法空间被组织成基于应用的分层结构,每层信息代表部分解答并由唯一的符号集来描述。黑板结构同时使用多个知识源解决问题,每个知识源相当于一个独立的专家,集中处理某个特定知识的子问题,整个过程通过控制结构来协调知识源间的处理,以事件触发的方式进行。黑板结构通常由3个主要部分——知识源、黑扳和控制机构组成,黑板模型结构如图9-9所示。

知识源是描述某个独立领域问题的知识及其知识处理的知识库。一个黑板模型系统通常包括多个知识源,每个知识源可用来完成某些特定的解题功能,其作用域为黑板结构上的几个信息层次。知识源具有"条件-动作"的形式。条件描述了知识源应用求解的前提,动作描述了知识源的行为。当条件满足时,知识源被触发,其动作部分增加或修改黑板上的内容(假说或假说元素)。知识源是分别存放且相互独立的,知识源之间不能进行直接通信或相互调用,它们通过黑板进行通信,合作求出问题的解。

黑板是用来存储数据、传递信息和处理方法的动态数据库,是系统中的全局工作区。黑板上的内容称为假说,是在特定的信息层上对领域问题的某一个侧面的一种解释。整个黑板分成若干个信息层,每一层用于描述领域问题的某一类信息。知识源改变黑板的内容,从而逐步导出问题的解。在问题求解过程中所产生的部分解全部记录在黑板上。各知识源之间的通信和交互只通过黑板进行,黑板是可公共访问的。

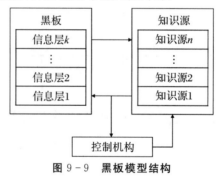

图9-9 黑板模型结构

控制机构是黑板模型求解问题的推理机构,由监督程序和调度程序组成。监督程序根据黑板的状态变化激活有关知识源,一旦黑板上的内容改变,监督程序将动作部分可执行的知识源放入调度队列中。调度程序通过一定的优先原则(如最佳性原则、重要性原则等)选择最合适的知识源来执行,用执行的结果修改黑板状态,为下一步推理循环创造条件。

黑板模型求解问题的步骤如下:

1)执行一个知识源的动作部分改变黑板上的内容。

2)根据目前黑板上的信息和各知识源为形成新解析提供信息,控制模块选择下一个合适的知识源。

3)通过对知识源的条件匹配来形成知识源调用环境,并执行知识源的动作部分,转步骤1)。

一个领域问题的求解是由以上循环推理逐步实现的。每次的推理过程是动态的,可以选择的推理方法有前向推理、后向推理和双向推理。如果某一知识源的输入层比其输出层要低,即黑板的下层信息作为它的输入,而把知识源推理结果输出到其上层信息层中去,那么这个知识源的应用是一个由条件到目标的前向推理。反之,信息输入层高于知识源结果输出层的情况,则该知识源的应用是一个由目标至条件的后向推理。所以在黑板模型中,推理方法的选择反映在选择知识源上。黑板模型不事先决定求解问题中的推理方法和知识应用方法,它们将决定于问题求解过程中知识源的调用情况。

黑板结构作为一种高效而通用的知识存储与处理工具,它能记载问题求解过程中产生的状态信息和中间结果,调度和控制多知识源知识库的推理、管理知识源之间的通信和知识转换,在大容量知识处理方面呈现出独特的优越性。

9.4　消防无人机任务规划的数字地图技术

消防无人机任务规划系统的工作需要一个数字化的基础环境来支撑,通常称之为任务规划环境(Mission Planning Environment,MPE),数字地图则是 MPE 的重要组成部分,起着基础性作用。任务规划中所需的地理环境显示与咨询、地理环境对消防灭火任务的影响分析、森林火灾蔓延态势变化情况显示等,均需在数字地图平台上通过森林火灾现场态势标绘、地形分析予以实现。

9.4.1　数字地球的基本概念

数字地球(Digital Earth)就是数字化的地球,是一个地球信息化数字模型。它利用数字技术和方法将地球及其上的活动和环境的时空变化数据,按地球的坐标加以整理,存入全球分布的计算机中,构成一个全球的数字模型,在高速网络上进行快速流通。这样就可以使人们快速、直观、完整地了解我们所在的这颗星球。

1. 数字地球的定义

数字地球的概念最早是 1998 年 1 月 31 日由时任美国副总统戈尔率先提出来的,是指一个以地球坐标为依据的、具有多分辨率的海量数据和多维显示的地球虚拟系统,将数字地球与遥感技术、地理信息系统、计算机技术、网络技术、多维虚拟现实技术等高新技术和可持续发展决策、农业、灾害、资源、全球变化、教育、军事等方面的社会需要联系在一起。其将最大限度地为人类的可持续发展、社会进步以及国民经济建设提供高质量的服务。

数字地球实际上就是一个完整的地球虚拟对照体,可以理解为对真实地球及其相关现象统一的数字化重现和认识,在三维地球的数字框架上,按照地理坐标集成有关的海量空间数据及相关信息,构建一个虚拟的数字地球,可以为人们认识、改造和保护地球提供一种重要的信息源和新技术手段,以及采用数字化的手段来处理整个地球的自然和社会活动诸方面的问题,最大限度地利用资源。

数字地球概念的形成基于目前人类已经掌握或将要拥有的新技术以及多种高新技术的综合集成,其核心思想有两点,一是用数字化手段统一性地处理地球问题,另一点是最大限度地利用信息资源。其包含以下两个层次:

(1)将地球表面每一点上的固有信息,如地形、地貌、地质、矿藏、植被、动物种群、建筑、海洋、河流、湖泊、水文等数字化,按地球的地理坐标加以整理,然后构成一个全球的三维数字信息模型。

（2）在三维数字地球的基础上再嵌入与空间位置有关的相对变动的信息，如人文、经济、政治、军事、科技乃至历史等，组成一个意义更加广泛的多维的数字地球。人们可以快速、全面、形象地了解地球上任何一点的信息，从而实现"信息就在指尖上"的梦想。

2. 数字地球体系的内容

人类生存的地球系统是指由大气圈、水圈、陆圈（岩石圈、地幔、地核）和生物圈（包括人类）组成的有机整体。地球系统科学就是研究组成地球系统的这些子系统之间相互联系、相互作用的运转机制以及地球系统变化的规律和控制这些变化的机理，从而为全球环境变化预测建立科学基础，并为系统的地球科学管理提供依据。

数字地球是对真实地球及其相关现象统一性的数字化重视和认识，数字地球由下列体系构成：数据获取与更新体系、数据处理与存储体系、信息提取与分析体系、数据与信息传播体系、数据库体系、网络体系、专用软件体系等。

数字地球的提出：一方面，将给地球系统科学带来研究方法、手段的革命性变化；另一方面，要看到它是全球信息化的产物，它的一项长期的战略目标，需要经过全人类的共同努力才能实现。

3. 数字地球的意义

地球是人类信息资源的主体核心。数字地球是对真实地球及其相关现象的统一的数字化的认识，是以互联网为基础，以空间数据为依托，以虚拟现实技术为特征，具有三维界面和多种分辨率浏览器的面向公众开放的系统。数字地球是世界进入信息时代的最重要标志之一。借助于数字地球，人们无论走到哪里，都可以按地球坐标了解地球上任何一处任何方面的信息。

数字地球中包含高分辨率的卫星图像、数字化地图以及有关资源、环境、社会、经济和人口等海量数据或信息，按地理坐标，从局部到整体，从区域到全球进行整合、融合及多维显示，因而具有极高的应用价值，能为解决复杂生产实践和知识创新、技术开发与理论研究提供实验条件和试验基地（包括仿真和虚拟实验）。这是一个大的技术革命，它的意义在于它代表了当今科技的发展战略目标和方向。

9.4.2 地理信息系统（GIS）

1. 地理信息系统（GIS）的定义

地理信息是指表征地理系统诸要素的数量、质量、分布特征、相互联系和变化规律的数字、文字、图像和图形的总称。地理信息属于空间信息，具有多维结构特征和时序特征。

地理信息系统（GIS）的定义是以地理现象为研究对象，以地理空间信息数据库为基础，采用地理模型分析方法，适时提供多种空间的和动态的地理信息，为地理研究和地理决策服务的计算机技术系统。GIS 从 20 世纪 60 年代开始迅速发展起来，是一种多学科交叉的研究体系，它由计算机系统、地理数据和用户组成，通过对地理数据的采集、存储、检索、操作和分析，生成并输出各种地理信息，从而为土地利用、资源管理、环境监测、交通运输、经济建设、城市规划、政府部门行政管理等提供新的知识,为工程设计和规划(包括消防无人机任务规划)、管理决策服务。随着人们对它的认识的不断加深,地理信息系统发展的主要方向是从二维向多维动态以及网络方向发展。其特征有:

(1)具有采集、管理、分析和输出多种地理空间信息的能力,具有空间性和动态性。

(2)以地理研究和地理决策为目的,以地理模型方法为手段,具有区域空间分析、多要素综合分析和动态预测能力,能产生高层次的地理信息。

(3)在计算机系统支持下进行空间地理数据管理,并由计算机程序模拟常规的或专门的地理分析方法,作用于空间数据,产生有用信息,完成人类难以完成的任务。

2.地理信息系统(GIS)的分类

对GIS系统进行分类,在很大程度上是由用户不同的应用目标或任务要求决定的。通常按其内容可以分为3类。

(1)专题信息系统。

专题信息系统是具有有限目标和专业特点的地理信息系统,它以某个专业、问题或对象为主要内容,为特定的目的服务。专题信息系统也是发展最多、最为普遍的系统,如森林动态监测信息系统、水资源管理信息系统、矿产资源信息系统、农作物估产信息系统、草场资源管理信息系统、水土流失信息系统等。

(2)区域地理信息系统。

区域地理信息系统是主要以区域综合研究和全面信息服务为目标,以某个地区为其研究和分析对象的系统。可以有不同规模,如国家级的、地区或省级的、市级或县级等不同级别行政区服务的区域信息系统,也可以按自然分区或以流域为单位。

(3)全国性综合系统。

全国性综合系统是以一个国家为其研究和分析对象的系统,如日本的"国土信息系统"、加拿大的"国家地理信息系统"等,都是按全国统一标准、存储包括自然地理和社会经济要素的全面信息,为全国提供咨询服务的地理信息系统。

3.地理信息系统的工具和应用

地理信息系统的工具是一组具有图形图像数字化、存贮管理、查询检索、分析运算和多种输出等基本功能的软件。它可以是专门设计研制的,也可以是从实用地理信息系统中抽取掉具体区域或专题的地理空间数据后得到的。它具有对计算机硬件适应性强,数据管理和操作效率高、功能强,且具有普遍性并易于扩展、操作简便、容易掌握等特点。

对于地理信息系统软件的研究应用,归纳概括起来有2种情况:一是利用GIS来处理用户的数据;二是在GIS的基础上,利用它的开发函数库二次开发出用户的专用地理信息系统软件,现已成功地应用于包括资源管理、自动制图、设施管理、城市和区域的规划、人口和商业管理、交通运输、石油和天然气、教育、军事等9大类别的100多个领域。

地理信息系统的主要基础地理数据比例尺为1:400万、1:100万、1:25万、1:5万、1:1万、1:2 000、1:1 000和1:500等;基础地理数据种类为数字线划图(Digital Line Graphic,DLG)、数字栅格图(Digital Raster Graphic,DRG)、数字正射影像图(Digital Orthophoto

Map,DOM)和数字高程模型(Digital Elevation Model,DEM)等。

9.4.3　数字地图

消防无人机在不同地区执行任务时,可能会遇到复杂的地理环境,传统的地图已经不能很好地满足实际任务规划的需要,数字地图的诞生和应用使得消防无人机任务规划更加合理、可靠。数字地图是在地理信息系统数据库的基础上制作的,而地理信息系统存储着大量的可随时得到更新的地形信息,为数字地图提供全面、准确的数据。

1. 数字地图的定义和优点

数字地图,也称为电子地图,是存储在计算机的硬盘、软盘、光盘或磁带等介质上的数字化地图,地图的内容是通过数字来表示的,它需要通过专用的计算机软件对这些数字进行显示、读取、检索、分析、修改、喷绘等。在数字地图上可以表示的内容和信息量远远大于普通的常规地图。

早期的地图是以纸张为载体的,仅被用作导航图和飞行情报通告。传统的纸质地图在信息存储、可视、更新等方面存在局限性,数字地图可以非常方便地将各种普通地图或专业(专题)地图的内容进行任意形式的要素分层组合、拼接、增删等,形成新的实用地图。与传统纸介质地图相比,它具有如下优点:

1)制作工艺先进、成本低、速度快、效益高。

2)数字化存储、信息量大,可以网上传输,便于携带。

3)保存时间长,不易损坏和变形,节省档案保存空间。

4)制图精度高、无介质变形,可接受多种投影变换。

5)数字信息可与多种空间信息拟合,便于更新、修编、组合,生成各种图。

6)输出绘制方便、出版方便、复制方便、使用方便。

2. 数字地图的类型

数字地图的类型有:

1)数字栅格地图(DRG)。地图被划分为若干个小删格,每一个栅格代表一组数据,通过对栅格的数字进行分析,就能得出科学的结果。

2)数字高程模型(DEM)。将地图做成有长、宽、高显示的三维地图,地图上每一个点都有自己的高程数据,可以了解到地形、地貌。

3)数字正射影像图(DOM)。通过航拍直接得到图像结果,直观。

4)数字线划图(DLG)。依据地形图图式进行测绘的全要素图。

3. 数字地图在消防无人机规划中的作用

数字地图在消防无人机任务规划的各个环节中都起到至关重要的作用。消防无人机制导、定位、侦察、导航、链路规划等环节都离不开数字地图的支持,当消防无人机需要进行任务的在线自主重规划时,也离不开机载数字地图的支持。

在消防无人机任务规划工作中,航迹规划是核心任务,即通过自动或人工的方式对消防无人机的航迹进行设计与调整。自动航迹规划的实质是依据地理信息数据的最优航迹解算,人工规划则是直观的地图图上作业,整个规划过程都是在数字地图的支持下实施的。

消防无人机航迹规划的一个重要内容就是避开威胁,而敌警戒雷达和防空火力则是威胁中的重点。计算由于地形遮蔽形成的敌雷达盲区,从中寻找突防的安全通道,是航迹规划的一项重要任务,而开展这项工作的基础则是数字地图的数字高程模型(DEM)数据。航迹规划的另一项重要内容是航迹剖面高度分析,实质是一种地形威胁冲突的检测,在正确解算航迹坐标信息的基础上,判断所规划航迹的飞行高度和地面之间是否保持一定的安全度,这对任务规划结果的安全性具有重要的作用,开展这项工作的基础也是数字高程数据。

任务规划工作完成后,还要进行另一项必要的内容,就是以数字地图为基础对规划的结果进行仿真推演,从而直观验证其是否可行。采用虚拟现实(VR)技术可以生成一种逼真的虚拟地理环境,指挥人员可身临其境地研究判断任务规划工作的结果。这是一种全新的数字地图应用形式。

数字地图应用于消防无人机任务规划,具有以下特点。

1)灵活性。数字地图以地形数据库为后盾,可以随时根据需要将不同地区的信息转化成相应的电子地图。

2)选择性。数字地图可以提供远超传统地图的内容供用户选择使用。

3)实时性。从卫星上获取数据,可以及时更新数字地图信息。

4)动态性。数字地图可将不同时期的数据存储起来,并在电子地图上按时序再现,这样便于进行深入的分析和预测。

5)共享性。数字地图以数字形式表示地图信息,为信息传输和共享提供了方便。

9.5　消防无人机地面控制站

消防无人机的飞行和使用是作为一个系统来进行的,其中任务规划和控制站是整个消防无人机系统的"神经中枢",消防无人机在空中飞行离不开地面控制站的支持。虽然消防无人机具有很强的智能自主控制能力,但在执行飞行任务的过程中,地面操作人员仍然拥有操纵控制它的最终决定权。任务规划和控制站控制着消防无人机的飞行过程、飞行轨迹、有效载荷对任务的高效完成、通信数据链的正常工作以及消防无人机的发射与回收等。

消防无人机地面控制站软件的功能包括飞行监控、航线规划、任务回放、地图导航等,并且支持多架消防无人机的控制与管理。消防无人机与地面控制站通过无线数传电台通信,按照通信协议将收到的数据解析并显示,同时将数据实时存储到数据库中。在任务结束后读取数据库进行任务回放。

9.5.1　消防无人机地面控制站的定义和功能要求

1.消防无人机地面控制站的定义

消防无人机任务规划和控制站(Mission Planning and Control Station,MPCS)是消防无人机系统的飞行操控中心,负责实现人机交互,它也是消防无人机的任务规划中心,起到消防无人机系统的指挥与调度中心的作用。

从功能结构上看,消防无人机任务规划和控制站(MPCS)可分为两部分:第一部分是任务规划;第二部分是控制站。由于消防无人机规划功能可以与控制站功能分开在不同的地点执行,因此任务规划和控制站有时也被称作地面控制站(Ground Control Station,GCS)。不过,在消防无人机飞行执行任务期间实时更改任务规划的能力是必不可少的,以此来适应不断发展的实际情况,所以地面控制站应能提供一定的规划能力。

消防无人机控制站通常是地面的(GCS),或舰载的(SCS),也可能是机载的(ACS,控制站位于母机上)。控制站工作于遥控遥测系统之上,负责全面监视、控制和指挥消防无人机系统的工作,提供地面操作人员(驾驶员)对消防无人机状态、态势的了解,监控、指挥消防无人机完成任务,发生意外或消防无人机出现故障时提供地面操作人员(驾驶员)的干预能力。

2. 消防无人机地面控制站的功能要求

在消防无人机飞行过程中,地面控制站内的操作人员需要随时了解消防无人机的飞行状态,必要时还需要操控、调整消防无人机的飞行姿态和航线,及时处理飞行中遇到的特殊情况,以及通过数据链路操控消防无人机上的任务载荷等。为此,消防无人机地面控制站应具有以下功能:

(1)消防无人机飞行状态的显示和控制。在机载传感器获得相应的消防无人机飞行状态信息后,通过数据链路将这些数据以预定义的格式传输到地面控制站。在地面控制站由计算机处理这些信息,并显示消防无人机即时飞行状态,根据控制律解算出控制要求,形成控制指令和控制参数,再通过数据链路将控制指令和控制参数传输到消防无人机上的飞控系统,通过后者实现对消防无人机的操控。

(2)任务载荷状态显示和控制。任务载荷是消防无人机飞行任务的执行单元。地面控制站根据任务要求实现对任务载荷的控制,并通过对任务载荷状态的显示来实现对任务执行情况的监管,对消防无人机获取的图像数据进行分发和存储。必要时地面操作人员也可以操作消防无人机在全球任意一个机场进行起飞和降落。

(3)任务规划及航迹地图显示。任务规划主要包括处理战术信息、研究任务区域地图、标定飞行路线及向地面操作人员提供规划数据等。消防无人机位置监控及航线的地图显示部分主要便于操作人员实时地监控消防无人机及航迹的状态。

(4)导航和目标定位。消防无人机在执行任务过程中,通过无线数据链路与地面控制站之间保持着联系。在遇到特殊情况时,需要地面控制站对其实现导航控制,使飞机按照安全的路线飞行。目标定位是指消防无人机发送给地面的方位角、高度及距离数据需要附加时间标注,以便这些量与正确的消防无人机瞬时位置数据相结合来实现目标位置的最精确计算。

(5)与其他子系统的通信链络。地面控制站的通信链路用于指挥、控制和分发消防无人机收集的信息,实现数据共享。在消防无人机飞行执行任务期间,所有分布在不同地方的人可以实时进行交流和协调。通过相关专业的人员对共享数据进行多层次的分析,及时地提出反馈意见,再由现场指挥人员根据这些意见对预先规划的任务立即作出修改,从而能充分利用更多人力资源,使得地面控制站的工作更加有效。

(6)兼容性和扩展性。地面控制站不仅能控制同一型号的消防无人机群,还能控制不同型号消防无人机的联合机群。不必进行现有系统的重新设计和更换就可以在地面控制站中通过增加新的功能模块实现功能扩展。

（7）通用性和互换性。地面控制站硬件和软件模块要求标准化设计，具有通用性和互换性，相同的硬件和软件模块可适用于不同的地面控制站，以确保其具有良好的可维护性。

9.5.2　消防无人机地面控制站系统的组成

1.消防无人机地面控制站系统的硬件结构

典型的消防无人机地面控制站（GCS）系统由一个或多个控制座席和辅助设备组成。控制座席主要包括飞行控制席、任务控制席、链路监控席、信息处理席；辅助设备主要包括方舱及底盘、地面供电设备、飞行监控设备等，如图9-10所示。

（1）控制座席。

1）飞行控制席。飞行控制席主要完成对飞行器的控制、飞行器状态显示、飞行中三维视景显示等。

2）任务控制席。任务控制席主要显示任务设备的图像数据和任务平台状态数据，并完成对各种载荷的控制。

3）信息处理席。信息处理席负责侦察情报生成、毁伤评估等情报信息的接收和转发，以及图像和遥测数据的分发。

4）链路监控席。链路监控席主要完成无线数据通信链路的监控、遥控数据的发送以及遥测数据和图像信息的接收等。

（2）辅助设备。

1）方舱及底盘。方舱及底盘为地面控制站提供机动运输平台，安装在运输车辆上。

2）地面供电设备。供电设备通过发电机组为地面控制站在没有市电时提供电力。

3）飞行监控设备。飞行监控设备主要对操作人员的操作进行音频和视频记录。

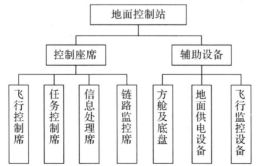

图9-10　消防无人机地面控制站系统硬件结构示意图

2.消防无人机地面控制站系统的软件组成

消防无人机地面控制站软件组成如图9-11所示。

1）下行数据管理软件。下行数据管理软件主要功能包括接收、存储、分发和回放下行数据（含图像信息、遥测数据），数据源码的显示，图像和遥测数据的分离等。

2)飞行监控软件。飞行监控软件的主要功能是通过软件界面、硬件面板/按钮采集数据形成上行飞控指令,接收来自链路监控软件、任务载荷监控软件、任务规划和航迹地图软件的上行链路、载荷、航线控制指令,形成上行控制命令,发送给链路地面设备,通过数据链路完成对无人机的控制,接收来自下行数据管理软件的遥测参数并进行解码,进行消防无人机飞行平台机载设备状态参数显示,还可进行遥控、遥测源码显示、存储与回放。

3)任务载荷监控软件。载荷监控软件的主要功能是通过软件界面、硬件面板/按钮采集数据形成上行载荷指令,发送给飞行监控软件,由飞行监控软件进行指令复接,形成上行遥控指令,发送给链路地面设备,通过数据链路完成消防无人机载荷的控制。接收来自下行数据管理软件的遥测参数,并进行解码,显示消防无人机飞行平台任务载荷状态参数。

4)链路监控软件。链路监控软件的主要功能是通过软件界面、硬件面板/按钮采集数据形成上行链路指令(主要包括频道切换、功率切换、码速度切换等),发送给飞行监控软件,由飞行监控软件进行指令复接,形成上行遥控指令,发送给链路地面设备,通过数据链完成机载链路的控制;接收来自下行数据管理软件的遥测参数,并进行解码,进行消防无人机飞行平台机载链路状态参数显示;对链路地面设备的控制和状态监控。

5)任务规划及航迹显示软件。任务规划及航迹显示软件的主要功能是数字地图背景显示(移动、漫游、缩放等功能);接收来自下行数据管理的消防无人机位置数据并在数字地图上显示;完成起飞着陆航线和一般飞行航线、航点的修改,以及地图上航点生成;可以根据飞行任务要求,在地图上手动或者自动完成航线规划。

6)图像解压显示软件。图像解压软件主要负责实现对接收的光电图像、红外图像、合成孔径雷达(SAR)图像进行解压显示,通过目标框可以对感兴趣的目标实施跟踪。

7)三维视景显示软件。三维视景显示软件主要实现对消防无人机的飞行区域进行场景建模,通过消防无人机的位置和姿态数据驱动三维场景,完成无人在三维场景下的显示;利用不同视角对消防无人机的三维姿态进行虚拟、逼真展示。

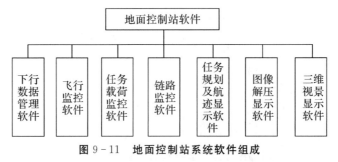

图 9-11 地面控制站系统软件组成

3.消防无人机地面控制站的分类、配置和转移运输

地面控制站是消防无人机系统的人机接口,它可能是区域消防无人机系统的简单控制中心,主要完成任务预规划和执行,也可能是较大系统的一部分,或系统中的系统,作为网络中心系统的某些分系统,与其共享信息或接收来自其他大系统中的子系统的信息。

9.5.3　消防无人机地面控制站的分类

消防无人机地面控制站(GCS)按使用功能和部署情况可分为基地级、移动方舱式及小型 3 种。其中移动方舱式按安放场地的不同,又可分为车载式、舰载式和机载式 3 种。各种地面控制站特点如下。

1.基地级地面控制站

消防无人机基地级地面控制站是一种大型固定式地面控制站,一般设置在森林消防指挥中心,指挥控制和链路设备放置在固定的建筑物内,如图 9-12 所示。固定地面控制站功能强大,通过使用不同的指挥控制平台或者调用不同的软件系统,可以完成对多类、多架消防无人机的同时指挥控制和信息处理。由于控制站离消防无人机距离往往比较远,一般通过卫星数据链与消防无人机进行通信。固定式地面控制站一般用于对消防无人机在巡航段和任务区的指挥控制。

图 9-12　消防无人机基地级地面控制站

2.移动方舱式地面控制站

移动方舱式地面控制站也称为机动式控制站,一般部署在前沿阵地、机场周边以及舰船上,临时性地完成对消防无人机的指挥控制,如图 9-13 所示。机动式控制站一般采用标准方舱结构,可以采用加载汽车底盘进行公路运输,也可以采用铁路或者飞机进行快速机动。机动式控制站采用视距数据链或者视距和卫通数据链与消防无人机通信,一般用于消防无人机起飞和降落阶段的指挥控制。移动方舱式控制站通常包括车载控制站、舰载控制站和机载控制站等。

消防无人机主要使用车载控制站,将地面指挥与控制站的设备安装于车辆或拖车上,由车辆的运动来实现控制站的机动。若需要操控人员工作较长的时间,控制站需要提供更大的活动空间和更高级的系统操作界面。另外,对于较复杂的机载任务载荷,有可能需要额外的操作人员,还需要一个专业的图像编辑员和一个系统指挥员,其中指挥员负责全面的指挥,发挥综合作用。因此,根据需要,应该配备足够的控制台座席,并能保持信息的高效交互。

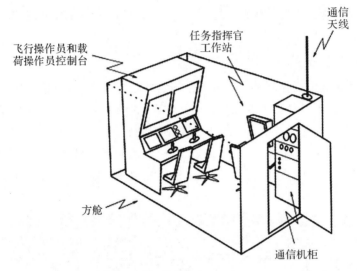

图 9-13　消防无人机移动方舱式地面控制站示意图

3.小型地面控制站

消防无人机小型地面控制站一般采用背负式结构,配备小型的加固计算机或触摸屏便携机,通常集成有图形化用户界面,使操控人员能方便地输入以地图为基础的航路点,并能设置使用常用的那些按键。通过连接无线数据通信链路的地面端,并安装地面控制站软件,可以实现对小型消防无人机的指挥控制,如图 9-14 所示。由于体积小、结构简单,一般采用视距数据链实现与消防无人机的通信。

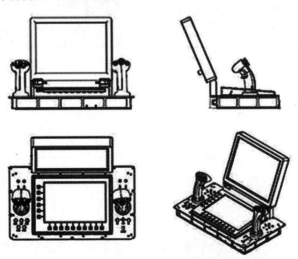

图 9-14　消防无人机小型便携式地面控制站

消防无人机小型便携式地面控制站的另一种可选设备是远程视频终端。它可与地面控制站并行工作,也采用背负式结构,接收显示来自消防无人机的图像,也可以让前线的作战单元接收来自消防无人机的图像。

习　　题

1.什么是消防无人机的任务规划和任务规划系统?

2.简述消防无人机任务规划的基本流程和特点。

3.简述算法在消防无人机任务规划中的作用和分类

4.简述动态规划算法的适用范围,以及求解的基本步骤和简化步骤。

5.什么是带权图、有向图和路径? 简述狄克斯特拉算法的原理。

6.简单介绍蚁群算法和遗传算法,分别说明它们的原理。

7.简单介绍合同网协议算法和黑板模型算法,分别说明它们的原理。

8.什么是数字地球? 说明数字地球的核心思想和体系的内容及其意义。

9.什么是地理信息系统? 说明其特征、分类、工具和应用。

10.简述数字地图的定义、优点、类型,及其在消防无人机规划中的作用。

11.什么是消防无人机控制站? 说明消防无人机地面控制站的功能要求。

12.画出消防无人机地面控制站系统硬件结构和软件组成的示意图。

13.消防无人机地面控制站有哪些类型? 说明它们各自的特点。

第 10 章　消防无人机集群灭火技术

▶本章主要内容
（1）消防无人机集群的基本概念。
（2）消防无人机集群关键技术及其体系架构。
（3）消防无人机集群体系自组网技术。
（4）消防无人机/有人机协同灭火的基本概念。
（5）消防无人机/有人机协同灭火的关键技术。

10.1　消防无人机集群的基本概念

　　面对森林火灾严酷、恶劣和复杂的应用环境，单架消防无人机受其自身载荷能力、机载传感器以及通信设备的限制，存在着诸多局限，消防无人机难以独立完成森林消防灭火及抢险救灾等任务。为弥补单架消防无人机应用的局限，消防无人机在扑灭森林大火时，应当以集群的方式协同运作，即由多架相同或不同型号的消防无人机组成消防无人机集群，协同作业，共同完成森林消防灭火任务。这样，既能最大程度地发挥消防无人机的优势，又能避免由单架消防无人机执行任务效果不佳造成的不良后果，大大提高扑灭森林火灾的效率。

10.1.1　消防无人机集群的定义、原理和功用

1.消防无人机集群的定义

　　集群概念源于生物学研究。在自然界，鸽群、雁群、蚁群、蜂群、狼群等大量个体聚集时往往能够形成协调一致、令人震撼的集群运动场景。无人机集群原先是指军事上利用微小型无人机集群作战的模式，又称为蜂群战术，非常适合一些简单反应性灭火任务，包括区域搜索和攻击、侦察和压制、心理战和战术牵制等。无人机集群飞行示意图如图 10-1 所示。

　　消防无人机集群灭火是指将该集群灭火模式应用于扑灭森林火灾的战略战术行动中。消防无人机集群由一定数量的相同类型或不同类型的消防无人机组成，它们彼此间通过无线网络，进行态势共享与信息交互，相互协调合作完成消防灭火任务分配、航迹规划等。在集群系统内，每架消防无人机都是一个智能体，具有独立飞行、侦察、监测、发射灭火弹或洒水灭火，以及执行紧急救援任务等能力。群体内各消防无人机之间可通过无线网络进行信

息交互,同时消防无人机群与地面也存在信息交互,最终实现消防无人机群体的管理、群体间任务的分配、群体航迹的规划及单消防无人机航迹的规划等。消防无人机集群以其高度的灵活性、广泛的适应性、可控的经济性、高效的灭火功能,在森林消防灭火、紧急救援和森林资源管理等方面,拥有越来越广泛的应用潜力,受到国内外相关人员的高度关注。

图 10-1　无人机集群飞行示意图

消防无人机集群不是多个消防无人机飞行平台的简单编队,其集群能力也不是诸多消防无人机单一能力的简单叠加,而是由多个消防无人机通过科学的方法聚集后,经过集群自组织机制与行为调控机制的有机耦合,产生了新的能力或使原有能力发生了质的变化。

2. 消防无人机集群的原理

当前以地面控制站为控制节点进行任务协同所构成的多无人机体系可以视为消防无人机集群的雏形。该体系框架下,地面操作手(驾驶员)作为决策者,在消防无人机控制回路中起着中枢与大脑的角色,负责向系统提供智能,完成认知与决策,即消防无人机群的地面操作手(驾驶员)负责操控整个消防无人机群。为降低消防无人机操作手(驾驶员)的操作难度,实现 1 个操作手可轻松操作成百甚至上千架消防无人机,需要模拟生物的集群行为对这个消防无人机群进行管理。要达到这个目的,首先需要设计集群管理控制器,通过设计控制算法,使这个群体能够像蚁群、蜂群那样自主寻找任务目标,同时在飞行过程中,探测周围的障碍物、森林大火等威胁,并在机群内共享这些信息,然后使机群能够自主规划出最佳飞行路线,避开森林火灾现场熊熊燃烧的大火威胁,以最短时间到达目的地。

到达目的地后,根据各个消防无人机的功能,通过集群管理,给各个消防无人机分配不同的任务,如图 10-2 所示。就如同一个球队,有前锋、中锋、后卫、门卫,还有教练,他们共同组成了一个球队,有负责排兵布阵出谋划策的,有负责进攻的,也有负责守卫保护的,他们通过语言、手势来彼此配合,提高团队的战斗力,战胜对手。简言之,消防无人机集群技术的核心就是集群智能,模拟蜜蜂或蚂蚁之间的沟通协作方式,并且以此来增强无人机群的整体扑灭森林火灾能力。

消防无人机集群涉及的关键技术有很多,主要包括整个消防无人机集群的管理、消防无人机集群的任务分配、消防无人机集群的航迹规划、消防无人机集群间的信息交互等。近年来,消防无人机行业发展迅猛,消防无人机集群技术在扑灭森林火灾的过程中所起的巨大作用已得到广泛关注,其低成本、大规模、高智能的特性,使其在森林消防领域具有较好的发展前景,大规模协同工作方式可大大提高搜索能力、探测精度、监测和灭火效率,为森林消防灭火、搜索救援等赢取宝贵时间,同时提供准确数据。

图 10-2 消防无人机集群扑救森林火灾

一般来说,采用消防无人机集群技术扑灭森林大火,具备以下明显特征:

(1)网络化沟通。消防无人机集群成员之间要建立一个庞大的数据链,实时共享各种信息,包括森林火灾现场地形、风速、目标位置、火灾蔓延进展过程和趋势等。

(2)自适应协同。消防无人机集群要求所有成员能够做到根据共享信息感知彼此方位,自动协调,做到步调一致,避免相撞,并形成最有利于扑灭森林火灾的阵型,以便更好地发挥团队战斗力。

(3)智能倍增。利用消防无人机集群庞大的数据分析与处理能力,打造一个共同的"大脑",使整个系统高效运转。在扑灭森林火灾时实现自我判断,自主选择扑灭林火的时机、方位、距离和范围等。

3. 消防无人机集群的功用

消防无人机集群技术概念的提出及发展,有效解决了单个消防无人机作业时机载任务载荷相对较小、信息感知处理能力相对较弱的不足。消防无人机集群既需要在已知环境下充分利用人类的经验和环境知识,高效率、高质量地规划目标,也需要在未知环境下对未预料的情况迅速作出反应,并适应动态环境的变化。因此,消防无人机集群必须具有感知、任务分析、规划、推理、决策和动作执行等功能,其基本组成包括消防无人机平台、任务规划/控制系统、环境感知系统、任务载荷、通信数据链和地面/空中指挥控制中枢。面对复杂的任务环境,消防无人机集群必须建立合理、高效且稳定的协同机制,并且拥有自学习、自进化的能力,才能在训练或模拟条件下与环境的交互中发展和"成长",实现基于组织规则和信息交互的较高程度的自主协作。

消防无人机集群能通过单机间的密切协作,有效提升机载任务载荷能力和信息处理能力。与单架消防无人机相比,消防无人机集群具有功能可组合、易裁剪、系统可扩展性高、鲁棒性强、适应性强等优点,因而更适合完成以下类型的森林消防灭火任务:

(1)林区监测任务。消防无人机集群是分布式系统,很适合用来协同感知和监测林区环境空间状态。例如,在某一区域发生森林火灾时,构建一群微型消防无人机组成的集群系统对森林火灾状况协同监测,同时可以为地面消防人员及灾区群众提供应急的通信网络。

（2）过于危险的灭火任务。由于集群中个体消防无人机的成本低，而且个体消防无人机的故障或坠毁不影响群体的整体行动规划，所以消防无人机集群适合用来执行危险的任务，以牺牲部分消防无人机个体成员的方式换取扑灭森林火灾整体任务的完成。

（3）有冗余性要求的灭火任务。消防无人机集群系统具有强鲁棒性，在部分消防无人机个体失效和发生故障的情况下，整个消防无人机集群系统仍能正常运作。例如遇到风向不定、森林大火蔓延速度极快的极端危险情况时，对消防无人机灭火成功率有很苛刻的要求。针对任务窗口出现的随机性大、时间窗口短暂且一旦任务失败将导致严重后果等特点，强鲁棒性保证了消防无人机集群执行灭火任务时万无一失。

10.1.2　无人机多机编队飞行和集群特点

1. 消防无人机多机编队飞行

近年来，在重大节假日的夜晚，许多城市都会有无人机多机编队灯光秀表演，成百上千架无人机由一个地面操作手（驾驶员）操控，整个无人机群按照事先编排好的程序，在夜空中变化着自己飞行的位置，按照编排组成多种图案和文字。每一次表演的效果，都让人目眩神迷，惊叹不已，它不仅满足了节假日喜庆的娱乐要求，还有望取代烟火表演实现零排放。无人机编队飞行表演具有可见范围广、实际效果震撼、自主操作空间大、适用场景多元的诸多优势。无论是营造活动的现场效果，还是提高品牌的影响力，无人机编队表演都是一个最好的选择。无人机多机编队飞行除了用来进行灯光秀表演外，还可以用来组团进行运输快递、搜索救援、森林消防灭火和紧急救援物资运输飞行等作业（见图 10-3），其用途相当广泛。

消防无人机多机编队飞行技术属于消防无人机集群技术的范畴，是一种消防无人机集群技术。消防无人机多机编队飞行需要多架消防无人机协同运动，要求所有的消防无人机都有精确的定位、精确同步的时间，以及规划合理的飞行路线，同时还要应对相互间的干扰。

图 10-3　无人机集群实施火灾现场紧急救援物资运输飞行

民用 GPS 定位精度只有 3～5 m，如果消防无人机多机编队飞行按照这样的定位精度来飞，就算众多的消防无人机不撞成一锅粥，那组成的飞行队形也会惨不忍睹。为了解决这个问题，要用到差分 GPS 技术，即实时动态差分（RTK）技术。其要点是在地面上架设一个GPS 基准站，这个地面基准站有事先知晓的准确的空间坐标，然后将其与实时测量到的

GPS结果进行差分,把误差实时发送给所有参与集群队列的消防无人机,各个消防无人机则根据收到的误差信息对自己的位置进行实时纠偏,可以在野外实时得到厘米级定位精度,如图10-4所示。

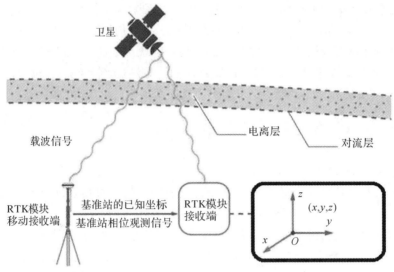

图10-4 实时动态差分(RTK)技术原理图

实时动态差分(RTK)技术是通过基准站和流动站之间进行的数据采集、传输和处理来进行定位的,设站后一次可以完成的作业区域为半径10 km左右,极大地减少了传统测量作业中的"搬站"次数。与传统的定位技术相比,RTK技术因其作业自动化、集成化程度高、测绘功能强大而能胜任各种作业领域。内装式软件控制系统可自动实现多种测绘功能,减少了人为误差,保证了作业精度,累计误差几乎为零,且作业速度快,不仅提高了测量效率而且节省了作业经费。

为防止消防无人机编队飞行在变换队形时发生碰撞,要为每架消防无人机设置一定的安全距离。如图10-5所示,以每架消防无人机为球心,固定距离为半径的球体设为其安全区域,其他消防无人机不得进入。若在飞行过程中需要经过其他消防无人机的安全区域,该消防无人机必须绕行到达目标位置,不可直线行进,避免发生碰撞。

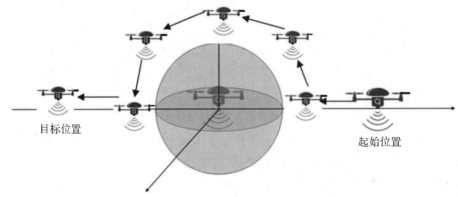

图10-5 消防无人机编队飞行轨迹示意图

消防无人机编队飞行中如要完成整齐的编队动作,必须统筹规划所有消防无人机的实时飞行位置。为此,需要设定一架消防无人机作为主机,其余为副机,主机负责接收信标台的控制信息,然后进行解算,把预定路径中每架消防无人机的位置通过远距离通信模块传送给副机;副机接收到主机的位置信息后把其作为自己的目标位置向其飞行,实现所有消防无人机的路径统筹规划,如图 10-6 所示。

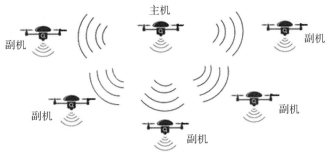

图 10-6　消防无人机编队飞行位置信息通信示意图

2.消防无人机集群的特点

消防无人机集群及其内部各消防无人机有目的、有"意识"地运行/演变活动称为消防无人机集群行为。集群利用信息网络获取目标、环境及各消防无人机状态信息,并在消防无人机之间进行交互,具备识别环境、适应环境、侦察目标、任务决策和自主行为的能力,这些能力的外在体现就是集群行为,如图 10-7 所示。

图 10-7　消防无人机集群行为示意图

消防无人机集群不是多个消防无人机的简单编队,其集群能力也不是诸多消防无人机单一能力的简单叠加,而是由多个消防无人机通过科学的方法聚集后,经过集群自组织机制与行为调控机制的有机耦合,产生了新的能力或原有能力发生了质的变化。在集群系统内,每架消防无人机都是一个智能体,具有独立飞行、侦察和投灭火弹,洒水(或灭火剂)等能力。而消防无人机群之间可通过无线网络进行信息交互,消防无人机群与地面也存在信息交互,最终实现消防无人机群体的管理、群体间任务的分配、群体航迹的规划及单个消防无人机航迹的规划等。

在扑灭森林火灾过程中,消防无人机集群具有以下几个方面的特点:

(1)环境的自适应性。为提高任务效能,消防无人机集群必须时刻适应瞬时变化的任务环境,寻找对整个消防无人机集群系统的最佳控制策略,并保证较强的稳定性和鲁棒性。

(2)响应时间的敏感性。动态变化的任务环境往往需要消防无人机集群在线优化任务计划及航迹,而且具有较高的时效性要求。当火灾现场环境和任务需求发生变化时,原有的任务计划极有可能失效,因此要求消防无人机集群能够对外界的突发情况及时响应,针对任务的有效时间窗口进行在线优化。

(3)信息的高度共享。集群内各消防无人机之间要进行信息共享,才能建立群体信息优势,进而确立决策优势,最大限度地发挥各消防无人机的个体能力,促进消防无人机集群整体效能的提升。

(4)任务的复杂性。与单架消防无人机相比,消防无人机集群的任务更加复杂,在任务目标、时序约束和执行方式等方面均存在明显的差异,时空上的紧密协同使消防无人机集群执行任务的效率得到极大提升,但同时显著增加了集群系统工作的复杂性。

(5)决策的复杂性。消防无人机集群必须具备有效的协同策略,否则会导致各消防无人机发生冲突,出现碰撞,造成资源浪费或任务死锁,无法发挥集群优势。在进行协同决策时,需要考虑任务需求(任务类别、任务数量和任务优先级等)、消防无人机特性(任务载荷功能/性能、续航性能、机动能力等)和环境信息(天气、地形和电磁环境等),因此消防无人机集群协同决策是一个多参数、多约束、非确定问题,决策要素多、动态变化大且交互影响,求解空间随着集群规模、任务/目标数量等因素呈现指数级增长的趋势,针对该类问题的优化计算较为困难。

10.1.3 消防无人机集群扑灭森林火灾常用战略、战术

战略和战术是军事上的概念,其中战略是从全局考虑谋划实现全局目标的规划,是指导战争全局的计划和策略。战术则是实现战略的手段和方法,其根源是战略。火场如战场,消防无人机扑救森林火灾时,很多做法都可以借鉴军事上战略和战术的思想和方法。

1. 消防无人机集群扑灭森林火灾常用战略

消防无人机集群技术理论和实验研究的结果表明,在军事中广泛应用的"集中优势兵力,各个击破"的战略,完全可以运用到消防无人机扑灭森林火灾的救火行动中。如果没有集群技术,消防员每次使用单个消防无人机进行灭火时,往往需要消耗很长时间。为了避免两架消防无人机在空中飞行时发生相撞事故,必须等前一架消防无人机飞离森林起火区域以后,后一架消防无人机才能飞过来开展灭火工作,这样在扑灭林火过程中间存在着一定的作业间歇时间,容易导致林火死灰复燃,结果造成灭火效率不高。引入消防无人机集群技术,可以解决多架消防无人机扑灭林火时经常面临的时间与效率难题。

消防无人机集群技术只要一个消防员(地面驾驶员)就能同时操纵和控制多架消防无人机进行并行作业,其做法是使用多架消防无人机围住森林火灾的着火区域,对火灾区域发射

灭火弹或喷射灭火剂(或水)。灭火过程一气呵成,中间没有作业间歇时间,不给林火留下复燃的机会,因而扑灭林火的效果十分明显,速度也快。消防无人机集群技术属于典型的并行执行任务类型,其作业效率与消防无人机数量呈线性关系。采用消防无人机集群灭火技术扑灭森林火灾的效率极高,因此这种扑灭森林火灾的技术极具吸引力。消防无人机集群好比是大兵团灭火,其常用战略如下:

(1)划分战略灭火地带。根据不同地带上林火威胁程度的不同,划分为主、次灭火地带。在林火燃烧现场附近,如果没有天然的或人为的防火障碍物,火势可以自由蔓延,这是消防无人机集群灭火的主要战略地带。在火场边界外有天然和人工防火障碍物,火势不易扩大,当火势蔓延到防火障碍物时,林火会自然熄灭,这是消防无人机集群灭火的次要地带。先集中扑灭主要地带的林火,后扑灭次要地带林火。

(2)先控制林火蔓延,后扑灭余火。

(3)打防结合,以打为主。在林火燃烧火势较猛烈的情况下,应在林火蔓延发展主要方向的适当地方开设防火线,并扑灭林火翼侧,防止林火进一步扩展蔓延。

(4)集中优势兵力打歼灭战。一般情况下林火的火势总是在不断变化的,空中指挥消防无人机要从空中纵观全局,重点部位重点扑救、危险地带重点看守,抓住扑救的有利时机,集中优势力量扑灭火头,然后一举将林火全部扑灭。

(5)牺牲局部,保存全局。为了更好地保护森林资源和居民生命财产安全,在火势猛烈、消防无人机数量不足的情况下,采取牺牲局部、保护全局的措施是必要的。保护重点和次序是:先人后物,先重点区域后一般区域;如果火灾同时危及到树林和历史文物,应先保护文物后保护树林。

(6)安全第一。扑灭森林火灾是一项极其艰苦的工作,伴随着极其紧张的行动,可能会忙中出错。消防无人机集群扑火时,特别是在大风天救火时,要随时注意林火的变化,避免地面消防人员被火围困和产生人员伤亡。

2.消防无人机集群扑灭森林火灾常用战术

根据森林火灾现场的地理环境和实时气象条件,消防无人机集群扑灭森林火灾常用战术如下:

(1)单点突破,长线对进突击战术。消防无人机集群扑救森林火灾时,从某一个地点突入林火正在燃烧的火线,兵分两路,进行一点两面灭火,最后合围。这种灭火战术中选择突破点是关键。一般是选择接近主要火头的侧翼突入。火势较强的一侧重点配置数量较多的消防无人机,火势较弱的一侧配置少量的消防无人机。

(2)多点突破,分击合围战术。这是一种消防无人机集群快速分割扑灭林火的实用战术。实施时,若干架消防无人机,选择两个以上的突破口,然后分别进行"一点两面"灭火,各突破口之间形成分击合围态势,将整个林火燃烧的火场分割成若干个分区(地段),各个击破,达到迅速扑灭全部林火的目的。这种战术的特点是:突破口多,使用消防无人机数量多,全线展开,每架消防无人机面对的林火范围小、战线短、扑火效率高,是消防无人机集群扑灭林火的常用战术。

(3)四面包围,全线突击战术。这种战术是以足够数量的消防无人机扑打初发火、小面积火时的实用战术。主要是采用全线用兵、四面围歼的办法扑火,既扑打火头又兼顾全局,一鼓作气扑灭全部林火。其要点是蔓延强烈的一侧兵力(消防无人机)多于较弱的一侧兵力,顺风火的兵力(消防无人机)多于逆风火和侧风火的兵力,上山火的兵力(消防无人机)多于下山火兵力。

(4)一次冲击,全线控制战术。将全部消防无人机部署在火线的一侧或两侧,采用一个扑火层次,全力扑打明火,暂不清理余火,力求在短暂时间内消灭明火,以控制整个火场局势,然后再组织一定数量的消防无人机消灭残余火。这种战术多半是在林火危及到居民区、重要设施时使用。

(5)轮番攻击,劳逸结合战术。由于每台消防无人机的机载任务载荷都是有限的,因此一旦用于灭火的水、灭火弹等消耗完了,就要立即退出森林火灾现场(相当于撤出战场进行休整),由其他消防无人机接替继续对林火进行攻击(不给林火有喘息机会)。退出火场的消防无人机自主飞回部署在火场外的自动化机库或无人机消防车上,迅速补充机载任务载荷和充电(或加油)后,再自主飞回森林火灾现场投入新一轮的扑灭林火的战斗,如图10-8所示。

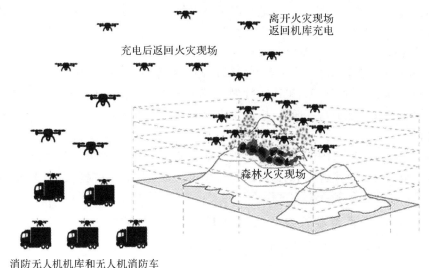

图10-8　消防无人机集群灭森林火灾常用战术示意图

10.2　消防无人机集群关键技术及其体系架构

消防无人机集群达到预定的扑灭森林火灾效能,关键在于较强的消防无人机自主控制能力和科学的体系架构设计。首先是信息的获取与传递,即消防无人机信息通信高效运作是取得森林火灾现场信息权的关键;其次是消防无人机集群的灵活组织与运用,离不开科学的体系架构设计,不同的体系架构设计又牵引着不同的技术路线和方向,影响着消防无人机集群的任务规划、协同决策与实际效益。消防无人机集群的动态性和复杂性特征决定了它的体系结构复杂多变,在消防无人机体系结构研究上,大多采用的是层次递进型体系结构,采用递阶型体系结构可降低集群系统的复杂性、提高集群系统运行的效率。

10.2.1　消防无人机集群关键技术

消防无人机集群扑救森林火灾时,环境严酷、任务复杂,这决定了消防无人机集群必须具有高度的自主能力和协同能力。在大自然生物界中,蜂群、狼群和蚁群等生物群体在集群活动中都表现为群体智能。消防无人机集群智能研究建模中,一般将其简化为当前状态的运动决策系统,包括视觉感知、快速反应及个体间的交互等。

消防无人机集群技术发展的一些关键技术主要有以下几方面。

1. 消防无人机集群态势感知与信息共享

态势感知与信息共享是消防无人机集群自主控制与决策的基础。消防无人机集群系统需要在险恶复杂环境下执行艰难任务,因此要求系统能够全面感知和了解复杂环境,可以在集群中进行信息共享与交互,辅助集群中其他无人机进行任务决策。对于消防无人机集群来说,集群系统中的单机既是通信的网络节点,又是信息感知与处理的节点。环境感知的任务是利用集群中光电、雷达等任务载荷收集消防无人机所处环境的信息数据,从数据中发现规律和挖掘目标,在目标环境中进行目标识别、引导攻击,提高集群系统对目标环境态势的认识与理解,增强系统任务实现的可靠性。环境感知与认识的关键技术包括数据采集、数学建模、信息融合与共享等。

不同消防无人机单机可搭载不同的传感器,获取不同范围、不同维度的信息,单机通过相互间的密切协同,可以将不同消防无人机的信息进行融合、共享,为集群系统决策提供信息支持。消防无人机集群信息共享,利用其集群飞行的通信系统,不仅能够应对强电磁干扰下的通信延迟、丢包等情况,还能将感知到的信息传递给其他个体,从而避免因消防无人机单机感知能力、信息处理能力限制导致的集群系统功能低下问题。

2. 消防无人机集群编队与智能决策控制

编队是消防无人机集群执行任务的形式和基础。在消防无人机集群编队的控制中要解决两个关键问题:一是编队的生成与保持,不同几何图形的队形生成与变换,编队队形不变情况下的收缩、扩张以及旋转;二是避障以及避碰时队形的动态调整与重构,如遇到障碍时队形的分离与结合,成员增加或减少时的队形调整等。

消防无人机集群智能决策控制是实现无人机集群优势的核心。针对复杂的环境、动态的任务目标、森林大火和恶劣天气威胁等,消防无人机集群需具备实时任务调整和路径规划的能力,除态势感知与信息共享外,还需实现无人机集群智能决策控制,以快速响应外界条件的动态变化,提高消防无人机集群完成任务的效率和鲁棒性。

3. 多机协同任务规划和任务分配

消防无人机集群系统可以在复杂的森林火灾态势中同时完成巡查、监测,以及多目标攻击等任务。合理高效的协同任务规划方案是任务执行的基础,合理的任务分配可以充分发挥单机灭火功效,体现集群资源的智能化扑灭森林火灾的优势,极大地提高任务执行的成功率和效率,降低风险和成本。

无人机集群任务分配一般按照扑灭森林火灾的战略目标规划和战术安排,以及保证最大益损比(分配收益最大、损耗最小)和任务均衡的原则进行,综合考虑任务空间聚集性、单机运动有序性以及目标环境适应性,避免单机资源利用冲突,以集群编队整体最优效率完成最大任务数量,体现集群协同灭火优势。协同任务分配的关键技术在于其自主任务分配算法的研究,主要算法类型有:传统经典算法,如动态规划算法,狄克斯特拉算法等;智能优化算法,如遗传算法、蚁群算法、黑板模型算法和合同网协议算法等。

4. 信息交互与自主控制

大规模的消防无人机集群在森林火灾复杂目标环境中通过单机情报信息的实时共享与交互进行任务执行的调整、自主控制的迭代,以快速适应新的恶劣严酷的环境,合理规划飞行路径,高效完成任务。

信息的交互可以辅助单机自主选择接受有用信息以实现自主控制与任务调整,更是大规模集群避免碰撞以及合理规划任务的基础。消防无人机大规模集群系统会遇到如何保持编队飞行、快速适应目标环境、受到干扰如何保持稳定性、系统预故障的"自愈"等众多问题,这些问题都需要单机情报信息的实时共享与交互,系统内其他消防无人机才能实时进行自主决策。消防无人机集群信息交互与自主控制的关键技术包括多机协调与交互技术、不确定环境下的实时航迹规划技术、多无人机协同航路规划、编队运动协调规划与控制,基于故障预测的任务规划技术等。

5. 5G 网联消防无人机集群技术

随着 5G 移动通信技术的发展与成熟,未来 5G 网联消防无人机能够利用 5G 网络地面和低空立体覆盖、传输速度快、数据低延迟等优点来解决数据链路远程传输控制问题,能够实时监测控制消防无人机集群内任何一架单机的运行状况。5G 网联消防无人机集群势必使其系统的编队与编队重构、任务协同、异构消防无人机的协同、人机协同等消防无人机集群的优点发挥到极致。5G 网联消防无人机将助推消防无人机集群技术的发展。

6. 基于视觉的消防无人机集群技术

自然界中的生物感知外界物体的大小、形状、明暗、颜色、空间位置、距离等重要信息,80%以上都是通过视觉功能获取的。基于深度学习技术的视觉感知在机器人、消防无人机等智能体上的应用已非常广泛且日趋成熟,特别是基于视觉的导航与避障技术的研究,实现了消防无人机在没有 GPS 或 GPS 信号弱的情况下的导航和避障。视觉控制技术的成熟,使消防无人机集群能够利用立体视觉技术进行信息获取与交互、集群任务协同、集群编队与队形变换,完成复杂条件下目标识别判断与精准任务。

7. 消防无人机与有人机协同技术

消防无人机与有人机的异构机型集群协同是一种重要集群技术,它通过人机系统智能融合和集群自适应学习,可以实现智能集群和有人系统的高效协同,从而极大地增强了消防无人机/有人机集群扑灭森林火灾的能力。有人机与无人机集群协同不等同于一般不同种类之间的简单协同,而是人工智能与人类智能、有人系统与无人系统的深度融合协同,将成为未来消防无人机集群技术发展的重要方向。

随着消防无人机自主飞行能力和智能化水平的提高,可实现消防无人机进行态势信息感知和有人机进行任务判断决策空间上的分离,从而可高效完成高难度、高危险系数、高复杂和高强度条件下森林消防灭火的任务。

10.2.2　消防无人机集群的体系架构

1. 消防无人机集群体系架构的定义

体系架构通常也称为体系结构,它是系统各组分的结构、关系以及指导其设计和随时间演化的原则与指南。系统体系架构表现了体系组成及其相互关系,明确了系统之间的边界、接口和约束关系,科学地描绘了体系的建设蓝图。

消防无人机集群以其高度的灵活性、广泛的适应性、可控的经济性,具有较强的应用潜力,其体系结构通常分为决策层、路径规划层、轨迹生成层和控制层 4 层,如图 10-9 所示,其中:决策层负责消防无人机集群系统中的任务规划与分配、避碰和任务评估等;路径规划层负责将任务决策数据转换成航路点,以引导消防无人机完成任务、规避障碍;轨迹生成层根据消防无人机姿态信息、环境感知信息生成消防无人机通过航路点的可飞路径;控制层控制消防无人机按照生成的轨迹飞行。消防无人机集群体系结构属于一种具有容错和自适应性的多机协调体系结构,分层控制能够降低消防无人机集群中任务分配问题的复杂性,提高集群任务分配效率。具体来说:消防无人机集群是由一定数量的消防无人机基于开放式体系架构综合集成的,其宗旨是以信息网络为支撑,以群体智能涌现为核心,指挥的控制关系弹性可变、个体运用灵活、战术组合和任务能力动态分配、信息服务按需组合,从而形成了一个低成本、分布式、自协同、高弹性扑灭森林火灾的灭火体系。

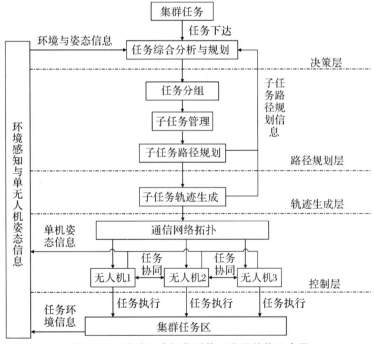

图 10-9　消防无人机集群体系分层结构示意图

消防无人机集群体系结构的基础是其路径规划,不仅要保证全局路径最优、完成任务时间最短,还要保证消防无人机集群在完成任务的过程中,单机能够避障、单机间能够避碰。采用分层方式的目的是将消防无人机集群的系统航路规划问题划分为协同管理层、路径规划层和轨迹控制层等几个层次,从而能较好地解决整体的航路规划问题。

2. 消防无人机集群体系架构的类型

消防无人机体系结构是对它的各项功能,按照一定的逻辑关系,在合理的协调控制框架内进行的布局,是一种协调控制的结构框架。根据集群控制系统中有无控制中心节点,消防无人机集群体系结构分为集中式、分布式和集散式体系架构三种类型。

(1)集中式体系架构。该体系的确立源自"单消防无人机→多消防无人机→消防无人机集群"的发展思路,是当前最直接、最成熟的集群架构模式,其核心思想是消防无人机集群系统接受单个或多个中心控制,即由消防指挥控制中心完成消防无人机集群系统的任务规划和协同工作,多机系统中的消防无人机只作为任务的执行者。该架构类型对消防无人机数据链带宽、速率、功率及可靠性提出了很高要求。

(2)分布式体系架构。分布式体系架构中没有控制中心节点,对单机来说在系统中地位是平等的,采用自主管理、协商的方式完成任务。该体系类似于自然界生物集群,在集群体系内所有消防无人机单机之间地位平等,通过彼此信息交互协同完成任务。分布式体系架构是一种朝"完全自主"方向发展的任务构型,对系统内所有消防无人机之间的协同能力要求很高,与此同时,分布式体系架构下各消防无人机单元之间的通信信息量较大。

(3)集散式体系架构。该体系架构结合了集中式和分布式两种架构的优点,利用分布式自治与集中式协作相结合的方式来解决系统全局控制问题。该体系符合现阶段集群技术发展现状,在可预见的今后一段时间内,可能成为应用最普遍和最实用的体系架构。

10.2.3 消防无人机集群体系自组网技术

1. 消防无人机集群体系自组网的概念

无线 Mesh 网络(无线网状网络)也称为"多跳(Multi-Hop)"网络,它是一种与传统无线网络完全不同的新型无线网络技术。Mesh 无线自组网系统是采用全新的"无线网格网"理念设计的移动宽带多媒体通信系统。系统所有节点在非视距、快速移动条件下,利用无中心自组网的分布式网络构架。在 Mesh 网络中,每个节点都不是单独存在的无线中继器,它们之间互相联结,也就是每个节点都联结着若干个通道,以此构成一个整体的网络。这样的好处是当某条线路被阻塞或无响应时,节点可自主选择其他线路进行数据传输,不会因为某个节点的故障而影响网络访问,可靠性强。传统无线网络与 Mesh 自组无线网络对比如图 10-10 所示。

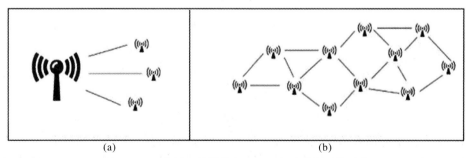

(a)   (b)

图 10-10　传统无线网络与 Mesh 自组无线网络对比

(a)传统无线网络;(b)Mesh 自组无线网络

2.消防无人机集群自组网的构成

消防无人机集群自组网是由消防无人机担当网络节点组成的具有任意性、临时性和自治性网络拓扑的动态自组织网络系统。作为网络节点,每架消防无人机都配备移动自组网络通信模块,既具有路由功能,又具有报文转发功能,可以通过无线连接构成任意的网络拓扑。每架消防无人机在该网络中兼具任务节点和中继节点两种功能:作为任务节点,可在地面控制站或其他消防无人机的指令控制下执行任务意图;作为中继节点,可根据网络的路由策略和路由表,参与路由维护和分组转发工作。

消防无人机集群中的个体进行 GPS 定位后,可将其位置信息通过无线自组网系统传输至地面站和消防指挥中心的信息终端上,实现每个消防无人机位置的实时定位。Mesh 无线自组网系统可根据消防无人机集群的需要灵活部署,无需机房及传输网等基础设施支持,能够任意架设组网,可通过多跳中继组网,进而扩大覆盖范围,如图 10-11 所示。

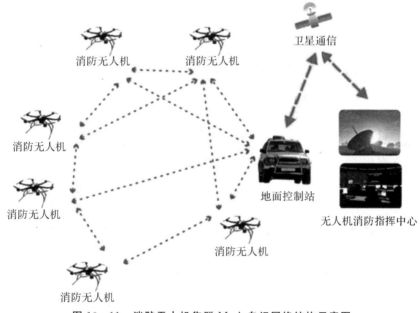

图 10-11　消防无人机集群 Mesh 自组网络结构示意图

3.消防无人机自组网系统特点

消防无人机自组网系统除具有独立组网、自组织、动态拓扑、无约束移动、多跳路由等一般自组网网络本身的技术特点以外,还具有以下的任务使用特点:

(1)适用于复杂地形、非视距应用。在传统无线网络中,单个消防无人机容易受到地形或其他环境影响,无法实现消防无人机和地面的实时通信。但在 Mesh 自组网中每个消防无人机都可作为中继机,可以实现复杂地形下和非视距的应用。

(2)适用于远距离作业覆盖。受地球曲率和周围地形因素的影响,消防无人机无线电传播及其视距受到极大的影响,一般不会超过 10 km。当使用 Mesh 自组无线网络通信链路时,离基站最近的消防无人机除了承担任务机的角色以外,还承担着中继机的角色。当加入中继功能后,数据链的通信距离范围可以增加到 $150\sim200$ km,免去了消防无人机往返作业及转场的次数,提高了任务效率。

(3)多路高清数据传输。一次任务可实现多次传统任务效果。消防无人机集群监测和扑灭森林大火时,往往火灾现场面积较大,环境复杂,气候恶劣,采用多架消防无人机同时进行集群作业,地面与消防无人机控制距离,以及集群系统内消防无人机与消防无人机最大控制距离较大。在这种情况下消防无人机自组网系统的优点就非常明显,所有在空中执行灭火的消防无人机,可同时采集森林火灾现场视频并实时回传至地面站及消防指挥中心,实现多角度数据采集和多路高清数据传输,从而避免数据链因现场地形复杂、山体遮挡等外在因素造成个体失联的情况发生。

(4)抗干扰能力强。Mesh 自组无线网络使集群系统所有消防无人机之间不再是简单的链式通信结构,而是一个动态自组织无线网络系统,即使在网络通信链中的任何环节出现故障,消防无人机集群整个系统也不会瘫痪。这就意味着消防无人机集群系统的抗干扰能力得到了大幅提高。

(5)智能化程度高。消防无人机自组无线网络能够及时感知网络通信情况的变化,自动配置或重构新的无线网络体系,以保证消防无人机集群系统数据链路的实时连通,具有高度的自治性和自适应能力。另外,消防无人机集群自组网可以实现信息实时共享,能够将所接受的信息进行处理,并自主决策,实现飞行任务执行的智能化。

(6)功能多样化。消防无人机集群自组网后就具有所有终端的功能,系统内各消防无人机优势互补、分工协作,形成了一个有机整体,能够获得比单机更好的执行任务效果。

10.3 消防无人机/有人机协同灭火的基本概念

从森林航空消防发展的历史来看,有很长一段时间(至今已有几十年)是将有人驾驶飞机用作"空中消防车"的。直到 2018 年,消防无人机才正式加入了森林航空消防队伍的行列,至今不过才几年的时间。消防有人机的特点是载重大、灭火面积大、效果显著;消防无人机的特点是灭火精准、效率高、安全性好。随着消防无人机集群技术的应用和发展,为了充分发挥消防无人机和有人机两者在森林消防灭火方面的特点和优势,消防无人机/有人机协同灭火的方案应运而生。

10.3.1 消防无人机/有人机协同灭火的定义和指挥控制

1.消防无人机/有人机协同灭火的定义

消防无人机/有人机协同灭火是指在地面无人机消防管理指挥中心统一的指挥控制下,综合利用消防无人机与消防有人机的特点,共享森林火灾现场信息,利用两者结合起来的整体力量,完成扑灭森林特大火灾的任务。其主要步骤是:消防有人机驾驶员通过机舱内的监控器屏幕,可以实时观看空中指挥消防无人机发来的火灾现场视频,并对火灾现场位置、火势和发展趋势作出自己的判断,及时向地面"无人机消防管理指挥中心"汇报,形成新的协同扑灭火灾方案,充分发挥消防无人机/有人机协同灭火的巨大优势,从而取得最佳的灭火效果。

利用消防无人机与消防有人机协同灭火技术,不仅可以大大降低地面消防员在野火现场面临的危险,减少远距离扑灭林火时地形、障碍物等对消防无人机和消防有人机信息传输的干扰,还可以扩大消防无人机和消防有人机的灭火范围,提高灭火效率。消防无人机与消防有人机二者在飞行控制和技术性能方面的区别较大,因而要实现协同灭火,必须满足以下几个条件:

(1)协同控制。这方面主要指消防有人机对消防无人机的协同控制,主要表现在消防有人机对消防无人机的任务控制,即消防无人机在任务执行过程中,消防有人机对其飞行、通信、载荷和任务等多个层面进行有效监管、指挥和控制,对无人机发出各种指令,让其配合消除消防有人机在火场上空投放灭火剂或水可能遇到的障碍,必要时甚至可以接管其飞行控制。这一点主要通过高速数据链系统来实现。

(2)协同态势感知。需要将消防有人机和消防无人机以及其他消防侦察平台获取的森林火灾现场信息相融合,建立起关于灭火活动、任务能力、位置和投放灭火剂的数量(质量)等要素的森林火灾现场综合态势图,这样才能分析森林火灾现场的火情现状和蔓延发展的态势,然后再有针对性地对林火目标实施扑灭行动。要做到这一点,对消防有人机的信息接收和信息处理能力要求很高。

(3)任务分配。进行消防无人机/有人机协同灭火时,扑灭林火的任务主要由消防有人机来承担。与此同时,还会根据火灾现场的火情种类和蔓延趋势,以及编队中消防无人机的装载情况和飞行性能,将不同位置和威胁程度的着火点(区域)目标,合理分配给灭火剂(或水)装载量或灭火剂类型各不相同的消防无人机(即大、中、小消防无人机),让整个编队的整体灭火效能最大化、代价最小化。

2. 消防无人机/有人机协同指挥控制

消防无人机/有人机协同指挥控制是一个十分复杂的问题,主要包括:消防无人机/有人机任务规划决策系统、标准化通信接口、任务管理系统、信息融合系统、态势显示系统、高速宽带数据链等部分,明确整个森林消防灭火系统的人机功能分配,指挥控制系统功能划分,最大限度发挥消防有人机和消防无人机各自优势,达到最佳的系统平衡和统一的协调指挥。

消防无人机/有人机协同扑灭林火过程中涉及地面无人机消防管理指挥中心及地面控制站对消防无人机/有人机编队的指挥控制、消防有人机对消防无人机的指挥控制以及消防无人机的自主控制等。因此须首先明确协同指挥控制体系结构,以及不同指挥控制中心的功能与关系。由于消防无人机/有人机协同灭火涉及多个指挥控制中心,因而要实现协同控制,关键是要使控制权限在多个指挥控制单元之间无缝、连续、稳定地转换和迁移,根据任务需求和指挥控制单元的能力,实时调整控制权的分配,即变权限指挥控制。其相关内容包括控制权限层次化,以及控制权在消防有人机与地面控制站之间切换过程中的消防无人机信息管理与共享技术。

10.3.2 消防无人机/有人机协同灭火体系结构和模式

1. 消防无人机/有人机协同灭火体系结构

消防无人机/有人机协同扑灭森林大火不仅能充分发挥它们各自灭火的能力,而且能进行优势互补而增效,是提高扑灭森林大火效能的重要手段。主要原因是:当前消防无人机的载重能力一般只有几十千克,少数能达到几百千克,与消防有人机的载重能力(一般几十吨)相比,差得太远。在扑灭特大规模森林火灾时,如果只使用消防无人机,虽然具有机动灵活的优势,但载重量太小,需要引入大载重的消防有人机,通过消防无人机/有人机协同灭火方式,充分发挥两者的优势,以提高扑灭特大规模森林火灾的整体效能,弥补它们各自灭火模式的缺点。

消防无人机/有人机协同灭火体系由地面消防指挥中心、指挥飞机、消防无人机/有人机编组三类实体构成,利用高度信息化的灭火体系实现指挥机、消防无人机和有人机之间的有序高效协同。随着智能化技术的发展,指挥机并非必须固定在有人机上,未来高度智能化的无人机同样可以成为指挥机。

无人机与有人机协同执行灭火任务过程中,如果某个消防无人机发生故障(甚至意外坠毁),或者消防灭火弹和水消耗完了,需要暂时退出救火现场,飞回停放在森林火灾现场外面不远处的机库或消防车上,进行充电或补充灭火器材,那么整个协同灭火体系必须进行实时调正。调正的方法是通过信息交互技术实现灭火体系的自动调整,将该平台的灭火职责自动迁移至其他飞行平台(其他消防无人机/有人机)上,从而实现灭火体系的柔性重组,提高其抗毁能力。结合消防无人机与有人机协同灭火的组织关系,构建具有层次化特征的灭火体系结构,如图 10 - 12 所示。从图中可以看出:消防无人机/有人机扑灭特大森林火灾的规划系统是由多个规划方案(1,2,…,N)组成的,每个规划方案又由多个混合编组(1,2,…,N)构成,以保证规划系统能够应对特大森林火灾扑救现场可能出现的各种复杂变化,确保消防无人机/有人机协同灭火行动的顺利进行。

依据时间和空间两者构建具有层次化特征的灭火体系结构,具有众多优点。目前我国应用于森林消防的航空力量主要有两个,分别是应急管理部森林消防局大庆和昆明航空救援支队,是 2019 年 12 月 31 日挂牌成立的国家综合性消防救援队伍,驻地一南一北(大庆和昆明)。附属于各自旗下的"无人机消防管理指挥中心",负责管理的森林面积大、分布广,一旦同一时间发生多处森林火灾时,需要同时进行多个消防无人机/有人机协同灭火规划,以应对及迅速扑灭同一时间、不同地点发生的多处森林火灾。在这种情况下,消防无人机/有人机协同层次化特征的灭火体系结构的优势十分明显。

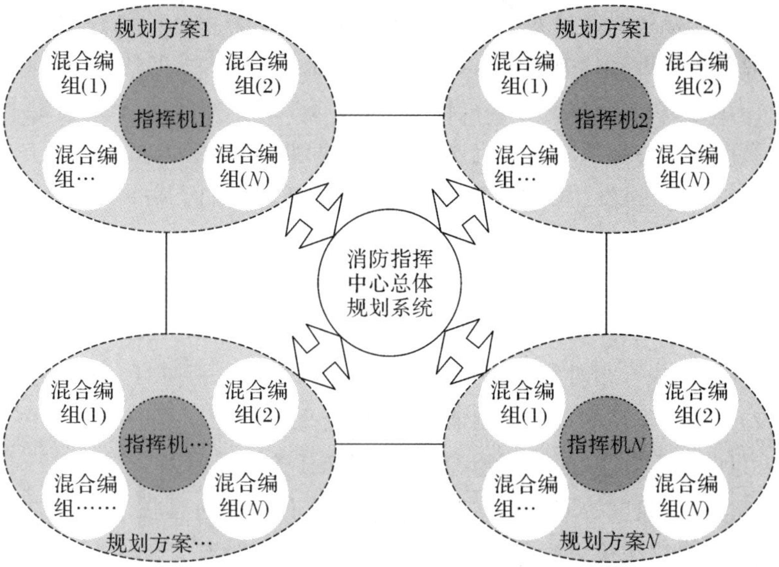

图 10-12　消防无人机/有人机扑灭特大森林火灾的规划系统示意图

消防无人机/有人机协同灭火体系混合编组规划方案,以及具有层次化特征的结构是由任务分配、障碍规避、姿态信息和环境感知信息等生成的。其关键是遵行合理分解灭火任务,优化配置灭火资源,快速、高效形成灭火目标。消防无人机/有人机协同灭火体系以信息化运作为特征,其运行贯穿于扑灭特大森林火灾行动全过程。通常,根据灭火进程,可以将协同灭火体系运行过程分为以下 4 个步骤。

(1)由地面消防指挥中心依据扑灭特大森林火灾的需求,快速确定灭火任务,并借助消防决策系统实现对灭火任务的分解,将灭火任务下发至各指挥机。

(2)指挥机利用消防灭火规划系统对分配的灭火任务进行深度分解,形成可执行的灭火子任务,并下发至各消防无人机/有人机混合编组。

(3)各消防无人机/有人机混合编组领取任务后,对编组执行的局部任务进行优化,并建立局部协同灭火方案,遂行灭火子任务。

(4)各消防无人机/有人机混合编组将协同灭火任务的执行状态反馈至指挥机和地面消防指挥中心,由指挥机统筹灭火任务的局部执行情况,形成局部灭火态势,地面消防指挥中心统筹灭火任务的整体执行情况,形成整体扑灭森林火灾的态势,并根据所形成的局部和整体灭火态势,优化局部和整体灭火方案,将灭火优化方案以灭火任务的方式反馈至各消防无人机/有人机协同灭火混合编组,从而实现有人机和无人机闭环式协同灭火。

2.消防无人机/有人机协同灭火模式

利用消防无人机/有人机灭火混合编队系统之间的有效协同,可大力激发整个体系扑灭特大森林火灾的能力。根据消防无人机的智能化水平,消防无人机/有人机协同灭火可以分为以下 3 种模式。

(1)消防无人机/有人机被动集中式协同灭火模式。

消防无人机/有人机被动集中式协同灭火模式是半自主条件下的模式,处于协同灭火发展的初级阶段,是最原始的混合灭火模式。被动集中式灭火模式的指挥机全程固定由消防有人机担任,消防无人机配合消防有人机完成扑灭特大森林火灾的任务,其核心思想是不单独依靠消防有人机独立完成相应的灭火任务,而是将部分灭火任务分散到多个消防无人机上,由消防有人机协调控制消防无人机协同灭火。因此,消防有人机起主导作用,消防无人机配合。如果消防有人机发生故障,将极大地影响灭火进程;而某些消防无人机发生故障,只是在一定程度上影响灭火进程,不会产生重大影响。

消防无人机/有人机被动集中式协同灭火模式下,只有一架消防有人机,但有多架或大量消防无人机,消防有人机驾驶员作为灭火指挥者和决策者,负责灭火任务的分配和实施,而消防无人机则用于执行相对危险或相对简单的单项任务。消防有人机是被动集中式协同灭火模式的核心,具有很强的指挥控制能力,与消防无人机之间是一种主从关系,消防有人机对消防无人机的飞行轨迹、通信保障、有效载荷和任务执行等多个层面进行有效的控制。

消防无人机/有人机的协同灭火需要两者之间具有良好的互联、互通和互操作能力,它们之间的信息交互可以按灭火进程自动发起,也可以由消防有人机根据灭火进程需求随时发起。消防有人机根据森林火灾现场态势的变化,能够及时传输灭火指令给消防无人机,必要的时候可对消防无人机的飞行进行人工干预,同时,消防无人机能够将获取的火场情报数据、灭火任务执行状态以及自身运行情况及时反馈给消防有人机。消防有人机驾驶员综合比较森林火灾现场所有的实时信息,对林火态势进行分析判断,及时调整灭火计划,并指挥消防无人机协同消防有人机完成相应的灭火任务,如图 10-13 所示。

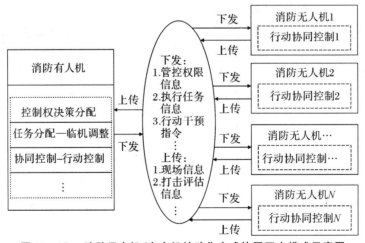

图 10-13　消防无人机/有人机被动集中式协同灭火模式示意图

消防无人机/有人机被动集中式协同灭火体系可以降低扑灭森林大火过程的复杂性,减少消防无人机之间的通信,适用于小规模,特别适合于近距离的消防无人机/有人机协同灭火模式。

(2)消防无人机/有人机半主动分布式协同灭火模式。

消防无人机/有人机半主动分布式协同灭火模式是信息化条件下的模式,也是目前在扑救森林特大火灾中应用最普遍的协同灭火模式。这种灭火模式的指挥机基本固定在消防有人机上,但在局部空间也存在消防无人机独立完成灭火任务的情况,其核心思想是不再完全依靠昂贵的消防有人机去完成全部灭火任务,而是将各种能力分散到众多(或多个)消防无人机上,让消防无人机主动承担更多的灭火任务。与被动集中式协同灭火模式相比较,半主动分布式协同灭火模式不是简单的消防有人机控制消防无人机,而是增加了消防无人机之间的信息交互,由消防无人机和消防有人机两者协同决策。

采用消防无人机/有人机半主动分布式协同灭火模式扑救重大森林火灾时,虽然在整个消防灭火过程中,消防有人机对灭火进程的影响要大于消防无人机,但是消防有人机对灭火进程的影响要低于被动集中式协同灭火模式。消防无人机/有人机半主动分布式协同灭火模式不仅要有消防有人机和数量众多的消防无人机参与其中,而且消防有人机的指挥决策功能有一部分也要由消防无人机所取代。消防无人机可以通过捕捉局部战场态势的变化,自行快速作出决策,并分配相应的灭火任务给最优的消防无人机组合,及时完成局部灭火任务。在执行扑灭森林火灾任务的过程中,消防无人机不再是单纯的执行机,而成为具有部分指挥决策功能的指挥机。消防无人机依据局部灭火任务需求,分析火场态势的变化,判断森林火灾现场火情目标的威胁程度,优化分配传感器和灭火器材等资源,形成分布式传感器资源和灭火器材资源的使用决策,下达科学合理的指挥协同命令,使消防有人机与消防无人机高效、协同完成局部灭火任务。这种灭火模式以大容量、高效、快速的信息传输网络为基础,以协同灭火任务规划为核心,综合使用众多消防无人机的传感器设备,在多维空间监视火场态势,为空中所有消防无人机/有人机协同灭火飞行平台提供精确的目标指示,如图 10 - 14 所示。

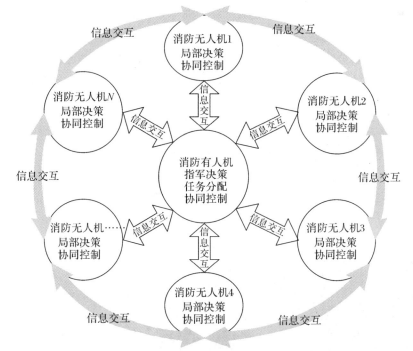

图 10 - 14　消防无人机/有人机半主动分布式协同灭火模式示意图

消防无人机/有人机半主动分布式协同灭火模式对无人机的自主协调能力要求较高,要求其同时具备感知、判断、决策、交互等森林救火现场认知能力,优点是灵活性好,适用于重大、复杂、高危的火场环境。

（3）消防无人机/有人机驻地分布式协同灭火模式。

消防无人机/有人机驻地分布式协同灭火模式是智能化条件下的模式,也是目前在扑救森林特大火灾中应用的协同灭火模式,是消防无人机/有人机协同扑灭大规模森林火灾的重要发展方向。该灭火模式的指挥机根据灭火任务需要,在消防无人机与消防有人机之间自由切换,其核心思想是消防有人机和消防无人机都可以作为灭火现场的指挥控制节点,不论是消防有人机还是消防无人机,都全程自主参与灭火。

与半主动分布式协同灭火模式相比较,驻地分布式协同灭火模式不再是消防无人机之间简单的信息交互,而是任何一个灭火平台。不论是消防无人机,还是消防有人机,每一个参与灭火的飞行平台都能够随时共享其他灭飞平台的信息,进行自主灭火决策,主导灭火行动的进程。与此同时,扑救森林特大火灾的灭火进程的主导可以在所有不同灭火平台之间自由切换,因此,任何一架消防有人机或消防无人机发生故障（或中间离开火灾现场返回机舱充电）需要退出集群时,对整个协同灭火系统编队的灭火效能影响不大。

消防无人机/有人机采用驻地分布式协同灭火模式,扑救森林特大火灾全过程同时发生在密切相关的物理域、信息域、认知域和行动域,消防有人机与消防无人机之间的信息交互在4个域内分别表现为态势共享、信息共享、决策共享和灭火行动共享,如图10-15所示。森林火灾现场各类探测传感器收集来自物理域的目标监视和火场环境相关信息,在信息域中经传输、融合等处理后,通过网络在消防有人机与消防无人机之间实现信息共享,在认知域中发挥体系整体决策优势,形成科学合理的决策计划,在灭火行动域中消防无人机或消防有人机按照决策计划分配的灭火任务,对灭火目标实施精确打击（发射灭火弹、喷水等）,并在物理域中将评估的任务完成程度及时共享给其他灭火平台（消防有人机与消防无人机）,以及地面站和地面消防指挥中心。

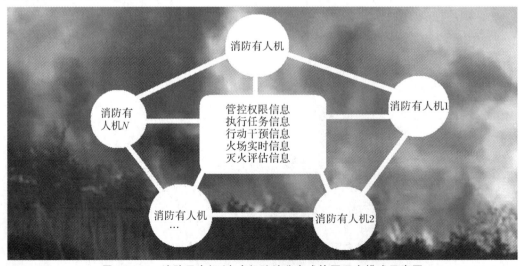

图 10-15   消防无人机/有人机驻地分布式协同灭火模式示意图

采用消防无人机/有人机驻地分布式协同灭火模式,扑灭森林特大火灾的全过程在 4 个域内并不是依次发生的关系,而是在不同域内同时发生并将信息实时共享在所有其他灭火平台上。该灭火模式可以最大限度发挥消防无人机/有人机协同灭火编队的整体决策优势,实现消防有人机和消防无人机优势互补、分工协作,非常适用于灭火任务艰巨复杂的森林特大火灾现场环境。

在此还需要重点强调的是:虽然消防无人机/有人机驻地分布式协同灭火模式的主要特点是基于高度智能化的消防无人机决策,在保证完成灭火任务的前提下,实现整个编队灭火效能的最大化,但是不可否认的是,要实现整个驻地分布式协同灭火体系效能的最优化,其中消防有人机还是起主导作用的。如何充分发挥消防无人机/有人机协同编队整体灭火效能,已经成为航空森林消防的重点研究方向。

10.4　消防无人机/有人机协同灭火关键技术

在信息化时代,应用消防无人机/有人机协同方式扑救森林大火,能够在混合编队条件下充分发挥消防有人机飞行平台和消防无人机飞行平台的优势,同时结合地面消防指挥中心,制定符合扑灭森林大火需求的具体编队灭火模式,达到最大灭火效能。支撑消防无人机/有人机协同灭火模式向智能化方向发展的关键技术,是提高自主协同灭火水平,推动其灭火能力实现跨越式发展的保证。

1. 协同交互控制技术

消防无人机和消防有人机的协同交互是二者能够成为一个完整灭火系统的必要条件,保证了系统内部的信息流通,为系统中的各单元建立联系。在协同灭火模式下,消防有人机和消防无人机的数据处理量将大大增加,因为其不但要执行自身任务,还要根据消防无人机/消防有人机和地面消防指挥中心发送的火场信息进行分析,为消防无人机分配任务。因此,简单有效的协同信息传输方式将极大地提高整个灭火系统的灭火效率。

完整的协同交互方式必然包含一套指令集,保证消防无人机能够识别来自系统内消防有人机的指令,同时也保证消防有人机能够实时接收消防无人机对火场信息的监测情况。指令集按功能分为以下三种类型:

(1)消防有人机任务命令、消防无人机系统命令以及指令编码。这套指令集的设计首先应尽可能满足实际扑救森林火灾中存在的可能性和突发性,以便在任何情况下系统内部都能保持流畅的信息交互。

(2)命令集应尽量简单,灭火任务的执行中包含了大量的数据传输和计算,简单的命令集是信息传输实时性的保证。

(3)命令集应符合设计规范,以减少实际灭火时信息交互过程中所存在的干扰和噪声,确保信息的正常发送和接收。

近年来,随着人工智能理论的发展,基于自然语言的智能人机接口技术受到越来越多的重视。利用自然语言理解技术模拟人类的语言分析能力和对话方式,完成人与计算机之间的信息交换,系统可以理解用户输入的语言,并根据给定领域的知识和概念进行推理,明确用户意图,完成用户需求。利用自然语言理解的控制技术,实现人机交互控制,实现消防有人机与消防无人机之间的信息交换。交互过程简单易行，大大减轻了通信信道负担。

2.协同态势感知技术

态势研判及预测的重点是通过研究森林大火发生、燎原、蔓延的过程和路径，深度分析火场态势的变化，对未来火场态势进行初步预测。消防无人机/有人机协同态势感知是协同灭火中的一个重要阶段。消防有人机接收消防无人机探测的目标信息，从而分析火场环境，评估大火燎原、蔓延威胁，利用火场的实时状况作出正确的决策，并将行动指令传送给消防无人机。

目前常用的消防无人机/有人机协同态势感知技术有以下几种。

（1）询问式态势感知方法。询问式的态势感知方法和全局评估技术是将询问结果与随机冻结仿真的态势进行比较，探讨基于不同情境下单机和环境因素对感知和决策结果的影响。

（2）多源信息态势感知方法。利用多源信息形成面向态势感知的通用灭火态势图，为扑灭森林大火协同态势分析、决策等提供了依据。

（3）变精度态势感知方法。将变精度粗糙集理论与消防无人机态势评估方法相结合，能够正确预测森林大火蔓延趋势，以解决非确定性决策的问题。

3.协同任务分配技术

消防无人机/有人机协同灭火任务分配是统筹整体灭火资源和匹配灭火任务的过程，即根据预先设定的灭火任务需求，安排与之匹配的有人机或无人机遂行相应灭火任务，且分配给有人机或无人机的灭火任务应符合整体灭火态势需求。利用消防无人机/有人机协同灭火的优势，在给定的约束条件下，寻求符合分配原则的最佳方案，充分发挥综合灭火效能。消防有人机作为核心指挥角色，可以根据目标信息和态势评估结果为消防无人机分配任务。消防无人机根据自身飞行状态进行机载任务载荷配置和编队，划定灭火弹或水的投放区域，并确定正在燃烧的火焰目标的方向、高度和环境，飞到火焰区域上空，近距离低空投放灭火弹或水。

无人机/有人机协同任务分配是一种多参数、多约束的多项式复杂非确定性问题，主要求解思路有最优化方法和启发式方法两种。其中最优化方法包括穷举法、图论方法、规划方法等；启发式方法包括模拟退火法、禁忌搜索法、神经网络和遗传算法等。目前，应用于任务分配的经典理论算法还有合同网算法、蚁群算法、拍卖算法、粒子群算法、满意决策法等。

4.协同航路规划技术

消防无人机/有人机协同航路规划需要结合任务规划指标、飞行约束条件和森林火灾现场环境等因素，设计协同飞行航路，以优化总体灭火效能。协同航路规划是一个具有复杂性和耦合性的多约束、多目标优化决策问题。为了降低求解难度，需要将运筹学、智能计算和计算几何学结合起来。现有的路径规划方法大多基于已知信息规划初始路径，然后在发现障碍物时局部修改规划或重新规划整个路径。这些工作都是建立在对环境具有完整和准确了解的基础上的，较少关注部分已知的环境问题。因此，有学者提出了一些新的算法，能够在未知、部分已知和变化的环境中实现最优路径规划。

5.协同效能评估技术

在消防无人机/有人机协同灭火系统中,如何确定协同灭火指标体系,评估其灭火效能也是十分重要的问题。评估消防无人机/有人机协同灭火效能的关键环节是对协同灭火体系结构进行合理的建模与描述。随着对机载任务载荷体系认识的不断深入,以往基于军用提出的装备体系建模和分析方法,已不能体现扑灭森林大火过程中整个机载任务载荷体系涌现出的高度复杂性、连通性和网络化特征。为了弥补传统机载任务载荷系统建模中存在的不足,学者们纷纷尝试新的建模思路。当前,对于效能评估的研究方法大都是基于传统指标体系的建模方法,根据体系的层次结构逐层分解进行研究的,忽略了消防无人机/有人机协同灭火体系中的各灭火实体之间相互作用关系对整个协同灭火体系效能的影响。

6.高带宽、高可靠数据链技术

数据链是一种按规定的消息格式和通信协议,在目标探测传感器系统、指挥控制系统与灭火飞行平台之间,实时处理、交换和分发格式化数字信息(包括语音、图像和数据等)的信息系统。其主要特点是具有标准化的报文格式和传输特性。由于消防无人机/有人机协同灭火系统获取的图像和视频的分辨率越来越高,数据量越来越大,要确保这些信息传输的实时性,只有不断提高无人机数据链的传输速率。另外,无人机数据链的安全也很重要,必须利用新型、高效的调制解调技术、纠错编码技术、高速跳频和宽带扩频及相关技术,研制电磁兼容性好、截获概率低、抗干扰能力强的高性能无人机数据链。

目前,在消防无人机/有人机协同灭火系统中,常用的数据链系统主要有三大类:

(1)态势感知数据链。态势感知数据链以传输火场态势信息和灭火指挥信息为主。

(2)机载任务载荷协同数据链。专用的机载任务载荷协同数据链,其实时性要求很高。

(3)火情监测数据链。用于将协同灭火系统中各个飞行平台获取的目标数据(包括图像和数据)传送到地面站和消防指挥中心的接收系统。

习　　题

1.什么是消防无人机集群? 简述其原理和功用。

2.举例说明消防无人机多机编队飞行的原理。

3.消防无人机集群的特点有哪些?

4.简述消防无人机集群扑灭森林火灾常用战略、战术。

5.消防无人机集群有哪些关键技术?

6. 什么是消防无人机集群体系架构? 它有哪些类型?

7.简述消防无人机集群体系自组网的概念、构成和特点。

8.简述消防无人机/有人机协同灭火的定义和指挥控制。

9.简述消防无人机/有人机协同灭火体系结构和灭火模式的内容。

10.消防无人机/有人机协同灭火关键技术有哪些?

第11章 无人机森林消防组织架构体系

▶本章主要内容

(1)森林火灾的特性及其发生和发展的规律性。

(2)无人机森林消防组织架构设计与体系结构。

(3)森林航空消防四级响应机制。

(4)无人机消防站、消防中心站和消防管理指挥中心。

(5)消防无人机驾驶员培训中心。

11.1 森林火灾的特性及其发生和发展的规律性

森林火灾是一种突发性强、破坏性大、处置扑救相当困难的自然灾害,不过其发生、蔓延和发展过程还是有一定的规律可循的。为了提高扑灭森林火灾的效率,就需要充分了解森林火灾燃烧过程的规律,组织专业的森林消防无人机扑火队伍,熟悉和掌握各种不同类型消防无人机的最佳应用场景,运用有效、科学的方法和先进的消防设备及时进行扑救,最大限度地减少森林火灾所造成的损失。

11.1.1 森林火灾的特性和发生的规律性

1.森林火灾的特性

森林火灾与城镇建筑物火灾完全不一样,其具有无向性与连续性,与城镇房屋火灾(单一火灾)的不连续性与方向性不同,加上森林所处位置大都为山地,地形起伏剧烈,地表未经人工开发,没有任何人工的设备(道路、桥梁等),因此,发生森林火灾时,其扑救的方式与扑救城镇建筑物火灾的情况完全不同,灭火资源的调度方式也不同。森林火灾的特性如下:

(1)森林火灾发生的地点大多十分偏僻,山区林地辽阔偏远,地势陡峻复杂,交通不便,人车到达不易,因而需要考虑消防车辆通行状况,救火人员不可轻易强行进入。

(2)森林火灾发生的地点大多地势险恶,水源缺乏,通信不便,火灾燃烧面积大、范围广。救火人员要准备好灭火物资、设备,有扑救时间长的思想准备。

(3)森林火灾蔓延迅速,易受地形、风向影响而改变燃烧方向。火灾现场扑救人员需随时保持警觉,注意各种情况下火情的变化,以确保救火人员自身的人身安全。

（4）森林火灾往往蔓延范围广、面积大，扑救持续时间长，环境恶劣，而且还容易引起复燃。火灾现场扑救人员需要随时注意现场火情变化情况，保持高度警觉。

（5）森林火灾可能是场持久战，救火人员需要注意自身的体能状况，身体出现异常时要及时反映。

（6）利用引火回烧方式建立防火线是门高深的学问，火灾现场扑救人员不可轻易自行实施，需要与林业局专家讨论后再执行，以避免造成更严重的伤害。

根据消防人员扑灭森林火灾的实践经验，可以总结出森林火灾发生、蔓延和火灾强度的规律性。

2.森林火灾发生的规律性

森林火灾的发生与地面可燃物的性质有密切的关系：细小的干枯杂草和枯枝落叶等是最易燃烧的危险引火物，干燥的可燃物比潮湿的可燃物易燃，含大量树脂的针叶树和樟树、桉树等阔叶树较一般阔叶树易燃。郁闭度大的林分林内潮湿，不易发生火灾，反之则易发生火灾。森林火灾和地形因子也有关系，如阳坡日照强，林地温度高，林内可燃物易干燥，陡坡雨水易流失，土壤水分少，容易发生森林火灾。森林火灾的发生与气象条件密切相关，全国森林火险天气等级主要根据气温、湿度、风力、降水量等因子来测算，气象部门通过电子计算机开发出森林火险等级预报系统，协助林业部门共同作好防火灭火工作。

11.1.2　森林火灾蔓延和强度的规律性

1.森林火灾蔓延的规律性

归结起来，森林火灾蔓延的规律性有以下方面：

（1）森林发生火灾时，火的蔓延速度和风速的二次方成正比。

（2）在山地条件下：由下向上蔓延快，火势强，称为冲火；由山上向下蔓延慢，火势弱，称为坐火。

（3）蔓延速度最快、火势最强的部分为火头；蔓延速度最慢与火头方向相反的部分为火尾；介于火头与火尾两侧的部分为火翼。接近火头部分的火翼蔓延较快，而接近火尾的火翼部分蔓延较慢。

（4）在平坦地带，无风时火的初期蔓延形状为圆形或近似圆形；大风时则为长椭圆形，其长轴与主风方向平行；在主风方向不定时（30°～40°变化）常呈扇形。

（5）在山岗地形蔓延时，火向两个山脊蔓延较快，而在沟谷中蔓延较慢，常呈凹形或鸡爪形。

（6）一天中森林火灾发生时间与大气温度、人类活动分布相关，森林火灾发生高峰期在10:00～15:00。

（7）根据各种气象因素可以确定森林火险等级，其中五级为最高火险级或特大火险级，表示极易发生火灾，而且极易蔓延，难以扑救。

（8）大规模森林火灾被扑灭后，森林火火灾反复蔓延。

2. 森林火灾强度的规律性

森林火灾强度是指森林火灾的燃烧面积、损害程度等。森林火灾强度不一,高强度的火具有上升对流烟柱和涡流,能携带火物传播到火头前的远方,产生新的火点和火场,称为飞火,危害极大,具有森林大火灾和特大火灾的特征,很难扑救。低强度的林火,没有对流烟柱,火焰小,平面发展,人能靠近扑打。影响林火蔓延和强度的因素很多,主要有可燃物的种类、数量和含水率,地形变化和立地条件的干湿程度,气象条件,以及风速的大小等。

11.2 森林火灾发展过程、识别方法和消防无人机应用

任何事物从无到有、从小到大都要经过一定的过程。过程指一切事物都有其产生、发展和转化的历史流程,都有它的过去、现在和未来。森林火灾也一样,它是一个过程的集合体,是作为过程而存在、作为过程而发展的。森林火灾是在可燃物和天气条件都有利于森林燃烧的条件下,由星星之火引发的,即火源是发生森林火灾的主要因素。我国森林防火的方针是"预防为主,积极消灭",一手抓预防,一手抓扑救,两手都要硬。

11.2.1 森林火灾的发展过程和人工识别方法

1. 森林火灾的发展过程

通常把森林火灾的发展过程分为四个阶段:初起阶段、蔓延阶段、爆发阶段和熄灭阶段。

(1)初起阶段。森林火灾最初开始燃烧时(15 min 内),起火部位及其周围可燃物着火燃烧的面积不大,火焰小,烟雾大,辐射热较低,火势向周围蔓延发展比较慢,燃烧程度和发展不稳定,有可能形成火灾,也有可能中途自行熄灭,俗称"星星之火"。

(2)蔓延阶段。如果林火在初起阶段未能得到有效控制,未能扑灭(或自行熄灭),那么它就会向四周蔓延开来,其燃烧强度增大、温度升高、气体对流增强、燃烧速度加快、燃烧面积扩大,从而进入蔓延阶段,发展成为"星星之火,可以燎原"之势。

(3)爆发阶段。森林火灾燃烧发展达到高潮,燃烧温度最高,辐射热最强,燃烧物质分解出大量的燃烧产物,温度和气体对流达到最高限度,大火铺天盖地,烈焰肆虐,烟尘遮天蔽日,天空血红一片,演变为燎原大火。

(4)熄灭阶段。随着可燃物燃烧殆尽或者采取灭火措施(洒水或者化学灭火),火势开始衰减,温度逐渐下降,最终森林火灾的火苗完全熄灭。

2. 森林火灾初起阶段的特征

凡事都要经历诞生、成长和发展壮大的过程,森林火灾也不例外,所有森林火灾的发生都有一个从无到有、从小到大的发展过程:先有烟,后有火,逐步发展。在森林火灾发生的初起阶段,有火先有烟,消防员站在观察站高台上用望远镜望过去,会发现远处刚刚冒出头的

林火还处于萌芽状态,它只是森林中或草地上袅袅升起的一缕青烟,弱小无力,很容易扑灭,如图 11-1 所示。

(a)　　　　　　　　　　　　　　　　　(b)

图 11-1　森林消防观察站发现远处可疑烟雾

(a)远处高山上冒出的一缕青烟;(b)远处丛林中冒出的一缕青烟

森林火灾处于初起阶段时,通常被称为"初起火灾",它一般指发生火灾初期 15 min 之内的火情。森林火灾处于该阶段的特征是烟雾大,可燃物质燃烧面积小,火焰不高,辐射热不强,火势发展比较缓慢,这个阶段是灭火的最佳时机。

3.人力识别森林起火位置的方法

在森林火灾发生时,为减少森林过火面积,减轻森林资源的损失,必须做到"打早、打小、打了",而这与正确地判定森林起火点位置,选择合理的消防无人机飞行路线,快速、及时到达起火点现场有直接关系。通常,在消防无人机起飞升空之前,消防人员可凭借自己的消防经验对远处的森林起火位置进行观察和判断,采用的方法有以下几类。

(1)白天观察判断。

1)晴天情况。白天在晴天情况下,烟雾是森林起火的重要指示物,对于大火,容易将很远的火场误认为就在近处;而对于小火,则容易误远,将很近的起火点误认为在距离较远的地方。通常,火势可根据烟雾的颜色、烟柱高度、空气中的烟味等因素来判断,从而确定具体火场距离,选择消防无人机飞行到达火场的正确路线。

2)雾天情况。白天在雾天情况下,烟雾缭绕,远处难以分清是烟是雾,近处看不见火光,在这种情况下,主要依靠风向和空气中的烟味判定火场所在位置。

(2)夜间观察判断。

夜间由于视度不良,给人力识别森林远处起火点位置增加了困难。消防人员在判定火场位置时,应该时刻了解自己所处的位置。利用熟悉的地形、地物和天文标志作出正确的判断。夜间若是阴天则寻找火场最为困难。在这种情况下,林下火容易误远,树冠火或林间空地的草地间断性的燃烧则容易误近。在疏林地或林地与低湿草地呈镶嵌性分布的情况下,消防无人机应顺着风的方向飞行,一般很快即可找到火场位置。

消防无人机夜间扑灭林火有利方面是:夜间灭火目标明显,风小、温度低、湿度大,火线火势平稳,灭火复燃性小,有些小火会自然熄灭,扑火效率高。

11.2.2 不同量级消防无人机的最佳应用场景

1.传统人力扑救森林火灾的缺点

森林防火重在预防,一旦林火烧起来,很难扑灭,森林火灾起始阶段的特性又让起火点很难在第一时间被发现:森林大火有可能被一个烟头,一个矿泉水瓶引起,开始的时候只是一撮野草起火,却能在很短的时间(15 min)内蔓延开来。在我国林业防火工作中,以往没有森林消防无人机,侦察森林火情主要靠人力,消防人员在地面凭借自己的经验,对远处发生的森林火灾火场位置进行观察判断,并前往扑救,存在较大的危险性和一定的主观盲目性。

首先,如果主观判断不准确或者判断错误,有可能使消防人员在行进中迷路。通常林区山路崎岖,小路颇多,不熟悉的人很难顺利通过,也很容易迷路。行进路上也可能会碰到悬崖、深潭或非常湿滑的山谷,有些地方可能无法通过,必须从两旁绕行,而这种地方可能树林很密或陡峭危险,容易受伤。

其次,由于森林区域的各林域相通,地形比较复杂,可燃物的存载量大,且极易燃烧和快速蔓延,使消防人员在进行森林火灾扑救时所面临的危险性增大。主要原因是森林火灾的火势蔓延速度快,急进地表火蔓延速度最大瞬间可达 5～8 km/h,急进树冠火蔓延速度通常达到 8～25 km/h,火旋风飞火距离可达数百米。与之相对比的是:成年人在平坦路面上行进的速度是 4～5 km/h,森林消防人员在林区崎岖不平的陡坡、山坳里行进,加之一路上杂草、灌木、碎石和河流湖泊的阻碍,其实际行进速度会降低到 1～2 km/h。一旦风向突变,消防人员处于下风向时,便非常危险,容易出现被林火包围等突发情况。

传统人力扑救森林火灾的方法有较大的缺陷,随着近年来(从 2018 年开始)消防无人机投入到森林火灾扑救工作中,应当尽量发挥消防无人机的作用,这样不仅能缩减人力及成本支出,还能提高森林防火侦察监测范围,大大提高森林消防灭火的效率,以及对一些林区死角进行及时监测与布控,从而解决地面巡护无法顾及偏远地区发生林火的问题。与此同时,消防无人机还能保证巡护人员对重大森林火灾现场的各种动态信息的准确把握和及时了解,进一步提高火情监测。通过人机分离的方式,保障消防人员在扑救森林火灾工作中的人身安全。随着森林消防无人机的使用,森林消防将成为无人机的重点关注和发展领域,并推动无人机产业迅速发展。

2.小型消防无人机的最佳应用场景

虽然根据历年来森林火灾发生的规律和扑救特点,人们早就知道,扑救森林火灾最有效的方法是把林火消灭在初起萌芽状态,防止其"星火燎原",即要早发现、早扑灭及防止死灰复燃,即俗称的"打早、打小、打了"原则。但是,以前没有消防无人机时,完全依靠人力去扑灭它,崇山峻岭,隔山隔水,甚至无路可行,只能是可望不可及,要想在森林火灾还处于初起阶段(15 min 内)及时赶到起火点现场展开扑救行动,几乎不可能,甚至完全是一件不现实的事情;如果动用有人驾驶固定翼消防飞机去扑灭它,由于需要进行空域申请及其他一些比较烦琐的准备工作,等固定翼消防飞机飞到初发起火点现场时,失去了最佳扑灭时机(15

min 内），微弱的星星之火早已经变成了可怕的燎原大火，不仅扑救难度加大了很多倍，而且早已经造成了不可挽回的重大损失。

现在，有了森林消防无人机，情况就完全不一样了，消防无人机一方面使用方便，易操作，可控性强，可以飞到森林上空，甚至飞入森林中观察。当森林火灾还处于初起萌芽状态时，可以第一时间派出多架森林消防无人机从空中飞过去，确保在几分钟内（少于 15 min）及时飞到初起火灾现场进行扑救，就能起到事半功倍的效果，能很快将初起火灾扑灭。

小型多旋翼消防无人机最适合用于将林火扑灭在初起阶段，也最适合用来贯彻执行扑灭林火的"打早、打小、打了"原则，它既可帮助消防员尽早发现林火苗头，从空中准确侦测到森林火灾初起阶段起火点位置，并将初起阶段起火点现场实况的高清视频及时发送给地面无人机消防站和消防指挥中心，又可将其直接用来及时扑灭处于初发萌芽状态的林火。

当林火还处于初发萌芽状态时，是进行扑灭的最佳时机。消防员立即刻操纵身边或附近无人机消防车上的 4 架小型多旋翼消防无人机垂直起飞升空，如图 11 - 2 所示，直接飞到森林起火点（林火）上空（其中一架消防无人机被任命为空中指挥机，承担空中指挥的任务），以及从空中对起火点进行视频拍摄，及时将起火点现场视频实时传到上级"无人机消防中心站"及"无人机消防管理指挥中心"。

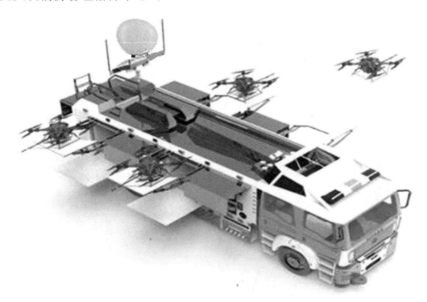

图 11 - 2　小型多旋翼无人机从消防车上垂直起飞

多架消防无人机采用集群战术，就像蜂群一样，多机同时对起火点燃烧的明火或烟雾（暗火）进行围攻。根据起火点火焰及烟雾分布的具体情况，快速形成有效灭火的战略战术，排兵布阵，相互配合，按照空中指挥消防无人机的指令，有序地从低空飞到起火点上空，近距离靠近起火点，从空中对准地面起火点目标（燃烧的明火或烟雾）精准喷射灭火干粉（见图 11 - 3）或连续发射多枚灭火弹（见图 11 - 4），尽快将林火消灭在初起阶段（萌芽状态），达到及时有效扑灭林火的目的，阻止林火蔓延扩散，从而避免森林火灾灾害。

图 11-3 小型多旋翼消防无人机对起火点喷射灭火干粉

为了避免发生森林火灾,必须真正贯彻落实"预防为主,积极消灭"的方针,以及利用消防无人机实现"打早、打小、打了"的原则。由于无法事先预知林火将会出现的时间和地点,因此只能采取"预防为主"的方法。换言之,现在有一点是确定无疑的:森林火灾每年都会发生,只是人们事先不知道它何时何地会冒出头(烟火)来,所以人们只有编织一个"天罗地网",建立起足够多的无人机消防站。林火在某时某地刚一露头时,靠近该处的驻站消防员能及时观察发现到林火苗头(烟雾)的出现,及时将火情向上一级"无人机消防中心站"报告,并操纵控制 4 架小型多旋翼消防无人机垂直起飞,直接飞到起火点,迅速将林火消灭在初发(萌芽)状态。

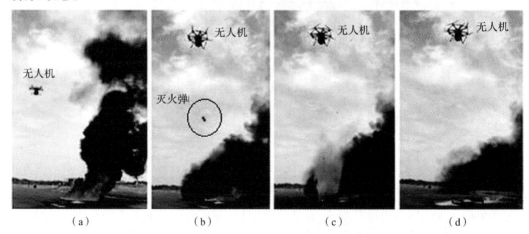

（a）　　　　　　　　（b）　　　　　　　　（c）　　　　　　　　（d）

图 11-4 小型多旋翼消防无人机对起火点发射灭火弹

(a)发现着火点;(b)近距精准投弹;(c)弹爆精准灭火;(d)扑灭火焰

小型多旋翼消防无人机最适合用于将林火扑灭在初起阶段的原因,主要是其结构简单、轻巧、灵活,价格便宜,操作简单,飞机故障率低,携带运输方便,以及对飞手(地面驾驶员)的技能要求较低,消防人员只要经过短期培训就能掌握操控使用的方法。另外,其动力装置大多采用电动机,即便发生坠机事故,也不会像燃油无人机那样剩余燃料(有可能会给森林火灾初期阶段"添油加醋")。

3. 大中型消防无人机的最佳应用场景

虽然小型多旋翼消防无人机用于扑灭初起阶段的林火方面有许多优点,但是它也有几项无法避免的缺点。小型多旋翼消防无人机大多采用电动机作为动力装置,缺点是载重小(一般为 35～50 kg)、飞行留空时间短(一般为 0.5 h),因而,在扑灭森林火灾的工作中还需要大中型消防无人机来弥补其短板。

大中型消防无人机大多采用航空燃油发动机作为动力装置,与小型消防无人机相比,优点主要有以下方面:

(1)载重大。载重量是森林消防无人机最重要的性能指标之一,它一次飞行携带的水或灭火剂较多,可以扑灭较大的火场或较长的火线,如图 11-5 和图 11-6 所示。一般中型消防无人机一次飞行携带的水或灭火剂为 600～2 000 kg,大型消防无人机一次飞行携带的水或灭火剂可达到 5 000～10 000 kg。

(2)航程远。森林面积一般较大,因此要求森林消防无人机的航程要长。一般中型消防无人机的航程都超过 500 km,大型消防无人机的航程可达 800～1 000 km。

(3)航时长。如果森林火灾在初起阶段未能扑灭,它就会向四周蔓延开来,加大了扑救的范围和难度,因而要求森林消防无人机要有较强的续航能力,滞空飞行时间要长。一般大中型消防无人机的航时都超过 4～6 h。

图 11-5　由 AC313 改装的大型消防无人机正在进行灭火作业

(4)能力强。大中型森林消防无人机具备沿森林大面积区域设定航线勘查监测的能力,可实现区域固定航线巡查、监视与扑灭较大范围和较大规模森林火灾等功能。

(5)安全性高。大中型森林消防无人机飞行稳定性好,抗风能力强,飞行安全性能高。

(6)适用范围广。由于大中型森林消防无人机载重大,留空时间长,能灵活起降,因此适用于完成各种要求的不同消防灭火任务,包括运送消防救灾物资以及火场运输服务,机降索(滑)降灭火、吊桶水灭火、伞降灭火、人工降雨、空中点烧防火线、空中宣传防火、指挥火场人员撤离,以及人员急救等。

图 11 - 6　由 AC311A 改装的中型消防无人机正在进行灭火作业

大中型森林消防无人机是扑救森林火灾的多面手,适用于森林火灾发生和发展的各个阶段。不过,在扑救森林火灾的实际使用过程中,考虑到灵活性和经济性等方面的因素,通常它主要应用于森林火灾发生的蔓延阶段和爆发阶段,可以将森林火灾发生的初起阶段和熄灭阶段的消防灭火任务交给小型多旋翼森林消防无人机。

随着无人机技术的发展,将无人机技术应用于森林消防,优势越来越明显。针对森林火灾发生和发展的不同阶段,采用不同类型森林消防无人机,搭载不同的任务载荷在林区巡护,探测森林冒烟热点,快速定位起火点、确定火情,并及时将它扑灭。与传统的森林航空消防方式(采用有人驾驶消防飞机)或人力消防灭火方式相比,具有反应敏捷、机动灵活、视野全面、功能丰富、经济方便、安全可靠等特点,可以有效地贯彻落实"打早、打小、打了"原则。

11.3　无人机森林消防组织架构设计与体系结构

无人机森林消防组织架构体系设计是指在我国森林消防工作中建立、完善和发展森林消防无人机的管理组织机构,包括对无人机森林消防组织的任务进行分工、分组和协调合作。无人机森林消防组织架构体系应由应急管理部统一规划部署,整合各方资源,以发展通用航空产业为契机,纳入我国航空应急救援体系。本章提出的无人机森林消防组织架构设计与体系结构只是建议,特此申明。

11.3.1　无人机森林消防组织架构的定义和架构设计的内容

1.无人机森林消防组织架构的定义

无人机森林消防组织架构是指其组织的框架体系。就像人类由骨骼确定体型一样,组织也是由结构来决定其形状的。组织架构决定了组织中的人才流、物流、信息流和资金流的流动方向,决定了作业流程的顺序及工作效率。组织能否顺利实现目标,能否使组织中每个成员在实现目标过程中作出贡献,在很大程度上取决于组织架构的完善程度。

2.无人机森林消防组织架构设计的内容

无人机森林消防组织架构设计的任务是以组织目标为出发点,以活动分析划分为依据,构建无人机森林消防管理指挥平台,完善无人机森林消防网络,建设无人机森林消防力量,完善无人机森林消防保障条件。其内容包括以下方面:

(1)部门职能设计。按活动功能划分及整合,形成活动子集。不同的活动子集构成各个部门;将部门子集活动进行分解,形成岗位系列;测定每个岗位的活动总量,设定编制;明确部门及岗位职能。

(2)权力体系设计。包括职权设计、集权与分权,职权的设计要与职能相匹配。

(3)职责设计。职责设计要与职能、职权相匹配。

(4)管理幅度、管理层次设计。

(5)运行机制(活动流程)设计。

(6)信息传递方式设计。

11.3.2　无人机森林消防组织架构设计需考虑的因素和原则

1.无人机森林消防组织架构设计需考虑的主要因素

为什么不同的组织采取了不同的组织架构? 这是因为组织架构的确定和变化会受到许多因素的影响。综合起来看:影响无人机森林消防组织架构设计的因素主要有 3 个——环境、专业技术和组织规模。

(1)环境。

环境因素是影响无人机森林消防组织架构设计的重要因素。为了提高无人机森林消防组织架构对环境的适应性,首先要强调计划,要加强对导致森林火灾频发环境变化的预测,从而减少环境的不确定因素。其次要通过加强组织间的合作来减少组织自身要素对环境的过度依赖。

(2)专业技术。

森林消防无人机属于典型的高科技产品,其使用类型与森林消防应用场景有着密切的联系。换言之,专业技术也是无人机森林消防组织架构设计需要考虑的重要因素之一。

(3)组织规模。

所谓组织规模是指一个组织所拥有的人员数量以及这些人员之间的相互作用关系,人员数量多则规模大,数量小规模就小。无人机森林消防组织规模对组织架构设计有明显的影响,相较于小型组织,大型组织的组织架构专业化程度更高,横向及纵向的分化也更繁复,规则条例也更多,在使组织结构规范化程度提高的同时,也导致组织结构越发复杂,使高层管理者难以直接控制其下属的一切活动,势必需要进行分权。

2.无人机森林消防组织架构设计的原则

无人机森林消防组织架构设计是一种把目标、任务、责任、权力和利益进行有效组织与协调的活动,应该遵循下列原则:

（1）目的性原则。目的性是组织系统存在与发展的原动力，是组织行为的出发点和终结点。无人机森林消防组织架构设计的根本目的在于确保组织目标的实现。从这个目标出发，就会因目标而设事，因事而设人、设机构、分层次，因事而定岗定责，因责而授权。

（2）有效管理跨度原则。无人机森林消防组织架构设计必须考虑组织运行中的有效性，即管理跨度与管理层次的问题。管理跨度是指一个管理者直接有效地指挥和协调下级的人数或指一个上级职位指挥和协调下级职位的数目；管理层次是指管理系统中划分为多少等级。管理跨度体现了组织的横向结构，管理层次则决定了组织的纵向结构。显然，两者成反比关系。管理跨度大，管理层次就少；反之，管理跨度小，管理层次就多。适当的管理跨度是组织架构设计的一项重要原则，管理跨度过小，会导致不适当地增加管理层次，使管理者的才能不能充分发挥。如果管理跨度过大，则会由于管理者的精力、知识、经验等的局限性，造成顾此失彼、管理失调。

（3）集权与分权相结合原则。集权就是把权力相对集中于高层管理者。集权的主要优点是便于组织的集中统一管理，能够有效地系统安排各种资源，统一指挥各项活动，统一协调各部门之间的关系，有利于充分发挥高层管理者的聪明才智和工作能力。它的缺点是：限制了下属管理者的主动性和创造性；由于组织层次多，延长了组织的纵向指令和信息沟通的渠道，降低了管理的灵活性，增大了管理的难度，且难以培养出综合业务能力强的管理人才。

分权是授权的扩大，就是赋予下属工作时所应有的权力。分权的优点是能激发各级管理人员的积极性、主动性和创造性，对客观情况的变化能迅速作出反应，有利于各级管理人员发挥才干，并使最高管理层摆脱日常事务，集中精力于重大决策的研究。分权的缺点是容易产生本位主义思想。

集权与分权的关系是辩证关系，两者相互依存、相互作用。集权的程度应以积极发挥下属管理者的主动性、激发组织的活力为准，分权应以上级管理能有效控制下属为限。为了处理好集权与分权的关系，上级管理者应当注意不要越级指挥。

（4）责、权、力、效、利相匹配的原则。这一原则是无人机森林消防组织架构设计极为重要的原则。这一原则要求职责要明确，权力要对应，能力要相当，效益要界定，利益要挂钩。理论研究和实践都证明：有责无权或者责大权小都会出现指挥不灵，组织活动不能正常运行的现象；有权无责则容易产生瞎指挥和滥用权力现象，从而破坏组织活动与组织系统的效能；有职有权而能力、素质差，特别是政治、道德素质低劣的人，会背离组织目标，搞乱组织活动，整垮组织架构；利益不能与责任、权力发生固定关联而应与工作业绩、效益直接挂钩，且奖惩要分明，要兑现，否则会挫伤大家的积极性，使组织失去活力。

（5）稳定性和适应性相结合的原则。稳定性和适应性相结合原则，要求组织设计时，既要保证组织在外部环境和任务发生变化时，能够继续有序地正常运转，又要保证组织在运转过程中，能够根据变化了的情况作出相应的变更，组织应具有一定的弹性和适应性。为此，需要在组织中建立明确的指挥系统、责权关系及规章制度，同时又要求采用一些具有较好适应性的组织形式和措施，使组织在变动的环境中，具有一种内在的自动调节机制。

11.3.3　无人机森林消防组织架构体系结构及其特点

考虑到实际山区地形的不规则性，建立无人机消防站的位置受到地形地物较大的影响，选址不可能理想化,从而导致消防无人机有效作业范围会出现一些重叠,这一点是不可避免的。因此,为了达到无人机有效作业全覆盖的目的,建议在全国建立无人机消防站的数量约为 1 000 个,即理论上的总覆盖面积略大于需要覆盖的总面积。

1. 无人机森林消防组织架构体系结构

建议在全国建立 1 000 个无人机消防站,将其划分为南、北两个大组,每个大组有 500 个无人机消防站。根据无人机消防站所处的地理位置,又将每个大组划分为 20 个小组,每个小组由地理位置相邻的 25 个无人机消防站组成,将其中 1 个地理位置比较靠近中心的无人机消防站建设成"无人机消防中心站",起小组长的作用。其除了要完成本身的无人机消防任务以外,还要负责管理、协调其余 24 个小组成员(无人机消防站)的消防工作。无人机消防组织架构体系结构如图 11 - 7 所示。

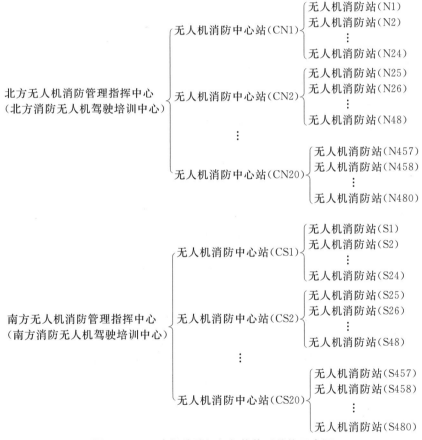

图 11 - 7　无人机消防组织架构体系结构示意图

(1)无人机消防站。无人机消防站位于无人机森林消防组织架构体系的最前沿,通常配备一辆 C 型无人机消防车及 4 架小型多旋翼消防无人机。其承担的主要任务是贯彻实施"打早、打小、打了"的灭火原则,快速响应,将林火消灭在初发萌芽状态,其工作任务包括空中巡护、火场侦察监测、扑灭林火、火场救援、空中喊话、灯光照明等。

(2)无人机消防中心站。无人机消防中心站是辖区内各无人机消防站的上级领导单位。通常配备 2 辆 C 型无人机消防车及 8 架小型多旋翼消防无人机,2 辆 A 型无人机消防车及

2 架中型旋翼消防无人机。辖区内一旦发生火情,立即出动中、小型旋翼消防无人机飞往着火区域参与扑火,以及承担灭火救援过程的协调指挥工作。平时,中心站除了负责无人机消防站人员管理工作以外,还要承担其后勤供应、物质保障、中小型消防无人机维修和人员技术培训等日常事务。

(3)无人机消防管理指挥中心。全国分设南、北两个无人机消防管理指挥中心,其上级单位分别为南方航空护林总站和北方航空护林总站。每个无人机消防管理指挥中心配备 5 架大型旋翼消防无人机,2 辆 A 型无人机消防车及 2 架中型旋翼消防无人机。

(4)消防无人机驾驶培训中心。南、北两个无人机消防管理指挥中心都建设一个高标准的消防无人机培训机构,配备有充足的高素质教师和辅助教学人员、培训设备、培训教室及飞行训练场地等,具备良好的培训条件,以满足消防员(学员)学习和掌握消防无人机驾驶和维护技术的迫切需要。

无人机消防组织架构体系见图 11 - 7,地理位置处于南方的 20 个"无人机消防中心站",及其各自下属的 24 个小组成员(无人机消防站),共计 500 个无人机消防站(包括中心站在内)归属于"南方无人机消防管理指挥中心"管理,其上级主管单位为南方航空护林总站。同样,地理位置处于北方的 20 个"无人机消防中心站",及其各自下属的 24 个小组成员(无人机消防站),共计 500 个无人机消防站(包括中心站在内)归属于"北方无人机消防管理指挥中心"管理,其上级主管单位为北方航空护林总站。

2. 无人机森林消防组织架构体系的特点

森林航空消防对扑灭森林火灾有着不言而喻的优势,这种优势是建立在各种软硬件兼备的基础之上的。森林航空消防不仅需要具备大、中、小型各类消防无人机及超大型有人驾驶消防飞机(作为基础设备的物资保障),还需要消防人员制定周密的应急预案。针对不同类型的森林火灾火情阶段,采用不同类型的消防灭火飞机来加以应对,从而能够成功完成森林火灾扑灭作业。如果二者缺一,便有可能造成杯水车薪的尴尬局面,达不到迅速有效扑灭森林火灾的目的。

为了消除我国每年发生的上千起森林火灾,必须实行"预防为主,积极消灭"的方针和利用消防无人机贯彻"打早、打小、打了"的原则。由于无法事先预知森林火灾出现的时间和地点,因此有必要采取积极预防的方法。人们事先不知道森林火灾会何时何地冒出头(烟火)来,所以有必要编织一个"天罗地网",建立起足够多的无人机消防站。在森林火灾在某时某地刚露头时,靠近该处的驻站消防员能及时发现森林火灾苗头(烟雾),及时将火情向"无人机消防中心站"和"无人机消防管理指挥中心"报告,并操纵控制 4 架小型多旋翼消防无人机垂直起飞,直接飞到起火点,迅速将森林火灾消灭在初发(萌芽)状态。

在全国建立无人机森林消防组织架构体系,建设 1 000 个无人机消防站的目的是充分发挥小型多旋翼消防无人机的优势:结构简单,容易操控;人机分离,安全性好;价格低,经济性好;使用不受地理条件、环境条件限制,特别适合在复杂环境下执行森林消防任务。该无人机森林消防组织架构体系是组织的全体成员为实现组织目标,在管理工作中进行分工协作,在职务范围、责任、权利方面所形成的结构体系,其本质是为实现组织战略目标而采取的一种分工协作体系,其特点是规避弱势,发挥优势,从实际出发,克服、回避缺点或不利条件,讲求实效。

11.4　森林航空消防 4 级响应机制

前面章节已经提到,与世上其他灾害一样,森林火灾的发生、蔓延和爆发都要经历一个从小到大的发展过程。通常把森林火灾的发展过程分为 4 个阶段:初起阶段、蔓延阶段、爆发阶段和熄灭阶段。针对这 4 个不同的阶段,森林消防无人机的响应可以分为 4 个等级,即 4 级响应机制。每 1 级森林航空消防管理的对象和内容是不一样的。无人机森林消防组织架构体系是为了适应森林航空消防 4 级响应机制的需要而建立起来的,针对不同的响应级别,主要调动使用的消防无人机类型有所不同。

11.4.1　森林航空消防 1 级响应和 2 级响应

1. 森林航空消防 1 级响应

森林航空消防 1 级响应所对应的火情是森林火灾刚发生时的萌芽状态(初起阶段)。"初起火灾"一般指发生火灾初期 15 min 之内的火灾,即"初期火灾"。在火灾的初期阶段,该阶段特征是初起烟雾大,可燃物质燃烧面积小,火焰不高,热辐射不强,火势发展比较缓慢,这个阶段是灭火的最好时机。由于小型多旋翼消防无人机结构简单,操控方便,最适合承担将森林火灾扑灭在初起阶段的任务,最适合用来贯彻执行扑灭林火的"打早、打小、打了"原则。

当无人机消防站的消防员发现森林或草地上某处上空袅袅升起一缕青烟后,立即自行决定启动森林航空消防 1 级响应,操纵位于消防观察站旁边的无人机消防车上或固定式自动化机库中的 4 架小型旋翼消防无人机垂直起飞,其中有一架用作空中指挥无人机。第一时间飞到起火点上空后,从空中对起火点进行视频拍摄,及时将起火点现场视频实时传送到地面控制站及无人机消防管理指挥中心。由于该机上装载星链网络接收天线设备,在森林火灾初发现场构成星链移动通信网络系统,可为附近所有小型旋翼消防无人机提供移动互联网络系统服务。与此同时,其余 3 架小型旋翼消防无人机飞到起火点上空后,在空中指挥无人机指挥下,一起对起火点发起集群攻击。喷射灭火干粉或发射灭火弹,迅速扑灭火焰,将森林火灾消灭在初起阶段(见图 11-8),达到及时有效扑灭森林火灾的目的。森林航空消防 1 级响应的任务主要有两条:一是直接扑灭尚处于萌芽状态的火苗;二是把初发的林火限制在一定的小范围内,以便随后赶来的中、大型旋翼无人机能快速将其扑灭,这是扑灭森林火灾最紧要阶段。

小型旋翼消防无人机最大的优点是可以垂直起降,不需要专用的跑道,机动性强、不受地形限制、部署灵活方便、响应快速,能够抵达一般灭火力量(人力)难以到达的地区及时进行灭火作业。它还可以身兼数职,既能在空中巡视监测林火,又能从空中喷射灭火干粉或发射灭火弹扑灭森林火灾。其从空中监测的森林火灾对象包括火焰、烟雾和红外辐射 3 种类型。在森林火灾初起阶段并不容易监测到大量的火焰,监测到的主要是烟雾,所以监测烟雾是最早发现森林火灾的方法。消防无人机从空中进行遥感拍摄视频和高清图像,实时传输到地面控制站及无人机消防管理指挥中心。无人机消防管理指挥中心结合大数据处理,能够迅速完成烟雾自动识别,判断出火源(起火点)的精准位置,快速制定消防规划和部署消防力量。

图 11-8　小型多旋翼消防无人机最适宜将森林火灾扑灭在初起阶段

2. 森林航空消防二级响应

森林航空消防 2 级响应由"无人机消防管理指挥中心"负责启动和指挥,其对应的火情是森林火灾即将或已经脱离了初发萌芽状态,有"星火燎原"之势,进入了蔓延阶段。森林航空消防 2 级响应启动后,无人机消防管理指挥中心立即派遣大型旋翼消防无人机(载重5 000～10 000 kg)飞往森林火灾燃烧现场扑灭森林火灾,如图 11-9 所示。与此同时,调度指挥森林火灾火场附近及周边所有的"无人机消防中心站",调集他们的中型消防无人机(载重超过 150～2 000 kg,续航时间超过 5 h)迅速从四面八方飞往森林火灾火场,参与扑灭森林火灾的集群战斗。其中最早抵达的 1 架中型消防无人机上装载星链网络接入设备,在现场构建起星链移动通信网络系统,为附近所有消防无人机提供移动互联网络。该中型消防无人机将取代原先担任空中指挥机职责的小型消防无人机,担任起新的空中指挥机,负责监测森林火灾现场及现场指挥所有参与扑救火灾的消防无人机集群。

图 11-9　大型旋翼消防无人机从空中喷水扑灭森林火灾

启动森林航空消防 2 级响应后,除了森林火灾火灾现场周边临近区域各个无人机消防中心站派出中型消防无人机外,通常无人机消防管理指挥中心的大、中型旋翼消防无人机也"倾巢出动"。在森林火灾火灾现场形成数量众多的中型与大型消防无人机集群作战,以达到尽快控制和扑灭森林火灾的目的。这是扑灭森林火灾最紧迫阶段。实际上,通常 1 级响应很快(或即刻)就会升级为 2 级响应。

11.4.2　森林航空消防 3 级、4 级响应和火灾评估

1. 森林航空消防 3 级响应

当森林航空消防 1 级、2 级响应未能达到扑灭森林大火目的,森林火灾火势越来越大,已经进入大火燎原的爆发状态时,无人机消防管理指挥中心就要启动 3 级响应预案,其核心内容是申请、调度和指挥超大型有人驾驶固定翼消防灭火飞机进行灭火。由于旋翼消防无人机有效载荷有限,对于已经发展成面积广阔的大规模森林特大火灾,它们所能投放的水量或灭火剂量就显得不足。这时就需要投入由大型固定翼飞机改装而成的有人驾驶消防灭火飞机,用以投放巨量的水或灭火剂,来应对大范围的森林火灾。森林航空消防 3 级响应的目标是稳定火势,封锁火头,进而控制火势,以及采取更加有效的措施扑灭火翼,建立防火线或利用道路、河流等自然条件防止火势扩展蔓延,这是扑灭森林大火最关键的阶段。

目前世界上所使用的固定翼消防灭火飞机大多是利用现成的超大型民航客机改装而成的,其飞行速度快,载质量极大,能飞去人迹罕至的森林火灾现场空投大量的水或灭火剂,从而有效扑灭特大森林火灾。以波音 747 消防灭火飞机为例,一次能装 70 000 kg 灭火剂,航程 6 000 km,速度 900 km/h,能一次性喷洒宽 50 m、长 5 000 m 的一条灭火带。它可以在几个小时之内飞往美国任何一个地方,及时灭火。除了波音 747 以外,其他很多种大型民航客机(例如 DC-10)都可改装为消防灭火飞机,如图 11-10 所示。DC-10 消防灭火飞机的水箱容量达 45 000 L,一次可以形成长 1 600 m、宽 90 m 的撒水区(灭火带)。波音 747 消防灭火飞机是世界上最大的消防灭火飞机,但其成本高昂,对机场的要求也较高,这限制了它的应用(因为很多森林火灾严重的地方并没有合适的机场供这么大的飞机起降),而 DC-10 消防灭火飞机要求相对较低,使用更灵活,因此得到更多的应用。

消防灭火飞机所投放的红色阻燃剂,跟水相比,不仅能有效灭火,还能防止复燃。因为阻燃剂中含有阻燃元素,例如磷酸铵,这些阻燃元素能生成不易燃的物质,从而有效地隔绝氧气并防止复燃。而且阻燃剂有颜色,这样消防灭火飞机经过森林火灾上空喷洒红色阻燃剂之后,消防员和其他消防灭火飞机的飞行员就可以知道哪里被喷洒过了。

森林航空消防 3 级响应由地面"无人机消防管理指挥中心"负责启动和全面指挥。灭火现场的空中指挥权则要随着有人驾驶消防飞机飞临灭火现场而进行切换,无人机要将空中指挥权转交给有人机,以配合实施两种类型不同的灭火方式。森林航空消防 1 级和 2 级响

应时,会出动多架(或一群)消防无人机来扑灭火灾,采用的方式是消防无人机集群灭火方式。如果1级和2级响应方案未能有效地扑灭森林火灾,随着森林火灾的着火面积和火势规模的扩大,不得不启动3级响应时,除了消防无人机集群,还要引入超大型有人驾驶消防飞机参与灭火,实行消防无人机/有人机协同灭火方式。

图11-10 超大型消防灭火飞机DC-10正在火灾现场上空投放红色阻燃剂

(1)消防无人机集群灭火方式。

当有人驾驶消防飞机飞临灭火现场之前或离开之后,森林火灾火场上空有多架(或一群)消防无人机在现场进行灭火,有一架担任"空中指挥机"的中型旋翼无人机,承担空中指挥的职责,负责监测林火火灾现场及现场空中指挥所有参与扑救火灾的消防无人机集群,这种灭火方式,即为消防无人机集群灭火方式。消防无人机集群体系结构分为集中式、分布式和集散式体系架构等几种类型。

1)集中式体系架构。该体系架构由地面消防指挥控制中心完成消防无人机集群系统的任务规划和协同工作,多机系统中的消防无人机只作为任务的执行者。

2)分布式体系架构。该体系架构中没有控制中心节点,对单机来说在系统中地位是平等的,采用自主管理、协商的方式完成任务。

3)集散式体系架构。该体系架构结合了集中式和分布式两种架构的优点,利用分布式自治与集中式协作相结合的方式来解决系统全局控制问题。

(2)消防无人机/有人机协同灭火方式。

当特大型有人驾驶消防飞机飞临灭火现场之时,森林火灾上空会有多架(或一群)消防无人机与一架有人驾驶消防飞机同时出现在火灾现场进行灭火。这时就要及时启动消防无人机/有人机协同灭火方式,灭火现场空中指挥权要由消防无人机转交给有人驾驶的消防飞机承担。原先担任空中指挥机的中型旋翼无人机转变为空中侦察监视机,承担起有人驾驶消防飞机"眼睛"的角色,实时将森林火灾现场的实况视频和数据传送到有人驾驶消防飞机驾驶舱屏幕上,为驾驶员的判断和指挥提供实时信息,驾驶员根据这些信息果断作出决策判断,在空中指挥无人机/有人机协同灭火,以便提高消防灭火的效率。

根据消防无人机的智能化水平,消防无人机/有人机协同灭火可以分为以下 3 种模式。

(1)消防无人机/有人机被动集中式协同灭火模式。

消防无人机/有人机被动集中式协同灭火模式是半自主条件下的模式,指挥机全程由消防有人机担任,消防无人机配合消防有人机完成扑灭特大森林火灾的任务。

(2)消防无人机/有人机半主动分布式协同灭火模式。

消防无人机/有人机半主动分布式协同灭火模式是信息化条件下的模式,指挥机基本固定在消防有人机上,但在局部空间也存在消防无人机独立完成灭火任务的情况,其核心思想是不再完全依靠昂贵的高价值消防有人机去完成全部灭火任务,而是将各种能力分散到众多(或多个)消防无人机上,让消防无人机比较主动地承担更多的灭火任务。

(3)消防无人机/有人机驻地分布式协同灭火模式。

消防无人机/有人机驻地分布式协同灭火模式是智能化条件下的模式,指挥机根据灭火任务的需要,在消防无人机与消防有人机之间实现自由切换,不论是消防有人机还是消防无人机,都全程自主参与灭火。

2.森林航空消防 4 级响应

当森林火灾的火势得到有效控制,即森林火灾基本上已经扑灭,火场得到控制,森林航空消防灭火工作进入巩固阶段以后,由无人机消防管理指挥中心决定和宣布启动 4 级响应。超大型有人驾驶的消防灭火飞机返回基地,由无人机消防管理指挥中心和各无人机消防中心站派出大、中型旋翼消防无人机完成扑灭森林火灾的收尾工作。扑灭火灾现场尚存的少量零星余火,直至完全扑灭余火。由无人机消防管理指挥中心宣布启动 4 级响应,超大型有人驾驶的消防灭火飞机返回基地。森林火灾现场留下大、中型旋翼消防无人机进行集群灭火作业,扑灭火灾现场尚存的少量零星余火,直至完全扑灭余火为止。

当完全扑灭森林火灾火场余火后,大、中型旋翼消防无人机撤回。但森林航空消防 4 级响应状态仍不能撤消,只是从扑灭余火阶段转为看守火场阶段,由无人机消防站负责派出留守人员和小型旋翼消防无人机看守刚刚扑灭的森林火灾火场,防止复燃,如图 11-11 所示。

一般情况下,森林火灾复燃的原因主要是气候异常,干旱、高温、大风天气影响,加之可燃物积累和火灾的周期性,引燃了未燃尽的树木,形成树冠火和飞火,吹到火场外林地燃烧,重新导致森林火灾的发生。因此这是最绝对不可以掉以轻心的阶段,必须引起高度重视。

森林航空消防 4 级响应看守火场阶段的主要任务是空中巡逻、守护和清理,每隔30 min或 20 min 起飞升空一架小型旋翼消防无人机,巡逻飞行半小时,重点监测可疑地带,发现问题要迅速向上级反映,并及时采取有效措施进行清理。通常情况下,一般荒山和幼林起火监守 12 h,中龄林、成龄林森林火灾扑灭后要监守 24 h 以上,无人机消防管理指挥中心派出中型旋翼消防无人机进行空中巡检及专人检查验收后,方可考虑撤离。

图 11-11 小型旋翼消防无人机日夜看守着已被扑灭的火场

3.森林火灾评估

客观、高效、科学地对森林火灾灾后损失进行评估,对我国现阶段的森林防火工作具有重要意义。在发生森林火灾后,火灾调查与灾情评估一般是越早介入越好,尤其是对于起火点与起火原因的调查,时效性很重要。但发生森林火灾时,火场环境危险性很高,接近性很差,使用常规人工手段进入火场进行调查,对于调查人员的人身安全十分不利。利用消防无人机进行火灾调查,可以在灾情发生后的第一时间介入,对火场及其周边环境进行监测,可以大大缩小起火点的调查范围,甚至有可能直接捕捉到涉案人员的活动场景,可以说,利用消防无人机进行森林火灾调查,其效果是其他常规手段所无法比拟的,其时效性、安全性、灵活性优势明显。

在森林火灾灾情评估中,消防无人机搭载新型测量仪器设备,采用倾斜摄影、图像识别等先进技术进行火灾面积测量,可以有效实现火场面积测算、受灾林木种类及林木蓄积测算的精细化,提高评估的准确性,同时可以大大减轻灾情评估的工作量,灾情评估的效率更高。

消防无人机应用于森林消防灭火,是航空护林的新兴力量与有力补充,可以有效解决传统航空护林存在的一些缺陷及不足。其最大的优势在于,能够较好地完成小范围林区的低空巡护和扑救任务,尤其在应对一些火灾范围较小的一般性火灾及初起火灾扑救方面,响应速度快,机动灵活,优势十分明显,应用前景十分广阔,如图 11-12 所示。

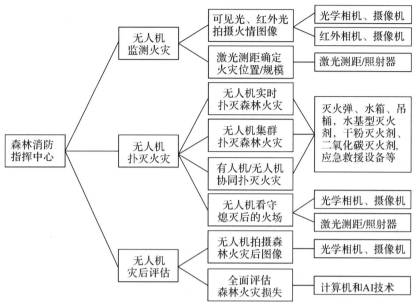

图 11-12　消防无人机在扑灭森林火灾过程中承担的主要任务

11.5　无人机消防站

　　无人机消防站是整个无人机消防组织架构体系的基础节点,或者说是消除森林火灾最前沿的阵地。根据地理、气候、环境等特点,以及植树造林、建立防火隔离带的需求,在我国建立了 1 000 个无人机消防站,广泛分布在全国森林或草地覆盖区域及有需要的地方,编织起我国境内全覆盖、消除森林火灾的"天罗地网"。

11.5.1　无人机消防站基本结构

1.森林消防观察小屋和观察塔

　　为了及时、有效地发现刚刚露头的森林火灾苗头,需要采取"技防＋人防"的消防策略。技防是指利用现代无人机高科技技术,使用无人机进行空中巡视、侦察监测,以及安装防火视频监控系统,自动监测森林树木生长情况和可能发生的火灾苗头,从而在第一时间迅速出动消防无人机将森林火灾扑灭于初始状态。人防是指建立森林消防观察站,由驻守站内的消防员用望远镜观察周围的情况(火情),以发现可疑烟火。

　　为了能在森林火灾爆发季节及时发现突然出现的森林火灾苗头,可以在山坡顶上建造一个森林消防观察小屋(见图 11-13),或者建造一个森林消防观察塔(见图 11-14)。两者统称为森林消防观察站,同时也可用作无人机消防站的办公室。为了便于观察,森林消防观察站四面墙上都开了窗户,而且不能用窗帘。在秋冬森林火灾频发季节或封山育林时段,由无人机消防站的消防员轮班日夜驻守,在目光可及的地方,发现任何可疑烟火。

图 11-13 建筑在山坡顶上的森林消防观察小屋

　　建造森林消防观察小屋的费用比建造森林消防观察塔低些。对于不同地区的无人机消防站,具体是建造森林消防观察小屋还是森林消防观察塔,起决定性作用的影响因素是该无人机消防站所处的地理位置、周围环境和观察效果等。如果山坡顶峰高度足够高,周围没有视觉障碍物影响消防员的观察,消防员可以清晰观察到四周森林草地的景物,那么建筑一个消防观察小屋作为森林消防观察站就是首选方案,否则就要建造一个森林消防观察塔,以提高消防员观察位置的高度。一般森林消防观察塔有采用砖混结构的,也有采用钢结构、钢木结构等不同结构的,其高度要高于周围的树木和其他障碍物。

(a)　　　　　　　　　　　　　　　　　　(b)

图 11-14 森林消防观察塔
(a)森林消防观察塔;(b)消防员在观察塔上观察

2.小型多旋翼消防无人机

　　森林消防观察站是一种传统的森林消防火警侦察设施,现代先进的森林消防侦察方法是采用小型多旋翼消防无人机。消防员操纵小型多旋翼消防无人机能够 24 h 随时起飞执行火情侦察任务,及时发现火情、报告火场位置,并及时飞临起火点上空,对着初发起火点喷射灭火干粉或发射灭火弹,快速将森林火灾消灭在初起阶段。

　　小型多旋翼消防无人机的最大优点是结构简单、可以垂直起降,不需要专用的跑道,机动性强、不受地形限制、部署灵活方便,能够抵达一般灭火力量难以到达的地区及时执行灭火任务。它还可以身兼数职,既能在空中巡视监测森林消防,又能从空中喷射灭火干粉或发射灭火弹扑灭森林火灾。其从空中巡视监测森林消防的对象包括火焰、烟雾和红外辐射 3 种,因为在森林消防发生早期并不容易监测到大量的火焰,监测到的主要是烟雾,所以监测烟雾是最早发现森林消防的方法。小型多旋翼消防无人机从空中进行遥感拍摄视频和高清图像,传输到地面控制站和无人机消防中心站,结合大数据处理,能够迅速完成烟雾自动识别,判断出起火点位置。在夜间,小型多旋翼消防无人机要配备专业红外热成像探测器,从空中对地面进行红外探测,可穿透烟雾遥感到地表的温度情况,从而快速探查到火源(起火点)。

采用传统的森林消防观察站,加上使用小型多旋翼消防无人机侦测、扑灭火苗的方法,就能有效地将森林火灾扑灭在其初发萌芽状态,从而达到"消灭森林火灾,保护森林资源安全"的目的。

3. 无人机消防站人员的工作任务

每个无人机消防站驻守人员(消防员)的数量通常为 2 人,但是在秋冬季森林火灾频发季节,也可以增加 1 名消防员驻守。消防员每天都要写护林观察日记,将观察情况记录下来,即使没有出现任何火情,也要如实地记录当天的天气状况,以及森林或草地中的树木、杂草、林下植物、野生动物、土壤微生物及其他自然环境等每天所发生的微小变化。如果无人机消防站安装有防火视频监控系统,则记录该系统运行情况和系统监测数据,以及管理和维护该系统正常运行也是消防员的一项重要工作。其实这份工作许多年前就有了,全国各主要森林地区都有护林员。他们之所以不被称为消防员是由于当时还没有森林消防无人机,他们只有观察和通报发生森林火灾地点的能力,而不能像现在这样可以自己动手操纵消防无人机,将森林火灾扑灭于初始萌芽阶段。

根据以往的经验以及充分体现现代人文关怀,在森林消防观察小屋(无人机消防站办公室)附近的山坡上要平整出一块平地,用于修建 2 套消防员家属宿舍,提供给 2 名消防员及其家属居住。在非森林火灾频发季节,无人机消防站驻守人员(消防员)起到"护林员"的作用,主要任务是植树造林、修整林地或草地防火隔离带、维修仪器设备,以及进行无人机操纵和维护技术的培训等。

现在的无人机消防员都要经过严格培训,取得无人机驾驶员的资格证书。由于消防员每月都有固定的工资收入,其随行家属没有,因此要允许其家属从事一些工作。例如可以申请在住处旁边开垦一小块荒地,用来种植一些自己家庭食用的蔬菜(其种植面积和品种要获得批准),或是承担植树的有偿种植任务及放牧山羊(山羊的品种和数量要通过申请并获得批准)。

11.5.2　无人机消防站的主要设备及维修工作

1. 无人机消防站的主要设备

(1)奥斯本森林消防测量罗盘。奥斯本森林消防测量罗盘是用来定位森林消防的工具,可以 360°转动,盘面上展示出视线可及区域的所有地形,如图 11-15 所示。如果发生了森林火灾,消防员就能第一时间测量出着火点的准确位置。

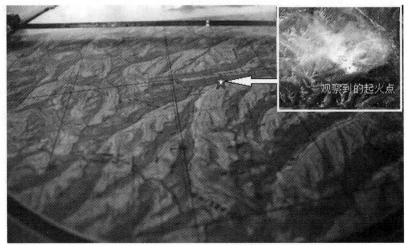

图 11－15　奥斯本森林消防测量器上显示的地形图

　　除了采用测量仪器精确测量出森林消防起火点的位置以外,有经验的消防员一般会根据自己以往观察森林消防烟雾形态的实践经验,大致判断出森林消防起火位置。白天在晴天情况下,森林消防火势可从森林消防烟雾的颜色、烟柱高度、空气中的烟味等因素来判断,从而确定森林消防具体起火点的距离。不过要注意的事项是:火大容易误近,易将很远的起火点误认为就在近处;火小则容易误远,易将较近的起火点误认为距离比较远。

　　(2)无人机消防车及其携带的无人机。每个无人机消防站要配备1辆无人机消防车及其他一些必备的消防灭火设备和原材料,每辆无人机消防车上装载有4架小型多旋翼电动消防无人机。

　　(3)完成消防无人机小修工作所必备的维修工具和设备。

　　(4)消防用的原材料:消防器材、灭火干粉、灭火弹等。

　　(5)5G 移动通信网络系统。5G 网联无人机终端和地面控制终端均通过 5G 移动网络进行数据和控制指令,这给消防无人机带来极大好处:其具有大宽带、低延迟、高可靠、广覆盖、大连接的特性,可以对消防无人机进行远程遥控、实时图传、精准定位、全程监管。

　　(6)星链移动通信网络系统。星链卫星距地面约 500 km,而同步卫星距地面约 36 000 km,因此,星链移动通信网络系统的延迟类似于地面光纤和 5G 的延迟,星链网络通信是 5G 和光纤通信的有利补充。对于人烟稀少的偏远地区,不需要单独为消防无人机建立 5G 蜂窝移动网络,可节省移动通信基站的建设成本和运营成本,包括昂贵的电费成本。在 1 000 m以下的高度,借助星链移动互联网覆盖模式,消防无人机便可直接摆脱点对点地面站控制系统,消防员可以通过星链互联网络信号对消防无人机进行飞行控制。这意味着全球任何地方都能被星链网络覆盖,只需要有地面中继站,消防无人机就能自由飞翔。

　　星链移动互联网能满足消防无人机的高清视频监控应用需要:时延达到 8 ms、速率超过 1 G。在星链移动通信网络下,更大的带宽将丰富无人机搭载的高清摄像头的视频图像和数据传输模式。相比较于常规无人机的视频图像传输模式,星链互联网络可支持网联消防无人机超高清视频的实时传输,能保障消防无人机采集数据的时效性。星链网络的低时延特点,能满足星链网络消防无人机的远程控制需求。消防无人机的任务管理、飞行控制、航迹监控等操作,都可以在远程管控平台上完成。星链网络的超大连接能力,足以满足消防无人机的广泛连接需求。同时结合星链系统高精度定位能力,可以使消防无人机在电量低的情况下,自动寻找最近的充电平台,完成续航,解决当前消防无人机的工作时长过短的问题。

2.消防无人机的维修工作

消防无人机的维修工作一般分 3 级:保养、中修和大修。

(1)保养。保养是指为保持消防无人机设计性能而进行的日常维护保养、检查和故障排除、调整和校正、机件更换及定期检修等周期性工作,包括机体表面清洗、擦拭、通风、添加油液或润滑剂、充气等工作,是对技术、资源要求最低的维修工作类型,一般由使用消防无人机的单位(无人机消防站)承担。

(2)中修。中修是指使用消防无人机的上级维修单位(无人机消防中心站)及其派出的维修分队所进行的维修,它有比使用单位(无人机消防站)更好的维修能力,能承担使用单位所不能完成的维修工作。主要工作内容包括无人机机体结构的中修,机载设备、机件的中修、大修、损伤修理、一般改装等。

(3)大修。大修是指拥有最强的维修能力,能够执行修理故障装备(消防无人机)所必要的任何工作,是由无人机修理机构(无人机消防管理指挥中心)或制造厂所进行的维修,因此消防无人机的大修、技术复杂的改装、事故修理、零备件的制作等,都由无人机消防管理指挥中心承担。

11.6　无人机消防中心站

无人机消防中心站是整个无人机消防组织架构体系的基础中心节点,每 25 个位置相邻的无人机消防站组成一个组群,然后选择一个位置适中的消防站作为组长(群主),即无人机消防中心站。

11.6.1　建立无人机消防中心站的目的和任务

1.建立无人机消防中心站的目的

从无人机消防组织架构体系结构示意图可知,1 000 个无人机消防站划分为南北两个大组,每个大组又划分为 20 个小组,每个小组由地理位置相邻的 25 个无人机消防站组成,其中 1 个被任命为无人机消防中心站,总共有 40 个无人机消防中心站,它除了要完成自身的森林火灾观察和扑灭任务外,还要承担 24 个下属无人机消防站的组织管理、任务协调和设备维护维修工作及其他的副业任务。

无人机消防中心站地理位置的选择主要考虑两点:

(1)无人机消防中心站位于该组地理位置相邻的 25 个无人机消防站的中心位置或大致的中心位置。

(2)建立无人机消防中心站的目的,除了执行森林消防任务外,还可以充分利用其优美的森林环境,将它建设成旅游景点、消防安全教育基地、森林资源保护专业科研基地、抗火树种培育基地等。

2．无人机消防中心站的任务

无人机消防中心站的任务分为两大类,一类是主业(主要的、最重要的基本任务),另一类是副业。

(1)主业。无人机消防中心站是一个无人机消防站,因此它要具备完成一个无人机消防站所需完成的全部工作任务的能力,包括在山顶上建筑一个观察小屋或森林消防观察塔,在秋冬森林火灾频发季节,由消防员轮班日夜驻守,每日都要编写观察日记。一旦发现火情,或者收到下级无人机消防站发现火情的报告,要第一时间通报上级——无人机消防管理指挥中心,并保持上、下级单位之间通畅的无线电通信联络。与此同时,无人机消防员都要求取得无人机驾驶员的资格证书,能够在发生火灾时熟练地操控消防无人机起飞,从空中迅速飞到起火点上空,及时将起火点现场视频实时上传,并对起火点实施"打早、打小、打了",争分夺秒地将森林火灾 消灭在初发阶段。另外,它作为中心站,还要对下属的 24 个无人机消防站负起组织领导、统一指挥、协调管理及设备维修等职责。

无人机消防中心站的工作人员(消防员)要对管辖的区域及下属 24 个无人机消防站管辖区域附近所有的河流、湖泊等水源分布情况有非常清晰的了解,通过实地考察、查询水文资料和空中观察等方法,随时掌握附近河流和湖泊的实际情况,包括:

1)河流的宽度、深度、水流走向、流速、水质和岸边树木生长分布情况等。

2)湖泊形状、面积、湖水深度、水质和湖中水草生长分布情况等。

通过了解管辖区域内及附近所有河流和湖泊的水文地理情况,寻找适用于中型旋翼消防无人机进行吊桶取水的地方。确保一旦发生森林火灾,消防员及时出动中型旋翼消防无人机进行灭火时,可以方便地从火场附近(最靠近的)河流或湖泊中用吊桶取水(见图 11-16),保证扑灭森林火灾所需的消防水量供应和缩短消防无人机吊桶取水所花费的时间。

图 11-16　中型旋翼消防无人机吊桶从河流湖泊中取水

(2)副业。除主业以外,无人机消防中心站的任务还有副业,副业是在不影响主业任务完成的前提下,围绕着"共享森林美景,严防森林火灾"主题,因地制宜开展一些项目。具体包括以下几方面：

1)建设成旅游景点。观光旅游业的发展必须依赖于一定的旅游资源。旅游资源虽包罗万象,但无外乎自然资源和人文资源两类。在我国众多的旅游景点中,有的以自然资源突出为特色,有的以人文资源突出为特色。随着人们思维方式和审美情趣的改变,现在和未来,自然资源已经成了旅游中颇具魅力的优势资源,体现出未来旅游业的主题——生态、绿色、文化等。因此,需要利用这一良好的自然生态环境,附带着将 40 个无人机消防中心站打造成一个个围绕着"消除森林火灾"主题而又各具特色的旅游景点,在非森林火灾频发季节,向广大旅游爱好者开放。

2)建设成消防安全教育基地。为了开展消防安全宣传教育工作,消防安全教育基地一般都有火灾案例、消防标识、隐患排查、模拟灭火等展示区和模拟场景区,其中模拟场景区凭借模拟设备,最大限度还原出火场实况,包括隔空互动体验展项、烟雾逃生体验展项、安全用电体验展项、消防灭火体验展项,以及模拟醉驾体验项、知识抢答台展项、地震体验项、结绳训练等。参观者可以亲身体验这些模拟场景,以增强教育、宣传效果。消防安全教育基地作为消防安全公益课堂,在非森林火灾频发季节,可以邀请学生和市民来参与学习,将消防安全意识深入千家万户。无论孩子还是成年人,都能从中学到消防安全知识,并体验到火灾火情的危险,从而达到寓教于乐、宣教入心的良好效果。

3)建设成研究消除森林火灾灾害的专业科研基地。充分利用身处对抗森林火灾最前线的有利条件,建立起森林火灾专业科研基地,培养一批高水平的从事消防与消除森林火灾灾害的专业人才,在解决森林火灾频发、灾害事故突出问题中充分发挥技术骨干作用。研究的课题包括我国各地森林火灾形成机制(森林火灾发生的过程、热传播形式和火灾强度)、森林火灾蔓延的特征和影响森林火灾蔓延的主要因素(环境、气候和人类活动等),以及火灾模拟(重构)技术、火灾燃烧实验、阻燃机理与物证鉴定关键技术研究等。

4)建设成抗火树种培育基地。具有耐火性和阻火性的树种称为抗火树种。抗火树种须符合阻火、适生、无害、有经济价值等条件,并具备以下特性:枝叶茂密、含水量大、含油脂少、不易燃烧、耐火性强;下层林木应耐潮湿,与上层林木种间关系相适应;生长迅速、郁闭快、适应性强、萌芽力高;无病虫害寄生和传播;等等。生物防火林是预防森林火灾蔓延、控制大面积森林火灾的有效阻隔,可选用不易燃烧树种,而且抗火林带可以形成林带内小环境,不利于森林火灾的发生与蔓延。因此,无人机消防中心站要建设成抗火树种科研栽培基地,通过对我国主要森林树种进行野外调查采样,测定采集树木样本的含水量和热值,结合树种的生物学特性、生态学特性筛选出适合各地区的抗火树种。通过选种,培育抗火性很强的树种(具有涵养水源能力强、叶片含水量高等特点),提供给各地林业部门用于植树造林。另外,40 个无人机消防中心站都要成立一支自己的专业植树造林队,按规划(计划)在荒山秃岭上植树造林,播撒抗火树种及栽种抗火树苗,绿化荒山,改善所在地区的生态环境。特别是当专业放牧队的山羊清理出一块荒地以后,植树造林队要及时跟进,在荒地上栽种一片抗火树苗,让抗火树林的绿色逐渐覆盖整个森林。

11.6.2　无人机消防中心站的人员安排和主要设备

1. 无人机消防中心站的人员安排

无人机消防中心站的人员分为两部分,其中负责主业工作的消防员有 4 人,他们(可以携带家属)常年累月地驻守在无人机消防中心站,他们负责发现和及时扑灭森林火灾苗头,以及与森林消防安全、植树造林等直接相关的消防员主业工作(包括下属 24 家无人机消防站的领导管理事务)。他们一般不参与副业工作。因此,建议每个无人机消防中心站至少建设 4 套家属宿舍提供给 4 位消防员居住。

无人机消防中心站的副业要与主业明确区分开来。副业是附加在无人机消防中心站上的附带任务,虽然意义重大,是很重要的工作,但在秋冬森林火灾频发季节,它要让位于主业(一旦发生森林火灾,需要关闭无人机消防中心站一段时间)。另外,副业一般都是大的工程项目或经营项目,首先要有项目规划书,在项目规划书获得政府部门的审批后,还需要经过招投标来确定其承包企业,因此副业工作人员是由承包企业负责安排的,其工作任务和生活设施都不归无人机消防中心站管理。副业承包企业的管辖权放在上一级单位——无人机消防管理指挥中心,副业承包企业与无人机消防管理指挥中心签订承包合同,并接受其管理(类似租房协议中业主与租户之间的关系)。

2. 无人机消防中心站主业的主要设备

无人机消防中心站主业的设备(不包括副业涉及的设备)主要有以下几种:

(1)奥斯本森林火灾测量罗盘。

(2)无人机消防车。每个无人机消防中心站要配备 3 辆无人机消防车及其他一些必备的消防灭火设备和原材料,每辆 C 型无人机消防车上装载 4 架小型多旋翼电动消防无人机、2 辆 A 型无人机消防车,每辆车上装载 1 架中型旋翼消防无人机(总共 2 架)。

(3)5G 或星链移动通信网络系统。

(4)完成消防无人机小修和中修工作所必备的维修工具和设备。

(5)消防用的原材料有消防器材、灭火干粉、灭火弹等。

(6)无人机消防中心站的建设要考虑方便中型旋翼消防无人机使用吊桶取水的需要,有条件的地方可以利用附近天然的河流、湖泊作为消防无人机的取水点(池)。在比较干燥缺水的地区,无人机消防中心站附近找不到合适的天然取水点(池)时,就要专门建造一个大型的蓄水桶(池)(见图 11 - 17),供中型旋翼消防无人机取水使用。

图 11-17　中型旋翼消防无人机用吊桶从蓄水桶(池)中取水

11.7　无人机消防管理指挥中心

无人机消防管理指挥中心是整个无人机消防组织架构体系的大脑,集报警服务、力量调集、作战指挥、信息综合、决策参谋等功能于一身,充分融合各种科技和信息资源,有明确的职责权限和处置预案,同时能充分调动和利用社会资源,不断提高森林消防无人机综合处置和协同作战能力。

11.7.1　建立无人机消防管理指挥中心的目的和职责

1.建立无人机消防指挥中心的目的

从无人机消防组织架构体系结构示意图可知,在我国南方、北方各自建立一个无人机消防管理指挥中心,分别属于南方航空护林总站和北方航空护林总站。它们在我国南方和北方担负起“消除森林火灾,保卫森林安全”的重任,负责管理指挥各自下属的 20 个无人机消防中心站和 480 个无人机消防站,以及承担各自的消防无人机的大修任务。

无人机消防管理指挥中心的协调指挥大厅安装有大尺寸显示屏幕和数十台小尺寸显示器,如图 11-18 所示,可以实时显示下属的各个无人机消防中心站及无人机消防站(总数达到 500 个)的活动情况,包括森林火灾起火点(含疑似起火点)冒出烟雾、森林火灾蔓延燃烧及消防无人机扑救火灾的现场图像、视频和指挥信息等。

无人机消防管理指挥中心要掌握当天辖区人员、消防无人机、消防车辆等装备,与消防有人驾驶飞机沟通联系情况,以及熟悉作战预案,传达首长命令和指示,了解火场情况的发展变化并及时报告,根据首长指示进行处理。各级人员、装备资源经过指挥中心的“合成”,要具备“整体大于部分之和”的战斗力。

图 11-18　无人机消防管理指挥中心的显示屏幕(电视墙)

2.无人机消防指挥中心的主要职责

在我国南、北两个区域建立的两个无人机消防指挥中心,分别在南方航空护林总站和北方航空护林总站领导管理下,负责各自区域无人机森林消防的监督和管理工作,承担各自区域无人机森林消防指挥机构的日常工作。无人机消防指挥中心可充分发挥森林消防无人机机动灵活的特点,减少森林火灾可能造成的损害,保障人民群众的生命财产安全,维护国家安全和社会稳定,促进经济社会全面、协调、可持续发展。

无人机消防指挥中心的主要职责是负责下属无人机消防中心站及消防站的日常组织管理工作、区域森林防火工作和森林火灾扑救工作,以及协调有关部门解决森林防火中的问题。除了负责指挥管理下属的各个无人机消防中心站及无人机消防站外,无人机消防管理指挥中心还要采用大型消防无人机(可装载 5 000 kg 及以上的水或灭火剂)直接参与扑灭特大森林火灾的行动。

无人机消防管理指挥中心组织指挥扑灭森林火灾的目标是在最短的时间内,利用先进、科学的指挥手段,采取最佳的灭火策略和灭火方法,实现对森林火灾的"打早、打小、打了",把森林火灾造成的损失降到最低限度,有效地保护当地居民的生命财产安全和森林资源。

11.7.2　无人机消防管理指挥中心的任务和指挥原则

1.无人机消防指挥中心的工作任务

无人机消防指挥中心的工作任务概括起来,包括平时工作任务和扑灭森林火灾任务两方面。"预防为主"就是在处理"消"与"防"两者的关系上,在同森林火灾斗争过程中,必须把预防火灾放在首位,在思想、组织、制度上采取各种积极措施,以防止火灾的发生。"防消结合"就是在积极做好预防火灾工作的同时,在人力、物力、技术上做好灭火的充分准备。

(1)平时工作任务。加强无人机消防组织架构体系内部消防队伍的建设,配备足够的消防器材,加强灭火训练,值勤备战,做到长备不懈,一旦发生火灾,能迅速及时扑灭,把火灾危害减少到最低。

1)收集资料,充分了解和掌握森林火灾发生的特点和规律,正确分析、预测和判断火灾发生发展趋势。

2)建立各项规章制度,落实消防人员的工作责任。

3)及时了解消防员队伍和消防装备情况,科学合理地调配、使用人力、物力、财力。

4)根据森林火灾发生和蔓延的规律,制定森林火灾扑救预案。

5)检查落实各无人机消防站平时的无人机空中巡查、监测、救援等日常工作情况。

6)组织消防人员培训,并适时进行演练。

7)落实消防设备维护维修工作,保障消防储备物资充足到位。

8)归纳总结经验教训,建立完善的森林消防档案。

9)日常事务管理,科研攻关,推广成果。

(2)扑灭森林火灾任务。机动灵活地运用消防无人机扑灭森林火灾组织指挥策略和手段,以达到及时有效地消灭森林火灾的目的。

1)侦察监测森林火灾火情,预测森林火灾蔓延趋势。

2)拟定扑灭森林火灾整体方案,坚定贯彻执行。

3)调动各方消防队伍,科学布置、组织协调各方消防灭火力量。

4)根据森林火灾蔓延趋势,及时补充调整消防队伍,全力控制火场。

5)当森林火灾火场得到控制时,重新调整部署,直至余火完全扑灭为止。

6)清理和看守已被扑灭的森林火灾火场,重点设防,督导检查。

7)组织人员验收已被完全扑灭的森林火灾火场,总结经验教训,建立档案归档。彻底查清森林火灾发生的原因,做到"三不放过"(即原因不明不放过,事故责任人未受到教育不放过,防范措施不落实不放过)。

2.无人机消防指挥中心的指挥原则

无人机消防指挥中心要认真贯彻落实"预防为主、积极消灭"的方针,机动灵活运用消防无人机扑灭森林火灾的组织指挥策略和手段,做到有准备、科学组织、主客观一致,以达到及时有效地消灭森林火灾的目的。无人机消防指挥中心组织指挥扑灭森林火灾的原则如下:

(1)知己知彼、百战不殆。无人机消防指挥中心要想成功地组织、指挥好一场扑灭森林火灾的战略行动,首先要对实际情况进行详细、准确、全面、深入的了解,以进行周密严谨的分析。何谓"知己"? 就是对自身条件的严格审查和分析,这样才能做好客观分析,才能知道己方优势何在,以进行谋略和战术安排。何谓"知彼"? 就是对对方(森林火灾)的力量进行深入了解,分析其优势和劣势,以做到避强击弱,因敌谋略,采取不同的应战方案。

1)知己。无人机消防指挥中心必须清楚地知道自己的实力,包括消防人员的人数、素质、技术和能力水平,消防装备数量和水平,后勤保障和交通状况、通信条件等。

2)知彼。无人机消防指挥中心要根据前方发回的实时视频图像和信息,明确判定该次灭火任务的规模,包括以下内容:

A. 森林火灾发生的时间、区域和地点,包括地形海拔高度、山高坡度、坡位、坡向、河流湖泊等。

B.森林火灾的行为特征、火场模式、火线长度、火强度变化、火燃烧蔓延速度及发展趋势等。

C.森林火灾发生的天气状况,如气象温度、湿度,风力、风向,降水、小气候、连续干旱日数等。

D.森林火灾发生地的植被情况:植被林分、林龄、树种、郁闭度、可燃物的水平垂直分布等。

(2)机动灵活、速战速决。速战速决是整个扑灭森林火灾指挥原则中的核心部分,能否实现速战速决,取决于无人机消防指挥中心能否抓住有利的灭火时机。消防无人机扑灭森林火灾的有利时机有:

1)森林火灾初发阶段。

2)风力小火势弱时。

3)有阻挡条件的火。

4)逆风火。

5)下山火。

6)森林火灾蔓延到林缘湿凹地带的火。

7)有利于灭火天气的火。

(3)抓关键、保重点原则。"抓关键"就是抓住和解决主要矛盾,在扑灭森林火灾过程中,首先要控制和消灭火头或关键部位的火线。"保重点"就是以保护主要森林资源和重点目标安全为目的所采取的灭火行动。

1)抓关键:火头是森林火灾蔓延的关键部分,森林火灾蔓延的过火面积是由火头蔓延的速度和火场燃烧时间所决定的。因此,控制火头是扑灭森林火灾的关键,只有迅速扑灭或有效控制火头,才能消灭森林火灾。为此,在扑救森林火灾过程中必须树立先控制和消灭火头的指导思想。

2)保重点:为了实现对重点区域和重点目标的保护,在扑救森林火灾过程中,必须根据森林火灾火场实际情况相应地使用有效灭火战术,对重点目标、重点区域加以保护。

(4)"四先"的灭火原则。无人机消防指挥中心决策指挥扑救森林火灾时,为了迅速有效地扑灭森林火灾,必须坚持"四先"灭火原则。

1)先打火头。火头在整个森林火灾火场中蔓延的速度最快,火势强度最大、火焰最高,其破坏力最严重。因此,一个较大的森林火灾火场,只有先把火头扑灭,才能更有效地控制和扑灭整个火灾。

2)先打草塘火。草塘是指森林中山与山之间相连接处,以生长草本植物为主的较开阔的平缓地带,是森林火灾快速蔓延的通道,如遇上顺风,要比林内火的蔓延速度快很多。火头顺草塘燃烧过后,草塘中的火翼将迅速向两侧的山上蔓延形成冲火,扩大火场面积。草塘是森林火灾快速蔓延发展的险段,只有先将险段的明火扑灭,才有可能使整个火场转危为安,才有可能取得扑灭森林火灾的全胜。

3)先打明火。在扑救地表火和树冠火时,必须组织消防无人机集群先将明火彻底消灭,控制火势发展,然后再彻底扑灭暗火。

4)先打外线火。由于森林林内可燃物比林外可燃物含水率高,林外的风速高,因而林外火的蔓延速度快于林内火的蔓延速度。有时林外的森林火灾已经发展到几千米以外,而林内火还在缓慢发展,即内线火和外线火完全脱节。在这种情况下,如果先进入或误入内线灭火而不先控制外线火,就会使整个灭火计划方案失败。

(5)保证不会复燃的原则。无人机消防指挥中心指挥扑救森林火灾时,除了要坚持以上所列举的原则外,还要贯彻保证不会复燃的原则。虽然在扑救森林火灾时,扑灭明火是一项非常重要的任务,但是在将明火扑灭后,清理火场、保证不复燃也同样重要。否则,会造成火场复燃而导致整个灭火行动的失败,以致造成更为严重的后果。为此,在将明火扑灭以后,一定要认真清理火线,坚定贯彻执行好森林航空消防 4 级响应的要求。森林火灾扑灭后,无人机消防站要派消防人员和小型旋翼无人机守护和清理原火场,通常要监守 24 h 以上,经无人机消防管理指挥中心派中型旋翼消防无人机进行空中巡检及专人检查验收后,方可考虑撤离。

11.7.3　森林火灾无线远程视频监控和计算机监管分析系统

1.森林火灾无线远程视频监控系统

无人机消防管理指挥中心的设备主要有两大系统——森林火灾无线远程视频监控系统和计算机监管分析系统。其中森林火灾无线远程视频监控系统的硬件设备主要有应用服务器、客户端、存储设备、解码设备、网络交换机、防火墙、大屏显示设备等。为保障前端系统的监控质量,系统需具备完善的机房基础保障和先进的网络设备、丰富的网络带宽和光纤资源;为保障平台的稳定运行,系统网络采取双网配置,所有设备都冗余配置在两个不同的网络中,如图 11－19 所示。

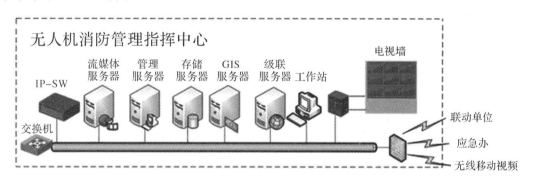

图 11－19　森林火灾无线远程视频监控系统拓扑图

(1)服务器。主站系统的服务器可以分布式部署、独立运行,各服务器都可通过支持应用集群的方式冗余进行配置和在线扩充,具备彼此的应用服务器接管能力。主要服务器包括中心管理服务器、流媒体服务器、级联服务器、存储管理服务器等。其他软件模块可安装在这些服务器实现功能。

服务器统一采用 PC 服务器。服务器应具备多 CPU 系统、高带宽系统总线、I/O 总线,具有高速运算和联机事务处理能力,具备集群技术和系统容错能力;服务器应支持双路独立电源输入,采用机架式安装。

1)管理服务器。管理服务器是森林火灾无线远程视频监控系统的核心单元,应实现前端设备、后端设备、各单元的信令转发控制处理，报警信息的接受和处理以及业务支撑信息管理，同时也需要提供用户的认证、授权业务以及提供网络设备管理的应用支持，包括配置管理、安全管理、计费管理、故障管理、性能管理等。

2）流媒体服务器。流媒体服务器是无人机消防管理指挥中心计算机网络主站的媒体处理单元，实现客户端对音视频的请求、接受、分发。流媒体服务器仅接受本域管理服务器的管辖，在管理服务器的控制下为用户或其他域提供服务。

流媒体服务器可实现集群部署，可实现分布式部署，即可向前端或其他流媒体服务器发起会话请求，也可以接受客户端设备或其他流媒体服务器的会话请求。流媒体服务器能接受并缓存媒体流，进行媒体流分发，将1路音视频流复制成多路。

3）存储服务器。存储服务器是网络存储的管理者，集中配置以海量存储方式实现录像计划，并按计划执行录像任务。存储管理服务器通过虚拟存储管理技术：支持 DAS、NAS、IP-SAN 各种存储设备；支持集中存储管理模式，也支持站端控制主机分布式存储方式；支持拍字节（PB）级海量音视频数据存储、快速检索；支持灵活的备份策略；支持数据自动修复技术（数据补录），支持报警集中存储和重要事件集中备份管理。

4）级联服务器。级联服务器主要用于平台与平台之间的互联互通，它将本平台需要向其他平台传输的信令、音视频流转换成标准的协议，发往其他平台的通信服务器，同时将收到的采用标准协议的信令和音视频流转换成本平台所能解析的协议语言，送往其他服务器进行分析操作，由此实现平台与平台之间的互联互通。

（2）客户端。客户端是指与服务器相对应，为客户提供本地服务的程序，主要包括：

1）配置客户端。负责对平台内部进行大屏幕配置、权限管理、录像管理、告警管理、安全管理、电子地图管理、模拟量数据管理、数据库管理、系统管理及系统前端摄像机、灯光等系统的配置管理。

2）监控客户端。监控客户端负责对前端摄像机视频和录像信息查看、电子地图管理、模拟量数据实时曲线浏览和历史数据检阅及摄像机、灯光等系统信息的获取和控制。

（3）存储设备。森林火灾无线远程视频监控系统数据需通过数据库进行管理，采用基于 IP 以太网络的 SAN 存储架构，存储方式灵活，实现存储网络与应用网络的无缝连接，并提供优良的远程数据复制和容灾特性。易于扩展，当需要增加存储空间时，只需要增加存储设备即可完全满足。

（4）防火墙。防火墙是一种计算机硬件和软件的结合，在内部网和外部网之间、专用网与公共网之间建立起一个安全网关（Security Gateway），从而保护内部网或专用网免受非法用户的侵入，防火墙主要由服务访问规则、验证工具、包过滤和应用网关4个部分组成。

（5）软件架构。软件基础框架采用面向服务的 SOA 软件架构。以松散耦合的方式公开业务服务，更易于集成和管理复杂性，更快地整合现有系统；通过良好的分层结构、统一的接口服务，可以有效减少服务督察平台的复杂度。软件的架构层次如图11-20所示。主要分为以下几个层次：

1）基础开发平台：对操作系统、数据库、安全加密、多媒体协议的封装，屏蔽差异，实现上层应用的平台无关性，提高开发效率和系统兼容性。

2）平台服务：在平台服务层提供了中心管理、认证授权、校时服务、流媒体服务、存储服务、网络管理、报警管理等通用服务外,还提供了电信级系统必须具备的负载均衡、双机热备等服务。

3)业务逻辑子系统:通过常用业务的归纳、封装,该层提供了视频、报警、智能、对讲、电子地图等监控安防业务,方便应用层调用。

4)应用系统:基于 WEB 技术的 B/S 客户端,最大程度地满足不同场合的需要。

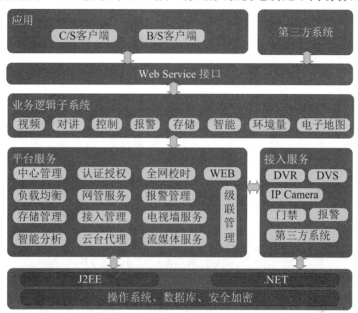

图 11-20　森林火灾无线远程视频监控系统软件架构层次图

2.森林火灾联动计算机监管分析系统

森林火灾联动计算机监管分析系统是在基础地形数据、数字高程模型、遥感数据、森林和草地资源数据、防火资源数据等相关数据的基础上,实现森林火灾的动态、精确区划,森林火灾的动态监测和自动识别与定位,森林火灾蔓延模拟与指挥调度,灾后评估等。其主要功能如下:

(1)森林火灾预测。森林火灾预测功能主要包括森林火灾区划、探测区森林火灾预测,无人机巡航路线设定等。通过统计分析功能可以对过往发生的森林火灾区域位置进行时间、空间、地域三维统计分析,为后面的火情预防提供有效的数据支撑,如图 11-21 所示。根据森林和草地资源状况、社会经济状态、基础地形地貌状况、气象状况等,结合数学建模,实现森林火灾的精准区划,并结合森林火灾远程视频预警监控系统,计算监控点可视域内的火线区划,并按照森林火灾等级实现重点区域重点监测。

(2)跟踪定位。跟踪定位功能主要是在系统自动识别出森林火灾后,根据当前摄像机反馈的方位参数,对着火点的位置进行确定。

(3)烟火识别。烟火识别功能主要是指烟火区域识别,当消防员发现某个地方可能会有火灾发生时,或发现有疑似森林火灾烟雾时,需要通过森林火灾联动计算机监管系统对该区域进行重点识别。

(4)决策分析。决策分析功能主要包括起火点定位、缓冲区分析、森林火灾行为预测、最佳路径分析、扑火队伍调度等。起火点定位功能是指采用系统提供的手工或鼠标捕捉方法定位起火点;缓冲区分析用来分析起火场地周围的地物和森林资源状况,从而为指挥决策提供正确的信息;森林火灾行为预测是根据当地的小气候、地形、植被等因子来模拟森林火灾的蔓延,为指挥决策提供参考;最佳路径分析提供从资源的供应地到达火场的最佳路线,从而为扑灭森林火灾赢得宝贵的时间;扑火队伍调度是根据前面的分析结果,科学、合理地调度消防无人机资源,生成消防灭火指挥调度图。

(5)灾后评估。灾后评估功能主要包括过火面积统计、过火损失统计、火灾案件处理、火灾档案管理及档案归档处理等。

(6)专题分析。专题分析功能主要是根据工作需要生成各种消防资源分布图表,包括防火资源图表、森林或草地资源图表、生态公益林图表、古树名木图表等。

(7)报表统计。报表统计功能主要包括损失评估报表、森林资源统计表、生态公益林统计表、低丘缓坡统计表、古树名木统计表。主要根据工作需要,自定义生成各类统计报表,用于日常管理工作。

(8)基本信息管理。基本信息管理功能主要包括行政代码管理、防火基础数据管理、二类资源数据管理、生态公益林数据管理、古树名木数据管理。主要是各种基础数据的录入、编辑、处理和管理。

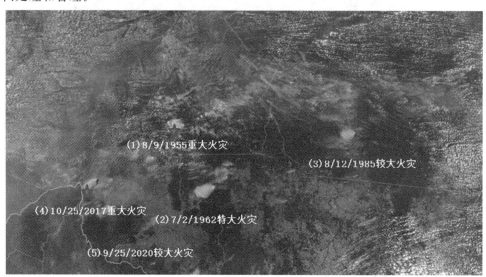

图 11-21　重点监测区域历年森林火灾发生时间和位置地形图

11.7.4　无人机消防管理指挥中心的建设要求、原则、选址和设备

1.无人机消防管理指挥中心的建设要求

无人机消防管理指挥中心建设项目,首先,要能满足指挥、协调和管理下属各个无人机消防中心站及无人机消防站工作,以及与上级领导(南方航空护林总站或北方航空护林总站)之间保持畅通的通信联系的要求,其中最重要的工作任务是组织各方力量,及时迅速地扑灭刚刚露头的森林火灾。一旦森林火灾有了蔓延的趋势或已经蔓延开来,就要迅速操纵

大中型消防无人机飞往火场,加入扑救行列,并成为扑灭森林火灾的主力。

其次,无人机消防管理指挥中心建设项目要满足大中型消防无人机飞行保障系统的要求,包括建设一个能满足大中型旋翼消防无人机起降要求的机场,如图 11 - 22 所示。

图 11 - 22　无人机消防管理指挥中心的旋翼消防无人机机场

无人机消防管理指挥中心机场上停放的大中型旋翼消防无人机,性能好、载重大、航程远、滞空时间长,能适应各种环境和气候条件,按照预定航线全自主飞行而无需人员干预,可以长时间在森林和草地等森林火灾易发地区上空巡逻飞行,包括昼夜巡逻飞行,使用机上装载的热成像或远红外探测系统,能及时发现森林火灾起火点,尤其是大中型旋翼消防无人机载重量大,可以装载携带 5 000～10 000 kg 水或灭火剂,在扑灭森林火灾的过程中起到主力军作用。

大中型消防无人机任务载荷与飞行保障系统是指其飞行操纵控制与导航、任务规划指挥与地面控制站、无线数据通信链路、航空油料、化学灭火药品、停机坪、取水池、气象观察等飞行保障设施,通过科学组合形成机动灵活的飞行安全保障体系,为实施消防灭火任务的无人机提供野外航行保障和后勤保障,减少消防无人机空飞时间,提高扑灭森林火灾的效率。除此之外,还包括用于消防无人机在地面进行检测、维护和维修的设备、备件和后勤场地环境,以及无人机驾驶员和维护人员技术培训设备、资料和实验条件。无人机系统既是一种高精尖的电子系统,也是一个复杂的机械系统。对于这样一个复杂的高科技系统,起保障维护作用的地面综合保障系统越来越重要。

消防无人机系统作为一种特定系统,其地面综合保障系统是一系列技术与管理活动的综合,也是一个由很多专业组成的综合学科。综合保障的目标主要是消防无人机装备保障,其内容涵盖装备的使用保障和维修保障,主要有维修规划,保障设备,供应保障,人员培训,技术资料,训练保障,以及维护包装、装卸、储存、运输等方面的内容。由于有人驾驶超大型固定翼消防飞机的使用、管理和飞行不属于“无人机消防管理指挥中心”的工作范围,因此在这里不赘述。

2.无人机消防管理指挥中心建设原则

无人机消防管理指挥中心建设项目包括办公区、停机坪、机库、维护维修厂房、航空油料库、化学灭火药品仓库、取水池,以及工作人员生活区等几大部分,其建设原则如下:

1)科学论证、规模适宜。要根据森林或草地资源分布情况和区域性森林火灾灾害发生规律,合理规划大中型消防无人机的消防作业面积及巡护半径,按区域自然条件和基础设施现状,合理确定无人机消防管理指挥中心建设规模和等级。

2)统一规划、合理布局。要按照规划好的大中型消防无人机的消防面积及巡护半径,巡护航线,建设无人机消防管理指挥中心的硬件配套基础设施,尽量避免森林火灾巡护航线重复,做到技术上允许,经济上合理,同时符合行业发展建设规划。

3)安全可靠、功能完备。统筹森林巡护和消防灭火设施的建设,使各项基础设施建设符合有关技术标准和规范的要求,必须保证飞行安全。

4)技术先进、满足需求。无人机消防管理指挥中心项目建设应进行多方案技术、经济比较,应注重技术进步和节能减排。

5)以人为本、节约资源。充分考虑无人机消防管理指挥中心员工的工作和生活需求,因地制宜、合理规划、节约用地、节约能源、重视环境保护。

3.无人机消防管理指挥中心建设选址

无人机消防管理指挥中心建设选址:要邻近其下属的各个无人机消防中心站及无人机消防站(总数达到 500 个),最好是选择在它们的中心位置,以方便开展日常消防巡护、灭火训练及森林火灾扑救时的指挥、通信、后勤保障等;应选择水文地质条件良好、地势平地、地面坡度适当、排水条件良好的地点,并结合场地条件合理布局,节约用地;充分考虑风场、降水、能见度等气象条件对飞行安全和机场利用率的影响,选择气象条件良好的场地;选择交通、通信、水源、电力等条件比较好的地点,以及远离候鸟群的习惯迁移飞行路线和吸引鸟类聚集的地区。

取水池的选址应根据大中型旋翼消防无人机机型,结合森林或草地资源分布进行。在水源调查的基础上,新建取水池在满足净空条件下,按大中型旋翼消防无人机半小时往返距离计算,分布间隔宜小于 10 km。同时,要将净空条件好、满足常用机型取水条件的野外河流、湖泊确定为备用取水点。

4.无人机消防管理指挥中心主业的主要设备

无人机消防管理指挥中心的设备主要有以下几种:

(1)4 架中型旋翼消防无人机、2 架大型旋翼消防无人机。

(2)无人机消防车。每个无人机消防管理指挥中心要配备 4 辆无人机消防车及其他一些必备的消防灭火设备和原材料,每辆无人机消防车上装载有 1 架(共计 4 架)中型旋翼消防无人机。

(3)森林火灾无线远程视频监控系统主站设备,包括其硬件设备以及森林火灾联动计算机监管分析系统。

(4)5G 移动通信网络系统(见图 11-23)或星链通信网络系统。

(5)完成消防无人机大修工作所必备的维修工具和设备。

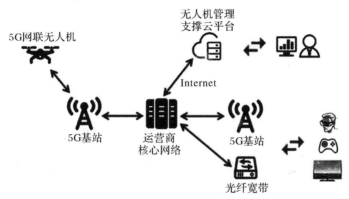

图 11-23　消防无人机 5G 移动通信网络系统

11.8　消防无人机驾驶培训中心

消防无人机的特点是成本低、无人员伤亡风险、生存能力强、机动性能好、操作简单、使用方便。为了充分发挥消防无人机的优势,建立和完善无人机森林消防组织架构体系的重要内容,首先要给消防员配备足够数量的消防无人机,其次是要尽快建立消防无人机驾驶培训中心,加快培训消防员,使他们人人都能成为真正合格的消防无人机驾驶员(飞手),拥有消防无人机驾驶执照。

11.8.1　消防无人机驾驶员的任务和培训内容

1.消防无人机驾驶培训中心的工作任务

完整意义上的无人机应称为无人机系统。在天空中飞行的无人机看似无人驾驶,但却离不开地面上的无人机驾驶员对它的操纵控制。无人机驾驶员(简称"飞手")是指在地面利用无线电设备操纵控制无人机在空中飞行的人(驾驶员),他与无人机飞行平台之间构成一个完整的人机系统,是一种闭环控制回路系统。其主要工作任务有:

(1)安装、调试消防无人机电机、动力设备、旋翼桨叶及相应任务载荷设备等。

(2)设计调整消防无人机任务规划航线。

(3)根据飞行环境和气象条件校对消防无人机飞行参数。

(4)操控驾驶消防无人机完成森林消防飞行任务。

(5)整理并分析消防无人机采集数据。

(6)评价消防无人机飞行结果和工作效果。

(7)检查、维护、整理消防无人机及任务设备。

（8）防火视频监控系统的使用和基本维护工作。

2. 消防无人机驾驶员的培训内容

消防无人机驾驶员是一种技能职业者,成为一名经验丰富的消防无人机驾驶员之前,先应该学习有关无人机的基础理论知识和实际操作知识,特别要学会如何避免坠机。当消防无人机在空中飞行时,由于复杂的环境因素和气象原因,一旦处于失控状态,就有可能造成无法挽回的损失。

消防无人机驾驶员培训课时一般为 60～80 h,培训对象分为 A、B、C 三级,其中 C 级为小型旋翼消防无人机驾驶员,B 级为中型旋翼消防无人机驾驶员,A 级为大型旋翼消防无人机驾驶员。针对不同的培训级别,使用不同的教材和实物,考试合格后颁发不同级别的驾驶证。C 级只允许操控小型旋翼消防无人机,B 级允许操控小型和中型两种类型的旋翼消防无人机,A 级允许操控所有类型的旋翼消防无人机。所有消防无人机驾驶员必须从最低级(C 级)开始参加培训,低级别培训合格取得驾驶执照及实际工作一段时间后才能参加高级别的培训和取证。

培训内容主要包括理论学习、模拟操作及实操飞行 3 个环节。

（1）理论学习。理论学习的内容主要有:有关无人机管理的相关法律法规,无人机飞行和无人机驾驶员计算机网络管理平台,无人机系统设计,无人机空气动力学与飞行原理,无人机动力技术,无人机复合材料结构设计与制造,无人机森林消防技术等基础知识,以及无人机装机调试、维护保养、无人机集群和无人机/有人机协同飞行技术,防火视频监控系统的结构原理和使用维护知识,森林防火,气象知识等,如图 11-24 所示。

图 11-24　消防无人机驾驶员(飞手)培训班正在上理论课

（2）模拟操作。航模模拟器是一款模拟飞行软件,将其安装在电脑中,将遥控器与电脑连接起来就可以进行无人机模拟飞行操作练习。该飞行软件里有各种各样的无人机机型可供选择,选好后拿起遥控器就能遥控它在电脑里飞行,既能体验飞行的乐趣,又能掌握各种飞行技巧。航模模拟器是比例控制,它的操作和真实现场的操作是基本一致的,是为实际操作提供前期训练的。使用航模模拟器的最大的好处就是,练习时不怕把无人机摔下来,在经济上是非常省的。另外,可根据自己的需要选择合适的机型,这样就增加了新手练习的机会,新手在操作控制水平不高的情况下可以做更多的练习。

(3)实操飞行。实操飞行就是实际操作消防无人机飞行,首先是微型无人机的室内操控飞行,如图 11-25 所示;其次是消防无人机室外真机的操控飞行,主要包括起飞降落、空中悬停、直线飞行、原地 360°转圈、“8”字形平稳飞行、吊桶装水等飞行动作;最后是消防无人机集群和无人机/有人机协同灭火模拟飞行训练。消防员除了要掌握消防无人机实操飞行技术,还要接受防火视频监控系统的使用和维护训练,要求消防员能够独立承担防火视频监控系统的日常使用和维护工作。

图 11-25　消防无人机驾驶员(飞手)培训班正在上室内操控课

实操飞行培训结束后,要举行理论和实践考试,成绩合格者可获得结业证书及消防无人机驾驶执照。

11.8.2　消防无人机驾驶执照的管理

消防无人机驾驶培训中心应当建立对消防无人机驾驶执照业务的管理和监督制度,加强对消防无人机驾驶人员考试、驾驶证核发和使用的管理,包括使用消防无人机驾驶证计算机管理系统核发、打印消防无人机驾驶证。

无人机技术发展极为迅速,新技术、新方法和新机型日新月异,层出不穷,对消防无人机驾驶人员的技术水平要求越来越高,因此消防无人机驾驶员要不断地学习和掌握新技术和熟悉新机型。消防无人机驾驶培训中心颁发的消防无人机驾驶证有效期为 5 年,到期后消防无人机驾驶员必须返回驾驶培训中心参加一个短期(10 h)技术培训和考试,考试合格后颁发新的消防无人机驾驶证(有效期为 5 年)。

习　题

1.简述森林火灾发生和蔓延的规律。

2.通常把森林火灾发展过程分为哪几个阶段?森林火灾初起阶段有哪些特征?

3.简述小型和大中型消防无人机的最佳应用场景。

4.无人机森林消防组织架构设计需考虑的因素和原则有哪些?

5.画出无人机森林消防组织架构体系结构示意图,并简述其特点。

6.简述森林航空消防 4 级响应机制的内容。

7.简述无人机消防站的基本组成结构和工作任务。无人机消防站的主要设备有哪些?

8.建立无人机消防中心站的目的是什么?

9.什么是无人机消防中心站的主业任务?其主要设备有哪些?

10.无人机消防中心站的副业任务有哪些?

11.简述无人机消防指挥中心的主要职责、工作任务和指挥原则。

12.森林火灾无线远程视频监控系统的主要硬件设备有哪些?

13.森林火灾联动计算机监管分析系统的主要功能有哪些?

14.简述无人机消防管理指挥中心的建设要求、原则、选址和设备。

15.简述消防无人机驾驶培训中心的工作任务和培训内容。

参 考 文 献

[1] 何勇,张艳超.农用无人机现状与发展趋势[J].现代农机,2014(1):1-5.

[2] 符长青.无人机在森林资源管理中的应用[J].无人机,2022,7(97):26-30.

[3] 于坤林.陈文贵,无人机结构与系统[M].2版.西安:西北工业大学出版社,2021.

[4] 王宝昌.无人机航拍技术[M].西安:西北工业大学出版社,2017.

[5] 于明清,司维钊.无人机飞行控制技术[M].西安:西北工业大学出版社,2018.

[6] 符长青.无人机空气动力学与飞行原理[M].西安:西北工业大学出版社,2018.

[7] 官建军,李建明,苟胜国,等.无人机遥感测绘技术及应用[M].西安:西北工业大学出版社,2018.

[8] 段连飞,章炜,费瑞祥.无人机任务载荷[M].西安:西北工业大学出版社,2017.

[9] 刘振华.无人机导航定位技术[M].西安:西北工业大学出版社,2018.

[10] 段连飞.无人机图像处理[M].西安:西北工业大学出版社,2017.

[11] 王新民,王晓燕,肖堃.无人机编队飞行技术[M].西安:西北工业大学出版社,2015.

[12] 凌志刚,李耀军,潘泉,等.无人机景象匹配辅助导航技术[M].西安:西北工业大学出版社,2016.

[13] 梁晓龙,张佳强,吕娜.无人机集群[M].西安:西北工业大学出版社,2018.

[14] 陈金良.无人机飞行防相撞技术[M].西安:西北工业大学出版社,2018.

[15] 张月义.无人机组装技术与维护[M].西安:西北工业大学出版社,2020.

[16] 张月义.无人机结构与原理[M].西安:西北工业大学出版社,2020.

[17] 陈昕,刘家佳,洪亮.无人机集群无线自组织网络[M].西安:西北工业大学出版社,2020.

[18] 赵春晖,胡劲文,吕洋,等.无人机空域感知与碰撞规避技术[M].西安:西北工业大学出版社,2019.

[19] 吴成富,程鹏飞,闫冰.无人机飞行控制与自主飞行[M].西安:西北工业大学出版社,2020.

[20] 符长青,符晓勤,曹兵,等.5G网联无人机[M].西安:西北工业大学出版社,2020.

[21] 符长青,曹兵.多旋翼无人机技术基础[M].北京:清华大学出版社,2017.

[22] 吉书鹏.机载光电载荷装备发展与关键技术[J].航空兵器,2017(6):476-495.

[23] 吴龙标.图像火灾监控中的一个新颖的火灾判据[J].火灾科学,1997,6(2):60-66.

[24] 徐伟勇,余岳峰,孙江.数字图像处理技术在火焰检测上的应用[J].中国电力,1994,28(10):41-44.

[25] 董华,程晓舫,范维澄.早期火灾图像检测技术的应用与比较[J].光学技术,1997,9:51-58.

[26] 张卓,张泽旭,李慧平,等.多智能体系统群集协同控制方法及应用[M].西安:西北工业大学出版社,2021.

[27] 卢结成,吴龙标,宋卫国.一种火灾图像探测系统的研究[J].仪器仪表学报,2001,22(4):437-440.

[28] 袁非牛,廖光煊,张永明,等.计算机视觉火灾探测中的特征提取[J].中国科技大学学报,2006,36(1):39-43.

[29] 马英辉,韩焱.彩色图像分割方法综述[J].科技情报开发与经济,2006,16(4):158-159.

[30] 周锦荣.基于图像型的火灾视频监控系统[J].煤矿现代化,2005,66(3):31-330

[31] 毛红保,田松,晁爱农.无人机任务规划[M].北京:国防工业出版社,2015.

[32] 余广勤.无人机航测技术在某公园地形测量中的应用[J].山西建筑,2021,47(6):169-171.

[33] 刘燕.无人机航测技术及其在地形测绘工作中的应用探讨[J].低碳世界,2020,10(12):51-52.

[34] 关百钧.世界非木材林产品发展战略[J].世界林业研究,1999(2):1-6.

[35] 胡觉,彭长清.我国人工林变化动态及增长潜力分析[J].林业资源管理,2014(增刊):6-8.

[36] 谷战英,谢碧霞.林木生物质能源发展现状与前景的研究[J].经济林研究,2007(2):88-91.

[37] 刘子刚,马学慧.湿地的分类[J].湿地科学与管理,2006(1):61-63.

[38] 朱立华.无人机自主检测与避障技术研究[D].南京:东南大学,2016.

[39] 惠国腾.基于性能的旋翼无人机避障关键技术研究与应用[D].广汉:中国民用航空飞行学院,2018.

[40] 朱海峰.基于立体视觉的无人机感知与规避研究[D].西安:西北工业大学,2016.

[41] 韩静雅,王宏伦,刘畅,等.基于视觉的无人机感知与规避系统设计[J].战术导弹技术,2014,5:11-19.

［42］王淏.基于双目视觉的无人机障碍物检测研究［D］.兰州:兰州理工大学,2018.

［43］苏东.基于双目视觉的小型无人飞行器的导航与避障［D］.成都:电子科技大学,2014.

［44］李竺袁.民用无人机自主飞行避让算法研究［D］.北京:中国民用航空飞行学院,2018.

［45］SHAPIRO J M. Embedded image coding using zero trees of wavelet coefficients［J］. IEEE Transactions on Signal Processing,1993,41(12):3445 - 3462.

［46］CHENG X F,WU J H. Principles for a video fire detection system［J］. Fire Safety Journal,1999,33:57 - 69.